U0659826

面向 21 世纪课程教材

计算机组成原理
——学习指导与习题解答

Jisuanji Zucheng Yuanli —— Xuexi Zhidao yu Xiti Jieda

（第 2 版）

唐朔飞　编著

高等教育出版社·北京

内容提要

　　本书是与高等教育出版社出版的普通高等教育"十一五"国家级规划教材《计算机组成原理（第2版）》（唐朔飞编著）配套的辅助教材。

　　本书在章节顺序安排上与主教材完全一致，每章给出该章的重点难点、主要内容、例题精选、习题训练及其参考答案。有利于学生检验自己掌握本课程内容的程度。

　　本书概念清楚，题型丰富，可作为高等学校计算机专业的辅助教材，也可作为计算机专业研究生入学考试的辅导书和其他科技人员的参考书。

图书在版编目（CIP）数据

　　计算机组成原理:学习指导与习题解答/唐朔飞编著.
—2 版. —北京:高等教育出版社,2012.7(2022.12 重印)
　　ISBN 978 - 7 - 04 - 035411 - 9

　　Ⅰ.①计⋯　Ⅱ.①唐⋯　Ⅲ.①计算机组成原理 – 高等学校 – 教学参考资料　Ⅳ.①TP301

　　中国版本图书馆 CIP 数据核字（2012）第 090410 号

策划编辑　武林晓	责任编辑　武林晓	封面设计　于文燕	版式设计　于　婕
插图绘制　杜晓丹	责任校对　陈旭颖	责任印制　赵　振	

出版发行	高等教育出版社		网　址	http://www.hep.edu.cn
社　　址	北京市西城区德外大街 4 号			http://www.hep.com.cn
邮政编码	100120		网上订购	http://www.landraco.com
印　　刷	高教社（天津）印务有限公司			http://www.landraco.com.cn
开　　本	787mm×1092mm　1/16			
印　　张	22.25		版　次	2005 年 9 月第 1 版
字　　数	500 千字			2012 年 7 月第 2 版
购书热线	010 – 58581118		印　次	2022 年 12 月第 23 次印刷
咨询电话	400 – 810 – 0598		定　价	39.00 元

本书如有缺页、倒页、脱页等质量问题，请到所购图书销售部门联系调换。

版权所有　侵权必究

物 料 号　35411 – 00

第 2 版前言

　　本书的第 1 版作为面向 21 世纪课程教材《计算机组成原理》的辅助教材,自 2005 年 9 月出版以来,已连续印刷 14 次,累计印数达 67 000 余册。期间收到了不少使用本书的师生和其他读者的来信,对本书给予了肯定和鼓励,并提出了不少宝贵的意见和建议,在此表示衷心的感谢。

　　2008 年,《计算机组成原理(第 2 版)》(以下称主教材)由高等教育出版社出版,并被列为普通高等教育"十一五"国家级规划教材,至今已印刷 11 次,累计印数达 270 000 余册。为与该教材配套,决定对第 1 版《计算机组成原理——学习指导与习题解答》的内容予以补充和修改。新版继续保持原版的风格,在章节顺序安排上与主教材一致,每章给出该章的重点难点、主要内容、例题精选、习题训练和参考答案几部分。在例题精选和习题训练方面进行了适当的补充,使重点难点的论述更清晰。

　　特别需要强调的是,计算机组成原理课程有诸多的知识点,尽管本书对各知识点给出了答案,但任何机械式的死记硬背都是收效甚微的。一定要注意学习方法,首先要独立思考,找出解题思路,然后再作出解答,最后与答案进行比较,做到真正地理解、掌握课程的内容。

　　由于作者水平有限,书中难免有不妥之处,谨请读者和同行专家批评指正。

唐朔飞
2012 年 4 月

第1版前言

　　计算机组成原理是计算机科学与技术专业的一门核心课程。作为专业基础课,它在基础课和专业课之间起着重要的衔接作用。这门课的特点是涉及知识面广、内容多、更新快。课程中每一章的内容涉及的概念、需要的基础知识以及解决问题的思路和方法均有差异。因此,要想学好这门课程,不仅需要理解教材中提到的每个知识点,还应通过做一定数量的习题深入理解各个知识点的内涵。

　　本书作者编著的面向 21 世纪课程教材《计算机组成原理》自 2000 年由高等教育出版社出版以来,已印刷多次,与该教材配套的课件(光盘)也于 2004 年出版。为了更好地帮助读者解决学习中的疑点和难点,进一步吃透教材内容,故编写此书作为计算机组成原理课程的辅助教材。

　　本书与高等教育出版社出版的《计算机组成原理》(以下称"主教材")配套,在章节顺序安排上与主教材相吻合。每章都给出了该章的重点难点、主要内容、例题精选和习题训练。例题精选部分强调了解题思路。习题训练部分包括选择题、填空题、问答题(包括简答、计算、分析、设计等)等多种题型,各类型的习题均有答案。编写中力求语言通俗易懂,图表清晰明了。

　　尽管本书给出了习题的全部答案,但读者切莫盲目依赖答案。正确的学习方法应是遇到难题首先独立思考,找出解题思路;若确实无法解答,应先复习相关知识,再作出解答。总之,应将答案作为检验自己掌握课程内容深浅的标准,切不可死记硬背答案。

　　本书作者在几十年计算机组成原理课程教学经验的基础上,以传授知识和培养学生能力为目的,查阅了大量有关资料,结合本课程教学的重点和难点编写了此书。在编写过程中,哈尔滨工业大学计算机科学与技术学院的胡铭曾教授对本书提出了许多宝贵意见,张丽杰、罗丹彦、张展、刘宏伟等教师为书稿的录入、排版、绘图等做了大量工作,在此一并表示诚挚的谢意。

　　由于作者水平有限,成书仓促,错误和不足之处在所难免,谨请读者和同行专家批评指正。

唐朔飞

2005 年 6 月

目　　录

第一章 计算机系统概论

1.1 重点难点

计算机系统是一个非常复杂的系统,它由硬件和软件两大部分组成。读者必须清楚地认识到硬件和软件各自在计算机系统中的地位和作用以及它们相互之间的依存关系。

硬件是指计算机的实体部分。它由看得见摸得着的各种电子元器件及各类光、电、机设备的实物组成,包括主机、外部设备等。

软件是看不见摸不着的,由人们事先编制成的具有各类特殊功能的程序组成。通常把这些程序寄寓于各类媒体中,如 RAM、ROM、磁盘、光盘、磁带甚至纸带等。

硬件必须依靠软件来发挥其自身的各种功能及提高自身的工作效率。软件甚至还能使硬件发挥类似人脑思维的功能。计算机系统倘若失去了软件,其硬件将一筹莫展,犹如人类失去了大脑。而软件必须依托硬件的支撑才能真正施展其才华,一旦失去了硬件,犹如人类失去了躯体,软件也毫无意义,成了幽灵。因此,计算机系统的软、硬件互依互存,互相发展,缺一不可。

本课程旨在介绍计算机系统的硬件组成。倘若剖析任何一台计算机,其内部组织的繁杂程度会使人眼花缭乱,无从入手。读者必须学会以宏观的思维来对待微观的结构。为此,本书采用自顶向下、由表及里、层层细化、深入内核的编写手法。图 1.1 使读者一目了然地看到一个结构简单、清晰明了的计算机内部组成示意图,并由此使读者领略全书的要点和各章节之间的相互关系。

为了使读者对冯·诺伊曼计算机基本组成有一概要的认识,本章重点要求读者掌握一个较细化的计算机组成框图,如图 1.2 所示。而且要求学生根据此图描述计算机内部的控制流和数据流的变化,从而初步认识计算机内部的工作过程。

图中主存储器由存储体 M、MAR 和 MDR 组成。存储体由很多存储单元组成,用来存放指令或数据,MAR 存放欲访问的存储单元的地址,MDR 存放从存储单元读出的信息或即将存入某存储单元的信息。运算器由累加器 ACC、乘商寄存器 MQ、操作数寄存器 X 和算术逻辑部件 ALU 组成,用来完成算术运算和逻辑运算。控制器由 PC、IR、CU 组成,PC 存放欲执行指令的地址,IR 存放欲执行的指令,CU 用来发出各种操作命令。

由于本章的概念、名词较多,初学者很难很快领会其确切含义。但只要循序渐进地认真学习以下各章节,读者便会自然而然地对初学的各个概念和名词加深理解和牢牢掌握。因此,学习时

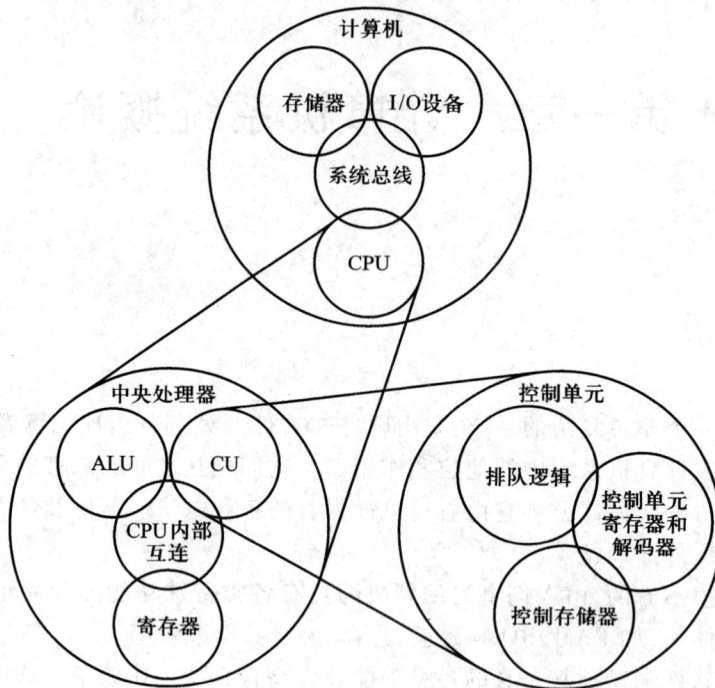

图 1.1　全书各章节之间的关系

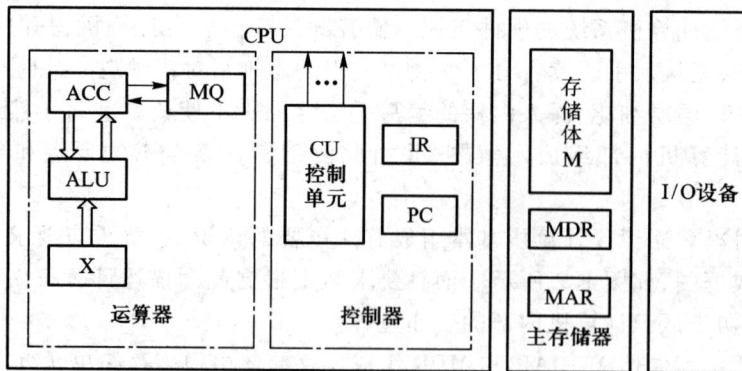

图 1.2　细化的计算机组成框图

切忌急于求成,应按部就班,功到自然成。

　　本章的难点是:计算机如何区分同样以 0、1 代码的形式存储在存储器中的指令和数据。

1.2 主要内容

1.2.1 基本概念

必须重点掌握下列概念:

(1) 计算机系统及计算机系统的层次结构。

(2) 硬件、计算机、主机、CPU、主存、辅存、外部设备。

(3) 软件、系统软件、应用软件。

(4) 高级语言、汇编语言、机器语言。

(5) 计算机组成和计算机体系结构。

(6) 存储单元、存储元件、存储基元、存储元、存储字、存储字长、存储容量。

(7) 机器字长、指令字长、存储字长。

(8) 英文缩写的含义:CPU、PC、IR、CU、ALU、ACC、MQ、X、MM、MAR、MDR、I/O、MIPS、CPI、FLOPS。

1.2.2 冯·诺伊曼计算机的特点

1945 年,冯·诺伊曼在制定 EDVAC(电子离散变量计算机)的计划中,提出了存储程序的概念,即将程序和数据一起存放在存储器中,以后凡以此概念为基础的各类计算机,都称为冯·诺伊曼机。其特点为:

(1) 计算机由运算器、存储器、控制器和输入设备、输出设备 5 大部件组成。

(2) 指令和数据以同等地位存于存储器内,并可按地址寻访。

(3) 指令和数据均用二进制代码表示。

(4) 指令由操作码和地址码组成,操作码用来表示操作的性质,地址码用来表示操作数在存储器中的位置。

(5) 指令在存储器内按顺序存放。通常,指令是顺序执行的,在特定条件下,可根据运算结果或根据设定的条件改变执行顺序。

(6) 机器以运算器为中心,输入输出设备与存储器间的数据传送通过运算器完成。

1.2.3 计算机硬件框图

主教材中给出了 3 个计算机硬件框图:(1) 以运算器为中心的计算机结构中,输入的程序和数据必须通过运算器存入存储器中,存储器中的结果也必须通过运算器送至输出设备;(2) 以存储器为中心的计算机结构中,输入输出设备可以不通过运算器直接与存储器传送信息;(3) 现代计算机结构中,将运算器和控制器集成在一个芯片内,组成 CPU。无论何种计算机结构都由 5 大部件组成。

学习计算机硬件框图时,不仅要掌握 5 大部件各自的作用,还必须了解各部件之间的相互关系,如控制器要向其他 4 个部件发出命令信息,4 个部件要向控制器发送反馈信息。而由指令组成的程序或数据可以在输入设备与存储器之间、输出设备与存储器之间以及控制器与存储器之间传送。

1.2.4　计算机的工作过程

计算机的工作过程是本章的重点。人们需将事先编好的程序(指令序列)送至计算机的存储器内,然后计算机按此指令序列逐条完成全部指令的功能,直至程序结束。因此,要了解计算机的工作过程,必须首先了解计算机完成一条指令的信息流程。

1. 完成一条指令的信息流程

根据图 1.2,以取数指令(即将指令地址码指示的存储单元中的操作数取出后送至运算器的 ACC 中)为例,其信息流程是:

取指令　　　$PC \rightarrow MAR \rightarrow M \rightarrow MDR \rightarrow IR$

分析指令　　$OP(IR) \rightarrow CU$

执行指令　　$Ad(IR) \rightarrow MAR \rightarrow M \rightarrow MDR \rightarrow ACC$

此外,每完成一条指令,还必须为取下条指令作准备,形成下一条指令的地址,即 $(PC)+1 \rightarrow PC$。

2. 计算机的工作过程

计算机的工作过程实质就是不断从存储器中逐条取出指令,送至控制器,经分析后由 CU 发出各种操作命令,指挥各部件完成各种操作,直至程序中全部指令执行结束。读者可结合图 1.2 和主教材中表 1.2 的程序清单,口述每条指令的运行过程,加深对计算机解题过程的理解。

1.2.5　计算机硬件的主要技术指标

计算机硬件的主要技术指标包括:机器字长、存储容量和运算速度。

(1) 机器字长:CPU 一次能处理数据的位数,通常与 CPU 的寄存器位数有关。

(2) 存储容量:存储器中存放二进制代码的总位数,包括主存容量和辅存容量。主存容量可用存储单元个数×存储字长表示,也可用字节(一个字节被定义为 8 位二进制代码)数来描述。如图 1.2 中,MAR 为 16 位,MDR 为 32 位,则主存容量为 $2^{16} \times 32 = 2^{21} = 2M$ 位,也可表示为 2^{18} 字节,记做 2^{18}B 或 256KB(B 用来表示一个字节)。辅存容量通常用字节数来表示。

(3) 运算速度反映机器运行程序的速度。运算速度与很多因素有关,如机器的主频、主存的速度、机器是否有高速缓冲存储器、硬盘运行的速度、总线的数据传输率以及机器是否采用流水技术等。通常采用单位时间内执行指令的平均条数来衡量,并用 MIPS(Million Instruction Per Second,每秒百万条指令)作为计量单位。也可用 CPI(Cycle Per Instruction)即执行一条指令所需的时钟周期(机器主频的倒数)数,或用 FLOPS(Floating Point Operation Per Second,每秒浮点运算次数)来衡量运算速度。

1.3 例题精选

例 1.1 以加法指令 ADD M(M 为主存地址)为例,写出完成该指令的信息流程(从取指令开始)。

【解】 指令 ADD M 的真实含义是将地址为 M 的存储单元中的加数取出并送至运算器中,然后和存放在运算器的被加数通过 ALU(算术逻辑单元)相加,结果仍放在运算器中。结合图1.2,设运算器中 ACC 存放被加数,X 存放加数,求和结果存放在 ACC 中。故完成 ADD M 指令的信息流程为

取指令   PC→MAR→M→MDR→IR

分析指令   OP(IR)→CU

执行指令   Ad(IR)→MAR→M→MDR→X

                 ACC→ALU,同时 X→ALU

                 ALU→ACC

例 1.2 设主存储器容量为 64K×32 位,并且指令字长、存储字长、机器字长三者相等。写出图 1.2 中各寄存器的位数,并指出哪些寄存器之间有信息通路。

【解】 由主存容量为 64 K×32 位得 $2^{16}=64$ K,故 MAR 为 16 位,PC 为 16 位,MDR 为 32 位。因指令字长 = 存储字长 = 机器字长,则 IR、ACC、MQ、X 均为 32 位。

寄存器之间的信息通路有

PC→MAR

Ad(IR)→MAR

MDR→IR

取数 MDR→ACC,存数 ACC→MDR

MDR→X

例 1.3 指令和数据都存于存储器中,计算机如何区分它们?

【解】 通常完成一条指令可分为取指阶段和执行阶段。在取指阶段通过访问存储器可将指令取出;在执行阶段通过访问存储器可将操作数取出。这样,虽然指令和数据都是以 0、1 代码形式存在存储器中,但 CPU 可以判断出在取指阶段访问存储器取出的 0、1 代码是指令;在执行阶段访存取出的 0、1 代码是数据。例如,完成 ADD M 指令需两次访存:第一次访存是取指阶段,

CPU 根据 PC 给出的地址取出指令；第二次访存是执行阶段，CPU 根据存于 IR 的指令中 M 给出的地址取出操作数。可见，CPU 就是根据取指阶段和执行阶段的访存性质不同来区分指令和数据的。这一概念随着学习的深入，读者会逐步加深印象。

1.4　习题训练

1.4.1　选择题

1. 电子计算机问世至今，新型机器不断推陈出新，不管怎么更新，依然具有"存储程序"的特点，最早提出这种概念的是_____。

A. 巴贝奇（Charles Babage）

B. 冯·诺伊曼（von Neumann）

C. 帕斯卡（Blaise Pascal）

D. 贝尔（Bell）

2. 下列描述中_____是正确的。

A. 控制器能理解、解释并执行所有的指令及存储结果

B. 一台计算机包括输入、输出、控制、存储及算术逻辑运算 5 个子系统

C. 所有的数据运算都在 CPU 的控制器中完成

D. 以上答案都正确

3. 电子计算机的算术/逻辑单元、控制单元及主存储器合称为_____。

A. CPU　　　　　　　　　　B. ALU

C. 主机　　　　　　　　　　D. UP

4. 有些计算机将一部分软件永恒地存于只读存储器中，称之为_____。

A. 硬件　　　　　　　　　　B. 软件

C. 固件　　　　　　　　　　D. 辅助存储器

E. 以上都不对

5. 输入、输出装置以及外接的辅助存储器称为_____。

A. 操作系统　　　　　　　　B. 存储器

C. 主机　　　　　　　　　　D. 外部设备

6. 计算机中有关 ALU 的描述，_____是正确的。

A. 只做算术运算，不做逻辑运算

B. 只做加法

C. 能存放运算结果

D. 以上答案都不对

7. 完整的计算机系统应包括_____。

A. 运算器、存储器、控制器
B. 外部设备和主机
C. 主机和实用程序
D. 配套的硬件设备和软件系统

8. 计算机系统中的存储系统是指_____。

A. RAM 存储器
B. ROM 存储器
C. 主存
D. 主存和辅存

9. 用以指定待执行指令所在地址的是_____。

A. 指令寄存器
B. 数据计数器
C. 程序计数器
D. 累加器

10. 计算机与日常使用的袖珍计算器的本质区别在于_____。

A. 运算速度的高低
B. 存储器容量的大小
C. 规模的大小
D. 自动化程度的高低

11. 冯·诺伊曼机工作方式的基本特点是_____。

A. 多指令流单数据流
B. 按地址访问并顺序执行指令
C. 堆栈操作
D. 存储器按内容选择地址

12. 用户与计算机通信的界面是_____。

A. CPU
B. 外部设备
C. 应用程序
D. 系统程序

13. 下列_____属于应用软件。

A. 操作系统
B. 编译程序
C. 连接程序
D. 文本处理程序

14. 下列_____不是输入设备。

A. 画笔与图形板
B. 键盘
C. 鼠标器
D. 打印机

15. 下列各装置中,_____具有输入及输出功能。

A. 键盘
B. 显示器
C. 磁盘驱动器
D. 打印机

16. 下列设备中_____不属于输出设备。

A. 打印机
B. 磁带机
C. 光笔
D. 绘图仪

17. 下列语句中_____是正确的。

A. 数据库属于系统软件
B. 磁盘驱动器只有输入功能
C. 评估计算机的执行速度可以用每秒执行的指令数为判断依据

D. 个人计算机是小型机

18. 计算机只懂机器语言,而人类熟悉高级语言,故人机通信必须借助_____。

A. 编译程序   B. 编辑程序

C. 连接程序   D. 载入程序

19. 计算机的算术逻辑单元和控制单元合称为_____。

A. ALU   B. UP

C. CPU   D. CAD

20. 只有当程序要执行时,它才会去将源程序翻译成机器语言,而且一次只能读取、翻译并执行源程序中的一行语句,此程序称为_____。

A. 目标程序   B. 编译程序

C. 解释程序   D. 汇编程序

21. 通常称"容量为 640K 的存储器"是指下列_____。

A. 640×10^3 字节的存储器   B. 640×10^3 位的存储器

C. 640×2^{10} 位的存储器   D. 640×2^{10} 字节的存储器

22. 由 0、1 代码组成的语言,称为_____。

A. 汇编语言   B. 人工语言

C. 机器语言   D. 高级语言

23. 计算机存储数据的基本单位为_____。

A. 比特(Bit)   B. 字节(Byte)

C. 字组(Word)   D. 以上都不对

24. 一般 8 位的微型机系统以 16 位来表示地址,则该计算机系统有_____个地址空间。

A. 256   B. 65 535

C. 65 536   D. 131 072

25. 下列语句中_____是正确的。

A. 1 KB = 1 024×1 024 B   B. 1 KB = 1 024 MB

C. 1 MB = 1 024×1 024 B   D. 1 MB = 1 024 B

26. 一片 1 MB 的磁盘能存储_____的数据。

A. 10^6 字节   B. 10^{-6} 字节

C. 10^9 字节   D. 2^{20} 字节

27. 计算机中_____负责指令译码。

A. 算术逻辑单元   B. 控制单元

C. 存储器译码电路   D. 输入输出译码电路

28. 能直接让计算机接受的语言是_____。

A. C 语言   B. BASIC

C. 汇编语言   D. 机器语言

E．高级语言

29．80286 是个人计算机中的_____器件。

A．EPROM
B．RAM

C．ROM
D．CPU

30．下列_____不属于系统程序。

A．数据库系统
B．操作系统

C．编译程序
D．汇编程序

31．32 位的个人计算机，一个字节(byte)由_____位(bit)组成。

A．4
B．8

C．16
D．32

32．执行最快的语言是_____。

A．汇编语言
B．COBOL

C．机器语言
D．PASCAL

33．下列说法中_____不正确。

A．高级语言的命令用英文单词来表示

B．高级语言的语法很接近人类语言

C．高级语言的执行速度比低级语言快

D．同一高级语言可在不同形式的计算机上执行

34．将高级语言程序翻译成机器语言程序需借助于_____。

A．连接程序
B．编辑程序

C．编译程序
D．汇编程序

35．存储单元是指_____。

A．存放一个字节的所有存储元集合

B．存放一个存储字的所有存储元集合

C．存放一个二进制信息位的存储元集合

D．存放一条指令的存储元集合

36．存储字是指_____。

A．存放在一个存储单元中的二进制代码组合

B．存放在一个存储单元中的二进制代码位数

C．存储单元的集合

D．机器指令

37．存储字长是指_____。

A．存放在一个存储单元中的二进制代码组合

B．存放在一个存储单元中的二进制代码位数

C．存储单元的个数

D. 机器指令的位数

38. _____可区分存储单元中存放的是指令还是数据。

A. 存储器   B. 运算器

C. 控制器   D. 用户

39. 存放欲执行指令的寄存器是_____。

A. MAR   B. PC

C. MDR   D. IR

40. 将汇编语言翻译成机器语言需借助于_____。

A. 编译程序   B. 编辑程序

C. 汇编程序   D. 连接程序

41. 在 CPU 中跟踪指令后继地址的寄存器是_____。

A. MAR   B. IR

C. PC   D. MDR

1.4.2　填空题

1. 完整的计算机系统应包括__A__和__B__。

2. 计算机硬件包括__A__、__B__、__C__、__D__和__E__。其中__F__、__G__和__H__组成__I__,__J__和__K__可统称为 CPU。

3. 基于__A__原理的冯·诺伊曼计算机工作方式的基本特点是__B__。

4. 计算机硬件是指__A__,软件是指__B__,固件是指__C__。

5. 系统程序是指__A__,应用程序是指__B__。

6. 计算机与日常使用的袖珍计算器的本质区别在于__A__。

7. 为了更好地发挥__A__效率和__B__,20 世纪 50 年代发展了__C__技术,通过它对计算机进行管理和调度。

8. __A__和__B__都存放在存储器中,__C__能自动识别它们。

9. 计算机系统没有系统软件中的__A__,就什么工作都不能做。

10. 在用户编程所用的各种语言中,与计算机本身最为密切的语言是__A__。

11. 计算机唯一能直接执行的语言是__A__语言。

12. 电子计算机问世至今,计算机类型不断推陈出新,但依然保存"存储程序"的特点,最早提出这种观念的是__A__。

13. 汇编语言是一种面向__A__的语言,对__B__依赖性强,用汇编语言编制的程序执行速度比高级语言__C__。

14. 有些计算机将一部分软件永恒地存于只读存储器中,称为__A__。

15. 计算机将存储、算术逻辑运算和控制三个部分合称为__A__,再加上__B__和__C__就组成了计算机硬件系统。

16. 1 μs 是　A　s,其时间是 1 ns 的　B　倍。

17. 计算机系统的软件可分为　A　和　B　,文本处理属于　C　软件,汇编程序属于　D　软件。

18. 指令的解释是由计算机的　A　来完成的,运算器用来完成　B　。

19. 软件是各种指挥计算机工作的　A　总称,可大致分为　B　和　C　两大类。前者的主要作用是充分发挥硬件功能及方便用户,最典型的如　D　。

20. 若以电视来比喻计算机硬件和软件的关系,则电视机好比　A　,　B　好比软件。

21. 存储器可分为主存和　A　,程序必须存于　B　内,CPU 才能执行其中的指令。

22. 常用的辅助存储器有　A　和　B　等。

23. 存储器的容量可以用 KB、MB 和 GB 表示,它们分别代表　A　,　B　和　C　。

24. 计算机硬件的主要技术指标包括　A　、　B　、　C　。

1.4.3　问答题

1. 什么是计算机系统?说明计算机系统的层次结构。

2. 画出计算机硬件基本组成框图,通过解题过程说明每一功能部件的作用及它们之间的信息流向。

3. 什么是主机?什么是 CPU?什么是存储器?简述它们的功能。

4. 计算机系统软件包括哪几类?各有何作用?

5. 什么是硬件?什么是软件?两者谁更重要?为什么?

6. 什么是指令?什么是程序?

7. 机器语言、汇编语言、高级语言有何区别?

8. 计算机硬件的主要技术指标有哪些?

9. 解释英文缩写的含义:MIPS、CPI、FLOPS。

10. 什么是机器字长、指令字长、存储字长?

11. 如何理解计算机体系结构和计算机组成?

12. 解释英文缩写的含义:CPU、PC、IR、CU、ALU、ACC、MQ、X、MAR、MDR、MM、I/O。

13. 解释存储元件、存储元、存储基元、存储单元、存储字的概念。

参 考 答 案

1.4.1　选择题

1. B　　2. B　　3. C　　4. C　　5. D　　6. D

7. D　　8. D　　9. C　　10. D　　11. B　　12. B

13. D	14. D	15. C	16. C	17. C	18. A
19. C	20. C	21. D	22. C	23. A	24. C
25. C	26. D	27. B	28. D	29. D	30. A
31. B	32. C	33. C	34. C	35. B	36. A
37. B	38. C	39. D	40. C	41. C	

1.4.2 填空题

1. A. 配套的硬件设备　　　　　B. 软件系统

2. A. 运算器　　B. 控制器　　C. 存储器　　D. 输入设备

   E. 输出设备　　F. 运算器　　G. 控制器　　H. 存储器

   I. 主机　　J. 运算器　　K. 控制器

3. A. 存储程序　　B. 按地址访问并顺序执行指令

4. A. 计算机系统的实体部分,它由看得见摸得着的各种电子元器件及各类光、电、机设备的实物组成,包括主机、外部设备等

   B. 人们事先编制的具有各类特殊功能的程序,是无形的

   C. 具有某种软件功能的硬件,一般用 ROM 实现

5. A. 用来对整个计算系统进行调度、管理、监视及服务的各种软件

   B. 用户在各自的系统中开发和应用的各种程序

6. A. 自动化程度的高低

7. A. 计算机　　B. 方便用户　　C. 操作系统

8. A. 指令　　B. 数据　　C. 控制器

9. A. 操作系统

10. A. 汇编语言

11. A. 机器

12. A. 冯·诺伊曼

13. A. 机器　　B. 机器　　C. 快

14. A. 固件

15. A. 主机　　B. 输入设备　　C. 输出设备

16. A. 10^{-6}　　B. 1 000

17. A. 系统软件　　B. 应用软件　　C. 应用　　D. 系统

18. A. 控制器　　B. 算术和逻辑运算

19. A. 程序　　B. 系统软件　　C. 应用软件　　D. 操作系统

20. A. 硬件　　B. 电视节目

21. A. 辅存　　B. 主存

22. A. 磁盘　　B. 磁带(或光盘)

23. A. 2^{10}字节　　B. 2^{20}字节　　C. 2^{30}字节

24. A. 机器字长　　　B. 存储容量　　　　C. 运算速度

1.4.3 问答题

1. 计算机系统包括硬件和软件。从计算机系统的层次结构来看,它通常可有 5 个以上的层次,在每一层次(级)上都能进行程序设计。由下至上可排序为:第 1 级微程序机器级,微指令由硬件直接执行;第 2 级传统机器级,用微程序解释机器指令;第 3 级操作系统级,一般用机器语言程序解释作业控制语句;第 4 级汇编语言机器级,这一级由汇编程序支持和执行;第 5 级高级语言机器级,采用高级语言,由各种高级语言编译程序支持和执行。还可以有第 6 级应用语言机器级,采用各种面向问题的应用语言。

2. 计算机硬件系统由 5 大部件组成,如图 1.3 所示。控制器指挥各部件协调工作;运算器能完成算术运算和逻辑运算;存储器用来存放程序和数据;输入设备可将人们熟悉的信息转换成机器能识别的信息;输出设备可将机器运行结果转换成人们能接受的信息。

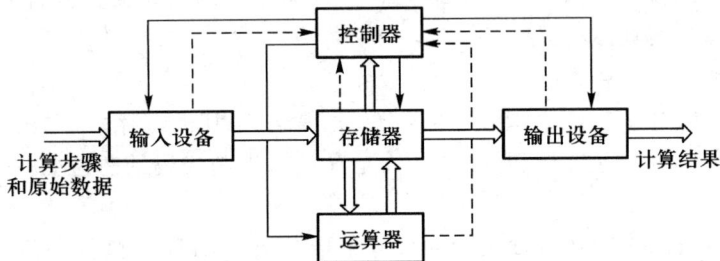

图 1.3　第 2 题答图

解题过程说明如下:事先将需要解决的问题编制成解题程序,在控制器的指挥下,经输入设备输入至存储器,然后启动机器运行程序,控制器从存储器中自动、逐条地取出指令,经分析,发出各种不同的命令,执行指令,直至最终将运行结果通过输出设备显示或打印出来。部件之间的信息流向如图中所示,其中实线表示控制信号,虚线表示反馈信号,宽线表示数据流(包括数据和指令)。

3. 主机包括运算器、控制器和存储器。其功能是在控制器的指挥下,逐条地从存储器中取出指令,分析指令,发出各种不同的命令,在运算器中完成各种算术逻辑运算,并将结果存于存储器中。

CPU 包括运算器和控制器,又称为中央处理器,它具有运算器和控制器的功能。

存储器用来存放程序和数据。

4. 计算机系统软件包括:

(1) 标准程序库,如监控程序,用于监视计算机工作。

(2) 服务性程序,如连接、编辑、调试、诊断。

(3) 语言处理程序,如编译程序、汇编程序、解释程序,将各种语言转换成机器语言。

(4) 操作系统,用来控制和管理计算机。

（5）数据库管理系统。

（6）各种计算机网络软件。

5. 硬件是计算机系统的实体部分,它由看得见摸得着的各种电子元器件及各类光、电、机设备的实物组成,包括主机和外部设备等。

软件是看不见摸不着的,由人们事先编制的具有各类特殊功能的程序组成。

硬件和软件是不可分割的统一体,前者是后者的物质基础,后者是前者的"灵魂",它们相辅相成,互相促进。

6. 指令是机器完成某种操作的命令,典型的指令通常包括操作码和地址码两部分。操作码用来指出执行什么操作(如加、传送),地址码用来指出操作数在什么地方。程序是有序指令的集合,用来解决某一特定问题。

7. 机器语言由代码"0"、"1"组成,是机器能直接识别的一种语言。汇编语言是面向机器的语言,它用一些特殊的符号表示指令。高级语言是面向用户的语言,它是一种接近于人们使用习惯的语言,直观,通用,与具体机器无关。

8. 计算机的硬件指标主要有:

（1）机器字长:CPU 一次能处理数据的位数,通常与 CPU 的寄存器位数有关。

（2）存储容量:包括主存容量和辅存容量,是存放二进制代码的总位数,可用位(bit)或字节(byte)来衡量。

（3）运算速度:可用 MIPS(每秒执行的百万条指令数)、CPI(每执行一条指令所需的时钟周期数)或 FLOPS(每秒浮点运算次数)来衡量运算速度。

9. MIPS(Million Instruction Per Second)即每秒执行百万条指令数,如每秒能执行 300 万条指令,则记为 3 MIPS。CPI(Cycle Per Instruction)即执行一条指令所需的时钟周期(时钟频率的倒数)数。FLOPS(Floating Point Operation Per Second)即每秒浮点运算次数。

10. 机器字长是指 CPU 一次能处理数据的位数,通常与 CPU 的寄存器位数有关。指令字长是指机器指令中二进制代码的总位数。存储字长是指存储单元中存放二进制代码的总位数。三者可以相等也可以不等,视不同机器而定。

11. 计算机体系结构是指能够被程序员所见到的计算机系统的属性,即概念性的结构与功能特性。通常是指用机器语言编程的程序员(也包括汇编语言程序设计者和汇编程序设计者)所看到的传统机器的属性,包括指令集、数据类型、存储器寻址技术、I/O 机理等,大都属于抽象的属性。

计算机组成是指如何实现计算机体系结构所体现的属性,它包含了许多对程序员来说是透明的(即程序员不知道的)硬件细节。例如,一台机器是否具备乘法指令是一个结构问题,而实现乘法指令采用什么方式是一个组成问题。

12. CPU　（Central Processing Unit）　中央处理器,包括控制器和运算器

　　　PC　（Program Counter）　程序计数器

　　　IR　（Instruction Register）　指令寄存器

CU	(Control Unit)	控制单元
ALU	(Arithmetic Logic Unit)	算术逻辑单元
ACC	(Accumulator)	累加器
MQ	(Multiplier-Quotient Register)	乘商寄存器
X		操作数寄存器
MAR	(Memory Adress Register)	存储器地址寄存器
MDR	(Memory Data Register)	存储器数据寄存器
MM	(Main Memory)	主存储器
I/O	(Input/Output Equipment)	输入输出设备

13. 存储元件(又称存储基元、存储元)用来存放一位二进制信息。存储单元由若干个存储元件组成,能存放多位二进制信息。许多个存储单元可组成存储矩阵(又称存储体)。每个存储单元中二进制代码的组合即为存储字,它可代表数值、指令、地址或逻辑数等。每个存储单元中二进制代码的位数就是存储字长。

第二章　计算机的发展及应用

2.1　重点难点

本章重点要求了解计算机的产生、发展、应用的简要历史，从而激发学习本课程的积极性和主动性。

本章无难点内容。

2.2　主要内容

2.2.1　计算机的发展

计算机的发展史包括硬件和软件两个方面。硬件的发展主要体现在组成计算机基本电路的元器件的性能飞跃；软件的发展始终以如何提高计算机的效率和如何方便用户为目标。

从 1946 年世界上第一台电子计算机 ENIAC 诞生到 20 世纪 50—60 年代，构成计算机的元器件不断地发生着变化（电子管→晶体管→集成电路），几乎每隔 6 ~ 7 年，计算机就更新换代一次，运算速度提高一个数量级。20 世纪 70 年代，自从 Intel 公司生产了第一个微处理器芯片后，随着集成度的成倍提高，每隔 18 个月芯片上晶体管集成数就翻一番（摩尔定律）。计算机的成本大幅下降，体积成倍缩小，使它获得极为广泛的应用，乃至使人类世界从制造时代进入信息时代，出现了知识大爆炸。而且随着大规模集成电路工艺的成熟，计算机的硬件价格越来越低，功能越来越强，相比之下，软件价格在计算机系统中所占的比例越来越高。

计算机发展至今，大致经历了五代，即电子管时代、晶体管时代、中小规模集成电路时代和大规模、超大规模集成电路时代。

1. 第一代计算机（1946—1957 年）

这一代计算机采用电子管作为运算和逻辑元件，数据表示采用定点数，用机器语言和汇编语言编写程序，主要用于科学计算和工程设计。

2. 第二代计算机（1958—1964 年）

这一代计算机用晶体管代替电子管作为运算和逻辑元件,用磁芯作为主存,磁带和磁盘作为辅存。开始使用 FORTRAN、ALGOL、COBOL 等高级程序设计语言。

3. 第三代计算机(1965—1971 年)

这一代计算机用中小规模集成电路代替分立元件,主存除磁芯外,还出现了用半导体存储器取代磁芯存储器。在软件方面,操作系统日趋成熟。

4. 第四、第五代计算机(1972 年至今)

这两代计算机用大规模集成电路(LSI)和超大规模集成电路(VLSI)作为计算机的主要功能部件。软件方面发展了数据库管理系统、分布式操作系统和网络软件等。

2.2.2 计算机的分类及应用

1. 计算机的分类

计算机分类方法很多,按信息的形式可分为数字计算机和模拟计算机。前者的信息是以离散型数字脉冲形式传递的;后者的信息是以连续型电波形式传递的。两者的结合就是数字模拟混合式计算机。

按计算机在系统中所处的地位可分为实时控制计算机和分时控制计算机。前者要求以足够快的速度处理外来信息,并要求作出即时响应;后者具有同时向多个用户提供机器自身资源的能力,使各个用户可同时占用计算机。

按机器的通用程度可分为通用计算机和专用计算机。前者一般属于分时控制计算机,后者大多属于实时控制计算机。

按体积大小、简易性、功率损耗、性能指标、存储容量、指令系统规模和机器价格等不同,通用计算机又可分为单片机、微型计算机、小型计算机、大型计算机、巨型计算机和工作站。

2. 计算机的应用

随着集成电路制造工艺的日趋成熟,微型机的出现使计算机的应用领域越来越广泛。主要有以下几方面:

(1) 科学计算与数据处理。

(2) 工业控制和实时控制。

(3) 网络技术。

(4) 虚拟现实技术。

(5) 办公自动化和管理信息系统。

(6) CAD/CAM/CIMS。

(7) 多媒体技术。

(8) 人工智能。

2.3　习题训练

2.3.1　选择题

1. 以真空管为主要器件的是_____。
A. 第一代计算机　　　　　　　　　B. 第二代计算机
C. 第三代计算机　　　　　　　　　D. 第四、第五代计算机

2. 所谓第二代计算机是以_____为主要器件。
A. 超大规模集成电路　　　　　　　B. 集成电路
C. 晶体管　　　　　　　　　　　　D. 电子管

3. 第三代计算机以_____为主要器件。
A. 晶体管　　　　　　　　　　　　B. 电子管
C. 集成电路　　　　　　　　　　　D. 超大规模集成电路

4. 第四、第五代计算机以_____为主要器件。
A. 集成电路　　　　　　　　　　　B. 电子管
C. 晶体管　　　　　　　　　　　　D. 大规模和超大规模集成电路

5. 把电路中的所有元器件如晶体管、电阻、二极管等都集成在一个芯片上的元件称为_____。
A. Transister　　　　　　　　　　B. Integrated Circuit
C. Computers　　　　　　　　　　D. Vacuum Tube

6. ENIAC 所用的主要元件是_____。
A. 集成电路　　　　　　　　　　　B. 晶体管
C. 电子管　　　　　　　　　　　　D. 以上各项都不对

7. 所谓超大规模集成电路(VLSI)是指一片 IC 芯片上能容纳_____元件。
A. 数十个　　　　　　　　　　　　B. 数百个
C. 数千个　　　　　　　　　　　　D. 数万个以上

8. 目前被广泛使用的计算机是_____。
A. 数字计算机　　　　　　　　　　B. 模拟计算机
C. 数字模拟混合式计算机　　　　　D. 特殊用途计算机

9. 个人计算机(PC)属于_____类计算机。
A. 大型计算机　　　　　　　　　　B. 小型机
C. 微型计算机　　　　　　　　　　D. 超级计算机

10. 一般用途计算机比特殊用途计算机_____。

A. 价格高   B. 用途广

C. 用途窄   D. 速度慢

11. 通常计算机的更新换代以_____为依据。

A. 电子器件   B. 电子管

C. 半导体   D. 延迟线

12. 对有关数据加以分类、统计、分析,这属于计算机在_____方面的应用。

A. 数值计算   B. 辅助设计

C. 数据处理   D. 实时控制

13. 邮局对信件进行自动分拣,使用的计算机技术是_____。

A. 机器翻译   B. 自然语言理解

C. 模式识别   D. 网络通信

14. 微型计算机的发展通常以_____为技术标志。

A. 操作系统   B. 磁盘

C. 软件   D. 微处理器

15. 数控机床是计算机在_____方面的应用。

A. 数据处理   B. 人工智能

C. 辅助设计   D. 实时控制

16. 下列 4 种语言中,_____更适应网络环境。

A. FORTRAN   B. Java

C. C   D. PASCAL

17. 现代计算机大多采用集成电路,在集成电路生产中所采用的基本材料多数为_____。

A. 单晶硅   B. 非晶硅

C. 锑化钼   D. 硫化镉

18. 在北京利用检索系统能查阅美国的资料,是因为两地间通过_____相连。

A. 计算机电话   B. 海底电缆

C. 光纤传输   D. 电子邮政

19. 应用在飞机的导航系统上的计算机是_____。

A. 特殊用途计算机   B. 一般用途计算机

C. 超级计算机   D. 并行计算机

20. 下列叙述中_____是正确的。

A. 终端是计算机硬件的一部分,好比电视中的小屏幕

B. ALU 是代数逻辑单元的缩写

C. 导航用计算机属于一般用途计算机

D. 80386 处理器可以作为微型机的 CPU

21. 下列_____为"计算机辅助教学"的英文缩写。

A. CAD   B. CAM

C. CAE   D. CAI

22. "计算机辅助设计"的英文缩写为_____。

A. CAI   B. CAM

C. CAD   D. CAE

23. 下列_____是 16 位微处理机。

A. Zilog Z80   B. Intel 8080

C. Intel 8086   D. Mos Technology 6502

24. 目前大部分的微处理器使用的半导体工艺称为_____工艺。

A. TTL   B. CMOS

C. ECL   D. DMA

2.3.2   填空题

1. ___A___ 年研制成功的第一台电子计算机称为___B___。

2. 集成电路(IC)通常按集成度(每片上的逻辑门数)进行分类,SSI 是指每片可达___A___个门,MSI 是指每片可达___B___个门, LSI 是指每片可达___C___个门,VLSI 是指单片上可以制造___D___个门。

3. 集成电路的发展,到目前为止,依次经历了___A___、___B___、___C___和___D___四个阶段。

4. 电子邮件是指___A___。

5. 数控机床是计算机在___A___方面的应用,邮局实现信件自动分拣是计算机在___B___方面的应用。

6. 人工智能研究___A___,模式识别研究___B___。

7. 计算机在过程控制应用中,除计算机外,___A___是重要部件,它能把___B___转换成计算机能识别的信号。

8. 电子计算机按处理信息的形式分类,可分为___A___、___B___和___C___三种。

9. 计算机的发展是___A___越来越小,___B___越来越快,___C___越来越大,___D___越来越低。

10. 计算机按其工艺和器件特点,大致经历了五代变化,第一代从___A___年开始,采用___B___;第二代从___C___年开始,采用___D___;第三代从___E___年开始,采用___F___;第四代从___G___年开始,采用___H___;第五代从___I___年开始,采用___J___。

11. 电子计算机的英文名是___A___,世界上第一台电子计算机命名为___B___,它是由___C___大学制成。

12. ___A___计算机用来处理离散型的信息,而___B___计算机用来处理连续型的信息。

13. 以电压的高低来表示数值,其精度有限的计算机称为___A___。

14. 将许多电子元件集成在一片芯片上称为 ___A___ ，它可分为 ___B___ 、 ___C___ 、 ___D___ 和 ___E___ （均用英文缩写字母表示）。

15. ___A___ （简称 AI）的目标是由人类将思考力、判断力和学习力赋予计算机。

16. 计算机发展至今，虽然与早期相比面貌全非，但 ___A___ 的特点依然不变。

17. 操作系统最早出现在第 ___A___ 代计算机上。

18. 网络技术的应用主要有 ___A___ 、 ___B___ 和 ___C___ 。

19. 多媒体技术是 ___A___ 。

20. 在微型计算机广泛的应用领域中，财务管理属于 ___A___ 方面的应用。

21. 在远程导弹系统中，将计算机嵌入到导弹内，这种计算机属于 ___A___ 用计算机，在计算机的应用领域中属于 ___B___ 。

22. 机器人属于 ___A___ 领域的一项重要应用。

23. 把各类专家丰富的知识和经验以数据形式存于知识库内，通过专用软件，根据用户查询的要求，向用户作出解答，这种系统通常被称做 ___A___ ，属于 ___B___ 领域的应用范畴。

24. 在企业建立一个管理信息系统，对内需完成 ___A___ 的建立，对外需实现 ___B___ 相连，使企业以最少的库存积压、最低的能源消耗、最快的生产周期、最佳的售后服务来获得最大的利润。

2.3.3　问答题

1. 举三个实例，说明网络技术的应用。
2. 什么是人工智能？计算机在人工智能方面的应用有哪些？举例说明。
3. 什么是摩尔定律？该定律是否永远生效？为什么？
4. 设想一下计算机未来的用途。

参 考 答 案

2.3.1　选择题

1. A	2. C	3. C	4. D	5. B	6. C
7. D	8. A	9. C	10. B	11. A	12. C
13. C	14. D	15. D	16. B	17. A	18. B
19. A	20. D	21. D	22. C	23. C	24. B

2.3.2　填空题

1. A. 1946　　　　　B. ENIAC
2. A. 几十　　　B. 上百　　　　C. 上千　　　D. 几万以上
3. A. 小规模集成（SSI）　　　B. 中规模集成（MSI）
　　C. 大规模集成（LSI）　　　D. 超大规模集成（VLSI）

4. A. 通过计算机网络收发消息

5. A. 实时控制   B. 模式识别

6. A. 用计算机模拟人类智力活动的有关理论与技术

   B. 用计算机对物体、图像、语言、文字等信息进行自动识别

7. A. A/D 转换器   B. 模拟量

8. A. 数字计算机   B. 模拟计算机

   C. 数字模拟混合式计算机

9. A. 体积   B. 速度   C. 容量   D. 价格

10. A. 1946   B. 电子管   C. 1958   D. 晶体管

    E. 1965   F. 中小规模集成电路

    G. 1972   H. 大规模集成电路

    I. 1978   J. 超大规模集成电路

11. A. Computer   B. ENIAC   C. 美国宾夕法尼亚州立

12. A. 数字   B. 模拟

13. A. 模拟计算机

14. A. IC   B. SSI   C. MSI   D. LSI

    E. VLSI

15. A. 人工智能

16. A. 存储程序

17. A. 三

18. A. 电子商务   B. 网络教育   C. 敏捷制造等

19. A. 计算机技术和视频、音频及通信技术集成的产物

20. A. 数据处理

21. A. 专   B. 实时控制

22. A. 人工智能

23. A. 专家系统   B. 人工智能

24. A. Intranet   B. 与 Internet

2.3.3 问答题

1. 略。

2. 略。

3. 摩尔定律是 Intel 公司的缔造者之一 Gordon Moore 提出的。摩尔定律指出,微芯片上集成的晶体管数目以每三年翻两番的规律递增。由于受物理极限的制约(VLSI 晶体管本身的线宽大约在 0.05 μm 量级),摩尔定律不能永远生效。

4. 略。

第三章　系 统 总 线

3.1　重点难点

　　通过本章的学习,要求学生了解随着计算机的发展,应用领域的不断扩大,I/O 设备的种类和数量也越来越多。为了更好地解决 I/O 设备与主机之间连接的灵活性,计算机的结构从分散连接发展成总线连接。而且为了进一步简化设计,便于维护,有利于批量生产,又提出了各种总线标准。学习本章应重点掌握:

　　(1) 有关总线的基本概念。

　　(2) 如何克服总线的瓶颈。

　　(3) 如何对总线进行管理,包括判优控制和通信控制。

　　本章的难点是总线的通信控制,既要解决通信双方如何获知传输的开始和结束,又要使通信双方按规定的协议互相协调配合来完成通信任务。

3.2　主要内容

3.2.1　总线的基本概念

　　1. 总线和总线上信息传输的特点

　　总线是连接多个部件(模块)的信息传输线,是各部件共享的传输介质。而且在某一时刻只允许有一个部件向总线发送信息,但多个部件可以同时从总线上接收相同的信息。

　　2. 总线的传输周期

　　总线的传输周期是指一次总线操作所需的时间,简称总线周期(包括申请阶段、寻址阶段、传送阶段和结束阶段)。

　　3. 总线宽度

　　总线宽度又称为总线位宽,它是总线上同时能够传输的数据位数,通常是指数据总线的根数。

4．总线带宽

总线带宽可理解为总线的传输速率，即单位时间内总线上传输数据的位数，通常用每秒钟传送信息的字节数来衡量，单位可用 MBps（兆字节每秒）表示。

5．总线特性

总线特性是指机械特性、电气特性、功能特性及时间特性。

6．总线标准

总线标准是国际公布或推荐的互联各个模块的标准，它是把各种不同的模块组成计算机系统（或计算机应用系统）时必须遵守的规范。总线标准为计算机系统（或计算机应用系统）中各模块的互联提供一个标准界面（接口），该界面对它两端的模块都是透明的，即界面的任一方只需根据总线标准的要求来实现自身一方接口的功能，而不必考虑对方与界面的接口方式。

7．总线的主设备（模块）

总线的主设备是指获得总线控制权的设备。

8．总线的从设备（模块）

总线的从设备是指被主设备访问的设备，只能响应从主设备发来的各种总线命令。

9．总线的分类

总线的应用很广泛，从不同角度可以有不同的分类方法。按连接部件不同，总线可分以下几类。

（1）片内总线：芯片内的总线。

（2）系统总线：连接 CPU、主存、I/O 设备（通过 I/O 接口）各部件之间的信息传输线。

（3）通信总线：连接计算机系统之间或计算机与其他系统之间的信息传输线。

10．总线性能

总线性能包括总线宽度、总线带宽、时钟同步/异步、总线复用、信号线数、总线控制方式及负载能力等。

3.2.2　总线结构

主教材给出了各种总线的结构框图，通过这些框图可对总线结构的计算机有一概貌性的了解，并对各种总线标准的应用有一初步认识。重点应掌握为什么要采用多总线结构，它对解决总线瓶颈和提高计算机整机的性能有何作用。

单总线结构的计算机将 CPU、主存以及各种速度不一的 I/O 设备（通过 I/O 接口）都挂在一组总线上。这种结构简单，便于增删 I/O 设备，但所有的传送都通过这组共享总线，极易形成计算机系统的瓶颈。随着计算机应用范围的扩大，对数据的传输量和传输速度的要求越来越高，单总线结构已不能满足系统工作的需要。为了解决总线的瓶颈问题，可采用多总线结构。如果将速度不同的 I/O 设备分别挂在速度不同的总线上，例如把多媒体卡、高速局域网适配器、高性能图形板等数据传输速率很高的设备挂到性能较高的 PCI 总线上，将低速的传真机、调制解调器、打印机等挂到性能较低的 ISA、EISA 总线上,使设备的信息分流,如图 3.1 所示,从而提高整机的性能。

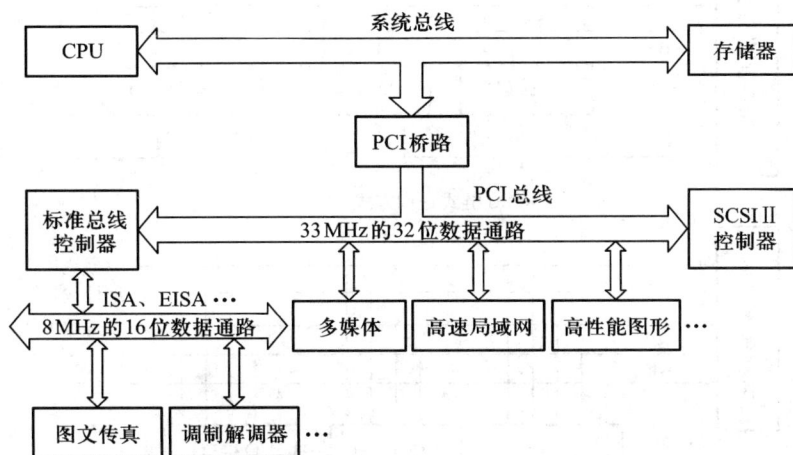

图 3.1 多总线结构

3.2.3 总线控制

由于总线上连接着多个部件,每个部件如何发送信息,如何接收信息,如何防止信息丢失等一系列问题,都必须通过总线控制器统一管理。总线控制包括判优控制和通信控制。

1. 总线判优控制

当多个主设备同时请求占用总线时,必须由总线判优逻辑按其优先级别仲裁,决定由哪个主设备占用总线。判优控制又分集中式和分布式两种,其中集中式总线判优逻辑有链式查询、计数器定时查询和独立请求方式三种,如图 3.2 所示为这三种方式的示意图。

(1) 链式查询方式如图 3.2(a)所示。图中控制总线中有三根线用于总线控制(BS 总线忙、BR 总线请求、BG 总线同意),其中总线同意信号 BG 是串行地从一个 I/O 接口送到下一个 I/O 接口。如果 BG 到达的接口有总线请求,BG 信号就不再往下传,意味着该接口获得了总线使用权。可见在查询链中,离总线控制器最近的设备具有最高的优先级。这种方式的特点是:只需很少几根线就能按一定优先次序实现总线控制,并且很容易扩充设备,但对电路故障很敏感。

(2) 计数器定时查询方式如图 3.2(b)所示。与图 3.2(a)相比,图 3.2(b)多了一组设备地址线,少了一根总线同意线。总线控制器接到由 BR 线送来的总线请求信号后,在总线未被使用(BS=0)的情况下,由计数器开始计数,并通过设备地址线向各设备发出一组地址信号。当某个请求占用总线的设备地址与计数值一致时,便获得总线使用权,此时终止计数查询。这种方式的特点是:计数可以从"0"开始,此时一旦设备的优先次序被固定后,设备的优先级就按 $0、1、\cdots、n$

(a) 链式查询方式

(b) 计数器定时查询方式

(c) 独立请求方式

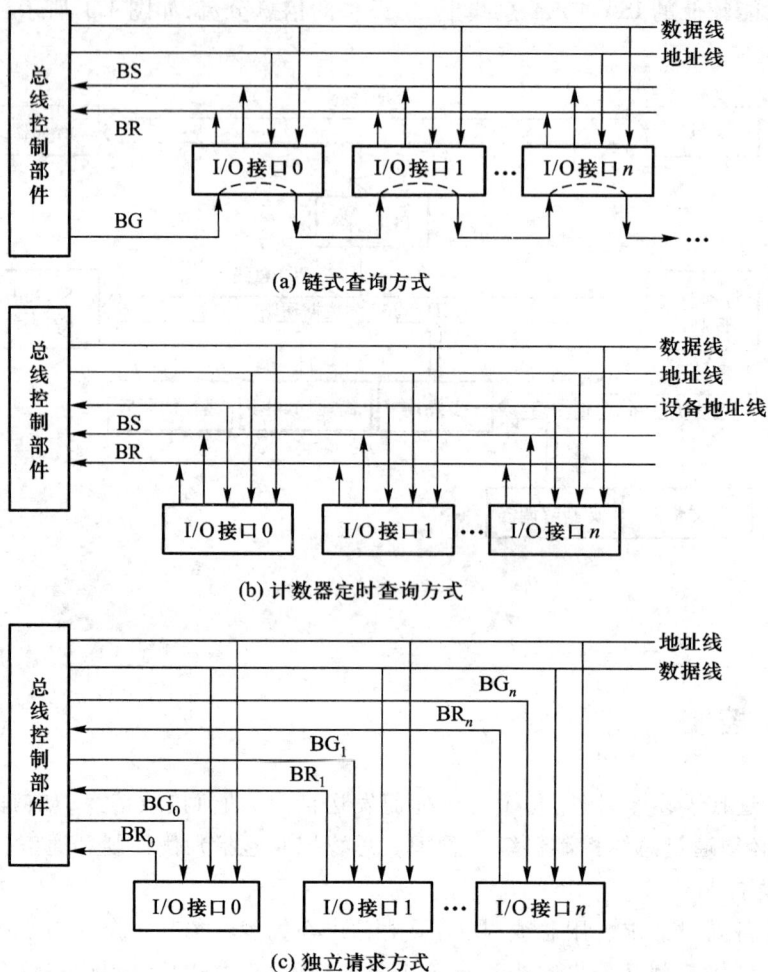

图 3.2   集中式总线三种控制方式

的顺序降序排列,而且固定不变;计数器也可以从上一次计数的终止点开始计数,即是一种循环方法,此时设备使用总线的优先级相等;计数器的初值还可由程序设置,故优先次序可以改变。这种方式对电路故障不如链式查询方式敏感,但增加了控制线(设备地址)数,控制也较复杂。

（3）独立请求方式如图3.2(c)所示,由图可见,每一设备均有一对总线请求信号 BR_i 和总线同意信号 BG_i。总线控制部件中有一排队电路,可根据优先次序确定响应哪一设备的请求。这种方式的特点是:响应时间快,优先次序控制灵活(通过程序改变),但控制线数量多,总线控制更复杂。

2. 总线的通信控制

总线的通信控制主要解决通信双方如何获知传输开始和传输结束,以及通信双方如何协调配合。总线通信主要分同步和异步两大类。

同步通信采用公共时钟,有统一的传输周期。如图 3.3 所示为同步通信的数据输入过程。

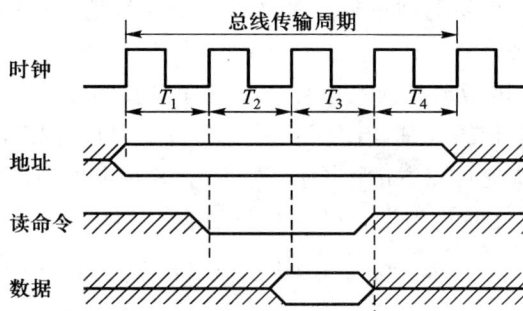

图 3.3　同步通信的数据输入过程

在图 3.3 中,一个总线传输周期内有 4 个时钟周期 $T_1 \sim T_4$,CPU 在第一个时钟周期 T_1 的上升沿发出地址信息,在第二个时钟周期 T_2 的上升沿发出读命令。输入设备必须在第三个时钟周期 T_3 的上升沿到来之前将 CPU 所需的数据送到数据总线上,而 CPU 在第三个时钟周期 T_3 内可将总线上的数据信息取至其内部的寄存器中。在第四个时钟周期 T_4 的上升沿,CPU 撤销读命令,输入设备撤销数据。可见通信双方在约定的时钟周期实现通信。但由于同步通信必须按最慢的模块来设计公共时钟,当总线上各模块存取时间差异很大时,便会大大损失总线效率。

异步通信没有公共时钟,采用应答方式通信,允许总线上各模块的速度不一致,总线的传输周期不固定。异步通信具体又分不互锁、半互锁、全互锁三种方式,分别如图 3.4(a)～图 3.4(c)所示。

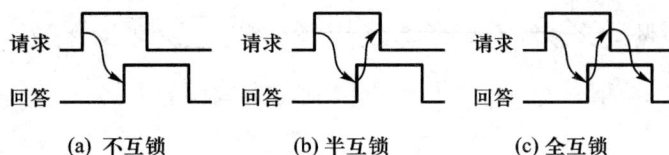

(a) 不互锁　　　(b) 半互锁　　　(c) 全互锁

图 3.4　异步通信的三种方式

不互锁方式的特点是主模块的请求信号和从模块的回答信号没有相互的制约关系。即主模块发出请求信号后,不必等到接到从模块的回答信号,而是经过一段时间,确认从模块已收到请求信号后,便撤销请求信号。而从模块在接到请求信号后,在条件允许时,发出回答信号,并经过一段时间(这段时间的设置对不同设备而言是不同的),确认主模块已收到回答信号后,自动撤销回答信号。

半互锁方式的特点是主模块的请求信号和从模块的回答信号有简单的制约关系。即主模块发出请求信号后,必须待接到从模块的回答信号后才撤销请求信号,有互锁关系。而从模块在接到请求信号后,发出回答信号,但不必等待获知主模块的请求信号已经撤销,而是隔一段时间便自动撤销回答信号,不存在互锁关系。

全互锁方式的特点是主模块的请求信号和从模块的回答信号有完全的制约关系。即主模块发出请求信号后,必须待从模块回答后才撤销请求信号;从模块发出回答信号,也必须待主模块获知(请求信号已撤销)后,再撤销其回答信号。双方存在互锁关系。

如果将同步和异步通信相结合,既有公共时钟控制,又允许速度不同的模块和谐工作,采用插入等待周期的措施来协调通信双方的配合问题,称做半同步控制。由如图 3.3 所示的同步通信数据输入可见,在 T_3 到来之时输入设备必须提供数据。如果输入设备速度较慢,无法在 T_3 到来之时提供数据,就必须在 T_3 之前通知 CPU,给出 $\overline{\text{WAIT}}$(低电平)信号。CPU 若测得 $\overline{\text{WAIT}}$ 为低电平,就插入一个等待周期 T_W。CPU 若在 T_W 结束前一时刻仍测得 $\overline{\text{WAIT}}$ 为低电平,就再插入一个等待周期 T_W,直到测得 $\overline{\text{WAIT}}$ 为高电平,表示数据已准备好,此时 CPU 又回到正常的时钟周期 T_3,并在 T_3 内将总线上的数据信息取至其内部的寄存器中。在 T_4 的上升沿,CPU 撤销读命令,输入设备撤销数据。如图 3.5 所示。

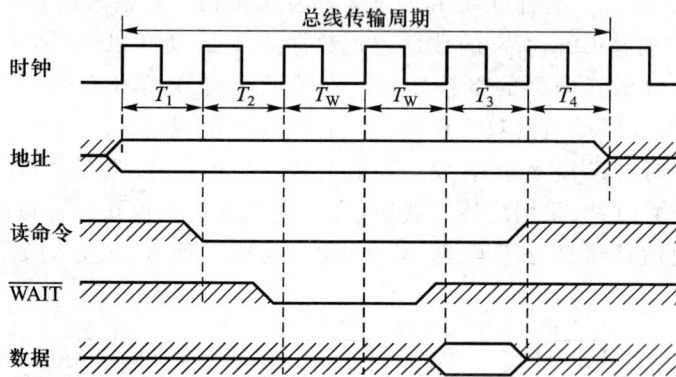

图 3.5 插入等待周期的半同步通信数据输入过程

如果想更充分地挖掘总线每瞬间的潜力,也可采用分离式通信。分离式通信将一个总线传输周期分解为两个子周期,每个子周期可供不同模块申请,每个模块都可以成为主模块。获得总线使用权的主模块采用同步方式传送,且仅在传送命令和数据时占用总线。两个传输子周期都只有单方向的信息流,总线上无空闲等待时间,这样可以最充分地发挥总线的有效占用。

3.3 例题精选

例 3.1 为了减轻总线负载且避免多个部件同时占用总线,总线上的部件应具备什么特点?

【解】 以 CPU 片内总线为例,在每个需要将信息送至总线的寄存器输出端接三态门,由三态门的控制端控制什么时刻由哪个寄存器输出。当控制端无效时,寄存器和总线之间呈高阻状态。

例 3.2 画一个具有双向传送功能的总线逻辑框图。

【解】 在总线的两端分别配置三态门,就可使总线具有双向传送功能,如图 3.6 所示。

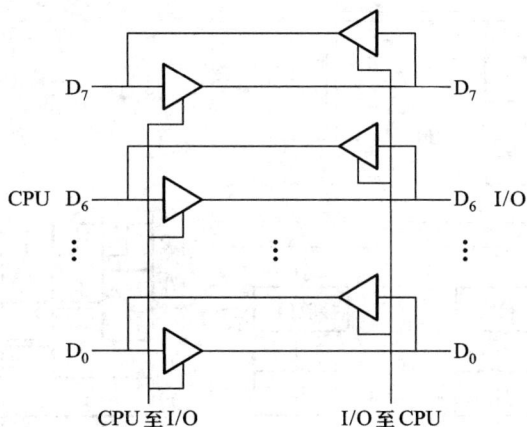

图 3.6 具有双向传送功能的总线逻辑

例 3.3 在数据总线上接有 A、B、C、D 四个寄存器,画出满足下列要求的电路框图。

(1) 在同一时间实现 D→A,D→B,D→C 寄存器间的传送。

(2) 要求: T_0 时刻完成 D→总线; T_1 时刻完成总线→A; T_2 时刻完成 A→总线; T_3 时刻完成总线→B。

【解】

(1) 如图 3.7 所示电路可在同一时刻实现 D→A,D→B,D→C。图中 T 控制三态门打开,将 D 寄存器中的内容送至总线,并由 m 脉冲同时打入到 A、B、C 寄存器中。T 和 m 的时间关系如图 3.7 所示。

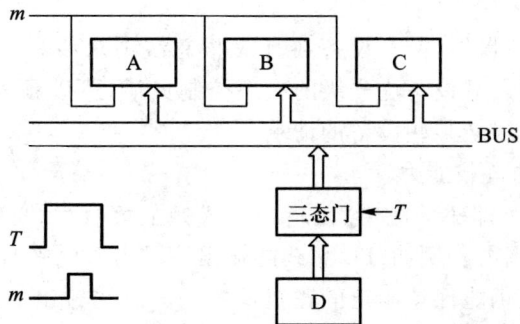

图 3.7 例 3.3 图(1)

（2）如图 3.8(a)所示的电路能满足例 3.3(2)的要求。图中三态门 1 受 T_0+T_1 控制,以确保 T_0 时刻 D→总线,以及 T_1 时刻总线→接收门 1→A。三态门 2 受 T_2+T_3 控制,以确保 T_2 时刻 A→总线,以及 T_3 时刻总线→接收门 2→B。T_0、T_1、T_2、T_3 的波形如图 3.8(b)所示。此题还可采用其他方案,读者可自行练习。

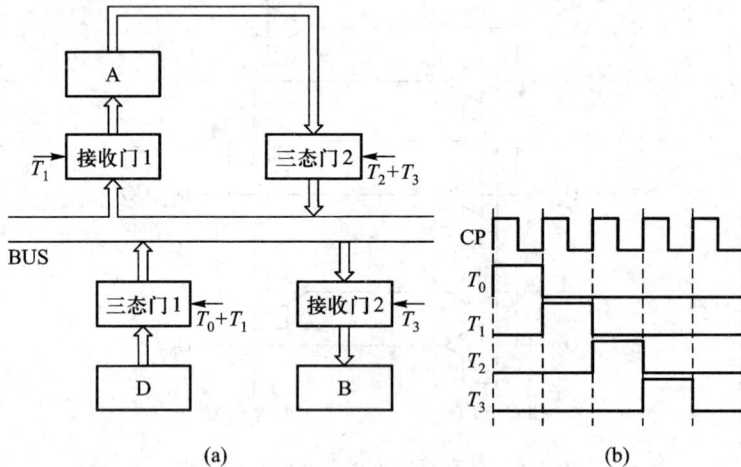

图 3.8　例 3.3 图(2)

例 3.4　试比较链式查询方式、计数器定时查询方式和独立请求方式各自的特点。

【解】　链式查询方式只需 1 根总线请求线(BR)、1 根总线忙线(BS)和 1 根总线同意线(BG)。BG 线像链条一样,串联所有的设备,设备的优先级是固定的,结构简单,容易扩充设备,但对电路故障十分敏感,一旦第 i 个设备的接口电路有故障,则第 i 个设备以后的设备都不能进行工作。

计数器定时查询方式的总线请求(BR)和忙(BS)线是各设备共用的,但还需 lb$N$(N 为设备数)根设备地址线实现查询。设备的优先级可以不固定,控制比链式查询复杂,电路故障不如链式查询方式敏感。

独立请求方式控制线数量多,N 个设备共有 N 根总线请求线和 N 根总线同意线,总线仲裁线路更复杂。但响应时间快,且设备优先级的次序控制灵活,可以预先固定,也可通过程序来改变优先次序,还可在必要时屏蔽某些设备的请求。

例 3.5　什么是总线的负载能力?

【解】　总线的负载能力即驱动能力,是指当总线接上负载后,总线输入输出的逻辑电平是否能保持在正常的额定范围内。例如,PC 总线的输出信号为低电平时,要吸收电流,这时的负载能力即指当它吸收电流时,仍能保持额定的逻辑低电平。总线输出为高电平时,要输出电流,这时的负载能力是指当它向负载输出电流时,仍能保持额定的逻辑高电平。

例 3.6　假设总线的时钟频率为 33 MHz,且一个总线时钟周期为一个总线传输周期。若在一个总线传输周期可并行传送 4 个字节的数据,求该总线的带宽,并分析哪些因素影响总线的带宽。

【解】 总线的带宽是指单位时间内总线上可传输的数据位数,通常用每秒传送信息的字节数来衡量,单位可用 MBps(兆字节每秒)表示。

由时钟频率 $f=33$ MHz,可得时钟周期 $T=1/f$,根据题目假设的条件,一个总线传输周期为一个时钟周期,且在一个总线传输周期传输 4 个字节数据,故总线带宽为

$$4\ B/T = 4\ B \times f = 4\ B \times 33 \times 10^6\ Hz \approx 132\ MBps \quad (1\ M = 2^{20})$$

影响总线带宽的因素有:总线宽度、传输距离、总线发送和接收电路工作频率的限制以及数据传输形式等。

例 3.7 在一个 16 位的总线系统中,若时钟频率为 100 MHz,总线传输周期为 5 个时钟周期,每一个总线传输周期可传送一个字,试计算总线的数据传输率。

【解】 根据时钟频率为 100 MHz,得

1 个时钟周期为 $1/(100\ MHz) = 0.01\ \mu s$

5 个时钟周期为 $0.01\ \mu s \times 5 = 0.05\ \mu s$

故数据传输率为 $16\ b/(0.05\ \mu s) = 320 \times 10^6\ bps = 40 \times 10^6\ Bps$

例 3.8 设一个 32 位微处理器配有 16 位的外部数据总线,时钟频率为 50 MHz,若总线传输的最短周期为 4 个时钟周期,试问处理器的最大数据传输率是多少? 若想提高一倍数据传输率,可采用什么措施?

【解】 根据题目给定的数据,该总线的最短传输周期为

$$T = 4/(50\ MHz) = 4 \times 20 \times 10^{-9}\ s = 80 \times 10^{-9}\ s$$

对于外部总线为 16 位的处理器,最大数据传输率为

$$2\ B/T = 2\ B/(80 \times 10^{-9}\ s) = 25 \times 10^6\ Bps$$

若想提高一倍数据传输率,可采用以下两种措施。

(1)外部数据总线宽度改为 32 位,CPU 时钟频率仍为 50 MHz,则数据传输率为

$$4\ B/T = 4\ B/(80 \times 10^{-9}\ s) = 50 \times 10^6\ Bps$$

(2)时钟频率加倍至 100 MHz,外部数据总线宽度仍为 16 位,则数据总线的传输周期为

$$T' = 4/(100\ MHz) = 40 \times 10^{-9}\ s$$

数据传输率为

$$2\ B/T' = 2\ B/(40 \times 10^{-9}\ s) = 50 \times 10^6\ Bps$$

若既增加数据总线位数,又提高时钟频率,将有更好的效果。

3.4　习题训练

3.4.1　选择题

1．计算机使用总线结构便于增减外设，同时_____。

A．减少了信息传输量

B．提高了信息的传输速度

C．减少了信息传输线的条数

2．计算机使用总线结构的主要优点是便于实现积木化，缺点是_____。

A．地址信息、数据信息和控制信息不能同时出现

B．地址信息与数据信息不能同时出现

C．两种信息源的代码在总线中不能同时传送

3．微型计算机中控制总线提供的完整信息是_____。

A．存储器和 I/O 设备的地址码

B．所有存储器和 I/O 设备的时序信号和控制信号

C．来自 I/O 设备和存储器的响应信号

D．上述各项

E．上述 B、C 两项

F．上述 A、B 两项

4．总线中地址线的作用是_____。

A．只用于选择存储器单元

B．由设备向主机提供地址

C．用于选择指定存储器单元和 I/O 设备接口电路的地址

5．在三种集中式总线控制中，_____方式响应时间最快。

A．链式查询

B．计数器定时查询

C．独立请求

6．在三种集中式总线控制中，独立请求方式响应时间最快，是以_____为代价的。

A．增加处理机的开销

B．增加控制线数

C．增加处理机的开销和增加控制线数

7．所谓三总线结构的计算机是指_____。

A. 地址线、数据线和控制线三组传输线

B. I/O 总线、主存总线和 DMA 总线三组传输线

C. I/O 总线、主存总线和系统总线三组传输线

8. 在三种集中式总线控制中,_____方式对电路故障最敏感。

A. 链式查询

B. 计数器定时查询

C. 独立请求

9. 以下描述 PCI 总线的基本概念中,正确的是_____。

A. PCI 总线是一个与处理器时钟频率无关的高速外部总线

B. PCI 总线需要人工方式与系统配置

C. 系统中只允许有一条 PCI 总线

10. 连接计算机与计算机之间的总线属于_____总线。

A. 内

B. 系统

C. 通信

11. 在计数器定时查询方式下,若每次计数从上一次计数的终止点开始,则_____。

A. 设备号小的优先级高

B. 每个设备使用总线的机会相等

C. 设备号大的优先级高

12. 在计数器定时查询方式下,若计数从 0 开始,则_____。

A. 设备号小的优先级高

B. 每个设备使用总线的机会相等

C. 设备号大的优先级高

13. 在独立请求方式下,若有 N 个设备,则_____。

A. 有一个总线请求信号和一个总线响应信号

B. 有 N 个总线请求信号和 N 个总线响应信号

C. 有一个总线请求信号和 N 个总线响应信号

14. 在链式查询方式下,若有 N 个设备,则_____。

A. 有 N 条总线请求线

B. 无法确定有几条总线请求线

C. 只有一条总线请求线

15. 系统总线中的数据线、地址线和控制线是根据_____来划分的。

A. 总线所处的位置

B. 总线的传输方向

C. 总线传输的内容

16. 总线通信中的同步控制是_____。

A. 只适合于 CPU 控制的方式

B. 由统一时序控制的方式

C. 只适合于外部设备控制的方式

17. 在各种异步通信方式中,_____速度最快。

A. 全互锁

B. 半互锁

C. 不互锁

18. 总线的独立请求方式优点是_____。

A. 速度高

B. 可靠性高

C. 成本低

19. 在同步通信中,一个总线周期的传输过程是_____。

A. 先传输数据,再传输地址

B. 先传输地址,再传输数据

C. 只传输数据

20. 总线中数据信号和地址信号分别用一组线路传输,这种传输方式称为_____。

A. 串行传输

B. 并行传输

C. 复用传输

21. 总线复用方式可以_____。

A. 提高总线的传输带宽

B. 增加总线的功能

C. 减少总线中信号线的数量

22. 不同的信号共用一组信号线,分时传送,这种总线传输方式是_____传输。

A. 猝发

B. 并行

C. 复用

23. 总线的异步通信方式_____。

A. 不采用时钟信号,只采用握手信号

B. 既采用时钟信号,又采用握手信号

C. 既不采用时钟信号,又不采用握手信号

24. 总线的半同步通信方式_____。

A. 不采用时钟信号,只采用握手信号

B. 既采用时钟信号,又采用握手信号

C. 既不采用时钟信号，又不采用握手信号

25. 下列_____总线是显示卡专用的局部总线。

A. USB

B. AGP

C. PCI

26. 计算机之间的远距离通信除了直接由网卡经网线传输外，还可用_____总线通过载波电话线传输。

A. USB

B. PCI

C. RS-232

27. 在异步串行传输系统中，假设每秒传输 120 个数据帧，其字符格式为：1 位起始位、8 位数据位、1 位奇偶校验位、1 位终止位，则其波特率为_____。

A. 1 320 波特

B. 960 波特

C. 1 080 波特

28. 在异步串行传输系统中，假设波特率为 1 200 bps，字符格式为：1 位起始位、8 位数据位、1 位奇偶校验位、1 位终止位，则其比特率为_____ bps。

A. 872.72

B. 1 200

C. 981.81

29. 在多机系统中，某个 CPU 需访问共享存储器（供所有 CPU 访问的存储器），通常采用_____类型的联络方式实现通信。

A. 不互锁

B. 半互锁

C. 全互锁

30. 在单机系统中，CPU 向存储器写信息，通常采用_____类型的联络方式。

A. 全互锁

B. 半互锁

C. 不互锁

31. 在_____通信方式中，总线上所有模块都可以成为主模块。

A. 异步

B. 半同步

C. 分离式

32. 用户可采用_____总线方便地将键盘、打印机、U 盘、鼠标等直接与 PC 连接。

A. VESA（VL-BUS）

　　B. USB

　　C. PCI

3.4.2　填空题

　　1. 在做手术过程中,医生经常将手伸出,等护士将手术刀递上,待医生握紧后,护士才松手。如果把医生和护士看做是两个通信模块,上述一系列动作相当于　A　通信中的　B　方式。

　　2. 按连接部件不同,总线通常可分为　A　、　B　和　C　三种。

　　3. 系统总线是连接　A　之间的信息传送线,按传输内容不同,又可分为　B　、　C　和　D　,分别用来传送　E　、　F　和　G　。

　　4. Plug and Play 的含义是　A　。　B　和　C　总线标准具有这种功能。

　　5. 一个总线传输周期包括　A　、　B　、　C　和　D　四个阶段。

　　6. 总线上的主模块是指　A　,从模块是指　B　。

　　7. 总线的通信控制主要解决　A　。通常有　B　、　C　、　D　和　E　四种。

　　8. 同步通信的主要特点是　A　,一般用于　B　场合;异步通信的特点是　C　,一般用于　D　场合。

　　9. 每个总线部件一般都配有　A　电路,以避免总线访问冲突,当某个部件不占用总线时,由该电路禁止向总线输出信息。

　　10. 总线同步通信影响总线效率的原因是　A　。

　　11. 在总线的异步通信方式中,通信的双方可以通过　A　、　B　和　C　三种类型联络。

　　12. ISA 总线的最大数据宽度是　A　,EISA 总线的最大数据宽度是　B　,PCI 总线的数据宽度为　C　,可扩充到　D　。

　　13. 　A　总线便于实现 PC 与外设的简单快速连接,　B　总线有利于多媒体计算机处理三维数据。

　　14. 总线宽度是指　A　,总线带宽是指　B　。

　　15. 按数据传送方式不同,总线可分为　A　和　B　。

　　16. 　A　只能将信息从总线的一端传到另一端,不能反向传输。

　　17. 总线的判优控制可分为　A　式和　B　式两种。

　　18. 在同步通信中,设备之间　A　应答信号,数据传输在　B　下进行。

　　19. 在异步通信中,没有固定的总线传输周期,通信双方通过　A　信号联络。

　　20. 在计数器定时查询方式下,采用　A　计数的方式,可使每个设备使用总线的优先级相等。

　　21. 总线　A　技术是指不同的信号(如地址信号和数据信号)共用同一组物理线路,分时使用。此时需配置相应的电路。

　　22. 　A　通信既有统一的时钟信号,又允许不同速度的模块和谐工作。为此需增设一条

__B__信号线。

23. 假设总线的时钟频率为 100 MHz,总线的传输周期为 4 个时钟周期,总线的宽度为 32 位,则总线的数据传输率为__A__。若想在不改变总线时钟频率的前提下,使总线的数据传输率提高一倍,可采取__B__的措施。

24. 设总线的时钟频率为 100 MHz,总线的传输周期为 1 个时钟周期,总线的宽度为 16 位,则总线的数据传输率为__A__。若想提高一倍数据传输率,可采用__B__和__C__的措施。

25. __A__通信充分地利用了总线的有效占用,总线上所有模块都成为__B__模块。

26. 在异步串行传输系统中,欲传送十六进制数据 A4H,则起始位后面紧跟的二进制位是__A__。

3.4.3 问答题

1. 解释下列概念
(1) 总线　　　　　(2) 系统总线　　　　　(3) 通信总线
(4) 总线主设备　　(5) 总线从设备　　　　(6) 总线仲裁

2. 总线管理包括哪些内容? 简要说明各种管理措施。

3. 什么是总线判优? 为什么需要总线判优?

4. 什么是总线通信控制? 为什么需要总线通信控制?

5. 什么是总线标准? 为什么要制定总线标准?

6. 异步通信与同步通信的主要区别是什么? 说明通信双方如何联络。

7. 在高档 PC 中,流行使用三总线(系统总线,PCI 总线、ISA 或 EISA 总线)结构。说明这三种总线的连接关系,并举例说明每种总线上所连接的部件。

8. 计算机中采用总线结构有何优点?

9. 串行传输和并行传输有何区别? 各应用于什么场合?

10. 某总线在一个总线周期中可并行传送 8 个字节数据,假设一个总线周期等于一个时钟周期,总线的时钟频率为 66 MHz,求总线的带宽。

参 考 答 案

3.4.1 选择题

1. C	2. C	3. E	4. C	5. C	6. B
7. B	8. A	9. A	10. C	11. B	12. A
13. B	14. C	15. C	16. B	17. C	18. A
19. B	20. B	21. C	22. C	23. A	24. B
25. B	26. C	27. A	28. A	29. B	30. C

31．C　　　32．B

3.4.2　填空题

1．A．异步　　　　　　　B．全互锁

2．A．片内总线　　　　　B．系统总线　　　　　C．通信总线

3．A．CPU、主存、I/O（通过 I/O 接口）　　　　B．地址线

C．数据线　　　　　D．控制线　　　　　E．地址

F．数据　　　　　G．控制信号、响应信号和时序信号

4．A．即插即用　　　　　B．PCI　　　　　C．USB

5．A．申请分配阶段　　　B．寻址阶段　　　　C．传输阶段　　　　D．结束阶段

6．A．对总线有控制权的模块

B．被主模块访问的模块，只能响应从主模块发来的各种总线命令

7．A．通信双方如何获知传输开始和传输结束，以及通信双方如何协调如何配合

B．同步通信　　　　　C．异步通信　　　　　D．半同步通信

E．分离式通信

8．A．通信双方由统一时钟控制数据的传输

B．总线长度较短，总线上各部件存取时间比较一致的

C．通信双方没有公共的时钟标准，采用应答方式通信

D．总线上各部件速度不一致的

9．A．三态门

10．A．必须按最慢速度的部件来设计公共时钟周期

11．A．不互锁　　　　　B．半互锁　　　　　C．全互锁

12．A．16 位　　　　　B．32 位　　　　　C．32 位　　　　　D．64 位

13．A．USB　　　　　B．AGP

14．A．数据线的宽度　　　　　　　　　　B．单位时间内总线上传输数据的位数

15．A．串行传输总线　　　B．并行传输总线

16．A．单向总线

17．A．集中　　　　　B．分布

18．A．没有　　　　　B．公共时钟信号的控制

19．A．应答（握手）

20．A．每次从上一次计数的终止点开始

21．A．复用

22．A．半同步　　　　　B．"等待"（$\overline{\text{WAIT}}$）响应

23．A．100 MBps　　　B．总线的数据线宽度改为 64 位

24．A．200 MBps

B．不改变总线的时钟频率，使数据线宽度改为 32 位

C. 保持数据线宽度为 16 位,使总线的时钟频率增加到 200 MHz

25. A. 分离式　　　　　B. 主

26. A. 0

3.4.3　问答题

1. (1) 总线是连接多个部件(模块)的信息传输线,是各部件共享的传输介质。

(2) 系统总线是指 CPU、主存、I/O 设备(通过 I/O 接口)各大部件之间的信息传输线。按传输内容的不同,又分数据总线、地址总线和控制总线。

(3) 通信总线是连接计算机系统之间或计算机系统与其他系统(如控制仪表、移动通信等)之间的信息传输线。

(4) 总线主设备是指获得总线控制权的设备。

(5) 总线从设备是指被主设备访问的设备,只能响应从主设备发来的各种总线命令。

(6) 总线仲裁即总线判优,主要解决在多个主设备申请占用总线时,由总线控制器仲裁出优先级别最高的设备,允许其占用总线。

2. 总线管理主要包括判优控制和通信控制。判优控制又分集中式和分布式两种,集中式总线判优逻辑有链式查询、计数器定时查询和独立请求三种方式。

链式查询方式只需 1 根总线请求线(BR)、1 根总线忙线(BS)和 1 根总线同意线(BG),BG 线像链条一样,串联所有的设备,设备的优先级是固定的,结构简单,容易扩充设备,但对电路故障十分敏感,一旦第 i 个设备的接口电路有故障,则第 i 个设备以后的设备都不能进行工作。

计数器定时查询方式的总线请求(BR)和忙(BS)线是各设备共用的,但还需 $\text{lb}N$(N 为设备数)根设备地址线实现查询。设备的优先级可以不固定,控制比链式查询复杂,电路故障不如链式查询方式敏感。

独立请求方式控制线数量多,N 个设备共有 N 根总线请求线和 N 根总线同意线。总线仲裁线路更复杂,但响应速度快,且设备优先级的次序控制灵活,可以预先固定,也可通过程序来改变优先次序,还可在必要时屏蔽某些设备的请求。

通信控制有四种方式:同步通信、异步通信、半同步通信和分离式通信。同步通信采用公共时钟,有统一的传输周期。异步通信没有公共时钟,采用应答方式通信,没有固定的传输周期。半同步通信既有公共时钟,又允许速度不同的模块和谐工作,采用插入等待周期的措施来协调通信双方的配合问题。分离式通信总线上的每个模块都可以成为主模块,将总线传输周期分为两个子周期,每个子周期可供不同模块占用,总线上无空闲等待时间,最充分地发挥了总线的有效占用。

3. 总线判优就是当总线上各个主设备同时要求占用总线时,通过总线控制器,按一定的优先等级顺序确定某个主设备可以占用总线。因为总线传输的特点就是在某一时刻,只允许一个部件向总线发送信息,如果有两个以上的部件同时向总线发送信息,势必导致信号冲突传输无效,故需用判优来解决。

4. 总线通信主要解决通信双方如何获知传输开始和传输结束,以及通信双方如何协调配合。因为总线是众多部件共享的,在传送时间上只能用分时方式来解决,所以通信双方必须按某种约定的方式进行通信。

5. 总线标准是国际公布或推荐的互联各个模块的标准,这个标准为各模块互联提供一个标准界面(接口),这个界面对它两端的模块都是透明的,即界面的任一方只需根据总线标准的要求来完成自身一方接口的功能,而不必考虑对方与界面的接口方式。

制定总线标准使系统设计简化,便于模块生产批量化,确保其性能稳定,质量可靠,实现可移化,便于维护等,较好地解决了系统、模块、设备与总线之间不适应、不通用及不匹配等问题。

6. 同步通信和异步通信的主要区别是前者有公共时钟,总线上的所有设备按统一的时序、统一的传输周期进行信息传输,通信双方按约定好的时序联络;后者没有公共时钟,没有固定的传输周期,采用应答方式通信,具体的联络方式有不互锁、半互锁和全互锁三种。不互锁方式通信双方没有相互制约关系;半互锁方式通信双方有简单的制约关系;全互锁方式通信双方有完全的制约关系。其中全互锁通信可靠性最高。

7. 在高档 PC 机中,系统总线主要连接 CPU 和存储器;PCI 总线主要连接多媒体卡、高速局域网适配器、高性能图形板等高速部件;ISA 或 EISA 总线连接图文传真机、调制解调器、打印机等低速部件。系统总线和 PCI 总线通过 PCI 桥路相连,PCI 总线又通过标准总线控制器与 ISA 和 EISA 总线相连。

8. 计算机中采用总线结构便于故障诊断与维护,便于模块化结构设计和简化系统设计,便于系统扩展和升级,便于生产各种兼容的软、硬件。

9. 串行传输是指数据在一条线路上按位依次进行传输,线路成本低,但速度慢,适合于远距离的数据传输。并行传输是每个数据位都有一条独立的传输线,所有的数据位同时传输,其传输速度快、成本高,适合于近距离、高速传输的场合。

10. 设总线的时钟频率为 f,则总线的时钟周期 $T=1/f$,根据在一个总线周期(即一个时钟周期)内并行传输 8 B,得总线带宽为

$$8 \text{ B}/T = 8 \text{ B} \times f = 8 \text{ B} \times 66 \times 10^6 \text{ Hz} = 528 \times 10^6 \text{ Bps}$$

第四章 存 储 器

4.1 重点难点

存储器如同人的大脑一样,具有记忆功能,是计算机的重要组成部分,它直接影响计算机存储信息的容量和运行速度。本章涉及的电路较多,学习时不必死记硬背,应从本质上理解其原理,从而提高对硬件电路的"读图"能力和分析能力。学习本章应重点掌握:

(1) 存储系统层次结构的概念,了解缓存—主存和主存—辅存层次的作用,以及程序访问的局部性原理与存储系统层次结构的关系。

(2) 各类存储器(主存、缓存、磁表面存储器)的工作原理及技术指标。

(3) 半导体存储芯片的外特性以及与 CPU 的连接。

(4) 如何提高访存速度。

本章的难点包括:

(1) 对于一定容量的存储器,按字节访问或按字访问的寻址范围是不同的。

(2) 多体并行结构的存储器顺序编址和交叉编址对访存速度的影响。

(3) 不同的缓存—主存地址映射,直接影响主存地址字段的分配及替换策略和命中率。

4.2 主要内容

4.2.1 存储器的分类及存储系统的层次结构

存储器是计算机系统中的记忆设备,种类繁多。从不同的角度对存储器可作不同的分类,通常以存储器在计算机中的作用分类,如图 4.1 所示。

为了解决存储器的速度、容量和价格这三个主要性能指标之间的矛盾,通常可将存储系统分为缓存—主存层次和主存—辅存层次。前者主要解决存储系统的速度问题,后者主要解决存储系统的容量问题。这两个层次都遵循程序访问的局部性原理。主存与缓存之间的数据调动是由硬件自动完成的,主存与辅存之间的数据调动是由硬件和操作系统共同完成的。图 4.2 是存储器层次结构示意图。

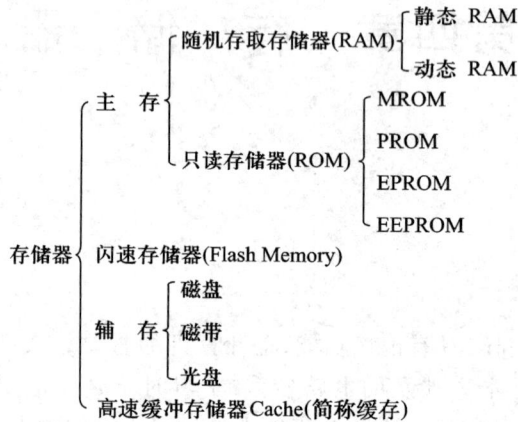

图 4.1 存储器分类

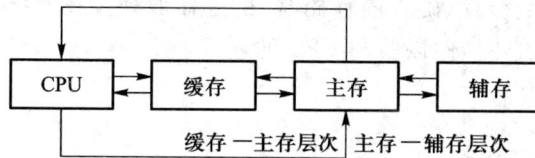

图 4.2 存储器层次结构示意图

4.2.2 主存储器

1. 主存的基本组成

图 4.3 是主存的基本组成框图。图中 MAR 存放欲访问的存储单元地址,经译码器和驱动器,可读出某单元的内容,或将某信息写入某单元中。MDR 存放从某单元读出的信息,或即将写至某单元的信息,它与读/写电路配合可完成存储器的读/写功能。

由于现代计算机的主存都由半导体集成电路构成,因此如图 4.3 所示的驱动器、译码器和读/写电路均制作在存储芯片中,而 MAR 和 MDR 制作在 CPU 芯片内。存储芯片和 CPU 芯片可通过总线连接,如图 4.4 所示。

2. 半导体存储芯片

主存储器主要由半导体存储芯片组成,它们又分为随机存取存储器 RAM 和只读存储器 ROM。

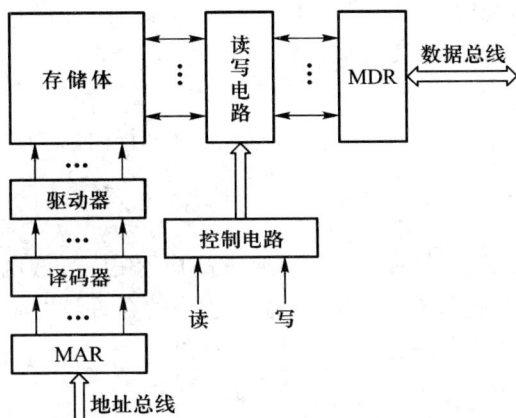

图 4.3　主存的基本组成框图

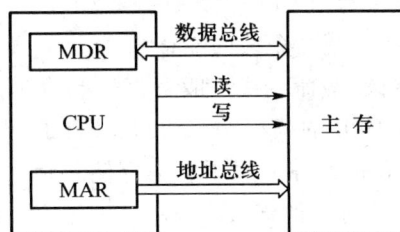

图 4.4　主存和 CPU 的连接

随机存取存储器按电路结构和存储原理不同又可分为静态 RAM 和动态 RAM 两类。静态 RAM 采用触发器工作原理存储信息,动态 RAM 利用电容存储电荷的原理存储信息。由于在一定时间内电容存储的电荷会自动消失,所以在 2 ms 内必须对动态 RAM 刷新一次。RAM 在程序执行过程中可读可写,故一般用于存放用户程序。由于动态 RAM 集成度高,功耗小,价格便宜,而且随着其容量不断扩大,速度不断提高,因此被广泛用于计算机的主存。静态 RAM 由于其速度高、无需刷新等特点,被广泛用于高速缓冲存储器。

只读存储器 ROM 又可分为不可编程和可编程(一次或多次编程)两大类,由于它在程序执行过程中只能读出,因此一般用于存放系统程序。

不同容量的半导体存储芯片可组成不同容量的存储器。对于一定容量的存储器,按字节访问或按字访问的寻址范围是不同的。例如,一个容量为 16 MB 的存储器,按字节寻址的范围是 16 M,正好对应 24 根地址线($2^{24} = 16$ M)。若按字寻址,则寻址范围与字长有关。容量仍为 16 MB 的存储器,若按 16 位长的存储字寻址,则寻址范围为 8 M,24 根地址线中的高 23 位地址对应 8 M($2^{23} = 8$ M)的寻址范围,最末位地址则为字节地址(16 位对应 2 个字节,用 1 位地址表示高字节或低字节)。若按 32 位长的存储字寻址,则寻址范围为 4 M,24 根地址线中的高 22 位地址对应 4 M($2^{22} = 4$ M)的寻址范围,末 2 位地址则对应 32 位中的 4 个字节地址。

3. 主存与 CPU 的连接

存储芯片与 CPU 芯片相连时,特别要注意两者之间的地址线、数据线和控制线的连接。

(1) 地址线的连接

存储芯片容量不同,其地址线数也不同,而 CPU 的地址线数往往比存储芯片的地址线数要多。通常总是将 CPU 地址线的低位与存储芯片的地址线相连。CPU 地址线的高位或在存储芯片扩充时使用,或做其他用途,如做片选信号等。例如,设 CPU 地址线为 16 根 $A_{15} \sim A_0$,1 K×4 位的存储芯片仅有 10 根地址线 $A_9 \sim A_0$,此时,可将 CPU 的低位地址 $A_9 \sim A_0$ 与存储芯片地址线

$A_9 \sim A_0$ 相连。又如当用 16 K×1 位存储芯片时,则其地址线有 14 根 $A_{13} \sim A_0$,此时,可将 CPU 的低位地址 $A_{13} \sim A_0$ 与存储芯片地址线 $A_{13} \sim A_0$ 相连。

（2）数据线的连接

同样,CPU 的数据线数与存储芯片的数据线数也不一定相等。此时,必须对存储芯片扩位,使其数据位数与 CPU 的数据线数相等。

（3）读/写命令线的连接

CPU 读/写命令线一般可直接与存储芯片的读/写控制端相连,通常高电平为读,低电平为写。有些 CPU 的读/写命令线是分开的,此时 CPU 的读命令线应与存储芯片的允许读控制端相连;而 CPU 的写命令线则应与存储芯片的允许写控制端相连。

（4）片选线的连接

片选线的连接是 CPU 与存储芯片连接的关键。存储器由许多存储芯片叠加而成,哪一片被选中完全取决于该存储芯片的片选控制端 $\overline{CS}$ 是否能接收到来自 CPU 的片选有效信号。

片选有效信号与 CPU 的访存控制信号 $\overline{MREQ}$（低电平有效）有关,因为只有当 CPU 要求访存时,才要求选择存储芯片。若 CPU 访问 I/O 设备,则 $\overline{MREQ}$ 为高,表示不要求存储器工作。此外,片选有效信号还和地址有关,因为 CPU 的地址线往往多于存储芯片的地址线,故那些未与存储芯片连上的高位地址必须和访存控制信号共同产生存储器的片选信号。通常需用到一些逻辑电路,如译码器及其他各种门电路来产生片选有效信号。

（5）合理选择存储芯片

合理选择存储芯片主要是指存储芯片类型（RAM 或 ROM）和数量的选择。通常选用 ROM 存放系统程序、标准子程序和各类常数等。RAM 则是为用户编程而设置的。此外,在考虑芯片数量时,要尽量使连线简单方便。

读者在实际应用 CPU 与存储芯片时,将还会遇到两者时序的配合、速度、负载匹配等问题,希望通过实验和实际工作进一步加深体会。

4．提高访存速度的措施

由于指令和数据都存放在存储器中,因此存储器的速度直接影响整机的速度。为了提高访存速度可采用高速存储芯片、高速缓冲存储器 Cache 和调整主存结构等措施。高速存储芯片的存取周期短,可缩短访存时间。Cache 的速度比主存快,只要合理调度,将 CPU 最近期要用到的信息调至缓存 Cache,提高 CPU 访问 Cache 的命中率,就可缩短访存时间。对于多体结构的主存而言,特别是低位交叉编址的存储器,可以在不改变存取周期的前提下,大大加宽存储器的带宽（每秒从存储器中读出或写入的二进制信息位数）,从而提高访存速度。

5．提高主存的可靠性

为了提高存储器的可靠性,采用纠错编码技术,将原信息配置成汉明码。n 位信息增加 k 位检测位就可组成具有一位纠错能力的汉明码,k 位的取值满足 $2^k \geqslant n+k+1$。汉明码可按配偶（或配奇）原则配置,其纠错过程应与配偶（或配奇）原则对应。

4.2.3 高速缓冲存储器

1. 缓存—主存地址映射

具有缓存—主存层次的存储器,其缓存和主存都需按块存储,且每块内的字数相同,缓存以块为单位与主存交换信息。如图 4.5 所示为按块存储的缓存地址和主存地址各字段的分配,两个地址都以 b 位字段表示字块内的地址,$B=2^b$ 表示每块内的字数。缓存地址中的 c 位反映缓存的块数为 $C=2^c$;主存地址中的 m 位反映主存的块数为 $M=2^m$。

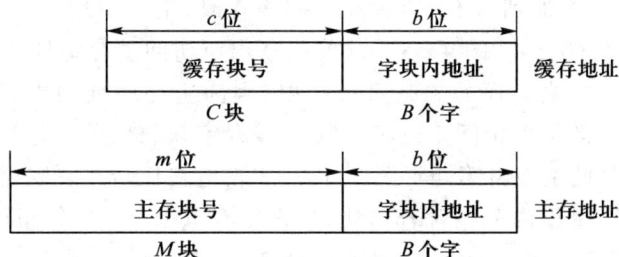

c 位	b 位	
缓存块号	字块内地址	缓存地址
C 块	B 个字	

m 位	b 位	
主存块号	字块内地址	主存地址
M 块	B 个字	

图 4.5 缓存和主存地址各字段的分配

由于缓存的容量小,因此缓存中的内容需经常被新的主存块替换掉,它们之间就有一个地址映射问题。常见的映射有直接映射、全相联映射和组相联映射,这三种映射直接影响主存地址字段的分配,如图 4.6(a) ~ 图 4.6(c)所示。

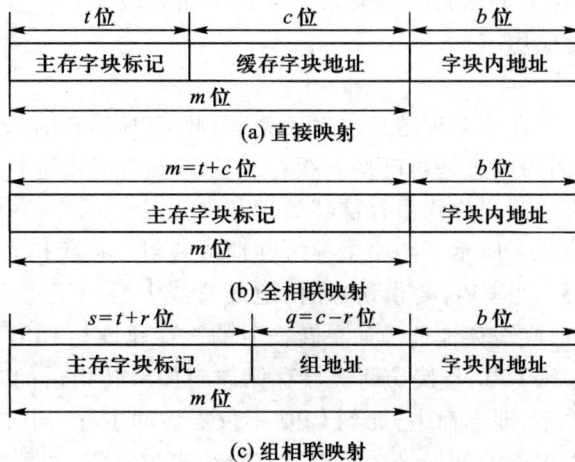

t 位	c 位	b 位
主存字块标记	缓存字块地址	字块内地址
m 位		

(a) 直接映射

$m=t+c$ 位	b 位
主存字块标记	字块内地址
m 位	

(b) 全相联映射

$s=t+r$ 位	$q=c-r$ 位	b 位
主存字块标记	组地址	字块内地址
m 位		

(c) 组相联映射

图 4.6 三种映射主存地址各字段的分配

直接映射的主存地址高 t 位为主存字块标记，中间 c 位为缓存字块地址，如图 4.6（a）所示。假设 i 为缓存块号，j 为主存块号，C 为缓存块数，直接映射每个主存块只与一个缓存块对应，而每个缓存块可和多个主存块对应，映射关系为

$$i=j \bmod C$$

这种映射关系实现简单，但主存块只能固定地对应某个缓存块，不够灵活，使缓存的空间得不到充分利用，影响其命中率。

如果允许主存中每一字块映射到缓存中的任一字块上，主存字块标记从 t 位增加到 $m=t+c$ 位（如图 4.6（b）所示），则为全相联映射。这种方式比直接映射更灵活，命中率更高，但因为主存字块标记的位数从 t 位增加到 m 位，因此在访问缓存时，主存字块标记需要和缓存的全部"标记"进行比较（参见主教材第四章图 4.55），才能判断出所访问主存地址的内容是否在缓存内，故所需的逻辑电路很多，成本高。而如果是直接映射，因为主存地址的中间 c 位就是缓存字块地址，因此在访问缓存时只需根据中间 c 位字段找到缓存字块，然后将此字块的"标记"与主存地址的高 t 位进行比较（参见主教材第四章图 4.54），逻辑电路比全相联映射简单得多。

如果把缓存分成组，每组内又包含若干块，且设缓存共有 Q 组，每组内有 R 块，并用 q 位反映缓存的组数，用 r 位反映每组内的块数，即 $2^q=Q, 2^r=R$。这样，主存字块标记从 t 位增加到 $s=t+r$ 位，除字块内地址仍为 b 位外，余下的 $q=c-r$ 位为组地址，如图 4.6（c）所示。设 i 为缓存的组号，j 为主存的块号，主存和缓存的地址映射关系若满足

$$i=j \bmod Q$$

就是组相联映射，即某一主存块 j 按模 Q 映射到缓存第 i 组内的任一块。显然，主存的第 j 块会映射到缓存的第 i 组，二者一一对应，属直接映射关系；另一方面，主存的第 j 块可以映射到缓存第 i 组内的任一块，又体现出全相联映射关系。可见组相联映射介于直接映射和全相联映射之间，是它们的折中，被广泛应用。

2. 缓存的工作原理

由于缓存和主存之间存在着某种地址映射关系，因此 CPU 访存时需将主存地址转换成缓存地址，并迅速判断出欲访问的信息是否已调入缓存。已调入则可以进行读/写操作；未调入则需将新的主存块调入。所有这些工作均由存储器管理部件完成。

缓存的基本结构如图 4.7 所示。图中主存缓存地址映射变换机构和缓存替换机构两个模块是存储器管理部件的核心。当 CPU 要求访存时，地址总线上给出了主存地址，此地址经主存—缓存地址映射变换机构，形成缓存地址。如果转换后的缓存地址与 CPU 欲访问的主存地址已建立了对应关系，即已命中，则 CPU 直接访问缓存存储体。如果转换后的缓存地址与 CPU 欲访问的主存地址未建立对应关系，即未命中，此刻 CPU 不仅需访问主存，同时要将该存储字所在的主存块一并调入缓存。调入缓存的前提是缓存中还有空块未被装满，否则需通过缓存替换机构，替换出缓存的某字块，重新装入新字块。需要指出的是，由于主存块和缓存块大小一致，块内地址都是相对于起始地址的偏移量（即低位地址相同），因此地址变换主要是主存的块号（高位地址）与缓存块号间的转换。

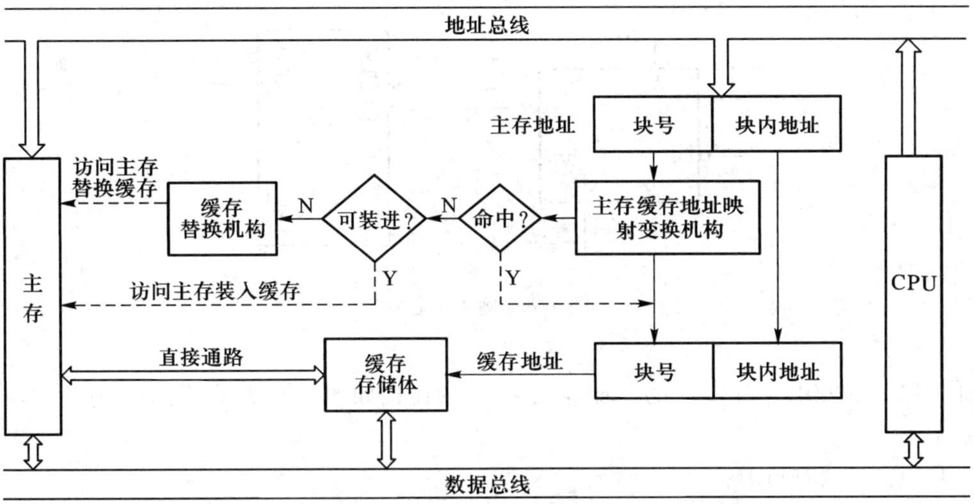

图 4.7 缓存的基本结构原理图

4.2.4 辅助存储器

主存—辅存层次主要用于解决存储器的容量问题,最常见的辅存是磁表面存储器。

磁表面存储器的信息记录在磁道上,靠磁头进行读/写。写操作时根据记录方式不同,磁头线圈中的写电流也不同,通常磁盘存储器采用调频制和改进型调频制的记录方式。

由于磁头读/写时需要找到磁道,并等待磁化区域转到磁头的下方才能进行,因此,磁表面存储器的速度较慢,主要用来作为主存的后援设备。由于磁表面存储器和组成主存的半导体存储器的读/写原理完全不同,因此它们的技术指标也完全不同。

4.3 例题精选

例 4.1 设 CPU 共有 16 根地址线和 8 根数据线,并用MREQ作为访存控制信号,$\overline{WR}$作为读/写命令信号(高电平读,低电平写)。设计一个容量为 32 KB、地址范围为 0000H ~ 7FFFH 且采用低位交叉编址的四体并行存储器。要求:

(1) 采用图 4.8 所列芯片,详细画出 CPU 和存储芯片的连接图。

(2) 指出图中每个存储芯片的容量及地址范围(用十六进制表示)。

【解】 32 KB 四体结构的存储器可由 4 片 8K×8 位存储芯片组成,由于采用低位交叉编址,因此需用末两位地址 A_1、A_0 控制片选信号,用 13 根地址线 $A_{14} \sim A_2$ 与存储芯片的地址线相连。

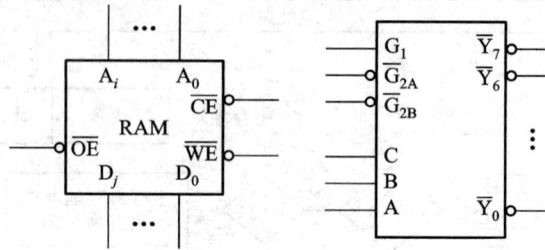

图 4.8　例 4.1 芯片

满足地址范围为 0000H ~7FFFH 的存储器与 CPU 的连接如图 4.9 所示,图中各片存储芯片的地址范围是:

第 0 片 0,4,…,7FFCH;

第 1 片 1,5,…,7FFDH;

第 2 片 2,6,…,7FFEH;

第 3 片 3,7,…,7FFFH。

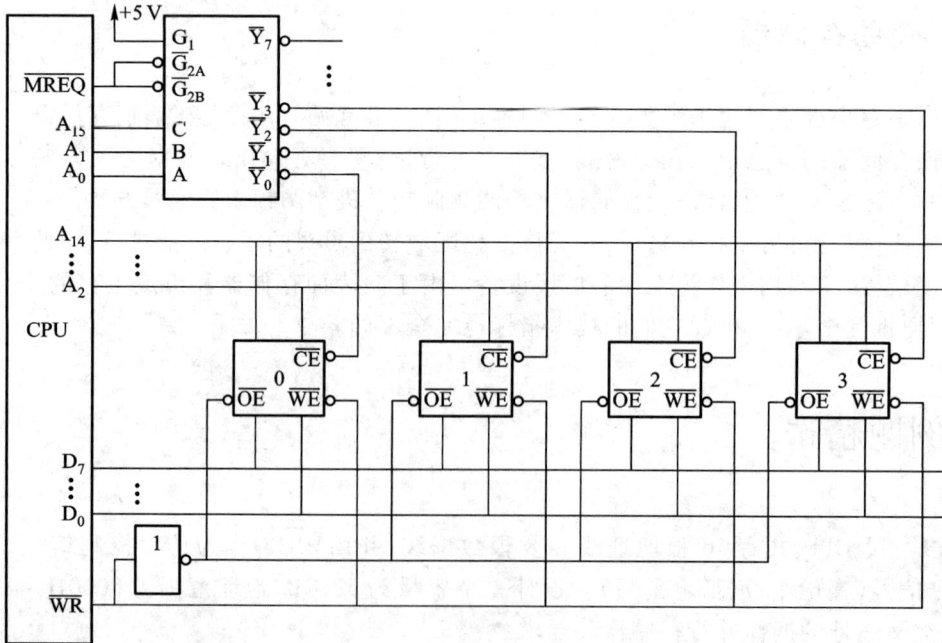

图 4.9　例 4.1 答图

例 4.2　设 CPU 有 20 根地址线和 16 根数据线,并用 IO/$\overline{\text{M}}$ 作为访存控制信号,$\overline{\text{RD}}$ 为读命

令,$\overline{\text{WR}}$为写命令。CPU 可通过 BHE 和 A_0 来控制按字节或字两种形式访存(如表 4.1 所示)。要求采用图 4.10 所示的芯片,门电路自定。试回答:

表 4.1 例 4.2 CPU 访问形式与 BHE 和 A_0 的关系

BHE	A_0	访问形式
0	0	字
0	1	奇字节
1	0	偶字节
1	1	不访问

(1) CPU 按字节访问的地址范围是多少?

(2) CPU 按字访问的地址范围是多少?

(3) 画出 CPU 和存储芯片的连接图,要求存储器按字节访问时,需区分奇偶体,且最大 64 KB 为系统程序区,与其相邻的 64 KB 为用户程序区。

(4) 用十六进制写出每片存储芯片所占的地址空间。

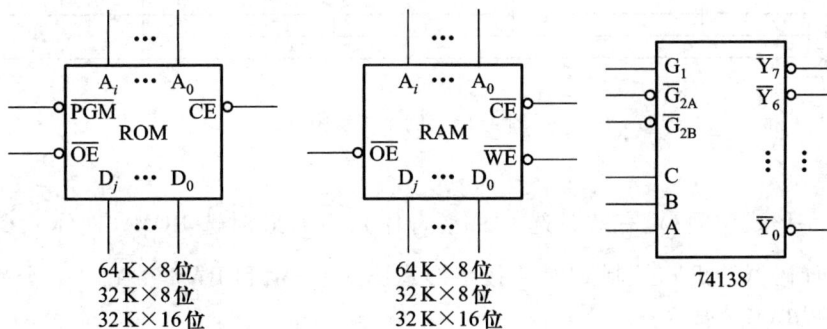

图 4.10 例 4.2 芯片

【解】

(1) CPU 按字节访问的地址范围为 1M。

(2) CPU 按字访问的地址范围是 512K。

(3) 由于 CPU 按字节存取时需区分奇偶体,并且还可以按字访问,因此如果选择 64K×8 位的芯片,按字节访问时体现不出奇偶分体;如果选择 32K×16 位的芯片,虽然能按字访问,但不能满足以字节为最小单位。故一律选择 32K×8 位的存储芯片,其中系统程序区为 64 KB,选择两片 32K×8 位 ROM,用户程序区为 64 KB,选择两片 32K×8 位 RAM。

该题的难点在于片选逻辑。由于 CPU 按字访问还是按字节访问受 BHE 和 A_0 的控制,因此可用 BHE 和 A_0 分别控制 138 译码器的输入端 B 和 A,而 $A_{15} \sim A_1$ 与存储芯片的地址线相连,余下的 A_{16} 接 138 的输入端 C,具体连接如图 4.11 所示。译码器输出 $\overline{Y_4}$ 有效时,同时选 ROM_1 和

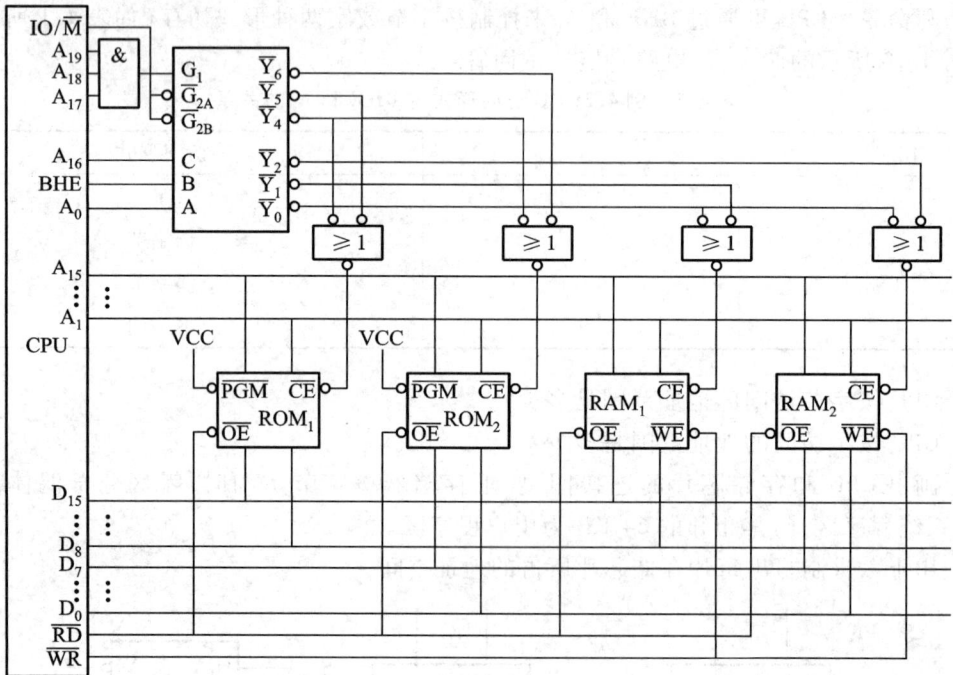

图 4.11　例 4.2 答图

ROM$_2$，CPU 以字形式访问；$\overline{Y_5}$ 有效时选 ROM$_1$（奇体），$\overline{Y_6}$ 有效时选 ROM$_2$（偶体），CPU 以字节形式访问。同理译码器输出 $\overline{Y_0}$ 控制 CPU 可按字形式访问 RAM$_1$ 和 RAM$_2$。$\overline{Y_1}$ 和 $\overline{Y_2}$ 分别按字节访问 RAM$_1$（奇体）和 RAM$_2$（偶体）。

（4）所用芯片的地址范围：

```
A₁₉···        A₁₅···        A₁₁···        A₇···        A₃ ··· A₀
```

$$A_{19}\cdots \quad A_{15}\cdots \quad A_{11}\cdots \quad A_7\cdots \quad A_3 \cdots A_0$$

1 1 1 1 1 1 1 1 1 1 1 1 1 1 1 1 1 1 1 1 ⎫ 64K×8 位 ROM，
　　　　　　　　　…　　　　　　　　　　 ⎬ 其中 1 片 32K×8 位（奇）
1 1 1 1 0 0 0 0 0 0 0 0 0 0 0 0 0 0 0 0 ⎭ 　　1 片 32K×8 位（偶）

1 1 1 0 1 1 1 1 1 1 1 1 1 1 1 1 1 1 1 1 ⎫ 64K×8 位 RAM，
　　　　　　　　　…　　　　　　　　　　 ⎬ 其中 1 片 32K×8 位（奇）
1 1 1 0 0 0 0 0 0 0 0 0 0 0 0 0 0 0 0 0 ⎭ 　　1 片 32K×8 位（偶）

ROM$_1$ 为最大 64K 的奇地址 FFFFFH ~ F0001H，对应数据线 D$_{15}$ ~ D$_8$

ROM$_2$ 为最大 64K 的偶地址 FFFFEH ~ F0000H，对应数据线 D$_7$ ~ D$_0$

RAM$_1$ 为相邻 64K 的奇地址 EFFFFH ~ E0001H，对应数据线 D$_{15}$ ~ D$_8$

$\mathrm{RAM_2}$为相邻 64K 的偶地址 EFFFEH～E0000H,对应数据线 $\mathrm{D_7～D_0}$

例 4.3　用一个 512K×8 位的闪存存储芯片组成一个 4M×32 位的半导体只读存储器。试回答:

(1) 该存储器的数据线数是多少?

(2) 该存储器的地址线数是多少?

(3) 共需几片这种存储芯片?

(4) 说明每根地址线的作用。

【解】

(1) 对于 4M×32 位的存储器,数据线为 32 位。

(2) 对于 4M×32 位的存储器,按字寻址的范围是 2^{22},按字节寻址的范围是 2^{24},故该存储器的地址线为 24 位 $\mathrm{A_{23}～A_0}$。

(3) 4 片 512K×8 位的闪存可组成 512K×32 位的存储器,4M×32 位的存储器共需 32 片 512K×8 位的闪存。

(4) CPU 的 24 根地址线中,最低 2 位地址 $\mathrm{A_1A_0}$ 为字节地址,$\mathrm{A_{20}～A_2}$ 这 19 根地址线与闪存的地址线相连,最高 3 位地址 $\mathrm{A_{23}A_{22}A_{21}}$ 可通过 3 线—8 线译码器形成片选信号。每一个片选信号同时选中 4 片闪存,以满足 32 位的数据线要求。

例 4.4　定量分析 n 体低位交叉存储器连续读取 n 个字所需的时间。

【解】　假设每个体的存储字长等于数据总线宽度,每个体存取一个字的存取周期为 T,总线传输周期为 τ。以四体低位交叉存储器为例,当存储器被启动后,为实现流水方式存取(如图 4.12所示),应满足 $T=4\tau$。当体数为 n 时,则 $T=n\tau$ 成立。低位交叉存储器要求体数大于或等于 n,以保证启动某体后,经 $n\tau$ 时间再次启动该体时,它的上次存取操作已经完成。连续读取 n 个字所需的时间为 $T+(n-1)\tau$。

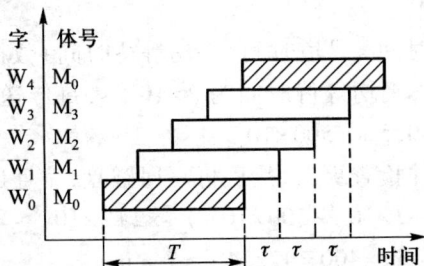

图 4.12　例 4.4 四体低位交叉存储器的工作示意图

例 4.5　设有 8 个模块组成的八体存储器结构,每个模块的存取周期为 400 ns,存储字长为 32 位。数据总线宽度为 32 位,总线传输周期为 50 ns,试求顺序存储(高位交叉)和交叉存储(低位交叉)的存储器带宽。

【解】

八体存储器连续读出 8 个字的信息量为 32 b×8＝256 b。

顺序存储存储器连续读出 8 个字的时间是 400 ns×8＝3 200 ns＝32×10^{-7} s。

交叉存储存储器连续读出 8 个字的时间是 400 ns＋(8−1)×50 ns＝750 ns＝7.5×10^{-7} s。

高位交叉存储器的带宽是 256/(32×10^{-7}) bps＝8×10^7 bps。

低位交叉存储器的带宽是 256/(7.5×10^{-7}) bps＝34×10^7 bps。

例 4.6　假设 CPU 执行某段程序时,共访问缓存命中 3 800 次,访问主存 200 次,已知缓存取周期为 50 ns,主存存取周期为 250 ns。求缓存—主存系统的效率和平均访问时间。

【解】

(1) 缓存的命中率为 3800/(3800＋200)＝0.95。

(2) 由题可知,访问主存的时间是访问缓存时间的 5 倍(250/50＝5)。

设访问缓存的时间为 t,访问主存的时间为 5t,缓存—主存系统的效率为 e,则

$$e = \frac{访问缓存的时间}{平均访存时间}×100\%$$

$$= \frac{t}{0.95×t＋(1−0.95)×5t}×100\% = \frac{1}{1.2}×100\% = 83.3\%$$

(3) 平均访问时间＝50 ns×0.95＋250 ns×(1−0.95)＝60 ns。

例 4.7　某磁盘机平均寻道时间为 20 ms,平均旋转等待时间为 7 ms,数据传输率为 2 MBps。假设磁盘上有 400 个文件,每个文件平均长度为 1 MB。现将所有文件逐一读出并检查更新,然后写回磁盘机,而且每个文件均需 2 ms 的额外处理时间。试问:

(1) 检查并更新所有文件需要占多少时间?

(2) 若磁盘机的旋转速度和数据传输率都提高一倍,检查并更新所有文件的时间是多少?

【解】

(1) 平均访问一次磁盘的时间＝寻道时间＋平均等待时间＋数据传送时间

其中寻道时间为 20×10^{-3} s,平均等待时间为 7×10^{-3} s,每传送 1 MB 数据(一个文件平均长度)所需时间为 1 MB/2 MBps＝0.5 s＝500×10^{-3} s。

因为要求对每个文件读出并检查更新,然后再写回磁盘,而且还需有 2 ms 的额外处理时间,故处理一个文件共需 (20×10^{-3}＋7×10^{-3}＋500×10^{-3}) s×2＋2×10^{-3} s＝1 056 ms。

处理 400 个文件共需 1 056 ms×400＝422.4 s≈7 min

(2) 若磁盘机的旋转速度提高一倍,则平均旋转等待时间为 3.5 ms,数据传输率提高一倍,则为 4 MBps,故总的文件更新时间为

[(20×10^{-3}＋3.5×10^{-3}＋250×10^{-3}) s×2＋2×10^{-3} s] ×400＝219.6 s≈3.7 min

例 4.8　一个 128×128 结构的动态 RAM 芯片,每隔 2 ms 要刷新一次,若采用异步刷新方式,且刷新是按顺序对所有 128 行的存储元进行内部读操作和写操作实现的。设存取周期为 0.5 μs,求刷新开销(即进行刷新操作的时间所占的百分比)。

【解】 动态 RAM 的刷新只与行地址有关,对于 128×128 的动态 RAM,2 ms 内要对 128 行各刷新一次。由于刷新的过程是对每行的存储元先读后写,故每行的刷新时间是

$$0.5\ \mu s \times 2 = 1\ \mu s$$

在 2 ms 内进行 128 次刷新,需 $1\ \mu s \times 128 = 128\ \mu s$。故刷新的开销为

$$128\ \mu s/(2\ ms) \times 100\% = 6.4\%。$$

例 4.9 已知接收到的海明码为 0100111(按配偶原则配置),试问欲传送的信息是什么?

【解】 要求出欲传送的信息必须给出正确的信息位,故此题首先应该判断收到的信息是否有错。纠错过程如下:

$$P_1 = 1 \oplus 3 \oplus 5 \oplus 7 = 0$$
$$P_2 = 2 \oplus 3 \oplus 6 \oplus 7 = 1$$
$$P_4 = 4 \oplus 5 \oplus 6 \oplus 7 = 1$$

所以,$P_4 P_2 P_1 = 110$,第 6 位出错,可纠正为 0100101,故欲传送的信息为 0101。

例 4.10 设某机主存容量为 16 MB,缓存的容量为 16 KB。每字块有 8 个字,每个字 32 位。设计一个四路组相联映射(即缓存每组内共有 4 个字块)的缓存组织,要求:

(1) 画出主存地址字段中各段的位数。

(2) 设缓存初态为空,CPU 依次从主存第 0、1、2、…、99 号单元读出 100 个字(主存一次读出一个字),并重复此次序读 8 次,问命中率是多少?

(3) 若缓存的速度是主存速度的 6 倍,试问有缓存和无缓存相比,速度提高多少倍?

【解】

(1) 根据每个字块有 8 个字,每个字 32 位,得出主存地址字段中字块内地址字段为 5 位。

根据缓存容量为 16 KB $= 2^{14}$ B,字块大小为 2^5 B,得缓存共有 2^9 块,故 $c=9$。根据四路组相联映射 $2^r = 4$,得 $r=2$,则 $q = c - r = 7$。

根据主存容量为 16 MB $= 2^{24}$ B,得出主存地址字段中主存字块标记位数为 $24 - 7 - 5 = 12$。

主存地址字段各段格式如图 4.13 所示。

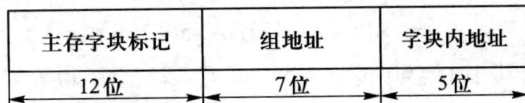

主存字块标记	组地址	字块内地址
12位	7位	5位

图 4.13 例 4.10 主存地址字段

(2) 由于每个字块中有 8 个字,而且初态缓存为空,因此 CPU 读第 0 号单元时,未命中,必须访问主存,同时将该字所在的主存块调入缓存第 0 组中的任一块内,接着 CPU 读 1～7 号单元时,均命中。同理 CPU 读第 8、16、…、96 号单元时均未命中。可见 CPU 在连续读 100 个字中共有 13 次未命中,而后 7 次循环读 100 个字全部命中,命中率为

$$\frac{100\times8-13}{100\times8}\times100\%=98.375\%$$

（3）根据题意，设主存存取周期为 $6t$，缓存的存取周期为 t，没有缓存的访问时间为 $6t\times800$，有缓存的访问时间为 $t(800-13)+6t\times13$，则有缓存和没有缓存相比，速度提高倍数为

$$\frac{6t\times800}{t(800-13)+6t\times13}-1\approx4.5$$

例 4.11　一个采用直接映射方式的 16 KB 缓存，假设块长为 8 个 32 位的字，试问地址为 FDA459H 的主存单元在缓存中的什么位置（指出块号和块内地址，均用十进制表示）？

【解】　根据缓存容量为 16 KB，得出缓存的地址为 14 位。由于每字 32 位，块长为 8 个字，则缓存的块内地址为 5 位（高 3 位为字地址，末 2 位为字节地址）。

地址为 FDA459H 的主存单元，其二进制地址为 1111 1101 1010 0100 0101 1001，对应缓存第 10 0100 010（即十进制 170）块中的第 6 个字的第 1 字节。

例 4.12　假设缓存的工作速度为主存的 5 倍，缓存的命中率为 90%，试问采用缓存后，存储器的性能提高多少？

【解】　设主存的存取周期为 t_m，则缓存的存取周期为 $t_m/5=0.2t_m$，故平均访存时间为 $0.2t_m\times0.90+t_m\times0.10=0.28t_m$。

采用缓存后，存储器性能为原来的 $t_m/0.28t_m=3.57$ 倍，即提高了 2.57 倍。

例 4.13　已知缓存-主存系统的效率为 85%，平均访问时间为 60 ns，缓存比主存快 4 倍，求主存的存取周期和缓存的命中率。

【解】　设缓存-主存系统的效率为 e，平均访问时间为 t_a，缓存的存取周期为 t_c，命中率为 h，主存的存取周期为 t_m。

根据 $e=\dfrac{t_c}{t_a}\times100\%$

得　$t_c=t_a\cdot e=60\ \text{ns}\times0.85=51\ \text{ns}$

由于缓存比主存快 4 倍，则

$$t_m=t_c\times(4+1)=51\ \text{ns}\times5=255\ \text{ns}$$

根据 $t_a=ht_c+(1-h)t_m$，其中 $t_a=60\ \text{ns}$，$t_c=51\ \text{ns}$，$t_m=255\ \text{ns}$，得 $h=95.6\%$。

例 4.14　试比较缓存-主存和主存-辅存两个层次的相同点和不同点。

【解】　缓存-主存和主存-辅存两个层次的相同点如下：

（1）二者都是为了提高存储系统的性能价格比而构造的层次性存储体系，都尽量使存储系统的性能接近高速存储器，而价格接近低速存储器。

（2）二者都是利用了程序访问的局部性原理，把最近常用的信息块从相对慢速而容量大的存储器调入相对高速而容量小的存储器。

缓存-主存和主存-辅存两个层次的不同点如下：

（1）缓存-主存层次主要解决 CPU 与主存的速度差异问题，主存-辅存层次主要解决存储系

统的容量问题。

（2）CPU 可直接访问缓存–主存层次中的缓存和主存（当缓存不命中时，可直接访问主存），但 CPU 只能直接访问主存–辅存层次中的主存，当主存不命中时，也不能直接访问辅存。

（3）缓存–主存层次的管理由硬件完成，主存–辅存层次的管理由硬件和操作系统共同完成。

（4）二者未命中时的损失不同。由于通常主存存取时间是缓存存取时间的 5～10 倍，而辅存的存取时间通常是主存存取时间的上千倍，故主存未命中时系统的性能损失远大于缓存未命中时的损失。

4.4 习题训练

4.4.1 选择题

1. 存取周期是指＿＿＿＿＿＿＿＿。

A. 存储器的写入时间

B. 存储器进行连续写操作允许的最短间隔时间

C. 存储器进行连续读或写操作所允许的最短间隔时间

2. 和辅存相比，主存的特点是＿＿＿＿＿＿＿＿。

A. 容量小，速度快，成本高

B. 容量小，速度快，成本低

C. 容量大，速度快，成本高

3. 一个 16K×32 位的存储器，其地址线和数据线的总和是＿＿＿＿＿＿＿＿。

A. 48　　　　　　　　B. 46　　　　　　　　C. 36

4. 一个 512 KB 的存储器，其地址线和数据线的总和是＿＿＿＿＿＿＿＿。

A. 17　　　　　　　　B. 19　　　　　　　　C. 27

5. 某计算机字长是 16 位，它的存储容量是 64 KB，按字编址，它的寻址范围是＿＿＿＿＿＿＿＿。

A. 64K　　　　　　　B. 32 KB　　　　　　C. 32K

6. 某计算机字长是 16 位，它的存储容量是 1 MB，按字编址，它的寻址范围是＿＿＿＿＿＿＿＿。

A. 512K　　　　　　B. 1 M　　　　　　　C. 512 KB

7. 某计算机字长是 32 位，它的存储容量是 64 KB，按字编址，它的寻址范围是＿＿＿＿＿＿＿＿。

A. 16 KB　　　　　　B. 16K　　　　　　　C. 32K

8. 某计算机字长是 32 位，它的存储容量是 256 KB，按字编址，它的寻址范围是＿＿＿＿＿＿＿＿。

A. 128 K　　　　　　B. 64K　　　　　　　C. 64 KB

9. 某一 RAM 芯片，其容量为 512×8 位，除电源和接地端外，该芯片引出线的最少数目是_____。

　　A. 21　　　　　　　　　　B. 17　　　　　　　　　C. 19

10. 某一 RAM 芯片，其容量为 32K×8 位，除电源和接地端外，该芯片引出线的最少数目是_____。

　　A. 25　　　　　　　　　　B. 40　　　　　　　　　C. 23

11. 某一 RAM 芯片，其容量为 128K×16 位，除电源和接地端外，该芯片引出线的最少数目是_____。

　　A. 33　　　　　　　　　　B. 35　　　　　　　　　C. 25

12. 若主存每个存储单元存放 16 位二进制代码，则_____。

　　A. 其地址线为 16 根

　　B. 其地址线数与 16 无关

　　C. 其地址线数与 16 有关

13. 某存储器容量为 32K×16 位，则_____。

　　A. 地址线为 16 根，数据线为 32 根

　　B. 地址线为 32 根，数据线为 16 根

　　C. 地址线为 15 根，数据线为 16 根

14. 下列叙述中_____是正确的。

　　A. 主存可由 RAM 和 ROM 组成

　　B. 主存只能由 ROM 组成

　　C. 主存只能由 RAM 组成

15. EPROM 是指_____。

　　A. 只读存储器

　　B. 可编程的只读存储器

　　C. 可擦洗可编程的只读存储器

16. 可编程的只读存储器_____。

　　A. 不一定是可改写的

　　B. 一定是可改写的

　　C. 一定是不可改写的

17. 下述说法中_____是正确的。

　　A. 半导体 RAM 信息可读可写，且断电后仍能保持记忆

　　B. 半导体 RAM 是易失性 RAM，而静态 RAM 中的存储信息是不易失的

　　C. 半导体 RAM 是易失性 RAM，而静态 RAM 只有在电源不掉电时，所存信息是不易失的

18. 下述说法中_____是正确的。

　　A. EPROM 是可改写的，因而也是随机存储器的一种

B. EPROM 是可改写的,但它不能作为随机存储器

C. EPROM 只能改写一次,故不能作为随机存储器

19. 和动态 MOS 存储器相比,双极型半导体存储器的性能是_____。

A. 集成度高,存取周期快,位平均功耗小

B. 集成度高,存取周期快,位平均功耗大

C. 集成度低,存取周期快,位平均功耗大

20. 在磁盘和磁带两种磁表面存储器中,存取时间与存储单元的物理位置有关,按存储方式分,_____。

A. 二者都是串行存取

B. 磁盘是部分串行存取,磁带是串行存取

C. 磁带是部分串行存取,磁盘是串行存取

21. 磁盘的记录方式一般采用_____。

A. 调频制   B. 调相制   C. 不归零制

22. 在磁表面存储器的记录方式中,_____。

A. 不归零制和归零制的记录密度是一样的

B. 不归零制的记录方式中不需要同步信号,故记录密度比归零制高

C. 不归零制记录方式由于磁头线圈中始终有电流,因此抗干扰性能好

23. 磁盘存储器的等待时间通常是指_____。

A. 磁盘旋转一周所需的时间

B. 磁盘旋转半周所需的时间

C. 磁盘旋转 2/3 周所需的时间

24. 活动头磁盘存储器的寻道时间通常是指_____。

A. 最大寻道时间

B. 最大寻道时间和最小寻道时间的平均值

C. 最大寻道时间和最小寻道时间之和

25. 活动头磁盘存储中,信息写入或读出磁盘是_____进行的。

A. 并行方式   B. 串行方式   C. 串并方式

26. 磁盘转速提高一倍,则_____。

A. 平均查找时间缩小一半

B. 其存取速度也提高一倍

C. 不影响查找时间

27. 相联存储器与传统存储器的主要区别是前者又叫按_____寻址的存储器。

A. 地址   B. 内容   C. 堆栈

28. 交叉编址的存储器实质是一种_____存储器,它能_____执行_____独立的读/写操作。

A. 模块式,并行,多个

B. 模块式,串行,多个

C. 整体式,并行,一个

29. 一个四体并行低位交叉存储器,每个模块的容量是 64K×32 位,存取周期为 200 ns,在下述说法中_____是正确的。

A. 在 200 ns 内,存储器能向 CPU 提供 256 位二进制信息

B. 在 200 ns 内,存储器能向 CPU 提供 128 位二进制信息

C. 在 50 ns 内,每个模块能向 CPU 提供 32 位二进制信息

30. 采用四体并行低位交叉存储器,设每个体的存储容量为 32K×16 位,存取周期为400 ns,在下述说法中_____是正确的。

A. 在 0.1 μs 内,存储器可向 CPU 提供 2^6 位二进制信息

B. 在 0.1 μs 内,每个体可向 CPU 提供 16 位二进制信息

C. 在 0.4 μs 内,存储器可向 CPU 提供 2^6 位二进制信息

31. 采用八体并行低位交叉存储器,设每个体的存储容量为 32K×16 位,存取周期为400 ns,在下述说法中正确的是_____。

A. 在 400 ns 内,存储器可向 CPU 提供 2^7 位二进制信息

B. 在 100 ns 内,每个体可向 CPU 提供 2^7 位二进制信息

C. 在 400 ns 内,存储器可向 CPU 提供 2^8 位二进制信息

32. 主存和 CPU 之间增加高速缓冲存储器的目的是_____。

A. 解决 CPU 和主存之间的速度匹配问题

B. 扩大主存容量

C. 既扩大主存容量,又提高存取速度

33. 在程序的执行过程中,缓存与主存的地址映射是由_____。

A. 操作系统来管理的

B. 程序员调度的

C. 由硬件自动完成的

34. 采用虚拟存储器的目的是_____。

A. 提高主存的速度

B. 扩大辅存的存取空间

C. 扩大存储器的寻址空间

35. 常用的虚拟存储器寻址系统由_____两级存储器组成。

A. 主存—辅存

B. 缓存—主存

C. 缓存—辅存

36. 在虚拟存储器中,当程序正在执行时,由_____完成地址映射。

A. 程序员　　　　　　　B. 编译器　　　　　　C. 操作系统

37. 下述说法中_____是错误的。

A. 虚存的目的是为了给每个用户提供独立的、比较大的编程空间

B. 虚存中每次访问一个虚地址,至少要访问两次主存

C. 虚存系统中,有时每个用户的编程空间小于实存空间

38. 磁盘上的磁道是_____。

A. 记录密度不同的同心圆

B. 记录密度相同的同心圆

C. 一条阿基米德螺线

39. 软盘驱动器采用的磁头是_____。

A. 浮动式磁头　　　　　B. 接触式磁头　　　　C. 固定式磁头

40. 在下列磁性材料组成的存储器件中,_____不属于辅助存储器。

A. 磁盘　　　　　　　　B. 磁芯　　　　　　　C. 磁带

D. 磁鼓　　　　　　　　E. 光盘

41. 程序员编程所用的地址叫做_____。

A. 逻辑地址　　　　　　B. 物理地址　　　　　C. 真实地址

42. 虚拟存储管理系统的基础是程序访问的局部性理论,此理论的基本含义是_____。

A. 在程序的执行过程中,程序对主存的访问是不均匀的

B. 空间局部性

C. 代码的顺序执行

43. 在磁盘存储器中,查找时间是_____。

A. 使磁头移动到要找的柱面上所需的时间

B. 在磁道上找到要找的扇区所需的时间

C. 在扇区中找到要找的数据所需的时间

44. 活动头磁盘存储器的平均寻址时间是指_____。

A. 平均寻道时间

B. 平均寻道时间加平均等待时间

C. 平均等待时间

45. 磁盘的盘面上有很多半径不同的同心圆,这些同心圆称为_____。

A. 扇区　　　　　　　　B. 磁道　　　　　　　C. 磁柱

46. 由于磁盘上的内部同心圆小于外部同心圆,则对其所存储的数据量而言,_____。

A. 内部同心圆大于外部同心圆

B. 内部同心圆等于外部同心圆

C. 内部同心圆小于外部同心圆

47. 设机器字长为 64 位,存储容量为 128 MB,若按字编址,它的寻址范围是_____。

A. 16 MB   B. 16M   C. 32M

48. 在下列因素中,与缓存的命中率无关的是_____。

A. 缓存块的大小

B. 缓存的容量

C. 主存的存取时间

49. 设机器字长为 32 位,存储容量为 16 MB,若按双字编址,其寻址范围是_____。

A. 8 MB   B. 2M   C. 4M

50. 若磁盘的转速提高一倍,则_____。

A. 平均等待时间和数据传送时间减半

B. 平均定位时间不变

C. 平均寻道时间减半

51. 下列说法中正确的是_____。

A. 缓存与主存统一编址,缓存的地址空间是主存地址空间的一部分

B. 主存储器只由易失性的随机读/写存储器构成

C. 单体多字存储器主要解决访存速度的问题

52. 缓存的地址映射中,若主存中的任一块均可映射到缓存内的任一块的位置上,称做_____
____。

A. 直接映射   B. 全相联映射   C. 组相联映射

53. 缓存的地址映射中_____比较多的采用"按内容寻址"的相联存储器来实现。

A. 直接映射   B. 全相联映射   C. 组相联映射

54. 下列器件中存取速度最快的是_____。

A. 缓存   B. 主存   C. 寄存器

4.4.2 填空题

1. 主存、快速缓冲存储器、通用寄存器、磁盘、磁带都可用来存储信息,按存取时间由快至慢
排列,其顺序是__A__。

2. __A__、__B__和__C__组成三级存储系统,分级的目的是__D__。

3. 半导体静态 RAM 依据__A__存储信息,半导体动态 RAM 依据__B__存储信息。

4. 动态 RAM 依据__A__的原理存储信息,因此一般在__B__时间内必须刷新一次,刷新与
__C__地址有关,该地址由__D__给出。

5. RAM 的速度指标一般用__A__表示,而磁盘存储器的速度指标一般包括__B__、__C__和
__D__三项。

6. 动态半导体存储器的刷新一般有__A__、__B__和__C__三种方式,之所以刷新是因为
__D__。

7. 半导体静态 RAM 进行读/写操作时,必须先接受___A___信号,再接受___B___和___C___信号。

8. 欲组成一个 32K×8 位的存储器,当分别选用 1 K×4 位,16K×1 位,2K×8 位的三种不同规格的存储芯片时,各需___A___、___B___和___C___片。

9. 欲组成一个 64K×16 位的存储器,若选用 32K×8 位的存储芯片,共需___A___片;若选用 16K×1 位的存储芯片,则需___B___片;若选用 1 K×4 位的存储芯片共需___C___片。

10. 用 1 K×1 位的存储芯片组成容量为 16K×8 位的存储器共需___A___片,若将这些芯片分装在几块板上,设每块板的容量为 4K×8 位,则该存储器所需的地址码总位数是___B___,其中___C___位用于选板,___D___位用于选片,___E___位用于存储芯片的片内地址。

11. 用 1 K×4 位的存储芯片组成容量为 64K×8 位的存储器,共需___A___片,若将这些芯片分装在几块板上,设每块板的容量为 16K×8 位,则该存储器所需的地址线总位数是___B___,其中___C___位用于选板,___D___位用于选片,___E___位用于存储芯片的片内地址。

12. 磁表面存储器的记录方式总体上可分为___A___和___B___两大类,前者的特点是___C___,后者的特点是___D___。

13. 最基本的数字磁记录方式有___A___、___B___、___C___、___D___、___E___和___F___六种。

14. 对活动头磁盘组来说,磁盘地址由___A___、___B___和___C___三部分组成,每个扇段存储一个___D___,其中包括___E___几部分。

15. 沿磁盘半径方向单位长度的磁道数称为___A___,而单位长度磁道上记录二进制代码的位数称为___B___,两者总称为___C___。

16. 单位时间从磁盘存储器读出或写入的二进制位数称为磁盘存储器的___A___,如果不考虑寻道时间和等待时间,假设位密度为 T bpmm(位/毫米),并且以 V cm/s 的速度通过读/写磁头,则 A 为___B___,其单位是___C___。

17. 读/写磁头从一个磁道移到另一个磁道所需要的___A___时间称为磁盘存储器的___B___。当读/写磁头完成定位后,所要读/写的存储元可能在旋转磁道的其他地方,要等待一段时间才能位于读/写磁头下面进行数据读/写,这种旋转等待所需的___C___时间称为磁盘存储器的___D___。

18. 主存可以和___A___、___B___和___C___交换信息,辅存可以和___D___交换信息,快速缓存可以和___E___、___F___交换信息。

19. 缓存是设在___A___和___B___之间的一种存储器,其速度___C___匹配,其容量与___D___有关。

20. 存储器由 $m(m=1,2,4,8,\cdots)$ 个模块组成,每个模块有自己的___A___和___B___寄存器,若存储器采用___C___编址,存储器带宽可增加到原来的___D___倍。

21. 设有八体并行低位交叉存储器,每个模块的存储容量是 64K×32 位,存取周期是 500 ns,则在 500 ns 内,该存储器可向 CPU 提供___A___位二进制信息,比单个模块存储器的速度提高了___B___倍。

22. 使用高速缓冲存储器是为了解决___A___,缓存的地址对用户是___B___,存储管理主要由___C___实现。使用虚拟存储器是为了解决___D___问题,存储管理主要由___E___实现。后一种情况下,CPU___F___访问第二级存储器。

23. 主存储器容量通常以 KB 为单位,其中 K=＿＿A＿＿。硬盘的容量通常以 GB 为单位,其中 G=＿＿B＿＿。

24. 主存储器为 1 MB 即等于＿＿A＿＿KB,又可表示为＿＿B＿＿。

25. 当人们说 16 位微机的主存储器容量是 640 KB 时,表示主存储器有＿＿A＿＿字节存储空间,地址号从＿＿B＿＿到＿＿C＿＿(本题均要求写出十进制各位数值)。

26. 将主存地址映射到缓存中定位称为＿＿A＿＿,将主存地址变换成缓存地址称为＿＿B＿＿,当新的主存块需要调入缓存中,而它的可用位置又被占用时,需根据＿＿C＿＿解决调入问题。

27. 主存和缓存的地址映射方法很多,常用的有＿＿A＿＿、＿＿B＿＿和＿＿C＿＿三种,在存储管理上常用的替换算法是＿＿D＿＿和＿＿E＿＿。

28. 缓存的命中率是指＿＿A＿＿,命中率与＿＿B＿＿有关。

29. Flash Memory 具有高性能、低功耗、高可靠性以及＿＿A＿＿的能力,常作为＿＿B＿＿,用于便携式电脑中。

30. 在缓存—主存层次的存储系统中,存储管理常用的替换算法是＿＿A＿＿和＿＿B＿＿,前者命中率高。

31. 虚拟存储器指的是＿＿A＿＿,它可给用户提供一个比实际＿＿B＿＿空间大得多的＿＿C＿＿空间。

32. Cache 是一种＿＿A＿＿存储器,用来解决 CPU 与主存之间＿＿B＿＿不匹配的问题。现代的缓存可分为＿＿C＿＿和＿＿D＿＿两级,并将＿＿E＿＿和＿＿F＿＿分开设置。

33. 计算机系统中常用到的存储器有:① SRAM,② DRAM,③ Flash Memory,④ EPROM,⑤ 硬盘存储器,⑥ 软盘存储器。其中非易失的存储器有＿＿A＿＿;具有在线能力的有＿＿B＿＿;可以单字节修改的有＿＿C＿＿;可以快速读出的存储器包括＿＿D＿＿。

34. 反映存储器性能的三个指标是＿＿A＿＿、＿＿B＿＿和＿＿C＿＿,为了解决这三方面的矛盾,计算机采用＿＿D＿＿体系结构。

35. 主存储器的技术指标有＿＿A＿＿、＿＿B＿＿和＿＿C＿＿;磁表面存储器的技术指标有＿＿D＿＿、＿＿E＿＿、＿＿F＿＿、＿＿G＿＿和＿＿H＿＿。

36. 如果缓存的容量为 128 块,在直接映射方式下,主存中第 i 块映射到缓存第＿＿A＿＿块。

37. 一个完整的磁盘存储器由三部分组成,其中＿＿A＿＿是磁盘机与主机的接口部件;＿＿B＿＿是独立于主机的一个完整的设备;＿＿C＿＿用于保存信息。

38. 硬磁盘机的磁头可分为＿＿A＿＿和＿＿B＿＿,盘片结构可分为＿＿C＿＿和＿＿D＿＿。

39. 设有一个四体低位交叉的存储器,每个体的容量为 256K×64 位,存取周期为 200 ns。则数据总线的宽度为＿＿A＿＿位,总线传送周期的最大值是＿＿B＿＿ns。CPU 连续读 4 个字所需的最多时间是＿＿C＿＿ns。

40. 存储器的带宽是指＿＿A＿＿,如果存储周期为 T_M,存储字长为 n 位,则存储器带宽为＿＿B＿＿,常用的单位是＿＿C＿＿或＿＿D＿＿。为了增加存储器的带宽可采用＿＿E＿＿和＿＿F＿＿。

41. 虚拟存储器通常由＿＿A＿＿和＿＿B＿＿两级组成。为了要运行某个程序,必须把＿＿C＿＿映射到主存的＿＿D＿＿空间上,这个过程叫＿＿E＿＿。

42. 计算机的存储系统通常采用层次结构。在选择各层次所用的器件时,应综合考虑 __A__ 、__B__ 、__C__ 、__D__ 、__E__ 。

43. 在缓存-主存的地址映射中,__A__ 灵活性强,__B__ 成本最高。

44. 在写操作时,对缓存与主存单元同时修改的方法称为 __A__ ,若每次只暂时写入缓存,直到替换时才写入主存的方法称为 __B__ 。

45. 一个 n 路组相联映射的缓存中,共有 M 块数据。当 $n=1$ 时,该缓存变为 __A__ 映射;当 $n=M$ 时,该缓存成为 __B__ 映射。

46. 由容量为 16 KB 的缓存和容量为 16 MB 的主存构成的存储系统的总容量为 __A__ 。

47. 层次化存储器结构设计的依据是 __A__ 原理。

48. 一个四路组相连的缓存共有 64 块,主存共有 8 192 块,每块 32 个字。则主存地址中的主存字块标记为 __A__ 位,组地址为 __B__ 位,字块内地址为 __C__ 位。

49. 在虚拟存储器系统中,CPU 根据指令生成的地址是 __A__ ,经过转换后的地址是 __B__ 。

50. 高位交叉编址的存储器能够提高访存速度的原因是 __A__ ,其地址的高位部分用于 __B__ ,低位部分用于 __C__ 。

51. 低位交叉编址的存储器能够提高访存速度的原因是 __A__ ,其地址的高位部分用于 __B__ ,低位部分用于 __C__ 。

52. 一个采用直接映射方式的 32 KB 的缓存,假设块长为 8 个 32 位的字,且 CPU 访问缓存命中,则主存地址为 ABCDEFH 的单元在缓存的第 __A__ H 块内。

53. 一个四路组相连的缓存,容量为 16 KB,假设块长为 4 个 32 位的字,则地址为 FEDCBAH 的主存单元映射到缓存的第 __A__ (十进制表示)组内。

54. 一个采用直接映射方式的缓存,其块长为 4 个 16 位的字,容量为 4 096 字,主存容量为 64 K 字,则缓存有 __A__ 块,主存有 __B__ 块。

55. 一个容量为 16 M×8 位的 DRAM 芯片,其地址线有 __A__ 条,数据线有 __B__ 条,地址范围为 __C__ H 到 __D__ H(均用十六进制表示)。

56. __A__ 片 1 K×8 位的存储芯片可组成一个容量为 4 K×32 位的存储器。若按字寻址,CPU 可寻址的空间为 __B__ ,若按字节寻址,CPU 可寻址的空间为 __C__ 。

4.4.3 问答题

1. 试比较主存、辅存、缓存、控存、虚存。
2. 试比较 RAM 和 ROM。
3. 试比较静态 RAM 和动态 RAM。
4. 名词解释:RAM、ROM、PROM、EPROM、EEPROM。
5. 名词解释:读时间和读周期。
6. 名词解释:写时间和写周期。

7. 名词解释:存取周期、存取时间、存储容量。

8. 名词解释:存储元、存储单元、存储单元地址、存储字、存储字长。

9. 主存和辅存的速度指标有何不同? 为什么会有这些不同?

10. 磁表面存储器的技术指标一般包括哪些?

11. 什么是存储密度? 什么是数据传输率?

12. 存储器的主要功能是什么? 如何衡量存储器的性能? 为什么要把存储系统分成若干不同的层次? 主要有哪些层次?

13. 什么是刷新? 刷新有几种方式? 简要说明之。

14. 存储芯片内的地址译码有几种方式? 试分析它们各自的特点及应用场合。

15. 简述主存的读/写过程。

16. 为什么多体结构存储器可以提高访存速度?

17. 提高访存速度可采取哪些措施? 简要说明之。

18. 什么是快速缓冲存储器,它与主存有什么关系?

19. 一个双面 5 英寸软盘片,每面 40 道,每道 8 个扇段,每扇段 512 B,试问盘片容量为多少? 该盘驱动器转速为 600 r/min,则平均等待时间为多少? 最大传输速率为多少?

20. 设有 16 个固定磁头的硬盘,每磁道存储容量为 62 500 B,磁盘驱动器转速为 2 400 r/min,试求最大数据传输率。

21. 设写入磁盘存储器的数据代码是 1011011100,分别画出归零制(RZ)、不归零制(NRZ)、调相制(PM)和调频制(FM)四种记录方式的写磁头电流波形。

22. 磁盘组有 6 片磁盘,每片有两个记录面(最上、下两个面不可用),存储区域内径为 22 cm,外径为 33 cm,道密度为 4 tpmm(道/毫米)内层位密度为 40 bpmm(位/毫米),转速为 2 400 r/min,问:

(1) 共有多少存储面可用?

(2) 共有多少柱面?

(3) 盘组总存储容量是多少?

(4) 数据传输率是多少?

23. 某磁盘存储器转速为 3 000 r/min,共有 4 个记录盘面,道密度为 5 tpmm,每道记录信息 12 288 B,最小磁道直径为 230 mm,共有 275 道,求:

(1) 磁盘存储器的存储容量。

(2) 最高位密度(最小磁道的位密度)和最低位密度。

(3) 磁盘数据传输率。

(4) 平均等待时间。

24. NRZ、NRZ1、FM、MFM 是哪四种记录方式? 其写电流波形有何特点?

25. 什么是"程序访问的局部性"? 存储系统中哪一级采用了程序访问的局部性原理?

26. 使用 4K×8 位的 RAM 芯片组成一个容量为 8K×16 位的存储器,画出结构框图,并标明图中信号线的种类、方向及条数。

27. 判断下列叙述中哪些是正确的,哪些是错误的。为什么?

(1) 大多数个人计算机中可配置的最大主存容量受地址总线位数的限制。

(2) 大多数个人计算机中可配置的最大主存容量受指令中地址码位数的限制。

(3) 可编程逻辑阵列也是主存的一部分。

(4) 可编程的只读存储芯片不一定是可改写的。

(5) 双极型半导体存储芯片通常比金属氧化物半导体存储芯片存取速度快,但价格也贵。

(6) 磁盘上的信息必须定时刷新,否则无法长期保存。

28. 设有一个具有 14 位地址和 8 位字长的存储器,试问该存储器的存储容量是多少?若存储器用 1 K×1 位 RAM 芯片组成,需多少片?需要哪几位地址作芯片选择,如何选择?

29. 已知某 8 位机的主存采用半导体存储器,其地址码为 18 位,采用 4K×4 位的静态 RAM 芯片组成该机所允许的最大主存空间,并选用模块板形式,问:

(1) 若每个模块板为 32K×8 位,共需几个模块板?

(2) 每个模块板内共有多少片 RAM 芯片?

(3) 主存共需要多少 RAM 芯片? CPU 如何选择各模块板? 如何选择具体芯片(说明选用的器件及地址码的分配)?

30. 试比较缓存管理中各种地址映射的方法。

31. 在缓存管理中,当新的主存块需要调入缓存时,有几种替换算法? 各有何特点? 哪种算法平均命中率高?

32. 设 CPU 共有 16 根地址线,8 根数据线,并用 $\overline{\text{MREQ}}$ 作为访存控制信号(低电平有效),用 $\overline{\text{WR}}$ 作为读/写控制信号(高电平为读,低电平为写)。现有下列存储芯片:1 K×4 位 RAM,4K×8 位 RAM,2K×8 位 ROM 以及 74138 译码器和各种门电路,如图 4.14 所示。画出 CPU 与存储芯片的连接图,要求:

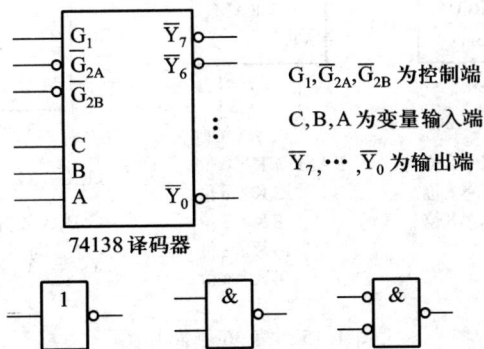

图 4.14　第 32 题芯片图

（1）主存地址空间分配：8000H ~ 87FFH 为系统程序区；8800H ~ 8BFFH 为用户程序区。

（2）合理选用上述存储芯片，说明各选几片。

（3）详细画出存储芯片的片选逻辑。

33．在 32 题给出的条件下，画出 CPU 与存储芯片的连接图，要求：

（1）主存地址空间分配：A000H ~ A7FFH 为系统程序区；A800H ~ AFFFH 为用户程序区。

（2）合理选用上述存储芯片，说明各选几片，并写出每片存储芯片的二进制地址范围。

（3）详细画出存储芯片的片选逻辑。

34．在 32 题给出的条件下，画出 CPU 与存储芯片的连接图，要求：

（1）主存地址空间分配：最小 2K 地址空间为系统程序区；相邻 2K 地址空间为用户程序区。

（2）合理选用上述存储芯片，说明各选几片。

（3）详细画出存储芯片的片选逻辑。

35．在 32 题给出的条件下，画出 CPU 与存储芯片的连接图，要求：

（1）主存地址空间分配：最大 2K 地址空间为系统程序区；相邻 2K 地址空间为用户程序区。

（2）合理选用上述存储芯片，说明各选几片。

（3）详细画出存储芯片的片选逻辑。

36．设 CPU 共有 16 根地址线，8 根数据线，并用 $\overline{\text{MREQ}}$ 作为访存控制信号（低电平有效），用 $\overline{\text{WR}}$ 作为读/写控制信号（高电平为读，低电平为写）。现有芯片及各种门电路（门电路自定），如图 4.15 所示。画出 CPU 与存储器的连接图，要求：

（1）存储芯片地址空间分配：0 ~ 2047 为系统程序区；2048 ~ 8191 为用户程序区。

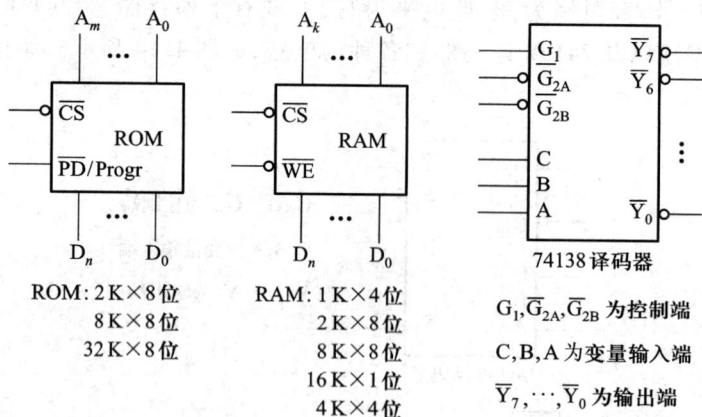

图 4.15　第 36 题芯片图

（2）指出选用的存储芯片类型及数量。

（3）详细画出片选逻辑。

37．在 36 题给出的条件下,画出 CPU 与存储芯片的连接图,要求:

（1）存储芯片地址空间分配为:0~8191 为系统程序区;8192~32767 为用户程序区。

（2）指出选用的存储芯片类型及数量。

（3）详细画出片选逻辑。

38．在 36 题给出的条件下,画出 CPU 与存储芯片的连接图,要求:

（1）存储芯片地址空间分配:0~8191 为系统程序区;8192~32767 为用户程序区;最大 4K 地址空间为系统程序工作区。

（2）指出选用的存储芯片类型及数量。

（3）详细画出片选逻辑。

39．在 36 题给出的条件下,画出 CPU 与存储芯片的连接图,要求:

（1）存储芯片地址空间分配:最大 4K 地址空间为系统程序区;相邻的 4K 地址空间为系统程序工作区;最小 16K 地址空间为用户程序区。

（2）指出选用的存储芯片类型及数量。

（3）详细画出片选逻辑。

40．设 CPU 共有 16 根地址线,8 根数据线,并用$\overline{MREQ}$作为访存控制信号(低电平有效),用$\overline{WR}$作为读/写控制信号(高电平为读,低电平为写)。现有芯片及各种门电路(门电路自定),如图 4.16 所示。画出 CPU 与存储器的连接图,要求:

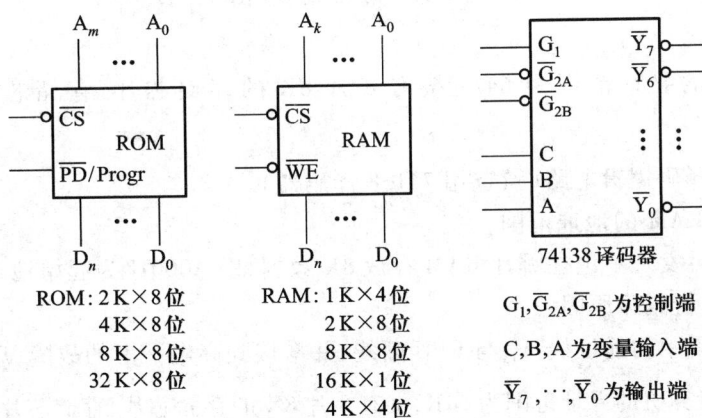

图 4.16　第 40 题芯片图

（1）存储芯片地址空间分配:最小 4K 地址空间为系统程序区;相邻的 4K 地址空间为系统程序工作区;与系统程序工作区相邻的是 24K 用户程序区。

（2）指出选用的存储芯片类型及数量。

（3）详细画出片选逻辑。

41. 某小型计算机字长为 16 位,常规的存储空间为 64K 字,若将存储空间扩充到 256K 字,请提出一种可能实现的方案并画出框图。说明在使用时应注意什么问题?

42. 存储器的地址空间分布图和存储器的地址译码电路分别如图 4.17(a)和图 4.17(b)所示,图 4.17(b)中的 A、B 两组跨接端子可按要求分别进行接线,如 1~4 中的任一端子可以和 5~7 中的任一端子跨接。74139 是 2~4 线译码器(译码输出低电平有效),使能端 G 接地表示译码器处于正常译码状态。试完成 A 组跨接端子与 B 组跨接端子内部的连接,以便使地址译码电路按图 4.17(a)的要求进行正确寻址。

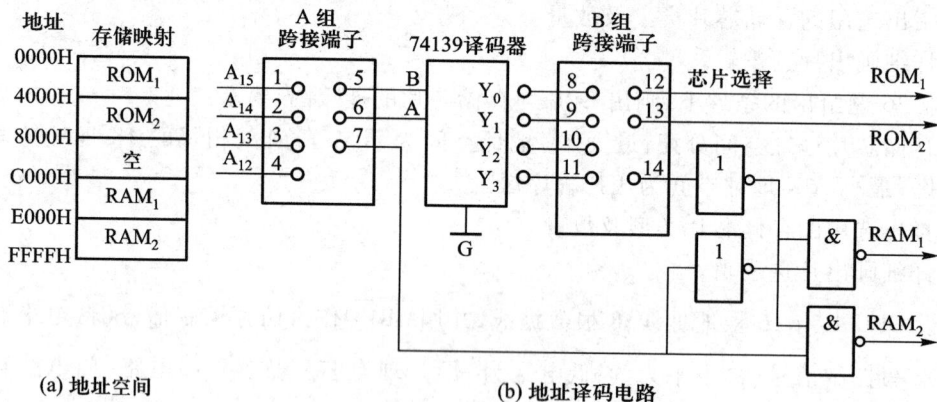

图 4.17   第 42 题示意图

43. 设某微机的寻址范围为 64K,接有 8 片 8K 的存储芯片,存储芯片的片选信号为 $\overline{\text{CS}}$,要求:

(1) 画出选片译码逻辑电路(可选用 74138 译码器)。

(2) 写出每片 RAM 的地址范围。

(3) 如果运行时发现不论往哪片 RAM 存放 8K 数据,以 A000H 为起始地址的存储芯片都有与之相同的数据,分析故障原因。

(4) 若出现译码中的地址线 A_{13} 与 CPU 断线,并搭接到高电平上的故障,后果如何?

44. 设某微型计算机的寻址范围为 64K,接有 8 片 8K 的存储芯片,存储芯片的片选信号为 $\overline{\text{CS}}$,要求:

(1) 画出选片译码逻辑电路(可选用 74138 译码器)。

(2) 写出每片 RAM 的地址范围。

(3) 如果运行时发现不论往哪片 RAM 存放 8K 数据,以 4000H 为起始地址的存储芯片都有与之相同的数据,分析故障原因。

(4) 若出现译码中的地址线 A_{13} 与 CPU 断线,并搭接到地电平上的故障,后果如何?

45. 设某微型计算机的寻址范围为 64K,接有 8 片 8K 的存储芯片,存储芯片的片选信号为

$\overline{CS}$,要求:

(1)画出选片译码逻辑电路(可选用 74138 译码器)。

(2)写出每片 RAM 的地址范围。

(3)如果运行时发现只有以 0000H 为起始地址的一片存储芯片不能读/写,分析故障原因,如何解决?

(4)如果发现只能对第 1~4 片 RAM 进行读/写,试分析故障原因。

46.简要说明采用层次结构存储系统的目的,说明每一层次的存储器作用和存储介质的特性以及采用层次结构存储器能达到预期目的的原理。

47.在磁表面存储器中,设写入代码是 11010011,试画出不归零制(NRZ)、调相制(PM)和调频制(FM)的写电流波形,并指出哪些有自同步能力。

48.设某计算机采用直接映射缓存,已知主存容量为 4 MB,缓存容量为 4 096 B,字块长度为 8 个字(32 位/字)。

(1)画出反映主存与缓存映射关系的主存地址各字段分配框图,并说明每个字段的名称及位数。

(2)设缓存初态为空,若 CPU 依次从主存第 0,1,…,99 号单元读出 100 个字(主存一次读出一个字),并重复按此次序读 10 次,问命中率为多少?

(3)如果缓存的存取时间是 50 ns,主存的存取时间是 500 ns,根据(2)求出的命中率,求平均存取时间。

(4)计算缓存—主存系统的效率。

49.一个磁盘存储器共有 6 个盘片,假设最上、下两个面不可用,每面有 204 条磁道,每条磁道有 12 个扇段,每个扇段有 512 B,磁盘机以 7 200 r/min 速度旋转,平均定位(寻道)时间为8 ms。

(1)计算该磁盘存储器的存储容量。

(2)计算该磁盘存储器的平均寻址时间。

50.一个磁盘组共有 11 片,假设最上、下两个面不可用,每片有 203 道,数据传输率为983 040 Bps,磁盘组转速为3 600 r/min,假定每个记录块有 1 024 B,且系统可挂 16 台这样的磁盘机,计算磁盘存储器的总容量并设计磁盘地址格式。

51.一个 1 K×4 位的动态 RAM 芯片,若其内部结构排列成 64×64 形式,且存取周期为0.1 μs。

(1)若采用分散刷新和集中刷新相结合的方式,刷新信号周期应该取多少?

(2)若采用集中刷新,则对该存储芯片刷新一遍需多少时间?死时间率是多少?

52.一个缓存—主存系统,采用 50 MHz 的时钟,存储器以每一个时钟周期(简称周期)传输一个字的速率,连续传输 8 个字,以支持块长为 8 个字的缓存,每字 4 个字节。假设读操作所花的时间是:1 个周期接收地址,3 个周期延迟,8 个周期传输 8 个字;写操作所花的时间是:1 个周期接受地址,2 个周期延迟,8 个周期传输 8 个字,3 个周期恢复和写入纠错码。求出对应下述几种情况的存储器最大带宽。

（1）全部访问为读操作。

（2）全部访问为写操作。

（3）65%的访问为读操作,35%的访问为写操作。

53. EEPROM 中存放的信息可以任意擦除并修改,它是否可以代替 RAM 作为计算机的主存芯片?

54. 只读存储器(ROM)中的存储单元能否被随机访问?

参 考 答 案

4.4.1 选择题

1. C	2. A	3. B	4. C	5. C	6. A
7. B	8. B	9. C	10. A	11. B	12. B
13. C	14. A	15. C	16. A	17. C	18. B
19. C	20. B	21. A	22. C	23. B	24. B
25. B	26. C	27. B	28. C	29. B	30. B
31. A	32. A	33. C	34. C	35. A	36. C
37. B	38. A	39. B	40. C	41. A	42. A
43. A	44. B	45. B	46. B	47. B	48. C
49. B	50. B	51. C	52. B	53. B	54. C

4.4.2 填空题

1. A. 通用寄存器、快速缓冲存储器、主存、磁盘、磁带

2. A. 缓存　　　　　B. 主存　　　　C. 辅存

   D. 提高访存速度、扩大存储容量

3. A. 触发器原理　　B. 电容存储电荷原理

4. A. 电容存储电荷　B. 2 ms　　　C. 行　　　　D. 刷新地址计数器

5. A. 存取周期　　　B. 寻找时间(寻道时间)　　C. 等待时间

   D. 数据传输时间

6. A. 集中刷新　　　B. 分散刷新　　C. 异步刷新　D. 存储电荷的电容放电

7. A. 地址　　　　　B. 片选　　　　C. 读/写

8. A. 64　　　　　　B. 16　　　　　C. 16

9. A. 4　　　　　　　B. 64　　　　　C. 256

10. A. 128　　　　　B. 14　　　　　C. 2　　　　D. 2　　　E. 10

11. A. 128　　　　　B. 16　　　　　C. 2　　　　D. 4　　　E. 10

12. A. 归零制　　　　B. 不归零制

C. 不论记录的代码是 0 还是 1,在记录下一个信息之前,记录电流要恢复到零电流

D. 磁头线圈中始终有电流

13. A. 归零制(RZ)   B. 不归零制(NRZ)

C. 见"1"就翻的不归零制(NRZ1) D. 调相制(PM)

E. 调频制(FM)   F. 改进型调频制(MFM)

14. A. 记录面号(磁头号)   B. 磁道号   C. 扇段号

D. 记录块   E. 头尾空白段、序标段、数据段、校验字段

15. A. 道密度   B. 位密度或线密度   C. 记录密度

16. A. 数据传输率   B. 10 VT C. bps

17. A. 平均   B. 寻道时间   C. 平均   D. 等待时间

18. A. 缓存   B. 辅存   C. CPU   D. 主存

E. 主存   F. CPU

19. A. CPU   B. 主存   C. 与 CPU 速度

D. 缓存中数据的命中率

20. A. 地址   B. 数据   C. 模 m D. m

21. A. 256   B. 7

22. A. CPU 和主存的速度匹配问题,提高访存速度   B. 透明的

C. 硬件   D. 扩大存储器容量   E. 硬件和操作系统

F. 不直接

23. A. 1 024   B. 2^{30}

24. A. 1 024   B. 2^{20} B

25. A. 655 360   B. 0   C. 655 359

26. A. 地址映射   B. 地址变换   C. 替换算法

27. A. 直接映射   B. 全相联映射   C. 组相联映射

D. 先进先出算法(FIFO)   E. 近期最少使用算法(LRU)

28. A. CPU 要访问的信息已在缓存中的比率

B. 缓存的块长和容量

29. A. 瞬时启动   B. 固态盘

30. A. LRU   B. FIFO

31. A. 主存—辅存层次   B. 主存   C. 虚拟地址

32. A. 高速缓冲   B. 速度   C. 片载缓存

D. 片外缓存   E. 指令缓存   F. 数据缓存

33. A. ③④⑤⑥   B. ①②③⑤⑥ C. ①②   D. ①②③④

34. A. 速度   B. 容量   C. 价格/位   D. 多级存储

35. A. 存储容量   B. 存取周期   C. 存储器带宽

　　D. 记录密度　　　E. 存储容量　　F. 平均寻址时间

　　G. 数据传输速率　H. 误码率

36. A. $i \bmod 128$

37. A. 磁盘控制器　　B. 磁盘驱动器　C. 盘片

38. A. 固定磁头　　　B. 可移动磁头　C. 固定盘片　　D. 可换盘片

39. A. 64　　　　　　B. 50　　　　　　C. 350

40. A. 每秒从存储器中读出或写入的二进制代码位数B. n/T_{M}

　　C. bps 或 Bps　　　　　　　　　D. 字/秒

　　E. 单体多字结构　　　　　　　　F. 低位交叉多体并行结构

41. A. 主存　　　　　B. 辅存　　　　C. 逻辑地址　D. 物理地址

　　E. 地址映射

42. A. 速度　　　　　B. 容量　　　　C. 成本　　　D. 密度

　　E. 能耗

43. A. 全相联映射　　B. 全相联映射

44. A. 写直达法　　　B. 写回法

45. A. 直接　　　　　B. 全相联

46. A. 16 MB

47. A. 程序访问的局部性

48. A. 9　　　　　　 B. 4　　　　　　 C. 5

49. A. 逻辑地址(或虚拟地址)　　　　B. 物理地址(或实际地址)

50. A. 各个体分别响应不同请求源的请求,实现多体并行

　　B. 选择体号　　　C. 选择存储体内的字

51. A. 不改变每个体的存取周期的前提下,增加存储器的带宽

　　B. 选择存储体内的字　　　　　　C. 选择体号

52. A. 26F

53. A. 203

54. A. 1024　　　　　B. 2^{14}(16K)

55. A. 24　　　　　　B. 8　　　　　　C. 000000　　D. FFFFFF

56. A. 16　　　　　　B. 2^{12}　　　　C. 2^{14}

4.4.3　问答题

　　1. 主存又称为内存,直接与 CPU 交换信息。辅存可作为主存的后备存储器,不直接与 CPU 交换信息,容量比主存大,速度比主存慢。缓存是为了解决主存和 CPU 的速度匹配、提高访存速度的一种存储器。它设在主存和 CPU 之间,速度比主存快,容量比主存小,存放 CPU 最近期要用的信息。控存是微程序控制器中用来存放微指令的存储器,通常由 ROM 组成,速度应比主存更快。虚存是为了解决扩大主存容量和地址分配问题,把主存和辅存统一成一个整体。从整体

上看,速度取决于主存,容量取决于辅存。实际上 CPU 仍然只与主存交换信息,由操作系统和硬件共同实现主存和辅存之间信息的自动交换。

2. RAM 是随机存取存储器,在程序的执行过程中既可读出信息又可写入信息。ROM 是只读存储器,在程序执行过程中只能读出信息,不能写入信息。

3. 静态 RAM 和动态 RAM 都属随机存储器,即在程序的执行过程中既可读出信息又可写入信息。但静态 RAM 靠触发器原理存储信息,只要电源不掉电,信息就不会丢失;动态 RAM 靠电容存储电荷原理存储信息,即使电源不掉电,由于电容要放电,信息也会丢失,故需再生。

4. RAM 即随机存取存储器,在程序的执行过程中既可读出信息又可写入信息。ROM 即只读存储器,在程序的执行过程中只能读出信息,不能写入信息。PROM 即可一次性编程的只读存储器。EPROM 即可擦洗的只读存储器,利用紫外线抹去原有信息,可多次编程。EEPROM 即电可改写型只读存储器,可多次编程。

5. 读周期是存储器进行两次连续读操作的最小间隔时间;读时间是从 CPU 给出地址信号到被选单元的内容读到数据线上的这段时间,读周期大于读时间。

6. 写周期是存储器进行两次连续写操作的最小间隔时间;写时间是从 CPU 给出地址信号后,将数据线上的信息写入被选单元中所需的时间,写周期大于写时间。

7. 存取周期是存储器进行两次连续、独立的操作(读或写)之间所需的最小间隔时间。存取时间又分读时间和写时间,读时间是从 CPU 给出地址信号到被选单元的内容读到数据线上的这段时间;写时间是从 CPU 给出地址信号到数据线上的信息写入被选单元中所需的时间。存储容量是存储器存放二进制代码的总数量。

8. 存储元即存储一位二进制代码的基本单元电路。

存储单元由若干个存储元组成,用来存放多位二进制代码。许多存储单元组成存储器。为了便于访问存储器的任一单元,对每一个存储单元按一定顺序给予一个地址编号,称为存储单元地址。

存储单元中二进制代码的组合即为存储字。

存储单元中二进制代码的位数称为存储字长。

9. 主存的速度指标用存取周期表示。辅存的速度指标,以磁盘为例,一般包括寻找(寻道)时间、等待时间和数据传输时间三项指标。因为主存是随机存取存储器,存取周期不随存储单元的地址不同而改变。而磁盘存储器属磁表面存储器,其存取周期与存储单元的位置有关,不同位置所需的寻道时间和等待时间(在磁道上找到指定扇段位置所需的时间)不同,故不能以一个物理量来衡量。

10. 磁表面存储器的技术指标一般包括:(1)记录密度(又分道密度和位密度两种)。(2)存储容量(盘面数×每个盘面的磁道数×每个磁道记录的二进制代码数)。(3)平均访盘时间(包括寻找时间、等待时间和传送时间)。(4)数据传送速率(每秒钟内存入或读出二进制代码的位数)。(5)误码率(出错信息位数和读出信息的总位数之比)。

11. 存储密度用来反映辅存(如磁盘)的记录密度,一般用道密度和位密度两个数值来表示。

道密度是磁盘沿半径方向单位长度的磁道数,记为 tpmm;位密度是单位长度磁道上存储二进制信息的位数,记为 bpmm。

数据传输率是指单位时间内从辅存(如磁盘)读出或写入二进制代码的位数或字节数,通常用波特率这个参量来描述,记为 bps 或 Bps。

12. 存储器的主要功能是存放程序或各类数据。通常用存储容量、存取周期以及存储器的带宽(每秒从存储器读出或写入二进制代码的位数)三项指标来反映存储器的性能。为了扩大存储器容量和提高访存速度,将存储系统分成若干不同层次,有缓存—主存层次和主存—辅存层次。前者为使存储器与 CPU 速度匹配,在 CPU 和主存之间增设高速缓冲存储器 Cache(简称缓存),其容量比主存小,速度比主存快,用来存放 CPU 最近期要用的信息,CPU 可直接从缓存中取到信息,从而提高了访存速度。后者为扩大存储器容量,把主存和辅存统一成一个整体,从整体上看,速度取决于主存,容量取决于辅存,称为虚存。CPU 只与主存交换信息,但程序员可用指令地址码进行编程,其位数与虚存的地址空间对应。

13. 动态 RAM 靠电容存储电荷原理存储信息,电容上的电荷要放电,信息即丢失。为了维持所存信息,需在一定时间(2 ms)内,将所存信息读出再重新写入(恢复),这一过程称为刷新,刷新是一行一行进行的,由 CPU 自动完成。

刷新通常可分集中刷新、分散刷新和异步刷新三种。集中刷新即在 2 ms 时间内,集中一段时间对存储芯片的每行刷新一遍,在这段时间里不能对存储器进行访问,即所谓死时间。分散刷新是将存储系统周期分为两半,前半段时间用来进行读/写操作,后半段时间用来进行刷新操作,显然整个系统的速度降低了,但分散刷新没有存储器的死时间。还可将这两种刷新结合起来,即异步刷新,这种刷新可在 2 ms 时间内对存储芯片的每一行刷新一遍,两行之间的刷新时间间隔为 2 ms/芯片的行数。

14. 存储芯片内的地址译码有两种方式,一种是线选法,适用于地址线较少的芯片。其特点是地址信号只需经过一个方向的译码就可选中某一存储单元的所有位。另一种是重合法(双重译码),适用于地址线较多的芯片。其特点是地址线分成两组,分别经行、列两个方向译码,只有行、列两个方向均被选中的存储元才能进行读/写信息。

15. 主存储器的读出过程是:CPU 先给出地址信号,然后给出片选(通常受 CPU 访存信号控制)信号和读命令,这样就可将被选中的存储单元内的各位信息读至存储芯片的数据线上。

主存储器的写入过程是:CPU 先给出地址信号,然后给出片选(通常受 CPU 访存信号控制)信号和写命令,并将欲写入的信息送至存储器的数据线上,这样,信息便可写入到被选中的存储单元中。

16. 多体结构存储器将存储器分成若干个(m 个)独立的模块,每个模块的容量和存取周期均相等,且它们可独立地进行读/写操作。若将这些独立的模块按高位交叉编址,而且使不同的请求源同时访问不同的模块,便可提高访存速度。

此外,若将这些独立的模块按低位交叉编址(即模 m 编址),便可使存储器在不改变存取周期的前提下,增加存储器的带宽。对 m 个模块而言,存储器的带宽可提高到 m 倍。

17. 提高访存速度可采取三种措施。

（1）采用高速器件，选用存取周期短的芯片，可提高存储器的速度。

（2）采用缓存，CPU 将最近期要用的信息先调入缓存，而缓存的速度比主存快得多，这样 CPU 每次只需从缓存中取出（或存入）信息，从而缩短了访存时间，提高了访存速度。

（3）调整主存结构，如采用单体多字结构（在一个存取周期内读出多个存储字，可增加存储器的带宽），或采用多体结构存储器（参考第 16 题答案）。

18. 快速缓冲存储器是为了提高访存速度，在 CPU 和主存之间增设的高速存储器，简称缓存，它对用户是透明的。只要将 CPU 最近期需用的信息从主存调入缓存，这样 CPU 每次只需访问缓存就可达到访问主存的目的，从而提高了访存速度。主存的信息调入缓存要根据一定的算法，由 CPU 自动完成。凡是主存和缓存已建立了对应关系的存储单元，它们的内容必须保持一致，故凡是写入缓存的信息也必须写入与缓存单元对应的主存单元中。

19. 软盘总容量＝面数×每面道数×每道扇段数×每扇段字节数＝2×40×8×512 B＝320 KB。

平均等待时间为转一圈所需时间的一半，即 $0.5 \times [(60 \text{ s})/(600 \text{ r/min})] = 50 \text{ ms}$。

盘每秒转 10 圈，每圈读一个磁道，为 512 B×8＝4096 B，故最大数据传输率为 4096 B×10/s＝40 KBps。

20. 磁盘转速为 2 400 r/min＝40 r/s。16 个固定磁头，每次读出 16 位，故每转一圈读出 62 500×16 B，所以最大数据传输率为 62 500×16 B×40 r/s＝39 700 000 Bps。

21. 按照各种记录方式的记录规则，并假设调相制（PM）按"记录 1 时写电流由负变正；记录 0 时写电流由正变负"的记录规则，数据代码 1011011100 的写电流波形如图 4.18 所示。

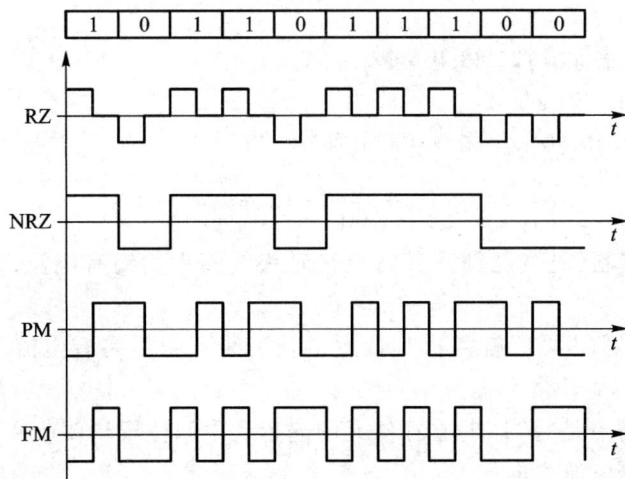

图 4.18　第 21 题答图

22. （1）共有 10 个存储面可用，最上、下两个面不可用。

（2）有效存储区域为（16.5–11）cm＝5.5 cm＝55 mm

因为，道密度＝4 tpmm

所以，共有 4 tpmm×55 mm ＝220 道，即 220 个圆柱面。

（3）内层磁道周长为 $2\pi R＝2×3.14×11$ cm＝69.08 cm＝690.8 mm

每道信息量＝40 bpmm×690.8 mm＝27 632 b

每面的信息量＝27 632 b×220＝6 079 040 b

盘组总容量＝6 079 040 b×10＝60 790 400 b

（4）磁盘数据传输率 $C＝Nr$ bps

N 为每条磁道的容量＝27 632 b

r 为磁盘每秒转速＝2 400 r/min＝40 r/s

所以，$C＝Nr＝27$ 632 b×40 r/s＝1 105 280 bps

23.（1）每道记录信息容量＝12 288 B

每个记录面信息容量＝12 288 B×275＝3 379 200B

4 个记录面信息容量＝12 288 B×275×4＝13 516 800 B

（2）最高位密度 D_1 按最小磁道半径 $R_1＝115$ mm 计算。

$D_1＝12$ 288 B/$2\pi R_1＝17$ Bpmm

最低位密度 D_2 按最大磁道半径 R_2 计算。

$R_2＝R_1＋（275/5）$mm＝115 mm＋55 mm＝170 mm

$D_2＝12$ 288 B/$2\pi R_2＝11.5$ Bpmm

（3）磁盘数据传输率 $C＝Nr$

N 为每道信息容量＝12 288 B

$r＝3$ 000 r/min＝50 r/s

$C＝Nr＝12$ 288 B×50 r/s＝614 400 Bps

（4）平均等待时间＝$\dfrac{1}{2}×\dfrac{1}{r}＝\dfrac{1}{2}×\dfrac{1}{50}$ s＝$\dfrac{1}{100}$ s＝10 ms

24. NRZ 是不归零制（见变就翻），其特点是磁头线圈中始终有电流，正向电流代表"1"，负向电流代表"0"。

NRZ1 是不归零 1 制（见"1"就翻），其特点是磁头线圈中始终有电流，写"1"时改变电流方向，写"0"时电流方向不变。

FM 是调频制，其特点是写"1"时在存储元的起始和中间位置均要改变电流方向，写"0"时只在存储元起始位置改变电流方向。

MFM 是改进型调频制，其特点是保留调频制记录"1"时在存储元的中间位置改变电流方向，而且不论写"1"或写"0"，在存储元的起始位置均不改变电流方向，只有当连续记录两个或两个以上的"0"时，在两个存储元之间改变电流方向。

25. 所谓程序访问的局部性即程序执行时对存储器的访问是不均匀的，这是由于指令和数据在主存的地址分布不是随机的,而是相对地簇聚。存储系统的缓存—主存级和主存—辅存级都用到程序访问的局部性原理。对缓存—主存级而言,把 CPU 最近期执行的程序放在容量较小、速度较高的缓存中。对主存—辅存级而言,把程序中访问频度高、比较活跃的部分放在主存中,这样既提高了访存的速度又扩大了存储器的容量。

26. 用 4 片 4K×8 位的 RAM 芯片可组成容量为 8K×16 位的存储器,其结构如图4.19所示。

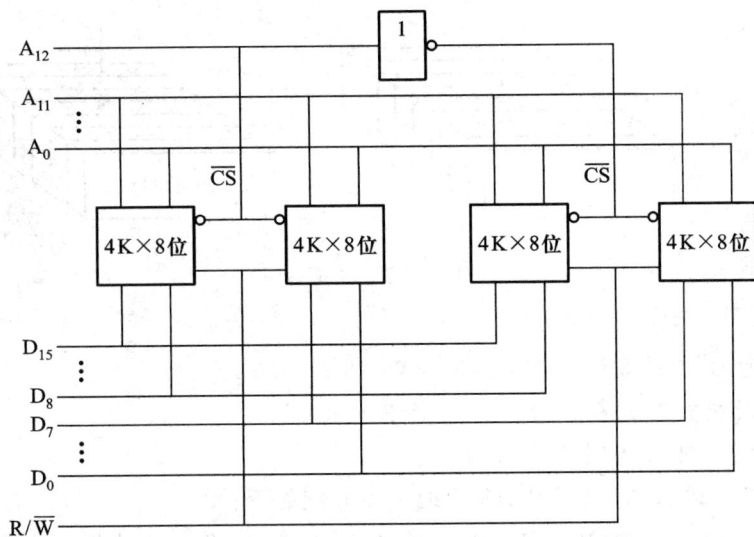

图 4.19　第 26 题答图

27. 解答分析如下:

(1) 正确。地址总线的位数决定了地址的取值范围,也就决定了主存的最大容量。

(2) 不正确。利用存储管理技术可以使实际主存容量大于指令中地址码的寻址范围。例如在某些微型机中,机器指令的地址码字段较短,地址码的寻址范围为 64K,而实际主存容量已达 640 KB 以上。

(3) 不正确。可编程逻辑阵列(PLA)是一种特殊的只读存储器,不能作为主存的一部分。

(4) 正确。可编程只读存储器 PROM 一般是不可改写的。

(5) 正确。这是由采用的物质材料的特性和工艺过程决定的。

(6) 不正确。磁盘存储器是永久性存储器,不需要刷新就可长期保存。

28. 一个具有 14 位地址和 8 位字长的存储器容量为 $2^{14} \times 8 = 16K \times 8$ 位,需用 128 片 1 K×1 位的 RAM 芯片组成,地址线分配如下:

$A_9 \sim A_0$ 作为芯片本身的地址线;$A_{13} \sim A_{10}$ 作为片选地址,采用 4～16 线译码器,16 个输出分别作为 16 组芯片(每组内含 8 片)的片选信号,如图4.20所示。

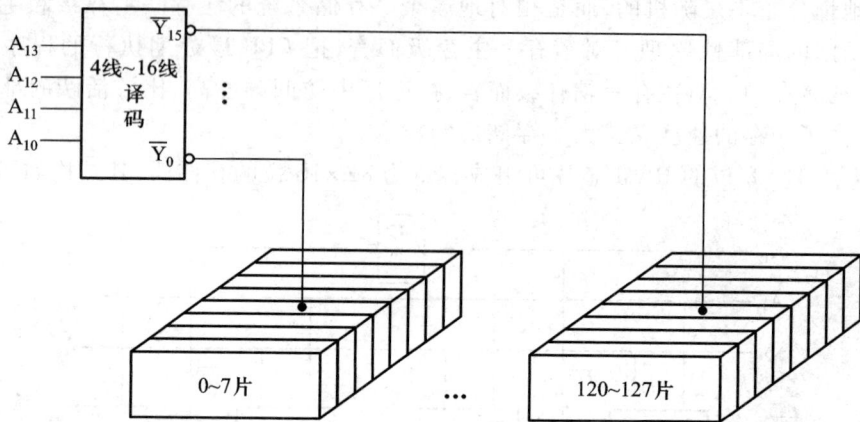

图 4.20 第 28 题答图

29. 地址线为 18 位的 8 位机主存容量为 $2^{18} \times 8$ b = 256 KB。

（1）若每个模块板为 32K×8 位,共需 8 个模块板。

（2）每个模块板内有 16 片 RAM 芯片。

（3）主存共需 128 片 RAM 芯片,18 根地址线分配如下:

$A_{11} \sim A_0$ 作为 4K×4 位 RAM 芯片本身的地址线;$A_{14} \sim A_{12}$ 作为模块板内片选地址。采用 3 ~ 8 线译码器,共 8 个输出,每个输出选 2 片 4K×4 位的 RAM 芯片;$A_{17} \sim A_{15}$ 作为模块板的地址。采用 3~8 线译码器,其每个输出分别选 8 个模块板中的任一块。

30. 具有缓存—主存层次的存储器,其缓存和主存都需按块存储,且每块内的字数相同。缓存管理中地址映射方法主要有三种。

（1）直接映射。假设缓存共有 C 块,每个主存块 j 只与一个缓存块 i 对应,而每个缓存块可以和多个主存块对应,它们的映射关系是 $i = j \bmod C$。这种映射关系实现简单,但主存块只能固定地对应某个缓存块,不够灵活,命中率低。

（2）全相联映射。其特点是主存中的任一块都可映射到缓存中的任一块上,但所需的逻辑电路甚多,成本高,命中率高。

（3）组相联映射。它是介于直接映射和全相联映射之间的一种方案。这种方案把缓存分成组,每组内又包含若干块。假设缓存共有 Q 组,每组内有 R 块,并用 i 表示缓存的组号,j 表示主存的块号,它们的映射关系是 $i = j \bmod Q$,即某一主存块 j 按模 Q 映射到缓存第 i 组内的任一块。这种方法比直接映射灵活,命中率高,比全相联映射成本低,是它们的折中,被广泛应用。

31. 在缓存管理中,当新的主存块需调入缓存时,常用的有先进先出（FIFO）算法和近期最少使用 LRU 算法。前者是把最先调入缓存的块替换出去,它不需随时记录各块的使用情况,所以容易实现,且开销小;后者是把近期最少使用的块替换出去,这种算法需随时记录缓存中各块的使用情况,以便确定哪个块是近期最少使用的。LRU 算法比 FIFO 命中率高。

32. 根据主存地址空间分配,选出所用芯片类型及数量。即

$$A_{15} \cdots A_{11} \cdots A_7 \cdots A_3 \cdots A_0$$

$$\left.\begin{array}{l} 1\ 0\ 0\ 0\ 0\ 0\ 0\ 0\ 0\ 0\ 0\ 0\ 0\ 0\ 0\ 0 \\ 1\ 0\ 0\ 0\ 0\ 1\ 1\ 1\ 1\ 1\ 1\ 1\ 1\ 1\ 1\ 1 \end{array}\right\} \text{2K×8 位 ROM 1 片}$$

$$\left.\begin{array}{l} 1\ 0\ 0\ 0\ 1\ 0\ 0\ 0\ 0\ 0\ 0\ 0\ 0\ 0\ 0\ 0 \\ 1\ 0\ 0\ 0\ 1\ 0\ 1\ 1\ 1\ 1\ 1\ 1\ 1\ 1\ 1\ 1 \end{array}\right\} \text{1 K×4 位 RAM 2 片}$$

CPU 与存储芯片的连接如图 4.21 所示。

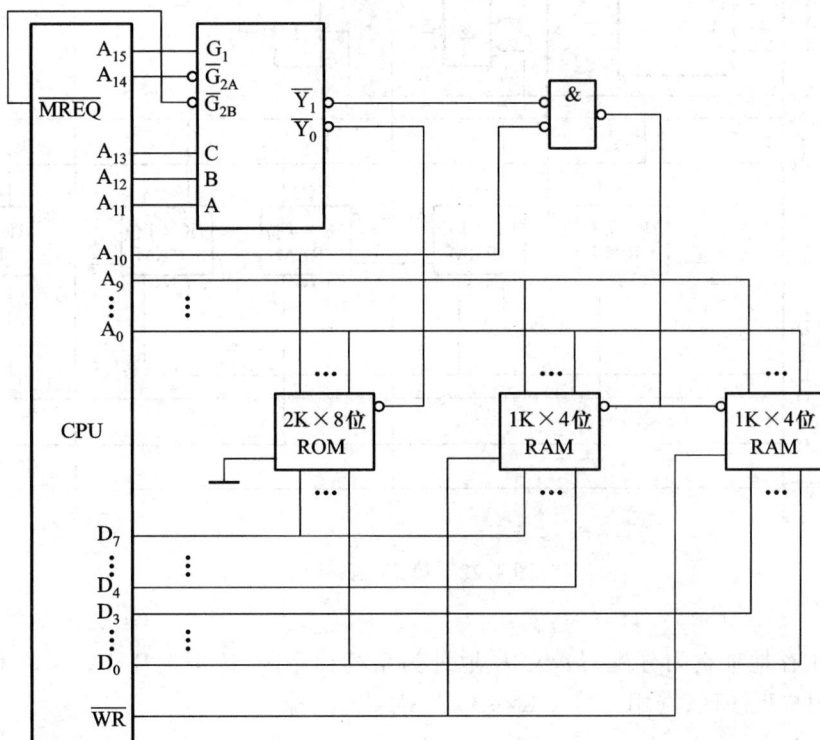

图 4.21 第 32 题答图

33. 根据主存地址空间分配,对应 A000H ~ A7FFH 系统程序区,选用一片 2K×8 位 ROM 芯片;对应 A800H ~ AFFFH 用户程序区,选用 4 片 1 K×4 位 RAM 芯片。每片存储芯片的地址范围如下。CPU 与存储芯片的连接如图 4.22 所示。

A_{15} ··· A_{11} ··· A_7 ··· A_3 ··· A_0

1 0 1 0 0 0 0 0 0 0 0 0 0 0 0 0 ⎫
1 0 1 0 0 1 1 1 1 1 1 1 1 1 1 1 ⎬ 2K×8 位 ROM　1 片

1 0 1 0 1 0 0 0 0 0 0 0 0 0 0 0 ⎫
1 0 1 0 1 0 1 1 1 1 1 1 1 1 1 1 ⎬ 1 K×4 位 RAM　2 片

1 0 1 0 1 1 0 0 0 0 0 0 0 0 0 0 ⎫
1 0 1 0 1 1 1 1 1 1 1 1 1 1 1 1 ⎬ 1 K×4 位 RAM　2 片

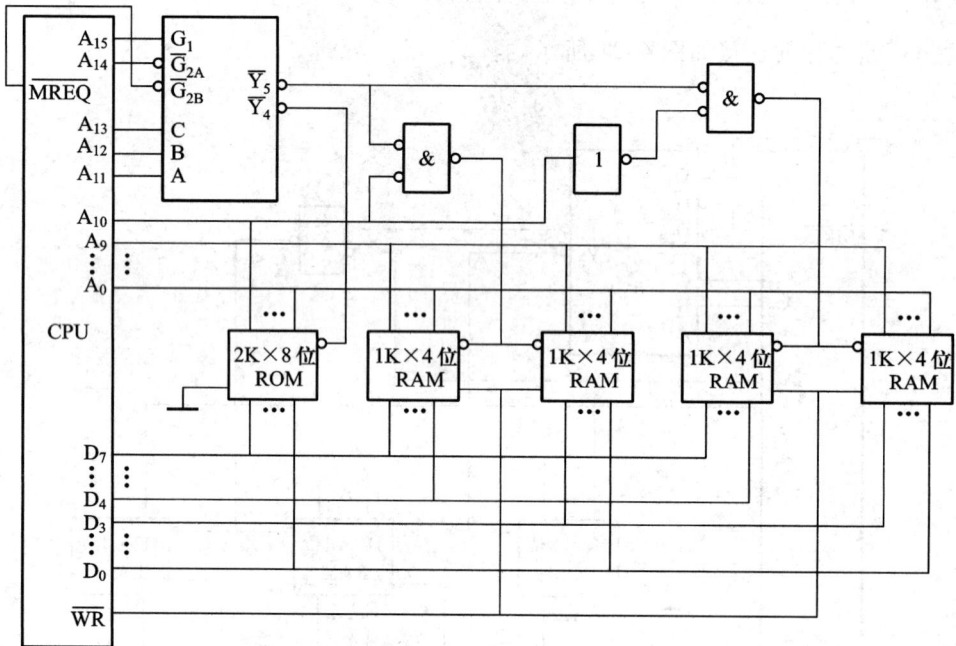

图 4.22　第 33 题答图

34. 根据主存地址空间分配,最小 2K 地址为系统程序区,选用 1 片 2K×8 位 ROM 芯片;相邻 2K 地址为用户程序区,选用 4 片 1 K×4 位 RAM 芯片,即

A_{15} ··· A_{11} ··· A_7 ··· A_3 ··· A_0

0 0 0 0 0 0 0 0 0 0 0 0 0 0 0 0 ⎫
0 0 0 0 0 1 1 1 1 1 1 1 1 1 1 1 ⎬ 2K×8 位 ROM　1 片

0 0 0 0 1 0 0 0 0 0 0 0 0 0 0 0 ⎫
0 0 0 0 1 1 1 1 1 1 1 1 1 1 1 1 ⎬ 1 K×4 位 RAM　4 片

存储芯片的片选逻辑图如图 4.23 所示,其余部分详见图 4.22。

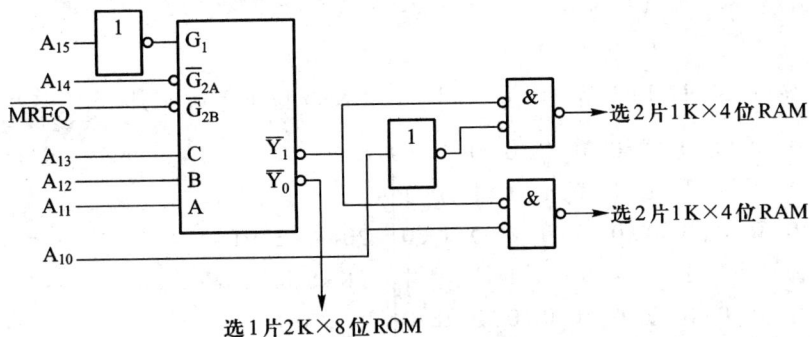

图 4.23 第 34 题答图

35. 根据主存地址空间分配,最大 2K 地址为系统程序区,选用 1 片 2K×8 位 ROM 芯片;相邻 2K 地址为用户程序区,选用 4 片 1 K×4 位 RAM 芯片,即

A_{15} ··· A_{11} ··· A_7 ··· A_3 ··· A_0

```
1 1 1 1 1 1 1 1 1 1 1 1 1 1 1 1 }
1 1 1 1 1 0 0 0 0 0 0 0 0 0 0 0 }  2K×8 位 ROM   1 片

1 1 1 1 0 1 1 1 1 1 1 1 1 1 1 1 }
1 1 1 1 0 0 0 0 0 0 0 0 0 0 0 0 }  1 K×4 位 RAM   4 片
```

存储芯片的片选逻辑如图 4.24 所示,其余部分详见图 4.22。

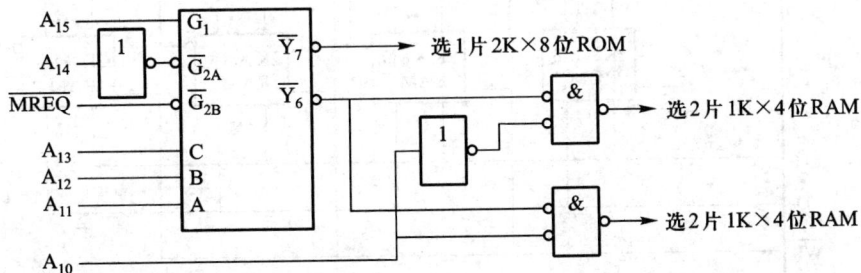

图 4.24 第 35 题答图

36. 根据主存地址空间分配,0 ~ 2047 为系统程序区,选用 1 片 2K×8 位 ROM 芯片;2048 ~ 8191 为用户程序区,选用 3 片 2K×8 位 RAM 芯片,即

A_{15} … A_{11} … A_7 … A_3 … A_0

```
0 0 0 0 0 0 0 0 0 0 0 0 0 0 0 0 ⎫ 0~2047
0 0 0 0 0 1 1 1 1 1 1 1 1 1 1 1 ⎭ 2K×8 位 ROM  1 片

0 0 0 0 1 0 0 0 0 0 0 0 0 0 0 0 ⎫
0 0 0 0 1 1 1 1 1 1 1 1 1 1 1 1 ⎪
0 0 0 1 0 0 0 0 0 0 0 0 0 0 0 0 ⎬ 2048~8191
0 0 0 1 0 1 1 1 1 1 1 1 1 1 1 1 ⎪ 2K×8 位 RAM  3 片
0 0 0 1 1 0 0 0 0 0 0 0 0 0 0 0 ⎪
0 0 0 1 1 1 1 1 1 1 1 1 1 1 1 1 ⎭
```

存储芯片与 CPU 的连接如图 4.25 所示。

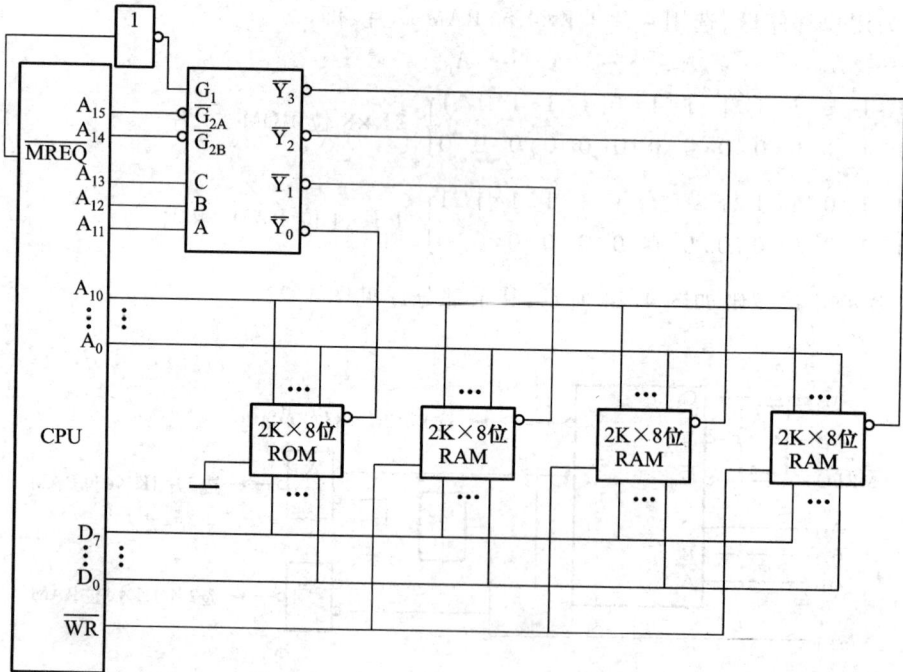

图 4.25　第 36 题答图

37. 根据主存地址空间分配,0~8191 为系统程序区,选用 1 片 8K×8 位 ROM 芯片;8192~32767 为用户程序区,选用 3 片 8K×8 位 RAM 芯片,即

A_{15} ··· A_{11} ··· A_7 ··· A_3 ··· A_0

0	0	0	0	0	0	0	0	0	0	0	0	0	0	0	0	0~8191
0	0	0	1	1	1	1	1	1	1	1	1	1	1	1	1	8K×8 位 ROM 1 片

0	0	1	0	0	0	0	0	0	0	0	0	0	0	0	0	
0	0	1	1	1	1	1	1	1	1	1	1	1	1	1	1	
0	1	0	0	0	0	0	0	0	0	0	0	0	0	0	0	8192~32767
0	1	0	1	1	1	1	1	1	1	1	1	1	1	1	1	8K×8 位 RAM 3 片
0	1	1	0	0	0	0	0	0	0	0	0	0	0	0	0	
0	1	1	1	1	1	1	1	1	1	1	1	1	1	1	1	

存储芯片与 CPU 的连接如图 4.26 所示。

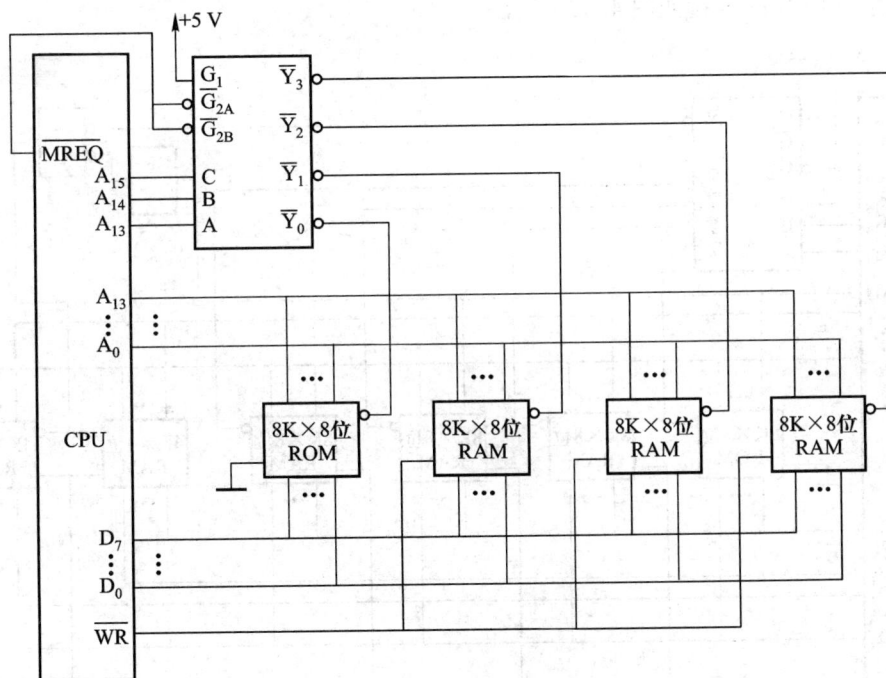

图 4.26 第 37 题答图

38. 根据主存地址空间分配,0~8191 为系统程序区,选用 1 片 8K×8 位 ROM 芯片;8192~32767 为用户程序区,选用 3 片 8K×8 位 RAM 芯片;最大 4K 地址空间为系统程序工作区,选用 2 片 4K×4 位 RAM 芯片,即

```
A₁₅ ···  A₁₁ ···   A₇    ···  A₃  ··· A₀
```

A_{15}			A_{11}				A_7				A_3			A_0	

$$A_{15} \cdots A_{11} \cdots A_7 \cdots A_3 \cdots A_0$$

0 0 0 0 0 0 0 0 0 0 0 0 0 0 0 0　0～8191
0 0 0 1 1 1 1 1 1 1 1 1 1 1 1 1　8K×8 位 ROM　1 片

0 0 1 0 0 0 0 0 0 0 0 0 0 0 0 0
0 0 1 1 1 1 1 1 1 1 1 1 1 1 1 1
0 1 0 0 0 0 0 0 0 0 0 0 0 0 0 0　8192～32767
0 1 0 1 1 1 1 1 1 1 1 1 1 1 1 1　8K×8 位 RAM　3 片
0 1 1 0 0 0 0 0 0 0 0 0 0 0 0 0
0 1 1 1 1 1 1 1 1 1 1 1 1 1 1 1

1 1 1 0 0 0 0 0 0 0 0 0 0 0 0 0　最大 4K
1 1 1 1 1 1 1 1 1 1 1 1 1 1 1 1　4K×4 位 RAM　2 片

存储芯片与 CPU 的连接如图 4.27 所示。

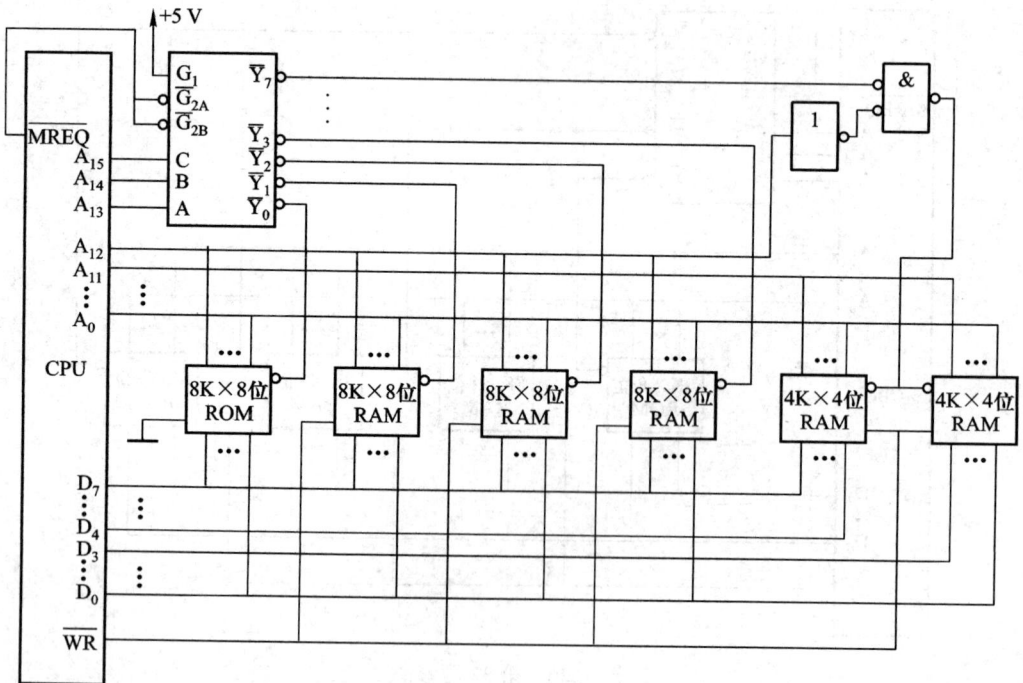

图 4.27　第 38 题答图

39. 根据主存地址空间分配,最大 4K 地址空间为系统程序区,选用 2 片 2K×8 位 ROM 芯片;相邻的 4K 地址空间为系统程序工作区,选用 2 片 4K×4 位 RAM 芯片;最小 16K 地址空间为用户程序区,选用 2 片 8K×8 位 RAM 芯片,即

```
A₁₅ ··· A₁₁ ··· A₇ ··· A₃ ··· A₀
 1 1 1 1 1 1 1 1 1 1 1 1 1 1 1 1 ⎫ 最大 4K
 1 1 1 1 1 0 0 0 0 0 0 0 0 0 0 0 ⎪
 1 1 1 1 0 1 1 1 1 1 1 1 1 1 1 1 ⎬ 2K×8 位 ROM  2 片
 1 1 1 1 0 0 0 0 0 0 0 0 0 0 0 0 ⎭

 1 1 1 0 1 1 1 1 1 1 1 1 1 1 1 1 ⎫ 相邻 4K
 1 1 1 0 0 0 0 0 0 0 0 0 0 0 0 0 ⎬ 4K×4 位 RAM  2 片

 0 0 0 0 0 0 0 0 0 0 0 0 0 0 0 0 ⎫
 0 0 0 1 1 1 1 1 1 1 1 1 1 1 1 1 ⎪ 最小 16K
 0 0 1 0 0 0 0 0 0 0 0 0 0 0 0 0 ⎬ 8K×8 位 RAM  2 片
 0 0 1 1 1 1 1 1 1 1 1 1 1 1 1 1 ⎭
```

存储芯片与 CPU 的连接如图 4.28 所示。

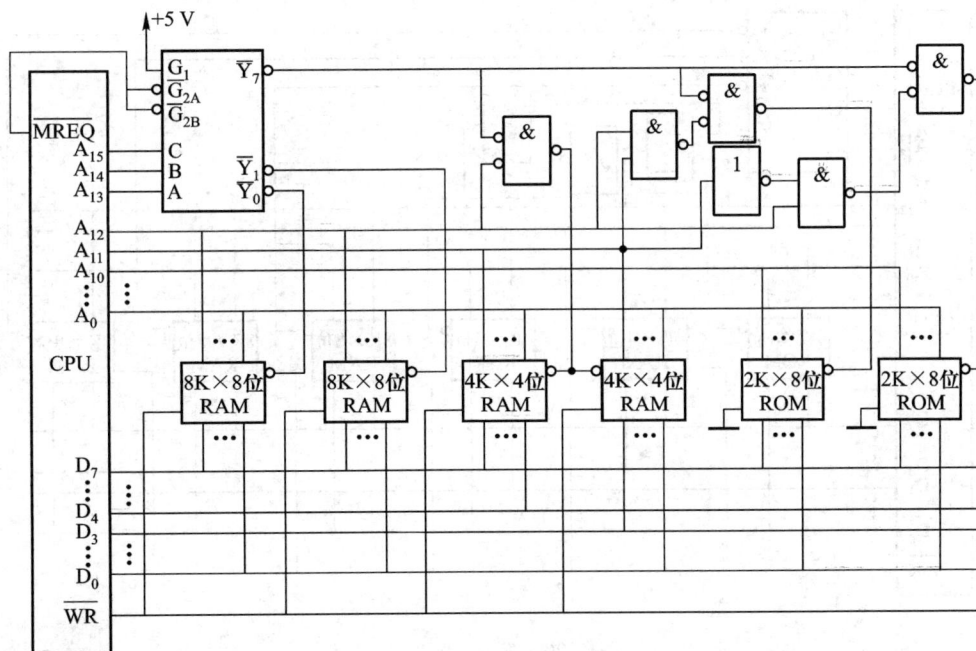

图 4.28 第 39 题答图

40. 根据主存地址空间分配,最小 4K 地址空间为系统程序区,选用 1 片 4K×8 位 ROM 芯片;相邻的 4K 地址空间为系统程序工作区,选用 2 片 4K×4 位 RAM 芯片;与系统程序工作区相邻的 24K 为用户程序区,选用 3 片 8K×8 位 RAM 芯片,即

```
A₁₅  ···  A₁₁  ···  A₇  ···  A₃  ···  A₀
```

$$
\begin{array}{l}
0\ 0\ 0\ 0\ 0\ 0\ 0\ 0\ 0\ 0\ 0\ 0\ 0\ 0\ 0\ 0 \\
0\ 0\ 0\ 0\ 1\ 1\ 1\ 1\ 1\ 1\ 1\ 1\ 1\ 1\ 1\ 1
\end{array}
\right\}
\begin{array}{l}
最小\,4K \\
4K×8\,位\ ROM\quad 1\ 片
\end{array}
$$

$$
\begin{array}{l}
0\ 0\ 0\ 1\ 0\ 0\ 0\ 0\ 0\ 0\ 0\ 0\ 0\ 0\ 0\ 0 \\
0\ 0\ 0\ 1\ 1\ 1\ 1\ 1\ 1\ 1\ 1\ 1\ 1\ 1\ 1\ 1
\end{array}
\right\}
\begin{array}{l}
相邻\,4K \\
4K×4\,位\ RAM\quad 2\ 片
\end{array}
$$

$$
\begin{array}{l}
0\ 0\ 1\ 0\ 0\ 0\ 0\ 0\ 0\ 0\ 0\ 0\ 0\ 0\ 0\ 0 \\
0\ 0\ 1\ 1\ 1\ 1\ 1\ 1\ 1\ 1\ 1\ 1\ 1\ 1\ 1\ 1 \\
0\ 1\ 0\ 0\ 0\ 0\ 0\ 0\ 0\ 0\ 0\ 0\ 0\ 0\ 0\ 0 \\
0\ 1\ 0\ 1\ 1\ 1\ 1\ 1\ 1\ 1\ 1\ 1\ 1\ 1\ 1\ 1 \\
0\ 1\ 1\ 0\ 0\ 0\ 0\ 0\ 0\ 0\ 0\ 0\ 0\ 0\ 0\ 0 \\
0\ 1\ 1\ 1\ 1\ 1\ 1\ 1\ 1\ 1\ 1\ 1\ 1\ 1\ 1\ 1
\end{array}
\right\}
\begin{array}{l}
相邻\,24K \\
8K×8\,位\ RAM\quad 3\ 片
\end{array}
$$

存储芯片与 CPU 的连接如图 4.29 所示。

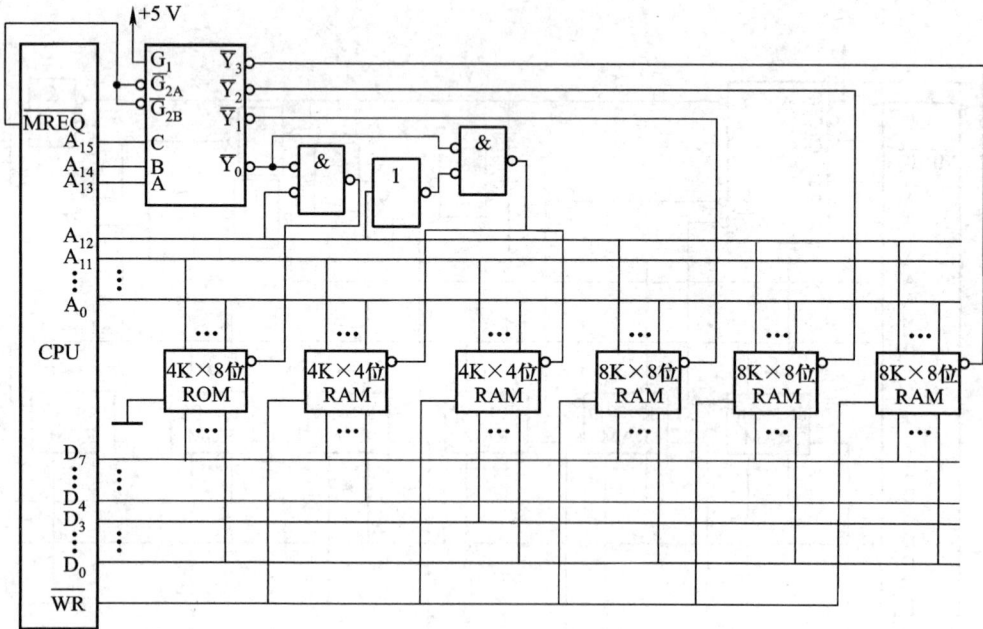

图 4.29　第 40 题答图

41. 可采用多体交叉存取方案,用 4 个相互独立、容量均为 64K×16 位的模块 M₀、M₁、M₂、M₃,组成一个容量为 256K×16 位的存储器,每个模块各自具备一套地址寄存器、数据缓冲寄存器,各自以同等的方式与 CPU 传递信息,其结构如图 4.30 所示。

CPU 在一个存取周期内,分时访问每个体,即每经过 1/4 存取周期就访问一个模块。这样,

对每个模块而言,存取周期未变,而对 CPU 来说,它可以在一个存取周期内连续访问 4 个体,获得 16 b×4 = 64 b 信息,各个体的读/写过程是并行进行的。

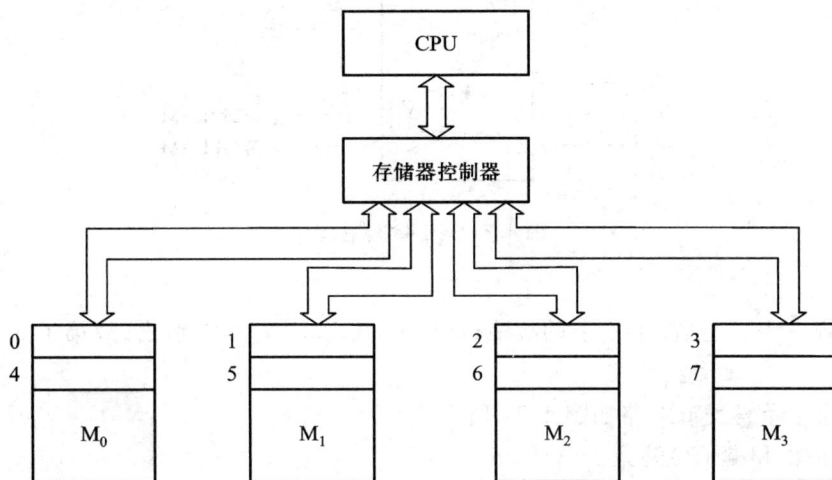

图 4.30 第 41 题答图

42. 根据图 4.17(a)所示,ROM_1 的地址空间为 0000H ~ 3FFFH,ROM_2 的地址空间为4000H ~ 7FFFH,RAM_1 的地址空间为 C000H ~ DFFFH,RAM_2 的地址空间为 E000H ~ FFFFH。对应上述空间,最高 4 位地址码 A_{15} ~ A_{12} 状态如下:

0000 ~ 0011	ROM_1
0100 ~ 0111	ROM_2
1100 ~ 1101	RAM_1
1110 ~ 1111	RAM_2

2 ~ 4 线译码器对 $A_{15}A_{14}$ 两位进行译码,四路输出中 $Y_0 = 00$ 对应 ROM_1,$Y_1 = 01$ 对应 ROM_2,$Y_3 = 11$ 对应 RAM_1 和 RAM_2,并用 A_{13} 区分 $RAM_1(A_{13} = 0)$ 和 $RAM_2(A_{13} = 1)$

由此可得两组跨接端子的连接方法是:

1—5,2—6,3—7,8—12,9—13,11—14

43. (1) 8 片 8K 存储芯片的选片逻辑电路如图 4.31 所示。$\overline{Y_i}(i = 0 ~ 7)$ 分别为每片 RAM 的片选信号。

(2) 8 片 RAM 的寻址范围分别是:0000H ~ 1FFFH;2000H ~ 3FFFH;4000H ~ 5FFFH;6000H ~ 7FFFH;8000H ~ 9FFFH;A000H ~ BFFFH;C000H ~ DFFFH;E000H ~ FFFFH。

(3) 说明 74138 译码器有误,$\overline{Y_5}$ 输出始终为低。因该输出接至第 6 片 RAM 的 $\overline{CS}$ 端,该片对应的地址范围是 A000H ~ BFFFH,故不论往哪片 RAM 存放 8K 数据,该片存储芯片始终被选中,所以都有与之相同的数据。

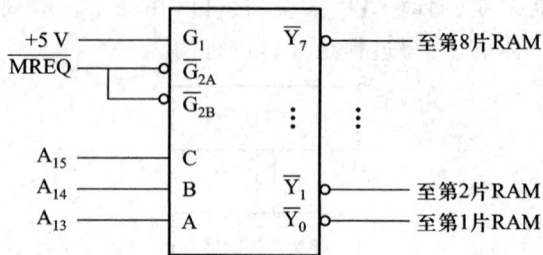

图 4.31　第 43 题答图

（4）若出现 A_{13} 搭接到高电平上的故障,则使 $\overline{Y}_0$、$\overline{Y}_2$、$\overline{Y}_4$、$\overline{Y}_6$ 均无输出,故第 1、3、5、7 片 RAM 始终不被选中。

44.（1）选片译码逻辑电路如图 4.31 所示。

（2）同本章第 43 题（2）答案。

（3）说明 74138 译码器有误,$\overline{Y}_2$ 输出始终为低。因该输出接至第 3 片 RAM 的 $\overline{CS}$ 端,该片对应的地址范围是 4000H ~5FFFH,故不论往哪片 RAM 存放 8K 数据,该存储芯片始终被选中,所以都有与之相同的数据。

（4）若出现 A_{13} 搭接到地电平的故障,则使 $\overline{Y}_1$、$\overline{Y}_3$、$\overline{Y}_5$、$\overline{Y}_7$ 均无输出,故第 2、4、6、8 片 RAM 始终不被选中。

45.（1）选片译码逻辑电路如图 4.31 所示。

（2）同本章第 43 题（2）答案。

（3）说明 74138 译码器的 $\overline{Y}_0$ 输出始终为高。因 RAM 的片选信号是低电平有效,故用 $\overline{Y}_0$ 作为片选信号的存储芯片（对应 0000H ~3FFFH 地址范围）不能读/写,而其他存储芯片可以读/写。解决办法可换一片 74138 译码器。

（4）说明译码器 C 端始终为低,可检查一下 A_{15} 是否搭接到低电平上。

46. 反映存储器性能的三个指标（速度、容量和价格/位）是相互矛盾的,为了提高存储系统的性能价格比,存储器采用层次结构,包括缓存—主存层次和主存—辅存层次。缓存和主存均采用半导体存储器,通常缓存由静态 RAM 组成,主存由动态 RAM 组成。辅存通常采用磁性材料为介质,在不同的载磁体（如盘状、带状）上涂有磁层,靠磁头对其读/写,这类辅存属于磁表面存储器。也有利用激光对非磁性介质或磁性介质的盘面进行读/写,达到存储信息的目的,这类辅存为光盘存储器。

缓存—主存这一层次主要解决 CPU 与主存的速度差异,而主存—辅存这一层次主要解决存储器的容量问题,最终达到解决存储系统的性能价格比的目的。

47. 假设调相制记录"1"时写电流由正变负,记录"0"时写电流由负变正,对应写入代码为 11010011 的不归零制（NRZ）、调相制（PM）和调频制（FM）的写电流波形如图 4.32 所示。

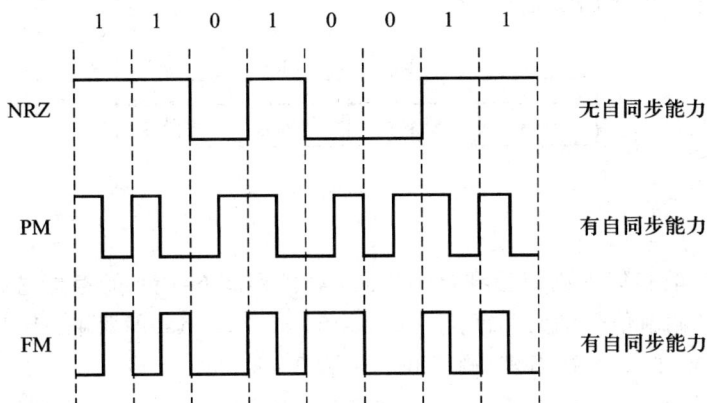

图 4.32 第 47 题答图

48. （1）根据字块长度为 8，字长为 32 位，可求出主存字块内地址为 5 位。根据缓存容量为 4 096 B = 2^{12} B，字块大小为 2^5 B，故缓存字块地址为 7 位。根据主存容量为 4 MB，则主存地址共 22 位，去掉字块内地址 5 位和缓存字块地址 7 位，故主存字块标记为 10 位。如图 4.33 所示。

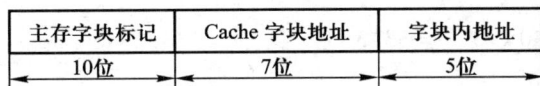

主存字块标记	Cache 字块地址	字块内地址
10位	7位	5位

图 4.33 第 48 题答图

（2）由于缓存初态为空，且块长为 8，因此 CPU 第一次读 100 个字时，共有 13 次未被命中（即读第 0、8、16、…、96 号单元时未命中），以后 9 次重复读这 100 个字时均命中，故命中率为

$$[(100 \times 10 - 13)/100 \times 10] \times 100\% = 98.7\%$$

（3）平均访问时间 = 0.987 × 50 ns + (1 − 0.987) × 500 ns = 55.85 ns

（4）缓存—主存系统的效率为

(50 ns/55.85 ns) × 100% = 89.5%

49. （1）6 个盘片共有 10 个记录面，磁盘存储器的总容量为

512 B × 12 × 204 × 10 = 12 533 760 B

（2）磁盘存储器的平均寻址时间 = 平均寻道时间 + 平均等待时间

平均等待时间 = [60 s/(7 200 r/min)] × 0.5 ≈ 4.165 ms

平均寻址时间 = 8 ms + 4.165 ms = 12.165 ms

50. 由于数据传输速率 = 每一磁道的容量 × 磁盘转速，且磁盘转速为 3 600 r/min = 60 r/s，故每一磁道的容量 = (983 040 Bps)/(60 r/s) = 16 384 B，扇段数 = 16 384 B/1 024 B = 16。表示磁盘地址格式的参数包括：台数为 16，记录面为 20（11 个盘片共有 20 个记录面），磁道数为 203，扇

段数为 16,故磁盘地址格式如图 4.34 所示。

4位	8位	5位	4位
台号	磁道号	盘面号	扇段号

图 4.34　第 50 题答图

51. （1）采用分散和集中刷新相结合的方式,对排列成 64×64 的存储芯片,需在 2 ms 内将 64 行各刷新一遍,则刷新信号的时间间隔为 2 ms/64＝31.25 μs,即每隔 31.25 μs 要刷新一行,故刷新周期取 31 μs。但对每行而言,刷新间隔仍为 2 ms。

（2）采用集中刷新,对 64×64 的芯片,需在 2 ms 内集中 64 个存取周期刷新 64 行。根据题中给出的存取周期为 0.1 μs,即在 2 ms 内集中 6.4 μs 刷新,则死时间率为

$$(64/20\ 000)\times100\%＝0.32\%$$

52. 由于存储系统采用 50 MHz 的时钟,故每一个时钟周期为 1/(50 MHz)＝0.02 μs＝20 ns

（1）读操作的时间是

$$T_R＝(1+3+8)\times20\ ns＝240\ ns$$

读操作的带宽是

$$B_R＝8/T_R＝8/(240\times10^{-9})＝33.3\times10^6 字/秒＝133.2\times10^6\ Bps$$

（2）写操作的时间是

$$T_W＝(1+2+8+3)\times20\ ns＝280\ ns$$

写操作的带宽是

$$B_W＝8/T_W＝8/(280\times10^{-9})＝28.6\times10^6 字/秒＝114.4\times10^6\ Bps$$

（3）读/写操作加权后的时间是

$$240\ ns\times0.65+280\ ns\times0.35＝254\ ns$$

加权平均带宽是

$$B_a＝8/(254\times10^{-9})＝31.5\times10^6 字/秒＝126\times10^6\ Bps$$

53. 虽然 EPROM 中存放的信息可以任意擦除并修改,而且可以被随机读取,但是修改数据需要经过较复杂且缓慢的擦除过程,然后才能写入新的数据。而擦除过程比 RAM 的写过程慢得多,用它代替 RAM 作为计算机的主存将会使计算机的性能大大下降,故不能用 EPROM 代替 RAM 作为计算机的主存。

54. ROM 和 RAM 的主要区别在于,在程序的执行过程中,前者只能读出,后者可读可写,但访问的方式都是随机的,即可以随意访问任一存储单元,而且访问任一单元的时间都一样,与地址无关。

第五章　输入输出系统

5.1　重点难点

输入输出系统是人机对话和人机交互的纽带和桥梁。它涉及的内容极其繁杂,既包括具体的各类 I/O 设备,又包括各种不同的设备如何与主机交换信息的方式。本章重点要求掌握主机与 I/O 交换信息的三种控制方式(程序查询、程序中断和 DMA)以及它们各自所需的硬件及软件支持。对于常用的键盘、显示器、打印机这三种设备,重点应掌握它们如何与主机联系,有利于加深对整机工作的理解。有关这些设备本身的细节,只需一般了解即可。

本章的难点包括:

(1) 处理 I/O 中断的各类软、硬件技术的运用。

(2) DMA 与主存交换数据的三种方法各自的特点。

(3) 周期窃取(或周期挪用)的含义。

(4) CPU 响应中断请求和 DMA 请求的时间。

5.2　主要内容

5.2.1　输入输出系统的基本组成

输入输出系统由 I/O 软件和 I/O 硬件两部分组成。

1. I/O 软件

I/O 软件的主要任务是将用户编制的程序(或数据)输入至主机内,将运算结果输送给用户,实现 I/O 系统与主机工作的协调。

不同结构的 I/O 系统所采用的软件技术差异很大。当采用接口模块方式时,应用机器指令系统中的 I/O 指令及系统软件中的管理程序,便可使 I/O 与主机协调工作。当采用通道管理方式时,除 I/O 指令外,还必须有通道指令及相应的操作系统。即使都采用操作系统,不同机器的操作系统的复杂程度差异也是很大的。

2. I/O 硬件

输入输出系统的硬件组成是多种多样的,在带有接口的 I/O 系统中,I/O 硬件包括接口模块和 I/O 设备两大部分;在具有通道或 I/O 处理机的 I/O 系统中,I/O 硬件包括通道(或 I/O 处理机)、设备控制器和 I/O 设备几大部分。

5.2.2　I/O 与主机的联系方式

I/O 设备与主机交换信息和 CPU 与主存交换信息有很多不同点。例如,CPU 如何对 I/O 编址;如何寻找 I/O 设备号;信息传送是逐位串行还是多位并行;I/O 与主机以什么方式进行联络,使它们之间彼此都知道双方处于何种状态;I/O 与主机是怎么连接的;等等。这一系列问题统称为 I/O 与主机的联系方式。而 I/O 与主机信息传送的控制方式更为复杂,在 5.2.4 至 5.2.6 节中介绍。

I/O 的编址方式有与存储器统一编址和独立编址两种。前者的 I/O 地址是存储器地址的一部分,因此影响了存储空间,但可以用访存指令访问 I/O。独立编址的 I/O 地址与存储器地址是分开的,不影响存储空间,但有专门的 I/O 指令访问 I/O。设计机器时,可根据实际情况权衡考虑选取何种编址方式。

I/O 的联络方式用来解决 I/O 与主机的联络问题,通常按 I/O 的速度不同可分为三种联络方式。对于十分缓慢的设备应采用立即响应方式联络;对于与主机速度极不匹配的设备则采用异步方式联络;对于要求与主机速度完全匹配的设备,需采用同步方式联络。

I/O 的传送方式是指数据是串行传送还是并行传送。

I/O 的连接方式是指 I/O 与主机之间采用辐射式还是总线式连接。现代计算机大多采用总线连接方式。

5.2.3　I/O 接口

在总线结构的计算机中,所有 I/O 设备都是通过 I/O 接口挂到总线上的。配置 I/O 接口可解决设备的选址问题、主机与设备的速度匹配问题、主机与设备的数据格式(串—并或并—串)和电平转换问题;并能通过接口传送主机对设备的各种控制信号,以及监视设备的工作状态(如"忙"、"就绪"、"错误"、"中断请求"、"总线请求"等)。因此接口应有选址的功能、传送命令的功能、传送数据的功能以及反映设备工作状态的功能。

根据 I/O 接口的功能,I/O 接口的基本组成如图 5.1 所示。

图中用来传送数据的数据缓冲寄存器又可称为数据口,传送命令的命令寄存器又可称为控制口,反映设备状态的各种标记又可称为状态口。CPU 同外设之间的信息传送实质是对这些寄存器进行读或写。在接口(Interface)中,可以由 CPU 进行读或写的寄存器称为端口(Port),在可编程的接口电路(如 Intel 8255)中,可对这些端口编程。

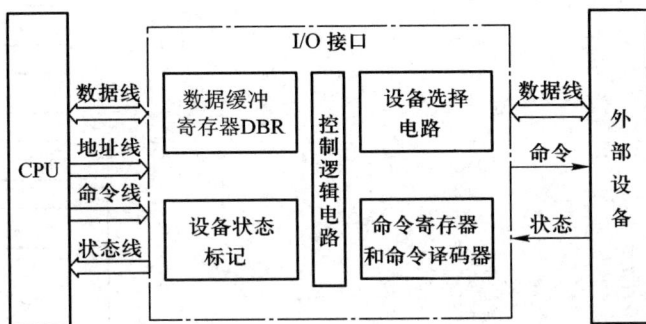

图 5.1   I/O 接口的基本组成

5.2.4   I/O 与主机交换信息的控制方式之———程序查询方式

1. 程序查询方式的特点

这种方式 CPU 一旦启动 I/O 设备,必须停止现行程序的运行,并在现行程序中插入一段程序。这段程序要时刻查询 I/O 设备的准备状况,等待 I/O 设备准备就绪时可实现 I/O 设备与主机交换信息,如图 5.2 所示。程序中要用到测试指令、转移指令和传送指令。可见这种方式的主要特点是 CPU 有"踏步"等待现象,CPU 与 I/O 设备处于串行工作状态。

2. 程序查询方式的接口电路

以输入设备为例,程序查询方式接口电路的基本组成如图 5.3 所示。图中 B 是工作触发器,D 是完成触发器。

当 CPU 通过 I/O 指令启动输入设备时,指令的设备码字段通过地址线送至设备选择电路,假设该接口的设备码与地址线上的代码吻合,其输出 SEL 有效,使 I/O 指令的启动命令经过与非门使 B 置"1",使 D 置"0",然后由 B 触发器启动设备工作。当输入设备将数据送至数据缓冲寄存器后,由设

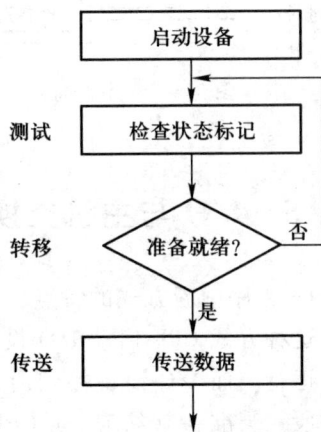

图 5.2   程序查询方式示意

备发出工作结束信号,使 D 置"1",B 置"0",表示外设准备就绪。这样,当 CPU 通过测试指令测得完成触发器 D 的状态为"1"时,就可通过传送指令将数据缓冲寄存器的内容送至 CPU,再送至存储器。

这种方式由程序判断输入数据是否全部输入结束,其程序流程如图 5.4 所示。

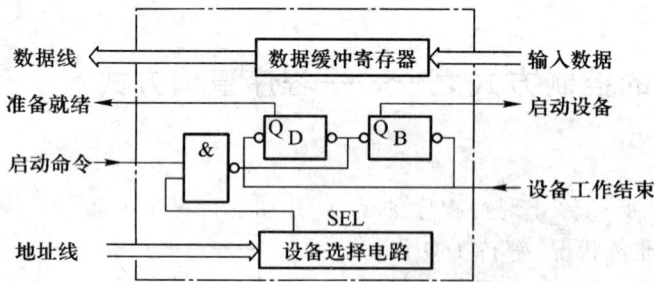

图 5.4　程序查询方式的程序流程

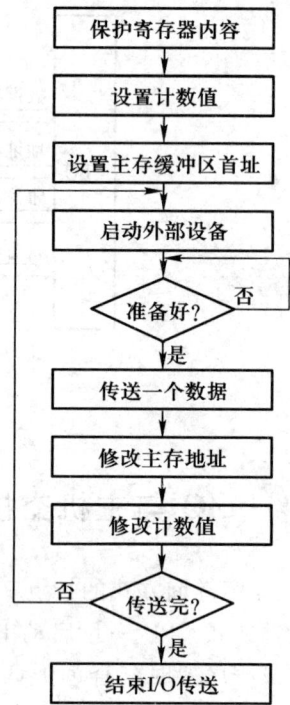

图 5.3　程序查询方式接口电路的基本组成

5.2.5　I/O 与主机交换信息的控制方式之二——程序中断方式

1. 程序中断方式的特点

这种方式 CPU 启动 I/O 设备后,不必停止现行程序的运行。而 I/O 设备接到启动命令后,进入自身准备阶段。当准备就绪时,向 CPU 提出请求,此时 CPU 即中断现行程序,并保存原程序断点,转至执行中断服务程序,为 I/O 服务。中断服务程序结束后,CPU 又返回到程序的断点处,继续执行原程序。如图 5.5 所示。

可见这种方式 CPU 启动 I/O 设备后不必查询 I/O 设备的准备状况,I/O 设备作准备和 CPU 运行程序是并行的,仅当 I/O 设备准备就绪向 CPU 发出中断请求时,如果条件允许(允许中断触发器为"1"),CPU 才中断现行程序。

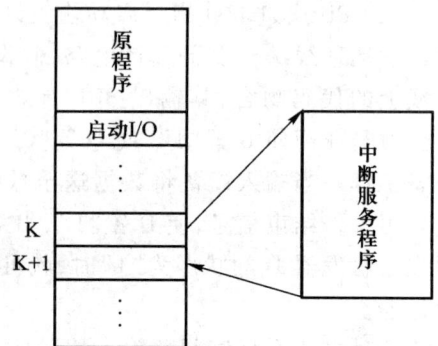

图 5.5　程序中断方式示意图

2. 程序中断方式的接口电路

以输入设备为例,程序中断方式接口电路的基本组成如图 5.6 所示。图中 INTR 为中断请求触发器,MASK 为屏蔽触发器,B 为工作触发器,D 为完成触发器。

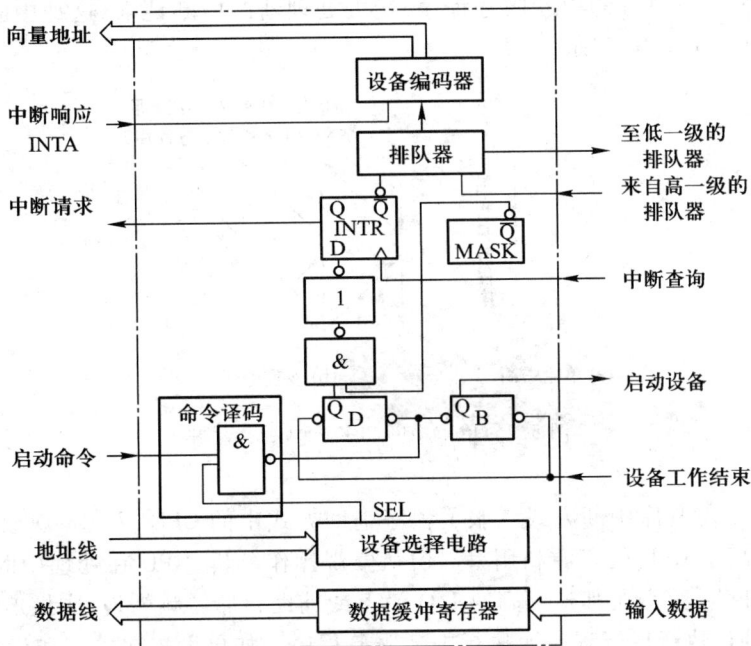

向量地址

设备编码器

中断响应 INTA

排队器

至低一级的排队器
来自高一级的排队器

中断请求

Q Q̄
INTR
D

Q̄ Q
MASK

中断查询

1

&

启动设备

命令译码
&

Q D

Q B

启动命令

设备工作结束

SEL

地址线

设备选择电路

数据线

数据缓冲寄存器

输入数据

图 5.6　程序中断方式接口电路的基本组成

当 CPU 通过 I/O 指令启动输入设备时,指令的设备码字段通过地址线送至设备选择电路,假设该接口的设备码和地址线上的代码吻合,其输出 SEL 有效,使 I/O 指令的启动命令经过与非门使 B 置"1",使 D 置"0",然后由 B 触发器启动设备工作。当输入设备将数据送至数据缓冲寄存器后,由设备发出工作结束信号,使 D 置"1",B 置"0"。此时若 CPU 内的允许中断触发器 EINT=1,且该接口对应的设备未被屏蔽(MASK=0),则在每条指令执行阶段结束时刻,由 CPU 发来的中断查询信号将 INTR 置"1",接口向 CPU 发中断请求。与此同时,该请求信号经排队器送至设备编码器。在 CPU 响应中断时(INTA 有效),就可将该设备的向量地址通过数据线送至 CPU。CPU 通过向量地址找到中断服务程序的入口地址,便中断现行程序,转入该设备的中断服务程序,将数据缓冲寄存器的数据送至 CPU,再送至存储器。中断服务程序的最后一条中断返回指令将 CPU 返回到原程序的断点处,继续执行原程序。

综上所述,一次中断处理过程可简单归纳为中断请求、中断判优、中断响应、中断服务和中断返回五个阶段。

3. 单重中断和多重中断

如果 CPU 在执行中断服务程序的过程中,又出现了新的中断请求,而 CPU 对新的中断请求不予响应,这种中断叫做单重中断,如图 5.7(a)所示。如果 CPU 在执行中断服务程序的过程中,又出现了新的中断请求,而且这个新的中断请求的级别比当前正在服务的中断请求级别更高,此时 CPU 再次中断现行的中断服务程序,转去处理新的中断请求,这种中断叫做多重中断,又叫中断嵌套,如图 5.7(b)所示。

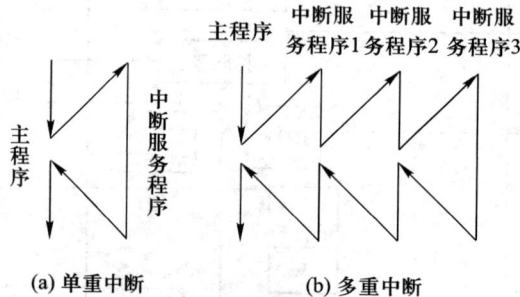

图 5.7　单重中断和多重中断示意图

从宏观上看,虽然程序中断方式克服了程序查询方式中的 CPU"踏步"现象,实现了 CPU 与 I/O 并行工作,提高了 CPU 的资源利用率。但从微观操作分析,CPU 在处理中断服务程序时,仍需暂停原程序的正常运行,尤其是当高速 I/O 设备或辅助存储器频繁地、成批地与主存交换信息时,需不断打断 CPU 执行现行程序而执行中断服务程序。如果设想在主存和设备之间有一条直接数据通路,它们之间的信息交换可以不通过 CPU,直接在这条数据通路上传送,就可以不中断现行程序,这就是 DMA 方式。

5.2.6　I/O 与主机交换信息的控制方式之三——DMA 方式

1. DMA 方式的特点

DMA 方式是直接存储器存储方式,其特点是主存和 DMA 接口之间有一条直接数据通路,图 5.8 所示为 DMA 和程序中断两种方式的数据通路。由于 DMA 方式传送数据不需经过 CPU,因此不必中断现行程序,I/O 与主机并行工作。但当 DMA 接口与 CPU 同时访存时,要求 CPU 将总线的控制权交给 DMA 使用,这叫做周期窃取或周期挪用。

2. DMA 的传送方式

(1)停止 CPU 访问主存

这种方式当外设需传送一批数据时,由 DMA 接口向 CPU 发出一个信号,要求 CPU 放弃地址线、数据线和有关控制线的使用权,DMA 接口获得总线控制权后,开始进行数据传送。在数据传送结束后,DMA 接口通知 CPU 可以使用主存,并把总线控制权交回给 CPU。在这种传送过程中,CPU 基本处于不工作状态或保持原状态。

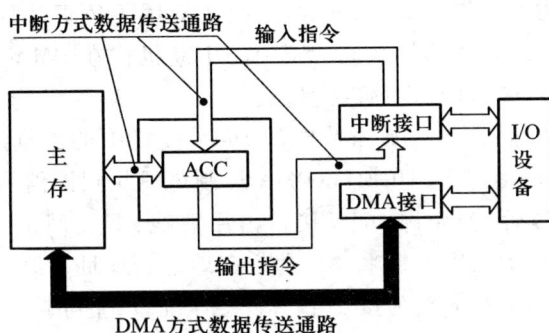

图 5.8 DMA 和程序中断两种方式的数据通路

这种传送方式控制简单,适用于数据传输率很高的设备成组传送。缺点是在访存阶段,主存的效能未充分发挥。这是因为设备在传送一批数据时,CPU 不能访问主存,而主存的速度远远高于设备的速度,即使是高速外部设备,在两个数据之间的准备间隔时间也总大于一个存取周期,使相当一部分主存周期是空闲的。为了提高主存的利用率,可采用周期挪用方式。

(2) 周期挪用

这种方式当 I/O 设备没有 DMA 请求时,CPU 按程序的要求访问主存,一旦 I/O 设备有 DMA 请求,会遇到三种情况,一种是此时 CPU 不在访存(如 CPU 正在执行乘法指令),故 I/O 设备的访存请求与 CPU 未发生冲突。第二种是 CPU 正在访存,则必须待存取周期结束后,CPU 再将总线占有权让出。第三种是 I/O 和 CPU 同时请求访存,出现了访存冲突,此刻 CPU 要暂时放弃总线占有权,由 I/O 设备挪用一个或几个存取周期。

与停止 CPU 访问主存方式相比,周期挪用方式既实现了 I/O 传送,又较好地发挥了主存与 CPU 的效率,是一种广泛采用的方法。

(3) DMA 与 CPU 交替访问主存

这种方式适用于 CPU 的工作周期比主存存取周期长的情况。例如 CPU 的工作周期是 1.2 μs,主存的存取周期小于 0.6 μs,那么可将一个 CPU 周期分为 C_1 和 C_2 两个周期,其中 C_1 专供 DMA 访存,C_2 专供 CPU 访存。

这种方式不需要总线使用权的申请、建立和归还过程,总线使用权是通过 C_1 和 C_2 分时控制的。实际上总线变成了在 C_1 和 C_2 控制下的多路转换器,总线控制权的转移几乎不需要什么时间,具有很高的 DMA 传送效率。CPU 既不停止主程序的运行,也不进入等待状态,完成了 DMA 的数据传送。当然其相应的硬件逻辑变得更复杂。

3. DMA 方式的接口电路

图 5.9 是简单的 DMA 接口组成原理图。图中 AR 存放数据块在主存的首地址,有计数功能;DAR 为设备地址寄存器,用于存放设备号;WC 为字计数,存放交换数据的字数;BR 为数据缓冲寄存器,存放主存和设备之间交换的数据字。这些信息均在 DMA 传送的预处理阶段由 CPU

经数据线送至 DMA 接口内。在图 5.9 中,DMA 控制逻辑用于负责管理 DMA 的传送过程,由控制电路、时序电路和命令状态寄存器等组成。图中的中断机构在 DMA 传送一批数据结束时,可向 CPU 提出中断请求作为 DMA 传送的后处理。

以输出为例,假设预处理已完成,则当数据从 DMA 接口中的数据缓冲寄存器 BR 送至 I/O 设备后,设备向 DMA 接口发出请求(DREQ);DMA 控制逻辑收到该信号后即向 CPU 申请总线控制权(HRQ);CPU 接到信号后,若允许 DMA 接口占用总线,即发回 HLDA 总线响应信号;DMA 接口收到 HLDA 信号后,开始使用总线,将 AR 的主存地址送地址总线,命令存储器读,并通知设备已被授予一个 DMA 周期(DACK),为接受下一个字作准备;主存接到读命令后,将对应 AR 地址的内容通过数据总线送至 DMA 接口电路中的 BR,再送至设备。至此一个字传送结束,修改主存地址 AR 和字计数 WC 之值,然后根据 WC 的值判断数据块传送是否结束。若未结束,继续传送;若已结束,则向 CPU 申请程序中断,进行后处理。

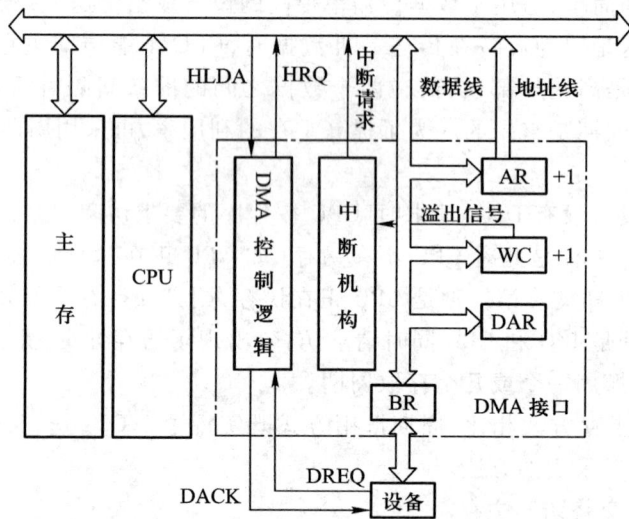

图 5.9　简单的 DMA 接口组成原理图

4. DMA 的传送过程

DMA 的数据传送过程分预处理、数据传送和后处理三个阶段。

(1)预处理

① 指明数据传送方向是输入(主存写)还是输出(主存读)。

② 设备地址送至 DMA 接口中的设备地址寄存器 DAR。

③ 主存首地址送至 DMA 接口中的主存地址计数器 AR。

④ 传送数据字数送至 DMA 接口中的字计数器 WC。

⑤ 启动设备。

(2)数据传送

① 主存地址送总线。

② 数据送 I/O 设备(或主存)。

③ 修改主存地址。

④ 修改字计数器。

⑤ 直到数据块传送结束为止。

(3) 后处理

由中断服务程序作 DMA 结束处理,包括测试传送过程中是否出错,决定是否继续使用 DMA 传送其他数据块等。

5.3 例题精选

例 5.1 解释接口(Interface)和端口(Port)的概念。

【解】 如图 5.10 所示是一个简单的基本外部设备接口。图的中间部分是 I/O 接口,它位于 CPU 和外部设备之间,是一个连接部件。它一边通过地址线、数据线和控制线与 CPU 连接,另一边通过数据信息、控制信息和状态信息与外部设备连接。CPU 就是通过 I/O 接口与设备进行这三种信息的传送。

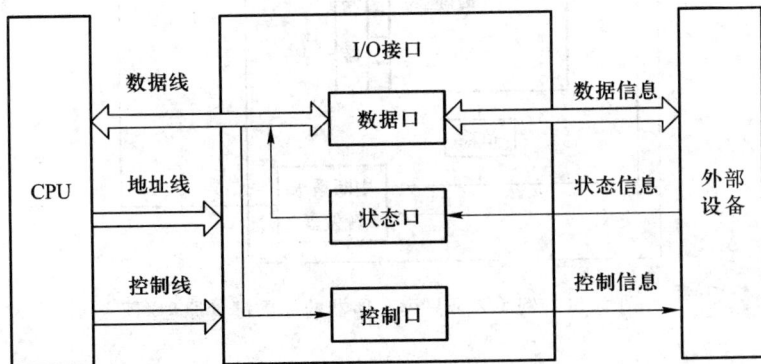

图 5.10 例 5.1 简单的外部设备接口

数据信息可以是数据量、模拟量和开关量三种。其中模拟量必须先经过接口电路中的"模/数"转换器(图中未画)转换为数字量后,才能输入 CPU 进行处理。状态信息表示外部设备当前所处的工作状态,如用 READY(就绪信号)表示输入设备已准备好,用 BUSY(忙信号)表示输出设备是否能接收。控制信息是由 CPU 发出的,用于控制外部设备接口工作方式,以及启动和停止外部设备。

数据信息、状态信息和控制信息(如设置外部设备接口的工作方式)通常以数据形式通过

CPU 的数据线进行传送。而且这些信息分别放在外部设备接口的不同寄存器中。这些寄存器称为端口,如图 5.10 所示的数据口、状态口和控制口,它们分别存放数据信息、状态信息和控制信息。CPU 可对这些端口(寄存器)进行读/写操作,因此每个端口都与一个地址对应。CPU 对这些端口是可编程的。

图中的地址线来自 CPU,用以指明每个端口的地址。控制线包括 $\overline{\text{RD}}$(读)或 $\overline{\text{WR}}$(写)等,一般与 I/O 接口电路中的读/写控制逻辑(图中未标)相连,以控制设备的读/写。

例 5.2　以键盘设备为例,说明其如何采用中断方式向 CPU 输入键盘信息。

【解】　键盘是一种常用的输入设备,它需识别哪一个键按下,并将此键对应的 ASCII 码送入计算机中。如果采用硬件的办法确认哪个键按下,为了便于理解,下面以图 5.11 所示的 8×8 键盘为例,说明其工作原理。

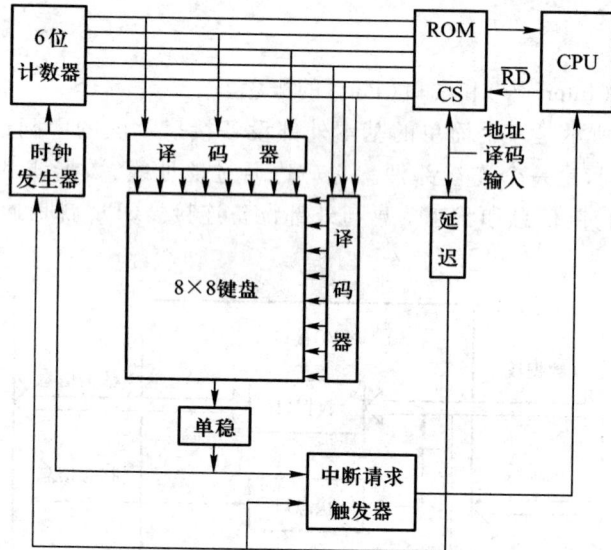

图 5.11　例 5.2 带只读存储器的编码键盘原理图

在图 5.11 中,用 6 位计数器对键盘扫描,若键未按下,计数器循环计数,一旦扫描发现某键按下,通过单稳态电路产生一个脉冲信号,该信号一方面使计数器停止计数,另一方面将中断请求触发器置"1",向 CPU 发中断请求。图中的 ROM 是一个核心部件,ROM 中存放的是 64 个键对应的 ASCII 码。当有键按下计数器停止计数时,其输出作为 ROM 的地址线,而该地址所对应的存储单元中存放的就是此键的 ASCII 码。当 CPU 收到中断请求信号并响应时,通过中断服务程序,由键盘接口电路(图中未画)给出地址译码信号,该信号一方面使 ROM 片选有效,将 ROM 中的 ASCII 码读至 CPU 中;另一方面经延迟线路将中断请求触发器清 0,再次启动时钟发生器又开始计数,对键盘扫描,继续判断是否有键按下。

例 5.3　假设有一个数据采集系统,当输入数据准备好后发出 Ready 就绪信号,可向 CPU 送出 8 位数据。试设计一个中断方式的输入接口电路。要求画出逻辑图并说明数据输入过程。

【解】 输入接口电路如图 5.12 所示。

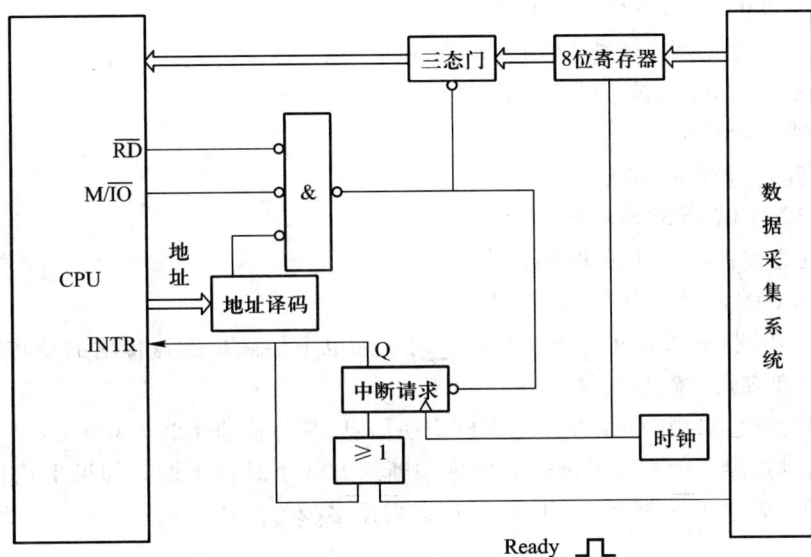

图 5.12 例 5.3 输入接口电路

图中 8 位寄存器是数据端口,用来存放数据采集系统准备好的数据,时钟信号为寄存器的输入控制信号。寄存器的输出经三态门至 CPU 的数据线。图中的中断请求触发器是 D 触发器,其数据端受 Ready 控制。图中的地址译码可对接口电路中数据端口(8 位寄存器)的地址进行译码,用于控制读数据(三态门控制端有效)和清 0 中断请求触发器。

数据输入过程如下:

当数据采集系统已将数据送至 8 位寄存器时,发出 Ready 信号,该信号使中断请求触发器置 "1",并向 CPU 发中断请求 INTR。CPU 在每条指令执行阶段结束前查询到此信号。如果响应中断,便执行中断服务程序,通过输入指令,在地址译码输出(低)、$\overline{RD}$(低)、$M/\overline{IO}$(低)的条件下,与门输出低,打开三态门,将 8 位数据读入 CPU,同时将中断请求触发器复位。

例 5.4 在程序查询方式的输入输出系统中,假设不考虑处理时间,每一个查询操作需要 100 个时钟周期,CPU 的时钟频率为 50 MHz。现有鼠标和硬盘两个设备,而且 CPU 必须每秒对鼠标进行 30 次查询,硬盘以 32 位字长为单位传输数据,即每 32 位被 CPU 查询一次,传输率为 2 MBps。求 CPU 对这两个设备查询所花费的时间比率,由此可得出什么结论?

【解】

(1) CPU 每秒对鼠标进行 30 次查询,所需的时钟周期数为

100×30 = 3 000

根据 CPU 的时钟频率为 50 MHz，即每秒 50×10^6 个时钟周期，故对鼠标的查询占用 CPU 的时间比率为

$$[3\ 000/(50 \times 10^6)] \times 100\% = 0.006\ \%$$

可见，对鼠标的查询基本不影响 CPU 的性能。

（2）对于硬盘，每 32 位被 CPU 查询一次，故每秒查询次数为

$$2\ MB/4\ B = 512K$$

则每秒查询的时钟周期数为

$$100 \times 512 \times 1\ 024 = 52.4 \times 10^6$$

故对磁盘的查询占用 CPU 的时间比率为

$$[(52.4 \times 10^6)/(50 \times 10^6)] \times 100\% = 105\%$$

可见，即使 CPU 将全部时间都用于对硬盘的查询也不能满足磁盘传输的要求，因此 CPU 一般不采用程序查询方式与磁盘交换信息。

例 5.5　假设磁盘采用 DMA 方式与主机交换信息，其传输速率为 2 MBps，而且 DMA 的预处理需 1 000 个时钟周期，DMA 完成传送后处理中断需 500 个时钟周期。如果平均传输的数据长度为 4 KB，试问在硬盘工作时，50 MHz 的处理器需用多少时间比率进行 DMA 辅助操作（预处理和后处理）。

【解】　DMA 传送过程包括预处理、数据传送和后处理三个阶段。传送 4 KB 的数据长度需

$$(4\ KB)/(2\ MBps) = 0.002\ s$$

如果磁盘不断进行传输，每秒所需 DMA 辅助操作的时钟周期数为

$$(1\ 000 + 500)/0.002\ s = 750\ 000$$

故 DMA 辅助操作占用 CPU 的时间比率为

$$[750\ 000/(50 \times 10^6)] \times 100\% = 1.5\ \%$$

例 5.6　一个 DMA 接口可采用周期窃取方式把字符传送到存储器，它支持的最大批量为 400 个字节。若存取周期为 0.2 μs，每处理一次中断需 5 μs，现有的字符设备的传输率为 9 600 bps。假设字符之间的传输是无间隙的，试问 DMA 方式每秒因数据传输占用处理器多少时间？如果完全采用中断方式，又需占处理器多少时间？（忽略预处理所需的时间）

【解】　根据字符设备的传输速率为 9 600 bps，得每秒能传输

$$9\ 600/8 = 1\ 200\ B，即 1\ 200\ 个字符$$

若采用 DMA 方式，传送 1 200 个字符共需 1 200 个存取周期，考虑到每传 400 个字符需中断处理一次，因此 DMA 方式每秒因数据传输占用处理器的时间是

$$0.2\ μs \times 1\ 200 + 5\ μs \times (1\ 200\ /\ 400) = 255\ μs$$

若采用中断方式，每秒因数据传输占用处理器的时间是

$$5\ μs \times 1\ 200 = 6\ 000\ μs$$

例 5.7　说明调用中断服务程序和调用子程序的区别。

【解】 调用中断服务程序和调用子程序的区别是:

(1)中断服务程序与中断时 CPU 正在运行的程序是相互独立的,它们之间没有确定的关系。子程序调用时转入的子程序与 CPU 正在执行的程序段是同一程序的两部分。

(2)除了软中断,通常中断产生都是随机的,而子程序调用是由 CALL 指令(子程序调用指令)引起的。

(3)中断服务程序的入口地址可以通过硬件向量法产生向量地址,再由向量地址找到入口地址。子程序调用的子程序入口地址是由 CALL 指令中的地址码给出的。

(4)调用中断服务程序和子程序都需保护程序断点,前者由中断隐指令完成,后者由 CALL 指令本身完成。

(5)处理中断服务程序时,对多个同时发生的中断需进行裁决,而调用子程序时一般没有这种操作。

(6)在中断服务程序和所调用的子程序中都有保护寄存器内容的操作。

例 5.8 现有三个设备 A、B、C,它们的优先级按降序排列。此三个设备的向量地址分别是 001010、001011、001100。设计一个链式排队线路和产生三个向量地址的设备编码器。

【解】 链式排队线路和设备编码器如图 5.13 所示。图中 $INTR_i$ 为中断请求信号,有请求时 $INTR = 1$,$INTP_i$ 为排队器输出,$INTA$ 为中断响应信号。虚线框内为设备编码器。

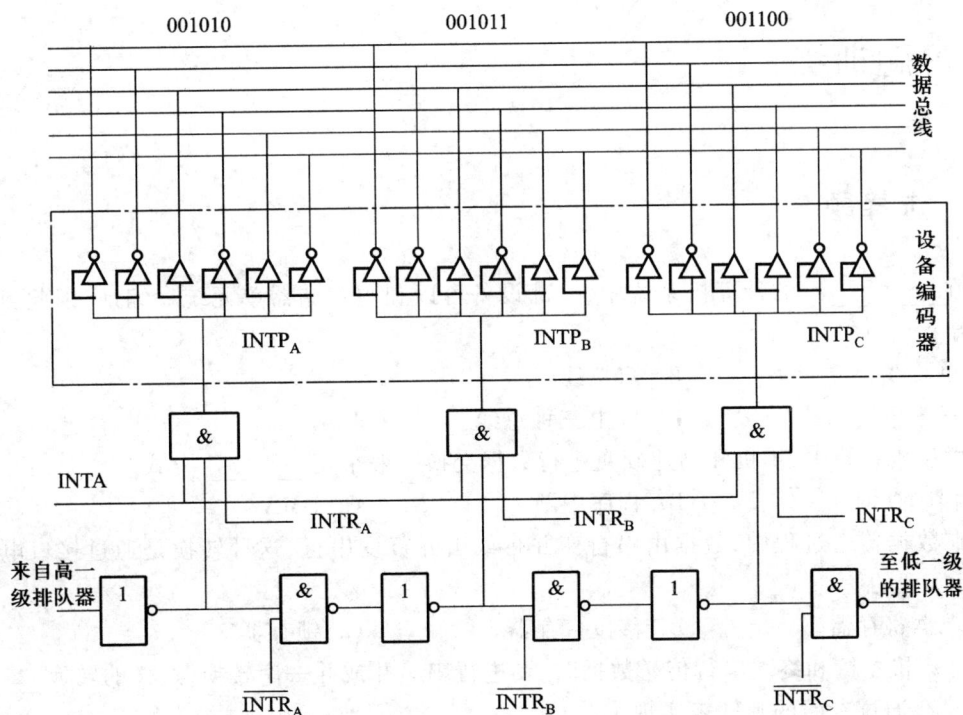

图 5.13 例 5.8 电路图

例 5.9　设磁盘存储器转速为 3 000 r/min,分 8 个扇区,每扇段存储 1 KB,主存与磁盘存储器传送的宽度为 16 b。假设一条指令最长执行时间是 25 μs,是否可采用一条指令执行结束时响应 DMA 请求的方案,为什么? 若不行,应采取什么方案?

【解】　磁盘的转速为　3 000/60 = 50 r/s

则磁盘每秒可传送　1 KB×8×50 = 400 KB 信息

根据主存与磁盘存储器的数据传送宽度为 16 位,若采用 DMA 方式,每秒需有 200K (400 KB/2 B = 200 K)次 DMA 请求,即每隔 5 μs(1/200 K = 5 μs)有一次 DMA 请求。如果按指令执行周期结束(25 μs)响应 DMA 请求,必然会造成数据丢失,因此必须按每个存取周期结束响应 DMA 请求的方案。

例 5.10　在程序中断方式中,磁盘申请中断的优先权高于打印机。当打印机正在进行打印时,磁盘申请中断,试问是否要将打印机输出停下来,等磁盘操作结束后,打印机输出才能继续进行? 为什么?

【解】　打印机的打印动作只受打印机本身控制,与 CPU 无关,因此打印机正在打印时,即使有优先级别更高的磁盘请求中断,打印机也不会停止打印。而如果 CPU 正在执行打印机的中断服务程序,即打印机正在接收数据,此时若磁盘请求中断,CPU 就要中断正在运行的打印机中断服务程序。

5.4　习题训练

5.4.1　选择题

1. 在_____的计算机系统中,外部设备可以和主存储器单元统一编址,因此可以不使用 I/O 指令。

A. 单总线　　　　　　　　B. 双总线

C. 三总线　　　　　　　　D. 以上三种总线

2. 微型机系统中,主机和高速硬盘进行数据交换一般采用_____方式。

A. 程序查询　　　　B. 程序中断　　　　C. DMA

3. 在数据传送过程中,数据由串行变并行或由并行变串行,这种转换是通过接口电路中的_____实现的。

A. 数据寄存器　　　　B. 移位寄存器　　　　C. 锁存器

4. 计算机主机和终端串行传送数据时,要进行串—并或并—串转换,这样的转换_____。

A. 只有通过专门的硬件来实现

B. 可以用软件实现,并非一定用硬件实现

C. 只能用软件实现

5. 主机与设备传送数据时,采用_____,主机与设备是串行工作的。

A. 程序查询方式   B. 中断方式   C. DMA 方式

6. 主机与 I/O 设备传送数据时,采用_____,CPU 的效率最高。

A. 程序查询方式   B. 中断方式   C. DMA 方式

7. 下述_____种情况会提出中断请求。

A. 产生存储周期窃取

B. 在键盘输入过程中,每按一次键

C. 两数相加结果为零

8. 中断发生时,程序计数器内容的保护和更新,是由_____完成的。

A. 硬件自动   B. 进栈指令和转移指令   C. 访存指令

9. 中断向量地址是_____。

A. 子程序入口地址

B. 中断服务程序入口地址

C. 中断服务程序入口地址的地址

10. 在中断响应周期,置"0"允许中断触发器是由_____完成的。

A. 硬件自动

B. 程序员在编制中断服务程序时设置的

C. 关中断指令

11. 采用 DMA 方式传送数据时,每传送一个数据要占用_____的时间。

A. 一个指令周期   B. 一个机器周期   C. 一个存储周期

12. 周期挪用(窃取)方式常用于_____中。

A. 直接存储器存取方式的输入输出

B. 直接程序传送方式的输入输出

C. 程序中断方式的输入输出

13. DMA 方式_____。

A. 既然能用于高速外围设备的信息传送,也就能代替中断方式

B. 不能取代中断方式

C. 也能向 CPU 请求中断处理数据传送

14. DMA 方式中,周期窃取是窃取一个_____。

A. 存取周期   B. 指令周期

C. CPU 周期   D. 总线周期

15. 当采用_____输入操作情况下,除非计算机等待,否则无法传送数据给计算机。

A. 程序查询方式   B. 中断方式   C. DMA 方式

16. I/O 编址方式通常可分统一编址和不统一编址,_____。

A. 统一编址就是将 I/O 地址看做是存储器地址的一部分,可用专门的 I/O 指令对设备进行访问

B. 不统一编址是指 I/O 地址和存储器地址是分开的,所以对 I/O 访问必须有专门的 I/O 指令

C. 统一编址是指 I/O 地址和存储器地址是分开的,所以可用访存指令实现 CPU 对设备的访问

17. 带有处理机的终端一般称为_____。

A. 交互式终端　　　　　B. 智能终端　　　　　C. 远程终端

18. 目前在小型和微型计算机里最普遍采用的字母与字符编码是_____。

A. BCD 码　　　　　B. 十六进制代码　　　　　C. ASCII 码

19. 通道程序是由_____组成。

A. I/O 指令

B. 通道控制字(或称通道指令)

C. 通道状态字

20. 打印机的分类方法很多,若按能否打印汉字来区分,可分为_____。

A. 并行式打印机和串行式打印机

B. 击打式打印机和非击打式打印机

C. 点阵式打印机和活字式打印机

21. 打印机的分类方法很多,若从打字原理来区分,可分为_____。

A. 击打式和非击打式

B. 串行式和并行式

C. 点阵式和活字式

22. 某计算机的 I/O 设备采用异步串行传送方式传送字符信息,字符信息的格式为:1 位起始位、7 位数据位、1 位检验位、1 位停止位。若要求每秒钟传送 480 个字符,那么该 I/O 设备的数据传输速率应为_____bps(位/秒)。

A. 1 200　　　　　B. 4 800　　　　　C. 9 600

23. 以串行接口对 ASCII 码进行传送,带 1 位奇校验位和 2 位停止位,当波特率为 9 600 波特时,字符传送率为_____字符/秒。

A. 960　　　　　B. 1 371　　　　　C. 480

24. 某系统对输入数据进行取样处理,每抽取一个输入数据,CPU 就要中断处理一次,将取样的数据放至存储器中保留的缓冲区内,该中断处理需 X 秒。此外,缓冲区内每存储 N 个数据,主程序就将其取出进行处理需 Y 秒。可见,该系统可以跟踪到每秒_____次中断请求。

A. $N/(N \times X + Y)$　　　　　B. $N/(X+Y)N$　　　　　C. $\min\left[\dfrac{1}{X}, \dfrac{N}{Y}\right]$

25. I/O 与主机交换信息的方式中,中断方式的特点是_____。

A．CPU 与设备串行工作，传送与主程序串行工作

B．CPU 与设备并行工作，传送与主程序串行工作

C．CPU 与设备并行工作，传送与主程序并行工作

26．I/O 与主机交换信息的方式中，DMA 方式的特点是_____。

A．CPU 与设备串行工作，传送与主程序串行工作

B．CPU 与设备并行工作，传送与主程序串行工作

C．CPU 与设备并行工作，传送与主程序并行工作

27．下面叙述中_____是正确的。

A．总线一定要和接口相连

B．接口一定要和总线相连

C．通道可以代替接口

28．计算机的外部设备是指_____。

A．磁盘机　　　　　　B．输入输出设备　　　　C．电源及空调设备

29．CPU 程序和通道程序可以并行执行，并通过_____实现彼此间的通信和同步。

A．I/O 指令　　　　　　B．I/O 中断

C．I/O 指令和 I/O 中断　　D．操作员干预

30．通道对 CPU 的请求形式是_____。

A．中断　　　　　　　　B．通道命令

C．跳转指令　　　　　　D．自陷

31．CPU 对通道的请求形式是_____。

A．自陷　　　　　　　　B．中断

C．通道命令　　　　　　D．I/O 指令

32．下列叙述中正确的是_____。

A．程序中断方式和 DMA 方式中实现数据传送都需中断请求

B．程序中断方式中有中断请求，DMA 方式中没有中断请求

C．程序中断方式和 DMA 方式中都有中断请求，但目的不同

33．若一个 8 位组成的字符至少需 10 位来传送，这是_____传送方式。

A．同步　　　　　　　　B．异步

C．并联　　　　　　　　D．混合

34．I/O 的编址方式采用统一编址时，存储单元和 I/O 设备是靠_____来区分的。

A．不同的地址线　　　　B．不同的地址码　　　　C．不同的控制线

35．I/O 采用统一编址时，进行输入输出操作的指令是_____。

A．控制指令　　　　　　B．访存指令　　　　　　C．输入输出指令

36．I/O 采用不统一编址时，进行输入输出操作的指令是_____。

A．控制指令　　　　　　B．访存指令　　　　　　C．输入输出指令

37．以下_____是错误的。

A．中断服务程序可以是操作系统模块

B．中断向量就是中断服务程序的入口地址

C．中断向量法可以提高识别中断源的速度

38．中断服务程序的最后一条指令是_____。

A．转移指令　　　　　　B．出栈指令　　　　　　C．中断返回指令

39．DMA方式的接口电路中有程序中断部件，其作用是_____。

A．实现数据传送

B．向 CPU 提出总线使用权

C．向 CPU 提出传输结束

40．鼠标器适合于用_____方式实现输入操作。

A．程序查询　　　　　　B．中断　　　　　　C．DMA

41．硬盘适合于用_____方式实现输入输出操作。

A．DMA　　　　　　B．中断　　　　　　C．程序查询

42．以下叙述_____是正确的。

A．外部设备一旦发出中断请求，便立即得到 CPU 的响应

B．外部设备一旦发出中断请求，CPU 应立即响应

C．中断方式一般用于处理随机出现的服务请求

43．DMA 接口_____。

A．可以用于主存与主存之间的数据交换

B．内有中断机制

C．内有中断机制，可以处理异常情况

44．DMA 访问主存时，让 CPU 处于等待状态，等 DMA 的一批数据访问结束后，CPU 再恢复工作，这种情况称为_____。

A．停止 CPU 访问主存　　B．周期挪用　　　　　C．DMA 与 CPU 交替访问

45．DMA 访问主存时，向 CPU 发出请求，获得总线使用权时再进行访存，这种情况称为_____。

A．停止 CPU 访问主存　　B．周期挪用　　　　　C．DMA 与 CPU 交替访问

46．CPU 通过_____启动通道。

A．执行通道命令　　　　B．执行 I/O 指令　　　　C．发出中断请求

47．以下叙述_____是错误的。

A．一个更高级的中断请求一定可以中断另一个中断处理程序的执行

B．DMA 和 CPU 必须分时使用总线

C．DMA 的数据传送不需 CPU 控制

48．一个 CRT 的分辨率为 1 024×1 024，像素的颜色为 256 色，则 CRT 接口电路中的刷新存

储器的容量为_____。

    A. 512 KB   B. 1 MB   C. 2 MB

  49. 键盘、鼠标、显示器、打印机属于_____设备。

    A. 机—机通信   B. 计算机信息存储   C. 人机交互

  50. MODEM 属于_____设备。

    A. 机—机通信   B. 计算机信息存储   C. 人机交互

  51. 微型计算机中,VGA 代表_____。

    A. 显示器型号   B. 显示标准   C. 键盘的型号

  52. 用 BCD 码表示 000~999 之间的 3 位十进制数,并在其末端增加 1 位奇校验位。检测下面每一组编码,_____中有一个错误发生。

    A. 1001010110000   B. 0100011101100   C. 0111110000011

  53. 用 BCD 码表示 000~999 之间的 3 位十进制数,并在其末端增加 1 位奇校验位。检测下面每一组编码,_____中有两个错误发生。

    A. 1001010110000   B. 0100011101100   C. 0111110000011

  54. 标准的 ASCII 码是_____位。

    A. 6   B. 7   C. 8

  55. 下列叙述中_____是错误的。

    A. 图形显示器显示的图像来自客观世界

    B. 图形显示器能够显示文字

    C. 图形显示器主要用于 CAD 和 CAM

  56. 下列叙述中_____是正确的。

    A. 图形显示器和图像显示器显示的图像是一样的

    B. 图像显示器显示的图像来自主观世界

    C. 图形显示器显示的图像来自主观世界

  57. 若 PC 机所配置的显示卡上的刷新存储器容量是 1 MB,则当分辨率为 800×600 像素时,每个像素最多可以有_____种不同颜色。

    A. 256   B. 65 536   C. 4 096

  58. 下列叙述中错误的是_____。

    A. 针式打印机将字符的点阵信息存在 ROM 中

    B. 针式打印机可以打印图形

    C. 击打式打印设备都采用针式打印方法

5.4.2 填空题

  1. I/O 接口电路通常具有__A__、__B__、__C__和__D__功能。

2. I/O 的编址方式可分为___A___和___B___两大类,前者需有独立的 I/O 指令,后者可通过___C___指令和设备交换信息。

3. I/O 和 CPU 之间不论是采用串行传送还是并行传送,它们之间的联络方式(定时方式)可分为___A___、___B___、___C___三种。

4. 主机与设备交换信息的控制方式中,___A___方式主机与设备是串行工作的,___B___方式和___C___方式主机与设备是并行工作的,且___D___方式主程序与信息传送是并行进行的。

5. CPU 在___A___时刻采样中断请求信号(在开中断情况下),而在___B___时刻采样 DMA 的总线请求信号。

6. I/O 与主机交换信息的方式中,___A___和___B___都需通过程序实现数据传送,其中___C___体现 CPU 与设备是串行工作的。

7. 如果 CPU 处于开中断状态,一旦接受了中断请求,CPU 就会自动___A___,防止再次接受中断。同时为了返回主程序断点,CPU 需将___B___内容存至___C___中。中断处理结束后,为了正确返回主程序运行,并且允许接受新的中断,必须恢复___D___和___E___。

8. CPU 响应中断时要保护现场,包括对___A___和___B___的保护,前者通过___C___实现,后者可通过___D___实现。

9. 一次中断处理过程大致可分为___A___、___B___、___C___、___D___和___E___等五个阶段。

10. 为了反映外围设备的工作状态,在 I/O 接口中都设有状态触发器,常见的有___A___、___B___、___C___和___D___。

11. D/A 转换是将___A___信号转换为___B___信号;而 A/D 转换是将___C___信号转换为___D___信号。

12. 要将一个数字显示在 CRT 上或用点阵打印机打印出来,通常必须先将其转换成___A___,然后分别转换成___B___或___C___。

13. 按照主机与外设数据传输方式不同,接口可分为___A___和___B___两大类;按照主机与外设交换信息的控制方式不同,接口可分为___C___和___D___两大类。

14. 目前使用的打印机,从输出方式上可分为___A___打印机和___B___打印机,后者通常也称为行式打印机。从印字原理来分,又可分为___C___打印机和___D___打印机。就打印字符来说,字符的形成方式又分___E___和___F___两种。

15. 键盘是实现人机联系的一种较简便的___A___设备,每按一个键,其接口电路就将___B___输入 CPU。识别哪一个键按下,可用___C___或___D___办法实现。

16. 微型计算机可以配置不同的显示系统,如 CGA、EGA 和 VGA,它们反映了显示设备的___A___和___B___,其中___C___显示性能最好。

17. 若采用硬件向量法形成中断服务程序的入口地址,则 CPU 在中断周期需完成___A___、___B___和___C___操作。

18. 目前,微机系统中常见的几种主要显示标准有___A___、___B___、___C___和___D___。

19. 目前常采用一个 DMA 控制器控制多个 I/O 设备,其类型分为___A___和___B___。其中

___C___ 特别适合数据传输率很高的设备。

20．多路型 DMA 控制器适合于 ___A___ 服务,它又可以分为 ___B___ 型和 ___C___ 型。

21．在 DMA 方式中,CPU 和 DMA 控制器通常采用三种方法来分时使用主存,它们是 ___A___ 、 ___B___ 和 ___C___ 。

22．显示设备种类繁多,目前微机系统配有的显示器件有 ___A___ 、 ___B___ 和 ___C___ 。显示器所显示的内容有 ___D___ 、 ___E___ 、 ___F___ 三大类。

23．一台微型计算机通常配置四种最基本的外部设备,即 ___A___ 、 ___B___ 、 ___C___ 和 ___D___ 。

24．通道是 ___A___ ,它由 ___B___ 指令启动,并以执行 ___C___ 指令完成外围设备与主存之间进行数据传送。

25．利用访存指令与设备交换信息,这在 I/O 编址方式中称为 ___A___ 。

26．中断接口电路通过 ___A___ 总线将向量地址送至 CPU。

27．I/O 与主机交换信息共有 ___A___ 、 ___B___ 、 ___C___ 、 ___D___ 和 ___E___ 五种控制方式。

28．字符显示器接口电路中,显示 RAM 存放的是 ___A___ ,经过 ___B___ 可将其转化为 ___C___ 。

29．若显示器接口电路中的刷新存储器容量为 1 MB,当采用 800×600 的分辨率模式时,每个像素最多可以有 ___A___ 种颜色。

30．外部设备按其功能分大致可分为 ___A___ 、 ___B___ 和 ___C___ 三类。

31．鼠标主要有 ___A___ 式和 ___B___ 式,其中 ___C___ 式需有特别的垫板与鼠标配合使用。

32．显示器的主要性能指标是图像的 ___A___ 和 ___B___ 。其中 ___C___ 越高,显示的图像就越清晰。

33．一个单色的字符显示器,若每屏可显示 80 列×25 行个字符,字符为 7×9 点阵,则其接口电路中的显示 RAM 的容量为 ___A___ 。

34．终端由 ___A___ 组成,具有 ___B___ 功能。

35．激光打印机采用了 ___A___ 技术和 ___B___ 技术。

36．单重中断的中断服务程序的执行顺序为 ___A___ 、 ___B___ 、 ___C___ 、 ___D___ 和中断返回。

37．多重中断的中断服务程序的执行顺序为 ___A___ 、 ___B___ 、 ___C___ 、 ___D___ 和中断返回。

38．串行点阵针式打印机是按 ___A___ 打印的,喷墨打印机是按 ___B___ 打印的,激光打印机是按 ___C___ 打印的,行式点阵打印机是按 ___D___ 打印的。上述四种打印机的速度由快到慢的顺序是 ___E___ 、 ___F___ 、 ___G___ 、 ___H___ 。

39．I/O 接口电路通常需配置 ___A___ 、 ___B___ 、 ___C___ 和 ___D___ 等硬件电路。

40．单重中断与多重中断的主要区别是 ___A___ 。

41．多重中断的必要条件是 ___A___ 。

42．当 CPU 响应中断后会向中断接口电路发出 ___A___ 信号,将向量地址取至 CPU。

43．硬件向量法是 ___A___ 。

44．DMA 方式的数据传送过程可分为 ___A___ 、 ___B___ 和 ___C___ 三个阶段。

45．当 DMA 接口向 CPU 申请占用总线时,会遇到 ___A___ 、 ___B___ 和 ___C___ 三种情况,只有在

___D___ 情况下会出现周期挪用。

46. 中断方式中的中断请求用于___A___,DMA 方式中的中断请求用于___B___。

47. 从数据传送看,程序中断方式靠___A___传送数据,DMA 方式靠___B___传送数据。

48. 一个中断服务程序流程大致可分为___A___、___B___、___C___和___D___四个部分。

49. 在多重中断系统中,中断处理系统按___A___确定是否响应其他中断请求。

50. I/O 与主机交换信息的方式中,___A___方式设备与 CPU 串行工作,而且传送与主程序串行工作;___B___方式传送与主程序也是串行工作,但设备与 CPU 并行工作,___C___方式设备与 CPU 不仅并行工作,而且传送与主程序也是并行工作的。

5.4.3　问答题

1. 为什么外围设备要通过接口与 CPU 相连? 接口有哪些功能?

2. I/O 的编址方式有几种? 各有何特点?

3. I/O 与主机交换信息有哪几种控制方式? 各有何特点?

4. 一般小型或微型机中,I/O 与主机交换信息有几种方式? 各有何特点? 哪种方式 CPU 效率最高?

5. 什么是通道? 通道的基本功能是什么?

6. 解释通道指令和通道程序。

7. I/O 指令和通道指令有何区别?

8. CPU 和 I/O 之间有几种联络(定时)方式? 各有何特点? 分别适用于哪类设备?

9. 试比较程序型接口和 DMA 型接口。

10. 程序查询方式和程序中断方式都要由程序实现外围设备的输入输出,它们有何不同?

11. 采用程序中断方式实现主机与 I/O 交换信息的接口电路中一般有哪些硬件? 各有何作用?

12. 以 I/O 设备的中断处理过程为例,说明一次程序中断的全过程。

13. DMA 方式的主要特点是什么? DMA 接口电路中应设置哪些硬件?

14. 在 DMA 方式中有没有中断请求? 为什么?

15. DMA 方式中的中断请求和程序中断方式中的中断请求有何区别?

16. 在 DMA 方式中,CPU 和 DMA 接口分时使用主存有几种方法? 简要说明之。

17. 解释周期挪用,分析周期挪用可能会出现几种情况。

18. DMA 接口主要由哪些部件组成? 在数据交换过程中它应完成哪些功能? 画出 DMA 工作过程的流程图(不包括预处理和后处理)。

19. 画出单重中断和多重中断的处理流程,说明它们的不同之处。

20. 什么是向量地址? 何时形成向量地址? 指出向量地址形成部件由什么电路组成? 它的输入来自何处? 又输出至何处?

21. 已知 A、B、C、D 四个外围设备,分别对应 4 个八进制的向量地址 11、12、13、14,设计一个

向量地址形成部件,要求:

(1) 用与非门;

(2) 向量地址输至 PC(16 位);

(3) 指出向量地址何时送至 PC。

22. 字符显示器的接口电路中配有缓冲存储器和只读存储器,各有何作用?

23. 什么是关中断? 关中断有什么意义?

24. 试从五个方面比较程序中断方式和 DMA 方式有何区别。

25. 画出硬件向量法实现 I/O 与主机交换信息的原理框图,并说明传送过程。

26. 串行接口和并行接口的主要区别是什么?

27. 不同种类的外部设备与主机连接时,应考虑哪些主要问题?

28. 采用 DMA 方式实现主机与 I/O 交换信息的接口电路有哪些硬件? 各有何作用?

29. 试述 DMA 方式的特点,并与其他四种主机与 I/O 交换信息的控制方式进行比较。

30. 图 5.14 是以程序查询方式实现多台设备的查询子程序流程图,试分析这种处理方式存在的问题及改进措施。

31. 在什么条件和什么时间,CPU 可以响应 I/O 的中断请求?

32. 试从下面七个方面比较程序查询、程序中断和 DMA 三种方式的综合性能。

(1) 传送数据依赖软件还是硬件;

(2) 传送数据的基本单位;

(3) 并行性;

(4) 主动性;

(5) 传输速度;

(6) 经济性;

(7) 应用对象。

33. CPU 对 DMA 请求和中断请求的响应时间是否一样? 为什么?

34. 假设某设备向 CPU 传送信息的最高频率是 40 KHz,而相应的中断处理程序其执行时间为 40 μs,试问该外部设备是否可用程序中断方式与主机交换信息,为什么?

35. 一个通用的输入输出接口应配置哪些电路? 各有何作用?

36. 画图比较程序查询方式、程序中断方式和 DMA 方式的 CPU 工作效率。

37. 试比较 DMA 方式和 I/O 通道方式的特点。

38. 试比较程序中断方式和 I/O 通道方式的特点。

39. I/O 端口和 I/O 接口有何区别? 主机与外部设备间的信息交换通过访问什么来实现? 80X86 微型计算机采用哪一种编址方式实现 CPU 对 I/O 的访问?

40. 设 CPU 有 16 根地址线,8 根数据线,并用 $\overline{MREQ}$ 作访存控制信号,$\overline{IORQ}$ 作访问 I/O 端口的控制信号,$\overline{RD}$ 为读命令,$\overline{WR}$ 为写命令。I/O 编址采用单独编址。现有图 5.15 所示的芯片及

主程序

检查状态标记1

设备1准备就绪？ ——是——→ 处理设备1

否

检查状态标记2

设备2准备就绪？ ——是——→ 处理设备2

否

检查状态标记3

设备3准备就绪？ ——是——→ 处理设备3

否

检查状态标记N

设备N准备就绪？ ——是——→ 处理设备N

否

主程序

查询子程序

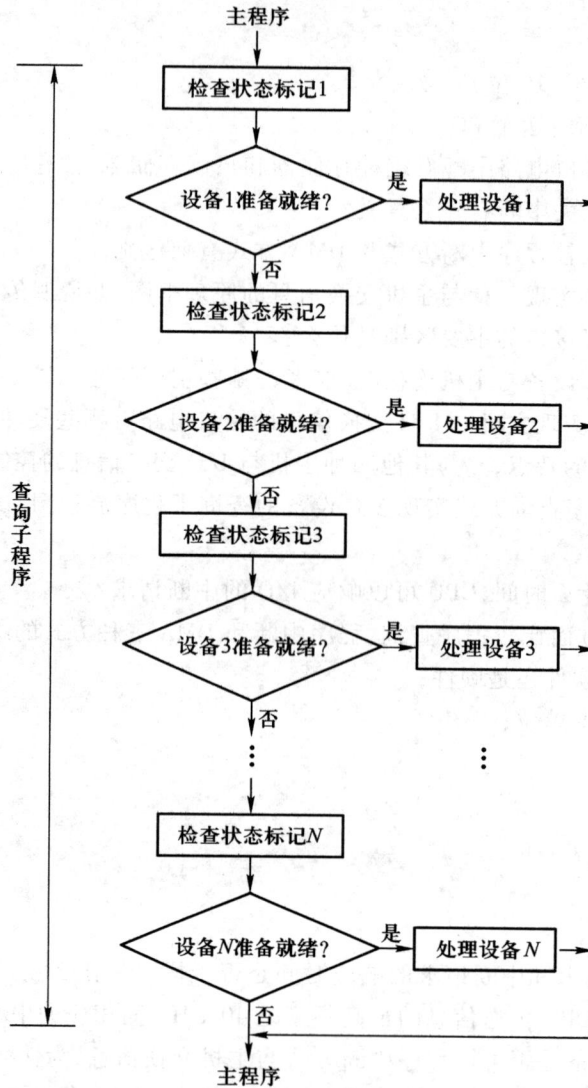

图 5.14　第 30 题多个设备的查询子程序流程

各种门电路(自定)：

画出 CPU 和存储芯片及 CPU 和 I/O 接口芯片的连接图,要求：

(1) 主存除最大地址空间存放系统 BIOS 程序(约 4 KB)外,其余地址空间均为用户所用。

(2) 接口芯片的地址范围为 80H ~ 87H。

(3) 指出选用的存储芯片类型、数量及地址范围。

(4) 详细画出存储器芯片和接口芯片的片选逻辑。

4线—16线译码器   接口芯片

存储器芯片

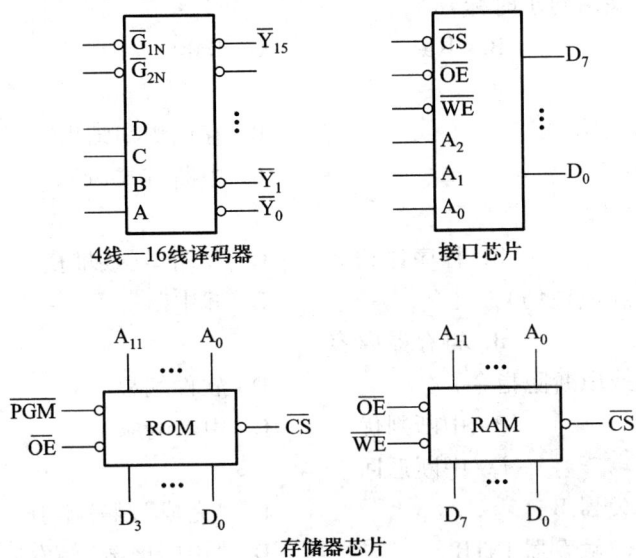

图 5.15 第 40 题图

参 考 答 案

5.4.1 选择题

1. A	2. C	3. B	4. B	5. A	6. C
7. B	8. A	9. C	10. A	11. C	12. A
13. B	14. A	15. A	16. B	17. B	18. C
19. B	20. C	21. A	22. B	23. A	24. A
25. B	26. C	27. B	28. B	29. C	30. A
31. D	32. C	33. B	34. B	35. B	36. C
37. B	38. C	39. C	40. B	41. A	42. C
43. B	44. A	45. A	46. B	47. A	48. B
49. C	50. A	51. B	52. B	53. C	54. B
55. A	56. C	57. B	58. C		

5.4.2 填空题

1. A. 选址   B. 传送命令

    C. 传送数据   D. 反映设备状态

2. A. 不统一编址   B. 统一编址   C. 访存

3. A. 立即响应   B. 异步定时(采用应答信号)

　　　C. 同步定时（采用同步时标）

4．A. 程序查询　　　　　　　B. 中断　　　　　　　C. DMA
　　D. DMA

5．A. 指令执行周期结束　　　　　　　　　　B. 存储周期结束

6．A. 程序查询方式　　　　　　　　　　　　B. 中断方式
　　C. 程序查询方式

7．A. 关中断　　　　　　　B. 程序计数器　　　　C. 存储器（或堆栈）
　　D. 寄存器内容（或现场）　　　　　　　　　E. 开中断

8．A. PC 内容　　　　　　　B. 寄存器内容
　　C. 硬件自动（或中断隐指令）　　　　　　　D. 软件编程

9．A. 中断请求　　　　　　B. 中断判优　　　　　C. 中断响应
　　D. 中断服务　　　　　　E. 中断返回

10．A. "工作"触发器 B　　　　　　　　　　　B. "完成"触发器 D
　　C. "中断请求"触发器 INTR　　　　　　　D. "中断屏蔽"触发器 MASK

11．A. 数字　　　　　　　　B. 模拟
　　C. 模拟　　　　　　　　D. 数字

12．A. ASCII 码　　　　　　B. 光点代码
　　C. 字符点阵代码

13．A. 并行数据接口　　　　　　　　　　　　B. 串行数据接口
　　C. 程序型接口　　　　　　　　　　　　　D. DMA 型接口

14．A. 串行　　　　　　　　B. 并行　　　　　　　C. 击打式
　　D. 非击打式　　　　　　E. 活字方式　　　　　F. 点阵方式

15．A. 输入　　　　　　　　B. 该键对应的 ASCII 码
　　C. 硬件编码键盘法　　　　　　　　　　　　D. 软件非编码键盘法

16．A. 显示分辨率　　　　　B. 颜色种类　　　　　C. VGA

17．A. 保护程序断点　　　　　　　　　　　　　B. 硬件关中断
　　C. 向量地址送至 PC

18．A. MDA　　　　　　　　B. CGA　　　　　　　C. EGA
　　D. VGA

19．A. 选择型　　　　　　　B. 多路型　　　　　　C. 选择型

20．A. 同时为多个慢速外围设备　　　　　　　　B. 链式多路
　　C. 独立请求方式多路

21．A. 停止 CPU 访问主存　　　　　　　　　　B. 周期挪用
　　C. DMA 和 CPU 交替访问主存

22．A. CRT 显示器　　　　　B. 液晶显示器　　　　C. 等离子显示器

　　　　D. 字符　　　　　　　　E. 图形　　　　　　　F. 图像

23. A. 键盘　　　　　　　　B. 鼠标　　　　　C. 显示器　　　　　D. 打印机

24. A. 具有特殊功能的处理器　　　　　　　B. I/O　　　　　　　C. 通道

25. A. 统一编址

26. A. 数据

27. A. 程序查询方式　　　　　　　　　　B. 程序中断方式　　C. DMA 方式
　　　　D. 通道方式　　　　　　　　　　　E. I/O 处理机方式

28. A. ASCII 码　　　　　B. 字符发生器　　　　C. 光点代码

29. A. 2^{16}

30. A. 人机交互设备　　　　　　　　　B. 信息存储设备　　C. 机-机通信设备

31. A. 机械　　　　　　　B. 光电　　　　　C. 光电

32. A. 分辨率　　　　　　B. 灰度级　　　　C. 分辨率

33. A. 2 000 字节

34. A. 键盘和显示器　　　　　　　　　B. 输入和输出

35. A. 激光　　　　　　　B. 照相

36. A. 保护现场　　　　　B. 设备服务　　　C. 恢复现场
　　　　D. 开中断

37. A. 保护现场　　　　　B. 开中断　　　　C. 设备服务
　　　　D. 恢复现场

38. A. 字符　　　　　　　B. 字符　　　　　C. 页　　　　　　D. 行
　　　　E. 激光打印机　　　　　　　　　F. 行式点阵打印机
　　　　G. 喷墨打印机　　　　　　　　　H. 串行点阵针式打印机

39. A. 设备选择电路
　　　　B. 命令寄存器和命令译码器
　　　　C. 数据缓冲寄存器
　　　　D. 反映设备状态的标记

40. A. 多重中断的服务程序中要提前开中断(提前到保护现场之后即开中断),而单重中断的服务程序中在最后中断返回之前才开中断

41. A. 只有级别更高的中断源才能中断级别低的中断源的请求

42. A. 中断响应

43. A. 由硬件产生向量地址,再由向量地址找到入口地址

44. A. 预处理　　　　　　B. 数据传送　　　C. 后处理

45. A. CPU 此时不访存　　B. CPU 正在访存　　C. CPU 和 DMA 接口同时请求访存
　　　　D. CPU 和 DMA 接口同时请求访存

46. A. 数据传送　　　　　B. 后处理

47. A. 程序　　　　　　B. 硬件

48. A. 保护现场　　　　B. 其他服务　　　　C. 恢复现场

　　 D. 中断返回

49. A. 中断优先等级

50. A. 程序查询　　　　B. 程序中断　　　　C. DMA

5.4.3　问答题

1. 外围设备要通过接口与 CPU 相连的原因主要有：

（1）一台机器通常配有多台外部设备，它们各自有其设备号（地址），通过接口可实现对设备的选择。

（2）I/O 设备种类繁多，速度不一，与 CPU 速度相差可能很大，通过接口可实现数据缓冲，达到速度匹配。

（3）I/O 设备可能串行传送数据，而 CPU 一般并行传送，通过接口可实现数据串并格式转换。

（4）I/O 设备的入/出电平可能与 CPU 的入/出电平不同，通过接口可实现电平转换。

（5）CPU 启动 I/O 设备工作，要向外设发各种控制信号，通过接口可传送控制命令。

（6）I/O 设备需将其工作状况（"忙"、"就绪"、"错误"、"中断请求"等）及时报告 CPU，通过接口可监视设备的工作状态，并保存状态信息，供 CPU 查询。

可见归纳起来，接口应具有选址的功能、传送命令的功能、反映设备状态的功能以及传送数据的功能（包括缓冲、数据格式及电平的转换）。

2. I/O 的编址方式有两种：统一编址和不统一编址（单独编址）。所谓统一编址即在主存地址空间划出一定的范围作为 I/O 地址，这样通过访存指令即可实现对 I/O 的访问。但是主存容量相应减少了。所谓不统一编址即 I/O 和主存的地址是分开的，I/O 地址不占主存空间，故这种编址不影响主存容量，但访问 I/O 时必须有专用的 I/O 指令。

3. 主机与 I/O 交换信息的控制方式有：

（1）程序查询方式。其特点是主机与 I/O 串行工作。CPU 启动 I/O 后，时刻查询 I/O 是否准备好，若设备准备就绪，CPU 便转入处理 I/O 与主机间传送信息的程序；若设备未做好准备，则 CPU 反复查询，"踏步"等待直到 I/O 准备就绪为止。可见这种方式 CPU 效率很低。

（2）程序中断方式。其特点是主机与 I/O 并行工作。CPU 启动 I/O 后，不必时刻查询 I/O 是否准备好，而是继续执行程序。当 I/O 准备就绪时，向 CPU 发中断请求信号，CPU 在适当的时候响应 I/O 的中断请求，暂停现行程序为 I/O 服务。这种方式消除了"踏步"现象，提高了 CPU 的效率。

（3）DMA 方式。其特点是主机与 I/O 并行工作，主存和 I/O 之间有一条直接数据通路。CPU 启动 I/O 后，不必查询 I/O 是否准备好，当 I/O 准备就绪后，发出 DMA 请求，此时 CPU 不直接参与 I/O 和主存间的信息交换，只是把外部总线（地址线、数据线及有关控制线）的使用权暂时交赋予 DMA，仍然可以完成自身内部的操作（如加法、移位等），故不必中断现行程序，只需暂停一个存取周期访存（即周期挪用），CPU 的效率更高。

（4）通道方式。通道是一个具有特殊功能的处理器,CPU 把部分权力下放给通道,由它实现对外围设备的统一管理和外围设备与主存之间的数据交换,大大提高了 CPU 的效率,但它是以花费更多的硬件为代价的。

（5）I/O 处理机方式。它是通道方式的进一步发展,CPU 将 I/O 操作及外围设备的管理权全部交给 I/O 处理机,其实质是多机系统,因而效率有更大提高。

4. 在小型或微型机中,I/O 与主机交换信息有三种方式:程序查询方式、程序中断方式和 DMA 方式,其中 DMA 方式 CPU 效率最高。三种方式的特点详见上题答案。

5. 通道是一个具有特殊功能的处理器,它有自己的指令和程序,专门负责数据输入输出的传输控制(CPU 把传输控制的功能下放给通道)。通道受 CPU 的 I/O 指令启动、停止或改变其工作状态。通道的基本功能是按 I/O 指令要求启动 I/O 设备,执行通道指令,组织 I/O 设备和主存进行数据传输,向 CPU 报告中断等。

6. 通道指令又叫通道控制字(CCW),它是通道用于执行 I/O 操作的指令,它可以由管理程序存放在主存的任何地方,由通道从主存取出并执行。

通道程序由通道指令组成,它完成某种外围设备与主存传送信息的操作,如将磁带记录区的部分内容送到指定地址的主存缓冲区内。

7. I/O 指令是 CPU 指令系统的一部分,是 CPU 用来控制输入输出操作的指令,由 CPU 译码后执行。在具有通道结构的机器中,I/O 指令不实现 I/O 数据传送,主要完成启、停 I/O 设备,查询通道和 I/O 设备的状态及控制通道进行其他一些操作。

通道指令是通道本身的指令,用来执行 I/O 操作,如读、写、磁带走带及磁盘找道等。

8. CPU 与 I/O 之间的联络(定时)方式有三种。

（1）立即响应方式。对于一些速度极慢或简单的外部设备,它们与 CPU 联络时,通常早已使其处于某种状态,因此只要 CPU 命令一到,它们就立即响应。

（2）异步方式。对于一些慢速或中速的外设,由于与主机工作速度不匹配,且本身又在不规则时间间隔下操作,则大多采用异步方式。即交换信息前,I/O 与 CPU 各自完成自身的任务,仅当出现联络信号时,彼此才交换信息。联络时采用应答方式,如"Ready"和"Strobe"可分别用来表示"准备就绪"和"响应"的含义。

（3）同步方式。对于一些高速外设,它们是以相等的时间间隔操作的,而 CPU 也是以同等的速率执行输入输出指令。如某外设以 2 400 bps 的速率传输信息,而 CPU 需隔 $1/2\ 400$ s 的速率接收每一位数,这就是同步定时方式。

9. 按照 I/O 设备输入输出的控制方式来分,接口可分为程序型接口和 DMA 型接口两类。

程序型接口用于连接速度较慢的 I/O 设备,如显示终端、行式打印机等。它适合于程序中断方式实现 I/O 和主机交换信息。这种接口中通常设有设备选择电路、数据缓冲寄存器、反映设备状态及中断请求的触发器,并能接受 CPU 发来的各种命令。

DMA 型接口用于连接高速 I/O 设备,如磁盘、磁带等。它适合于 DMA 方式实现 I/O 和主机交换信息。这类接口中的硬件电路比程序型接口复杂,主要有数据缓冲寄存器、字计数器、主存地址计数器、设备地址寄存器、DMA 控制逻辑及中断机构。它负责管理 I/O 和主存间的信息传送，可向 CPU 发出总线使用权的请求，在一组数据传送结束时，还可向 CPU 提出中断请求。

10. 程序查询方式是用户在程序中安排一段输入输出程序，它由 I/O 指令、测试指令和转移指令等组成。CPU 一旦启动 I/O 后，就进入这段程序，时刻查询 I/O 准备的情况，若未准备就绪就踏步等待；若准备就绪就实现传送。在输入输出的全部过程中，CPU 停止自身的操作。

程序中断方式虽也要用程序实现外部设备的输入、输出，但它只是以中断服务程序的形式插入到用户现行程序中。即 CPU 启动 I/O 后，继续自身的工作，不必查询 I/O 的状态。而 I/O 被启动后，便进入自身的准备阶段，当其准备就绪时，向 CPU 提出中断请求，此时若满足条件，CPU 暂停现行程序，转入该设备的中断服务程序，在服务程序中实现数据的传送。

11. 采用程序中断方式实现主机与 I/O 交换信息的接口电路中一般有：

（1）设备选择电路，用以识别来自地址线的设备号，若与本接口的设备号一致，便给出设备选中信号；

（2）命令寄存器和命令译码器，传送来自 CPU 的命令信号；

（3）数据缓冲寄存器，用来存放来自设备的信息（输入）或从主机来的信息（输出）；

（4）反映设备状态的各类触发器，如"工作"、"完成"、"中断请求"、"中断屏蔽"等；

（5）中断向量逻辑（包括排队器），用以产生设备的向量地址。

12. 以 I/O 设备的中断处理过程为例，一次程序中断大致可分为五个阶段。

（1）中断请求。CPU 启动 I/O 设备后，设备进入自身准备阶段，当其准备就绪时，便向 CPU 提出中断请求。

（2）中断判优。当同时出现多个中断请求时，中断判优逻辑（硬件排队或软件排队）选择出优先级最高的中断请求，待 CPU 处理。

（3）中断响应。如果允许中断触发器为"1"，请求中断的设备又未被屏蔽，系统便进入中断响应周期。在该周期内，CPU 自动执行一条中断隐指令，将程序断点及程序状态字保存起来，同时硬件关中断，并把向量地址送 PC。

（4）中断服务。中断响应周期结束后，CPU 转入取指周期，此时按向量地址取出一条无条件转移指令（或按向量地址查入口地址表），转至该向量地址对应的中断服务程序入口地址，便开始执行中断服务程序（包括保护现场、与 I/O 传送信息和恢复现场）。

（5）中断返回。中断服务程序的最后一条指令即是中断返回指令，执行该指令即返回到程序断点，至此一次程序中断结束。

13. DMA 方式的主要特点是：I/O 和 CPU 并行工作；主存和 I/O 接口间有一条直接数据通路；不中断现行程序，无需保护现场、恢复现场；当 DMA 请求占用总线控制权时，若采用周期挪用的方式，CPU 暂停一个存取周期访问主存，但可继续自身内部的操作（如乘法等），即传送和主程序是并行的。

DMA 接口电路中应有主存地址计数器、字计数器、数据缓冲寄存器、设备地址寄存器、中断机构和 DMA 控制逻辑。

14. 在 DMA 方式中有中断请求。虽然 DMA 方式不靠中断请求传送信息,在主存和 I/O 接口之间有直接数据通路,但在一组数据传送完毕时,仍需向 CPU 提出中断请求,报告传送结束。此时 CPU 将中断现行程序,去做一些 DMA 结束处理工作,如测试传送过程中是否出错,这种工作 DMA 接口是无法完成的,只有靠中断服务程序来处理。

15. DMA 方式中的中断请求不是为了传送信息(信息是通过主存和 I/O 间的直接数据通路传送的),只是为了报告 CPU 一组数据传送结束,有待 CPU 做一些后处理工作,如测试传送过程中是否出错,决定是否继续使用 DMA 方式传送等。而程序中断方式的中断请求是为了传送数据,I/O 和主机交换信息完全靠 CPU 响应中断后,转至中断服务程序完成的。

16. 在 DMA 方式中,CPU 和 DMA 接口分时使用主存,通常采用三种方法。

(1) 停止 CPU 访问主存。这种方法 DMA 在传送一批数据时,独占主存,CPU 放弃了地址线、数据线和有关控制线的使用权。在一批数据传送完毕后,DMA 接口才把总线的控制权交回给 CPU。显然,这种方法在 DMA 传送过程中,CPU 基本处于不工作状态或保持原状态。

(2) 周期挪用。这种方法 CPU 按程序的要求访问主存,一旦 I/O 设备有 DMA 请求,则由 I/O 设备挪用一个存取周期。此时 CPU 可完成自身的操作,但要停止访存。显然这种方法既实现了 I/O 传送,又较好地发挥了主存和 CPU 的效率,是一种广泛采用的方法。

(3) DMA 与 CPU 交替访存。这种方法适合于 CPU 的工作周期比主存的存取周期长的情况。如 CPU 的工作周期大于主存周期的两倍,则每个 CPU 周期的上半周期专供 DMA 接口访存,下半周期专供 CPU 访存。这种交替访问方式不需要总线使用权的申请、建立和归还过程,使 DMA 传送和 CPU 工作效率最高,但相应的硬件逻辑更复杂。

17. 所谓周期挪用即在 DMA 传送方式中,当 I/O 设备没有 DMA 请求时,CPU 按程序的要求访问主存;一旦 I/O 设备有 DMA 请求并与 CPU 访存发生冲突时,CPU 要暂停一个存取周期访存,把总线控制权让给 DMA。这就好比 I/O 设备挪用了 CPU 的访存周期,故称周期挪用或周期窃取。设备提出 DMA 请求可能会遇到三种情况:

(1) I/O 设备有 DMA 请求时,CPU 正在进行自身的操作(如乘法等),并不需要访存,即 I/O 访存和 CPU 访存没有冲突,故不存在周期挪用。

(2) I/O 设备要求访存时,CPU 也要求访存,此时发生冲突。在这种情况下,I/O 设备的 DMA 请求优先(因为 I/O 访存有时间要求,前一个 I/O 数据必须在下一个访存请求到来前存取完毕),即出现了周期挪用,CPU 需延缓一个存取周期访存。

(3) I/O 设备有 DMA 请求时,存储器本身正处于“忙”状态(正在读或写),此时必须待存取周期结束后才能进行 I/O 访问。

18. DMA 接口主要由数据缓冲寄存器、主存地址计数器、字计数器、设备地址寄存器、中断机构和 DMA 控制逻辑等组成。在数据交换过程中,DMA 接口的功能有:向 CPU 提出总线请求信号;当 CPU 发出总线响应信号后,接管对总线的控制;向存储器发地址信号(并能自动修改地址指针);向存储器发读/写等控制信号,进行数据传送;修改字计数器,并根据传送字数,判断 DMA 传送是否结束;发 DMA 结束信号,向 CPU 申请程序中断,报告一组数据传送完毕。DMA 工作过程流程如图 5.16 所示。

　　19. 以程序断点存入堆栈为例,单重中断和多重中断的处理流程分别如图 5.17 的(a)和(b)所示。

　　由图 5.17 可见,它们的主要区别是:在中断服务程序中,开中断指令安排的位置不同。单重中断的开中断指令安排在"恢复现场"之后,中断返回之前;多重中断的开中断指令安排在"保护现场"之后。

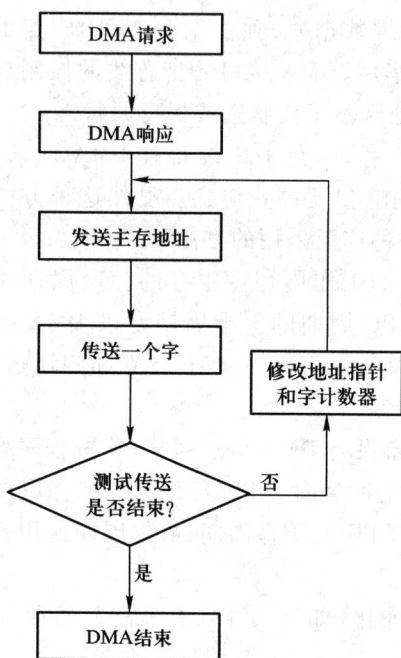

图 5.16　第 18 题答图

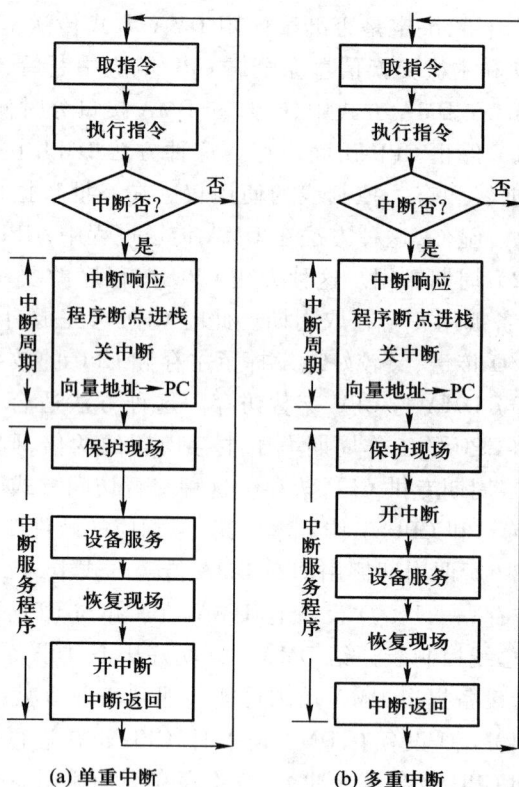

(a) 单重中断　　　　　　(b) 多重中断

图 5.17　第 19 题答图

　　由于 CPU 一旦响应了中断会自动关中断,因此单重中断在恢复现场之前,CPU 不可能再次响应任何新的中断请求。而多重中断在保护现场之后立即"开中断",因此在此后 CPU 便可以再次响应级别更高的中断源请求,实现多重中断。

　　20. 向量地址是存放服务程序入口地址的存储单元地址,它由硬件形成。当有中断请求并且排队选中时,通过由组合逻辑电路(编码器)组成的向量地址形成部件可形成向量地址。其输入来自排队器输出,其输出在中断周期送至 PC。

　　21. 根据题意列出向量地址形成部件的真值表如表 5.1 所示,其输入为排队器输出,用 A、B、C、D 表示,其输出用 G_1、G_2、G_3、G_4 表示。

表 5.1　21 题向量地址形成部件真值表

输入				输出			
A	B	C	D	G_1	G_2	G_3	G_4
1	0	0	0	1	0	0	1
0	1	0	0	1	0	1	0
0	0	1	0	1	0	1	1
0	0	0	1	1	1	0	0

由此可得：

$$G_1 = A+B+C+D = \overline{\overline{A}\ \overline{B}\ \overline{C}\ \overline{D}}$$

$$G_2 = D$$

$$G_3 = B+C = \overline{\overline{B}\ \overline{C}}$$

$$G_4 = A+C = \overline{\overline{A}\ \overline{C}}$$

根据逻辑表达式可画出向量地址形成部件的逻辑图,如图 5.18 所示。

假设 PC 为 16 位,图 5.19 是向量地址→PC 的示意图,图中 INT 表示中断周期标记,可见向量地址是在中断周期的 T_3 节拍内由节拍脉冲 m_3 输入 PC 的。

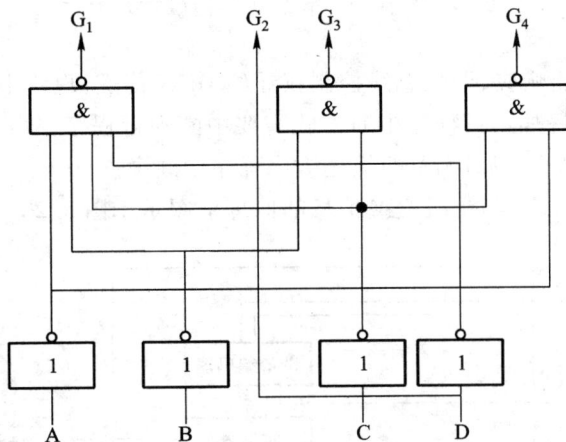

图 5.18　第 21 题答图(1)

22. 字符显示器的接口电路中,缓冲存储器由 RAM 组成,用来存放计算机准备显示的字符编码。缓存的每一地址分别对应 CRT 显示屏上的不同位置,缓存每一单元的内容即为欲显示字符的 ASCII 码。字符显示器接口电路中的只读存储器是用来存放每一个 ASCII 码对应的光点代码的,如果荧光屏上的字符是以 5×7 光点组成,则 ROM 可视为将 ASCII 码变为一组 5×7 光点矩阵的部件,又称为字符发生器。

23. 在 CPU 中有一个允许中断触发器,当其为"1"状态时,允许 CPU 响应中断;当其为"0"状态时,CPU 不能响应中断。使允许中断触发器置"0"即为关中断,意味着不允许 CPU 响应任何中断。

24. DAM 方式和程序中断方式的区别为:从数据传送看,程序中断方式靠程序传送,DMA 方式靠硬件传送;从 CPU 响应时间看,程序中断方式在一条指令执行结束时响应,而 DMA 方式在

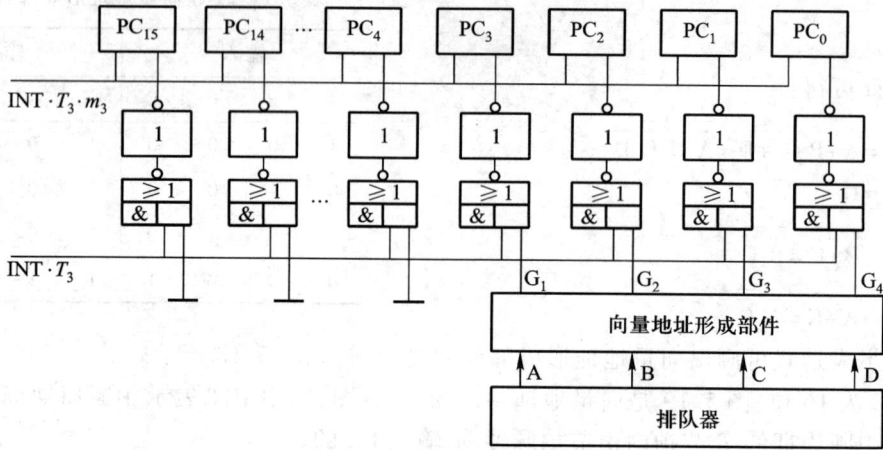

图 5.19　第 21 题答图(2)

存取周期结束时 CPU 才能响应,即将总线控制权让给 DMA 传送;程序中断方式有处理异常事件的能力,DMA 方式没有这种能力;程序中断方式需要中断现行程序,故需保护现场,DMA 方式不必中断现行程序,无需保护现场;DMA 的优先级比程序中断高。

25. 硬件向量法实现 I/O 与主机交换信息的原理框图示于图 5.20。

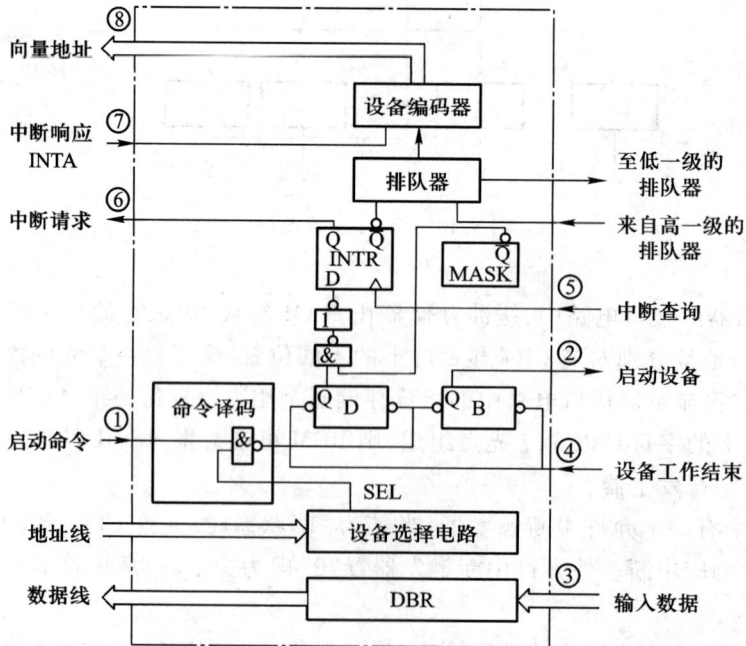

图 5.20　第 25 题答图

以输入设备为例,其传送过程为:

(1) 启动设备。首先由 I/O 指令启动设备,I/O 接口电路中的设备选择电路能识别 I/O 指令中的设备码,当被选中时,给出设备选中信号 SEL,该信号允许启动命令(①)将 B 置"1"和将 D 置"0",使设备进入准备阶段(②)。

(2) 设备进入自身准备阶段。设备被启动后,进入自身准备阶段。当设备数据送至数据缓冲寄存器 DBR(③)后,即表示准备就绪,此时由设备本身产生的设备工作结束信号将 D 置"1"和将 B 置"0"(④),表示设备准备工作结束。

(3) 向 CPU 发中断请求。当 D=1、B=0,且该设备未被屏蔽(即 MASK=0)时,则在 CPU 每条指令执行周期结束时刻,由 CPU 发来的中断查询信号(⑤)将中断请求触发器置"1",向 CPU 发中断请求(⑥),并送至排队器。

(4) CPU 响应中断。排队器根据中断优先级别,选中其中级别最高设备的中断请求,其输出送至设备编码器以形成向量地址。当 CPU 发来中断响应信号 INTA 时(⑦),便可将向量地址取至 CPU(⑧)。

(5) 寻找服务程序入口地址进入中断服务。由于中断周期已将向量地址→PC,故再进入取指周期时,便取出一条存放在向量地址内的无条件转移指令,转移地址即为该设备的中断服务程序入口地址。接着执行中断服务程序(包括保护现场、传送设备信息和恢复现场)。

(6) 中断返回。中断服务程序的最末一条指令是中断返回指令,执行该指令就可将断点→PC,实现中断返回。

26. 按照设备传送数据的位数不同,接口可分串行接口和并行接口两大类。串行接口把外设的串行输入码转换成计算机内部所需的并行码;也可以把计算机内的并行码转换成外设所需的串行码输出。并行接口是以字或字节宽度并行传送数据的接口。故串行接口中必须有实现串—并或并—串转换的移位寄存器。

27. 不同种类的外部设备与主机连接时,主要应考虑速度差别、数据格式、传送主机命令、反映设备工作状态、识别和指示数据传送的地址等。这些问题可通过主机与外设间的接口完成。

28. DMA 接口电路中应配有主存地址计数器,用以存放设备与主存交换信息时主存的地址(有计数功能);字计数器存放交换字数,有计数功能;数据缓冲寄存器存放设备与主存间传送的信息;设备地址寄存器用以存放设备地址;DMA 控制逻辑控制管理 DMA 接口正常工作;中断机构向 CPU 发 DMA 传送结束信号请求中断。

29. DMA 方式的特点是主机与设备并行工作;设备通过 DMA 接口与主存有一条直接数据通路;当设备和主存交换信息时,不中断现行程序;采用周期窃取方式(此时 CPU 只需将总线的控制权让给 DMA 使用,暂停一个存取周期访存)。其他还有程序查询方式、程序中断方式、通道方式和 I/O 处理机方式,这些方式的特点参考第 3 题答案。

30. 这种处理方式一旦发现某个设备需要服务,控制方向就转到与这个设备有关的服务程序,服务结束后,控制方向就转到主程序,不再继续检查其他任何设备是否准备就绪。因此,只有排在前面的设备才能经常被检查,排在后面的设备却始终得不到服务。改进的方法是将控制方向转回到查询子程序,如图 5.21 所示即为改进后的多个设备查询子程序流程。用这种处理方法,进入查询子程序后,一旦发现有某一设备请求服务,就把控制方向转至该设备的服务程序,且当这个服务程序结束时,控制方向又转回查询子程序,并由返回点开始继续检查排在刚处理完设备后面的其他设备。可见这种方法每转入查询子程序一次,查询序列就通过一次,只有所有的设备都已查询一遍,控制方向才转向主程序。因此没有哪一个设备会长时间的等待。

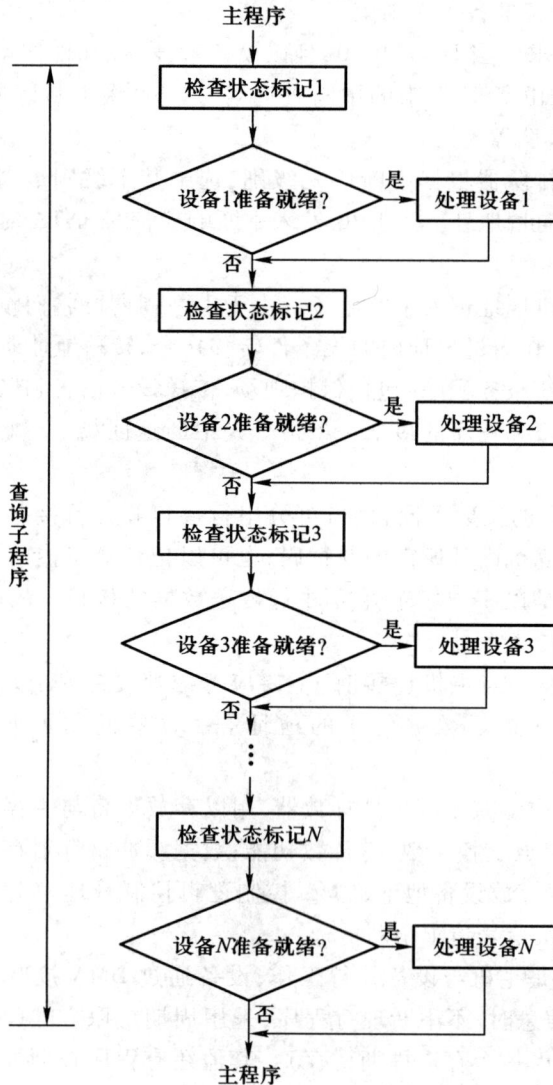

图 5.21　第 30 题答图

31. CPU 响应 I/O 中断请求的条件是：允许中断触发器是"1"状态（即开中断）；I/O 本身有请求又未被屏蔽；经排队后又被选中。

CPU 响应 I/O 中断请求的时间是每条指令执行阶段的结束时刻。因为此时由 CPU 发出中断查询信号，才能获取 I/O 的中断请求信号。

32. 表 5.2 列出了程序查询、程序中断和 DMA 三种方式的综合性能。

表 5.2　第 32 题程序查询、程序中断和 DMA 三种方式的综合性能

性能 ＼ 方式	程序查询	程序中断	DMA
数据传送	依赖软件	依赖软件	依赖硬件
传送数据的基本单位	字	字	块
并行性	CPU 与 I/O 串行	CPU 与 I/O 并行 传输与主程序串行	CPU 与 I/O 并行 传输与主程序并行
主动性	CPU	设备	设备
传输速度	慢	慢	快
经济性	费用低	介于查询和 DMA 之间	费用高
应用对象	低速	较低	高速成批传输

33. CPU 对 DMA 请求和中断请求的响应时间是不一样的。响应中断请求是在每条指令执行周期结束的时刻，而响应 DMA 请求是在存取周期结束的时刻。因为中断方式是程序切换，而程序又是由指令组成，所以必须在一条指令执行完毕才能响应中断请求。而且 CPU 只有在每条指令执行周期的结束时刻才发出查询信号，以获取中断请求信号，此时若条件满足，便能响应中断请求。DMA 请求是由 DMA 接口根据设备的工作状况向 CPU 申请占用总线，此时只要总线未被 CPU 占用，即可立即响应 DMA 请求；若总线正被 CPU 占用，则必等待该存取周期结束时，CPU 才交出总线的使用权。

34. 根据题意，该设备每隔 $1/40K = 25$ μs 向 CPU 传送一次信息，如果采用程序中断方式，需 40 μs（>25 μs）才能处理一次数据，从而造成数据丢失，所以不能用程序中断方式与主机交换信息。

35. 一个通用的输入输出接口应配置：设备选择电路、命令寄存器和命令译码器、数据缓冲寄存器、反映设备状态的各种标记以及相应的控制逻辑电路等。设备选择电路用以识别设备的地址；命令寄存器用以存放 I/O 指令中的命令码；命令译码器可对命令码译码，给出控制信号；数据缓冲寄存器存放主机和 I/O 之间准备交换的数据；反映设备状态的各种标记应包括工作触发器、完成触发器、中断请求触发器和屏蔽触发器等。相应的控制逻辑电路视不同的接口而定。

36. 程序查询方式、程序中断方式和 DMA 方式的 CPU 工作效率如图 5.22 所示。由图可见，DMA 方式的工作效率最高，程序中断方式其次，程序查询方式最低。

37. （1）DMA 方式是借助硬件完成数据交换，而通道方式是它本身通过执行一组通道指令来完成数据交换。

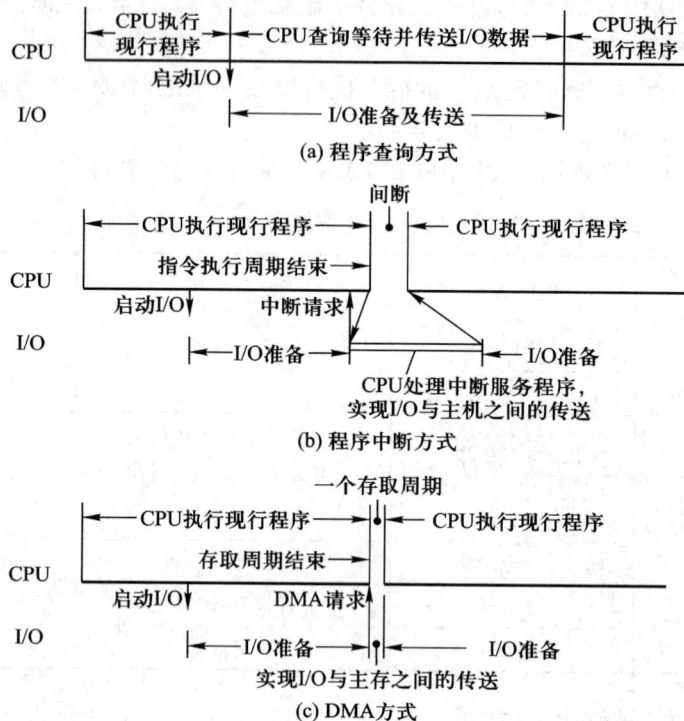

图 5.22 第 36 题答图

（2）一台外设配一个 DMA 接口,若一个 DMA 接口连接多台同类外设,则它们只能串行工作。而一个通道可接多台不同类型的外设,这些外设均可在通道控制下同时工作。

（3）DMA 适合于高速外设成组传送,通道则高低速外设均可适用。

38. （1）程序中断方式由 CPU 终止现行程序,然后转至中断服务程序实现主机与 I/O 设备之间的数据传送。而通道方式由通道程序实现主机与 I/O 设备之间的数据传送。

（2）程序中断方式的中断服务程序与 CPU 现行程序是串行工作的。I/O 通道方式的通道程序与 CPU 现行程序是并行工作的。

（3）I/O 通道是集中独立的硬件,可连接多台快速或慢速的外设。程序中断方式一般适用于慢速的外设,而且每个外设都有自己的中断接口和中断服务程序。

39. I/O 接口通常是指主机与 I/O 设备之间的一个硬件电路及其相应的软件控制。它一边通过地址线、数据线和控制线与 CPU 连接,一边通过数据信息、控制信息和状态信息与外设连接。I/O 接口内部有多个寄存器,又称作 I/O 端口,它们可存放数据信息、控制信息和状态信息,这些端口是可编程的。主机与外设之间的信息交换是通过访问这些端口来实现的。

80X86 微型计算机采用独立编址（不统一编址）方式,采用专用的 I/O 指令,实现 CPU 对外设的访问。它包括直接寻址由立即数直接给出 I/O 端口地址,或间接寻址由 DX 寄存器间接给出 I/O 端口地址。

40. 根据主存地址空间分配,最大 4K 地址空间为系统程序区,选用 2 片 4K×4 位 ROM 芯片;其余地址空间均为用户程序区,选用 15 片 4K×8 位 RAM 芯片,即

$$A_{15} \cdots A_{11} \cdots A_7 \cdots A_3 \cdots A_0$$

$$\left.\begin{array}{l}1\ 1\ 1\ 1\ 1\ 1\ 1\ 1\ 1\ 1\ 1\ 1\ 1\ 1\ 1\ 1\\1\ 1\ 1\ 1\ 0\ 0\ 0\ 0\ 0\ 0\ 0\ 0\ 0\ 0\ 0\ 0\end{array}\right\}$$ 最大 4K 地址空间 4K×4 位 ROM 2 片

$$\left.\begin{array}{l}1\ 1\ 1\ 0\ 1\ 1\ 1\ 1\ 1\ 1\ 1\ 1\ 1\ 1\ 1\ 1\\1\ 1\ 1\ 0\ 0\ 0\ 0\ 0\ 0\ 0\ 0\ 0\ 0\ 0\ 0\ 0\\1\ 1\ 0\ 1\ 1\ 1\ 1\ 1\ 1\ 1\ 1\ 1\ 1\ 1\ 1\ 1\\1\ 1\ 0\ 1\ 0\ 0\ 0\ 0\ 0\ 0\ 0\ 0\ 0\ 0\ 0\ 0\\\cdots\\0\ 0\ 0\ 0\ 1\ 1\ 1\ 1\ 1\ 1\ 1\ 1\ 1\ 1\ 1\ 1\\0\ 0\ 0\ 0\ 0\ 0\ 0\ 0\ 0\ 0\ 0\ 0\ 0\ 0\ 0\ 0\end{array}\right\}$$ 其余地址空间 4K×8 位 RAM 15 片

存储芯片、I/O 接口芯片与 CPU 的连接图如图 5.23 所示。

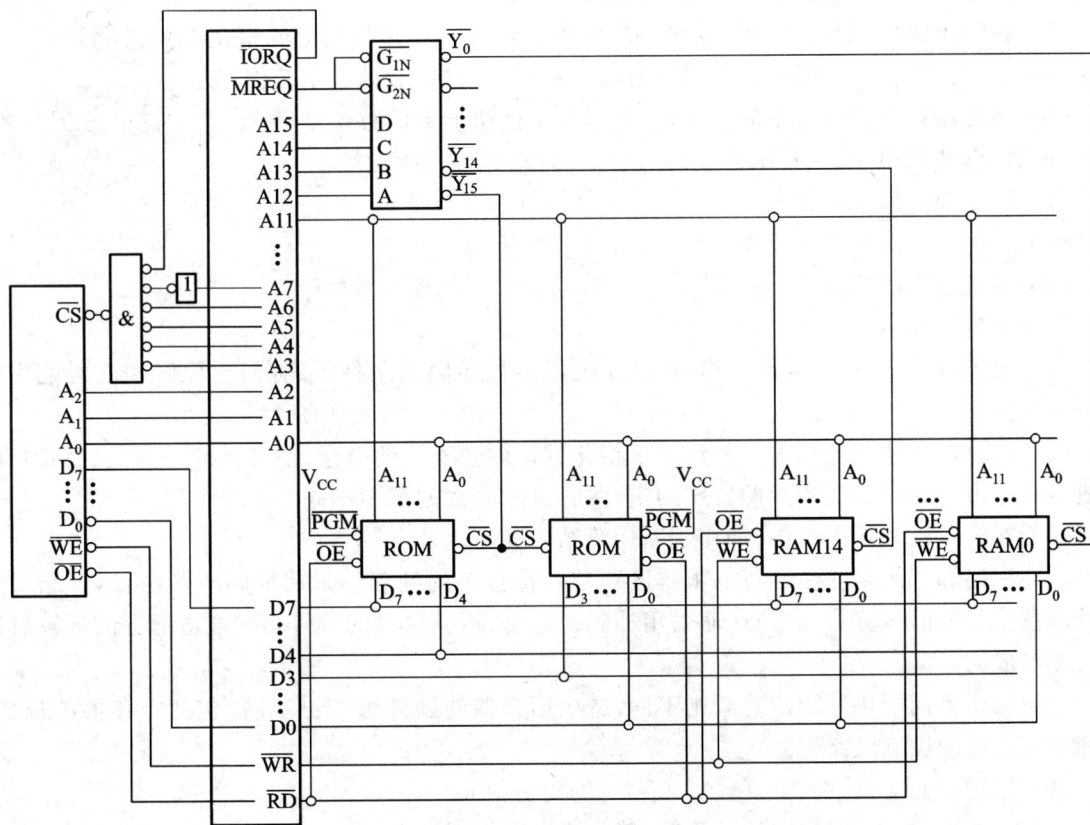

图 5.23　第 40 题答图

第六章　计算机的运算方法

6.1　重点难点

学习本章首先要认识到,计算机中参与运算的数和人们习惯书写的数的表示形式是不同的,因而机器内部的各种运算与笔算也不同。学习本章应重点掌握:

（1）机器数与真值的区别。

（2）计算机中如何表示数的符号,如何表示小数点。

（3）各种机器数(原码、补码、反码、移码)的应用场合及其与真值的相互转换。

（4）当机器字长确定以后,定点机和浮点机中各种机器数的表示范围。

（5）移位运算在计算机中的特殊作用,以及不同机器数的移位规则。

（6）定点补码加、减、乘(Booth 算法)、除运算和原码乘除运算。

（7）浮点补码加减运算。

（8）如何提高运算器的速度。

（9）快速进位链的设计。

本章的难点包括:

（1）由于 ±0 的补码表示形式相同,故在机器字长相同的条件下,补码比原码和反码能多表示一个负数。

（2）区分浮点数和补码表示的浮点规格化数这两个不同的概念,前者指的是真值,后者指的是机器数。由于补码规格化数的特殊约定,两者表示的数的范围不同。

（3）在定点机和浮点机中,如何判断运算结果溢出。

（4）原码和补码乘除法运算的根本区别是对符号位的处理。采用原码乘除法,运算结果的符号和数值部分的运算分开进行;而采用补码乘除法,运算结果的符号是在数值部分的运算过程中自然形成的。

（5）由于不同的机器数运算规则不同,造成运算器的硬件组成也不同(包括寄存器的位数、全加器输入端的控制电路等)。

（6）区别 $[-x]_{\!\!\:补}$ 和 $[-x^*]_{\!\!\:补}$（x^* 是真值 x 的绝对值）。

（7）浮点数的阶码采用移码运算时,其阶码运算规则和溢出判断规则与补码运算不同。

6.2 主要内容

6.2.1 计算机中数的表示

1. 无符号数和有符号数

在计算机中参与运算的数可以是无符号数,例如计算操作数的地址时,地址可被认为是一个无符号的整数。寄存器中存放无符号数时,每一位都代表一个数值。

当计算机中参与运算的数是有符号数时,符号的正、负是机器无法识别的,但可以用"0"表示"正",用"1"表示"负",这样符号也被数字化了,并且规定将它放在有效数字的前面,这就组成了有符号数。通常把符号"数字化"的数叫做机器数,把带"+"或"−"符号的数叫做真值。计算机中的机器数有原码、补码、反码和移码四种,它们有如下特点:

(1) 当真值为正时,原码、补码和反码的表示形式相同,即符号位为"0",数值部分与真值相同;当真值为负时,原码、补码和反码的表示形式不相同,其符号位都为"1",但数值部分存在这样的关系:补码是原码的"求反加1",反码是原码的"每位求反"。

(2) 对于同一个真值,补码和移码只差一个符号位。

(3) 用不同的机器数表示 ±0 时,其形式是不同的,即

$$[+0]_原 \neq [-0]_原,[+0]_补 = [-0]_补,[+0]_反 \neq [-0]_反,[+0]_移 = [-0]_移$$

(4) 原码、补码和反码既可以表示小数,也可以表示整数。为了便于区分,本书特约定:用小数点"."将符号位和数值位隔开的机器数一律为小数;用逗号","将符号位和数值位隔开的机器数一律为整数。当机器字长确定后,补码比原码和反码能多表示一个负数。

(5) 移码只能表示整数,用它表示浮点数的阶码时,能方便地判断阶码的大小。

2. 数的定点表示和浮点表示

(1) 定点表示

小数点固定在某一位置的数为定点数,如图 6.1 所示。

当小数点位于数符和第一数值位之间时,机器内的数为纯小数;当小数点位于数值位之后时,机器内的数为纯整数。采用定点数的机器叫定点机。不同的机器数在小数定点机中或整数定点机中数的表示范围是不同的,假设数值部分的位数为 n,则三种机器数的表示范围如表 6.1 所示。

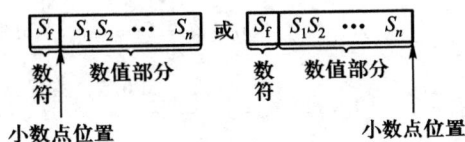

图 6.1 定点数的表示形式

表 6.1　三种机器数的表示范围

	原码	补码	反码
小数定点机	$-(1-2^{-n}) \sim (1-2^{-n})$	$-1 \sim (1-2^{-n})$	$-(1-2^{-n}) \sim (1-2^{-n})$
整数定点机	$-(2^n-1) \sim (2^n-1)$	$-2^n \sim (2^n-1)$	$-(2^n-1) \sim (2^n-1)$

（2）浮点表示

小数点的位置可以浮动的数为浮点数,浮点数在机器中的表示形式如图 6.2 所示。

浮点数由阶码 j 和尾数 S 两部分组成。阶码是整数,可正可负,阶符和阶码的位数 m 合起来反映浮点数的表示范围及小数点的实际位置;尾数是小数,可正可负,其位数 n 反映了浮点数的精度;尾数的符号 S_f 代表浮点数的正负。

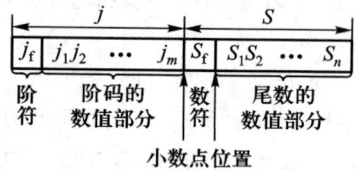

图 6.2　浮点数的表示形式

6.2.2　定点运算

1. 移位运算

移位运算包括算术移位和逻辑移位。算术移位时,最高位符号位不变;逻辑移位时,最高位可变。图 6.3 所示为实现算术移位操作的硬件示意图。其中图 6.3(a)对应真值为正的三种机器数的移位操作;图 6.3(b)对应负数原码的移位操作;图 6.3(c)对应负数补码的移位操作;图 6.3(d)对应负数反码的移位操作。

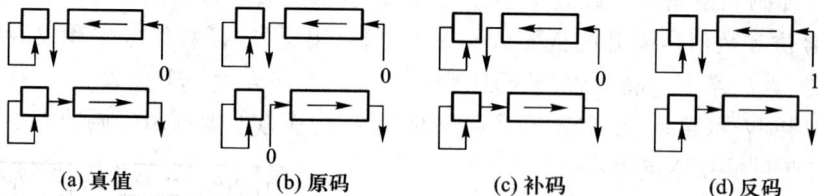

(a) 真值　　(b) 原码　　(c) 补码　　(d) 反码

图 6.3　实现算术左移和右移操作的硬件示意图

当真值为正数,三种机器数算术左移时,最高数位丢"1",结果出错;算术右移时,最低数位丢"1",影响精度。当真值为负数,原码算术左移时,最高数位丢"1",结果出错;原码算术右移时,最低数位丢"1",影响精度;补码算术左移时,最高数位丢"0",结果出错;补码算术右移时,最低数位丢"1",影响精度;反码算术左移时,最高数位丢"0",结果出错;反码算术右移时,最低数位丢"0",影响精度。

图 6.4 所示为实现逻辑移位操作的硬件示意图。逻辑左移时,低位补"0",高位移丢,如图 6.4(a)所示;逻辑右移时,高位补"0",低位移丢,如图 6.4(b)所示。

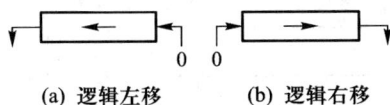

(a) 逻辑左移　　　　(b) 逻辑右移

图 6.4　实现逻辑左移和右移操作的硬件示意图

2. 加法与减法运算

（1）补码加减运算规则

① 加法

$$整数[A]_补+[B]_补=[A+B]_补(\bmod 2^{n+1})　　n\ 为整数的位数$$

$$小数[A]_补+[B]_补=[A+B]_补(\bmod 2)$$

② 减法

$$整数[A]_补+[-B]_补=[A-B]_补(\bmod 2^{n+1})　　n\ 为整数的位数$$

$$小数[A]_补+[-B]_补=[A-B]_补(\bmod 2)$$

可见,计算机中补码加减运算一律用加法器实现。对于减法,只需将减数求补后送至加法器即可。

（2）溢出判断

定点补码加减运算出现溢出时,运算结果是错误的。有以下三种方法判断溢出。

① 采用一位符号位判断溢出。由于减法运算在机器中是用加法器实现的,因此不论是做加法还是做减法,只要参加操作的两个数(减法时即为被减数和"求补"以后的减数)符号相同,结果又与原操作数符号不同,则表示结果溢出。

② 采用双符号位判断溢出。运算结果的两个符号位相同,表示未溢出;运算结果的两个符号位不同,表示溢出,此时最高位符号位代表真正的符号。

③ 采用一位符号位根据数据位的进位情况判断溢出。如果符号位的进位与最高数位的进位不同,则表示结果溢出。

（3）补码定点加减运算硬件配置

补码定点加减运算硬件配置如图 6.5 所示。图中 G_A 为加法标记,G_S 为减法标记,V 为溢出标记,寄存器 A 存放被加数或被减数的补码,寄存器 X 存放加数或减数的补码。做减法时,由"求补控制逻辑"将$\overline{X}$送至加法器,并使加法器的最低位外来进位为 1,以达到减数求补的目的。

3. 乘法运算

计算机中的乘法运算可用加法和移位操作实现,根据机器数的不同,又可分为原码乘法和补码乘法。

（1）原码乘法

原码乘法的特点是乘积的符号和数值部分(绝对值)的运算分开进行。由于每次可根据一位乘数或两位乘数来判断部分积如何加被乘数,故原码乘法又有一位乘和两位乘之分,表 6.2 列

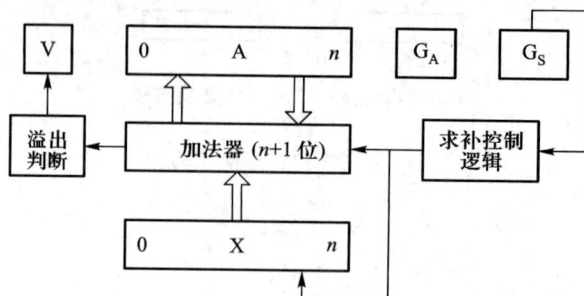

图 6.5　补码定点加减运算硬件配置

出了原码一位乘和两位乘的相同和不同之处,其中 n 代表乘数的位数。

表 6.2　原码一位乘和两位乘的比较

	原码一位乘	原码两位乘
乘积符号	由两操作数符号位异或形成	同一位乘
操作数	绝对值	绝对值的补码
移位	逻辑右移	算术右移
移位次数	n	$\frac{n}{2}$(n 为偶数)
最多加法次数	n	$\frac{n}{2}+1$(n 为偶数)

这里需特别指出,虽然原码两位乘的数值部分运算也是绝对值的运算,但由于有 $+x^*$、$+2x^*$ 和 $-x^*$(x^* 为被乘数的绝对值)这些操作,而 $-x^*$ 又用 $+[-x^*]_补$ 实现,故原码两位乘的操作数一律用绝对值补码表示。

(2) 原码乘法的硬件配置

图 6.6 所示是原码一位乘运算的基本硬件配置框图。图中寄存器均为 $n+1$ 位,乘法开始时,X 寄存器存放被乘数的原码,Q 寄存器存放乘数的原码,A 寄存器初态为 0。乘法开始后,首先通过异或运算(图中未画出)求出乘积的符号,存于 S,接着将被乘数和乘数变为绝对值,然后开始做加和移位的操作。乘法结束时,部分积的高位在 A 中,低位在 Q 中。计数器 C 用于控制移位的次数,判断乘法是否结束,G_M 为乘法标记,移位和加控制逻辑受 Q 寄存器末位 Q_n 控制。

图 6.7 所示是原码两位乘运算的基本硬件配置框图。与图 6.6 相比,所有寄存器均为 $n+3$ 位(n 为偶数),其中 X 寄存器存放被乘数的原码,Q 寄存器存放乘数的原码,A 寄存器初态为 0。移位和加控制逻辑受 Q 寄存器低三位控制(Q_nQ_{n+1} 为低两位乘数,Q_{n+2} 起 C_j 的作用),当其为 000 和 111 时,A、Q 右移两位;当其为 001 和 010 时,A、X 内容相加后 A、Q 右移两位;当其为 100 和 011 时,A 和 2X 的内容相加后 A、Q 右移两位;当其为 110 和 101 时,A 和 X 的内容相减(即 A 和

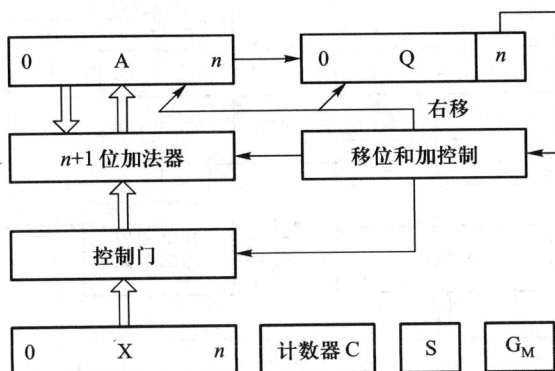

图 6.6　原码一位乘运算的基本硬件配置框图

求补后的 X 相加）后 A、Q 右移两位。其余配置的作用同原码一位乘。

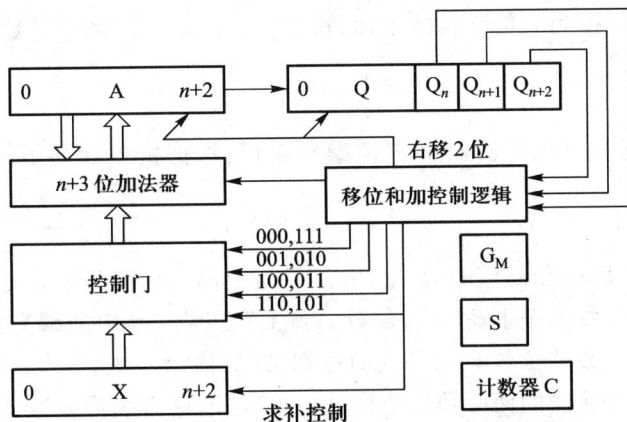

图 6.7　原码两位乘运算基本硬件配置框图

（3）补码乘法

补码乘法的特点是操作数的符号位与数值部分一起参加运算，乘积的符号自然形成。由于 Booth 算法是根据相邻两位乘数的状态决定部分积如何加被乘数，因此对 n 位乘数而言，共做 n 次移位，最多做 $n+1$ 次加法。

（4）Booth 算法的硬件配置

图 6.8 所示是补码 Booth 算法的基本硬件配置框图。

图中寄存器均为 $n+2$ 位，其中 A 寄存器存放部分积高位（初态为 0），X 存放被乘数的补码（含两位符号位），Q 存放乘数的补码（含最高一位符号位，最末一位附加位，其初态为 0）。移位和加控制逻辑受 Q 寄存器低两位乘数控制，当其为 00 和 11 时，A、Q 右移一位；当其为 01 时，A、

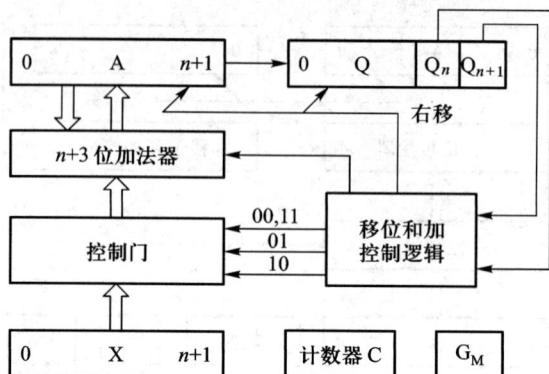

图 6.8   补码 Booth 算法基本硬件配置框图

X 内容相加后 A、Q 右移一位；当其为 10 时，A、X 内容相减（即 A 和求补后的 X 相加）后 A、Q 右移一位。乘法结束时 A、Q 为双倍字长的乘积，符号位自然形成。图中计数器 C 用于控制逐位相乘的次数，G_M 为乘法标记。

4. 除法运算

计算机中的除法运算可用加（减）和移位操作实现，根据机器数的不同，又可分为原码除法和补码除法。

（1）原码除法

原码除法的特点是商符和商值的运算分开进行。上商的原则是根据比较被除数的绝对值和除数的绝对值大小，若余数为正上商"1"，余数为负上商"0"。其中加减交替法（不恢复余数法）共上商 $n+1$ 次（n 为操作数的位数），第一次商可判溢出，移位 n 次。

值得注意的是，小数除法的商必须为小数，整数除法的商必须为整数，因此，小数除法的被除数和除数均为小数，且被除数的绝对值小于除数的绝对值；而整数除法的被除数和除数均为整数，且被除数的绝对值大于除数的绝对值，并要求被除数取双倍字长（$2n$ 位），其中高 n 位必须小于除数（n 位）。当被除数和除数字长相同时，可以通过指令将被除数扩展为双倍字长。

（2）原码除法的硬件配置

图 6.9 所示是原码加减交替除法运算的基本硬件配置框图。

图中寄存器均为 $n+1$ 位，除法开始时 A 寄存器存放被除数的原码，X 寄存器存放除数的原码，Q 寄存器为 0，计数器 C 用于控制移位的次数。除法开始后，首先通过异或运算（图中未画出）求出商符并存于 S。接着将被除数和除数变为绝对值，然后开始上第一次商，并用其判断是否溢出。若溢出，置溢出标记 V；若未溢出，则继续做加（减）和移位及上商操作（上商电路图中未画出），直到上商全部结束为止。图中 G_D 为除法标记，移位和加控制逻辑受 Q 寄存器末位商控制。

（3）补码除法

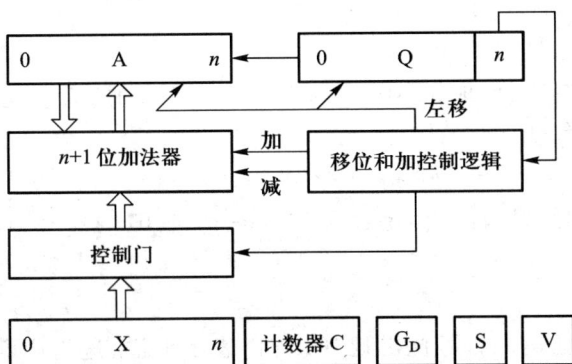

图 6.9　原码加减交替除法运算的基本硬件配置框图

补码除法的特点是操作数的符号位与数值部分一起参加运算,商符自然形成。与原码除法的区别是:寄存器中存放的是补码;除法第一步根据被除数和除数的符号决定是做加法还是减法;上商的原则根据余数和除数的符号位共同决定上"1"(同号上商"1")或"0"(异号上商"0");最后一位商恒置"1"。

（4）补码除法的硬件配置

补码除法运算的基本硬件配置框图与图 6.9 相似,只是由于商符自然形成,因此图 6.9 中的符号标记 S 可省略。此外,由于第一步操作要根据被除数和除数的符号决定做加法或减法以及补码除法上商的特点,因此图 6.9 中的移位和加控制逻辑以及上商的具体电路,两种除法的硬件配置是不同的。

6.2.3　浮点运算

浮点数由阶码和尾数组成,设基值为 2,两浮点数为:

$$x = S_x \times 2^{j_x}$$

$$y = S_y \times 2^{j_y}$$

浮点运算的特点是:阶码运算和尾数运算分开进行。

1. 浮点加减运算

浮点加减运算一律采用补码。

（1）对阶

先求阶差,然后以小阶向大阶看齐的原则,将阶码小的尾数右移 1 位,阶码加 1,直到两数阶码相等为止。

（2）尾数求和

将对阶后的尾数按定点加(减)运算规则运算。

（3）规格化

以双符号位为例，分左规和右规。

① 左规：当尾数求和结果出现 $00.0\times\times\cdots\times$ 或 $11.1\times\times\cdots\times$ 时，需左规，即尾数左移 1 位，和的阶码（大阶）减 1，直到尾数为

$$00.1\times\times\cdots\times \text{ 或 } 11.0\times\times\cdots\times$$

② 右规：当尾数求和结果溢出（如尾数为 $10.\times\times\cdots\times$ 或 $01.\times\times\cdots\times$）时，需右规，即尾数右移 1 位，和的阶码（大阶）加 1。

（4）溢出判断

以双符号位为例，当阶码的符号位出现"01"时，表示上溢，进入中断处理；当阶码的符号位出现"10"时，表示下溢，按机器零处理。

（5）舍入

在对阶和右规过程中，可能会将尾数低位丢失，引起误差，影响精度，可用"0"舍"1"入法或恒置"1"法原则舍入。

2. 浮点乘除运算

浮点乘除运算的阶码采用补码或移码，尾数采用补码或原码。

（1）阶码运算

浮点乘除法的阶码运算分别按定点加法（乘法）或定点减法（除法）完成。

（2）尾数运算

浮点乘除法的尾数运算分别按定点乘除运算规则完成。

（3）规格化

浮点乘除运算结果需规格化，规格化原则同浮点加减运算。

3. 浮点运算器的硬件配置

浮点运算器比定点运算器复杂，主要由两个定点运算部件组成，一个是阶码运算部件，用来完成阶码加、减，以及控制对阶时小阶的尾数右移次数和规格化时对阶码的调整；另一个是尾数运算部件，用来完成尾数的运算（包括加、减、乘、除），以及判断尾数是否已规格化。此外，还需有判断运算结果是否溢出的电路等。

6.2.4　并行加法器和进位链

由 6.2.2 小节和 6.2.3 小节可知，运算器可由寄存器（具有移位功能）和全加器组成。随着操作数位数的增加，电路中进位的速度对运算时间的影响也越大。为了提高运算速度，除了采用高速芯片和改进算法（如将两位乘替代一位乘）外，普遍采用先行进位的办法，即高位的进位不必等待由低位的进位传递产生，而是与低位的进位同时产生。如果把传递进位的电路称做进位链，那么实现先行进位的进位链通常采用单重分组进位链和双重分组进位链两种。

1. 单重分组跳跃进位链

单重分组跳跃进位链是将 n 位全加器分成若干小组,小组内的进位同时产生,小组与小组之间采用串行进行,故这种进位又有"组内并行,组间串行"之称。

以 $n=16$ 为例,共分 4 组,每组内 4 位,这样组成的单重分组跳跃进位链框图如图6.10 所示。

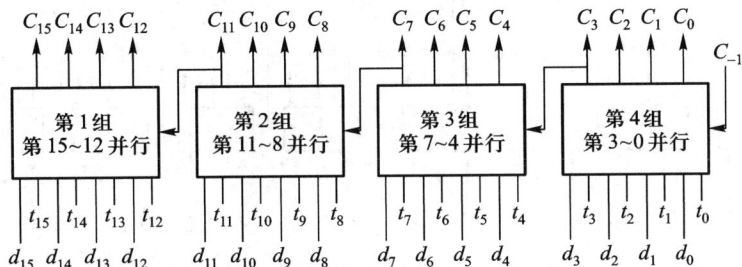

图 6.10 16 位单重分组跳跃进位链框图

图 6.10 中,$d_i=A_iB_i$,为第 i 位全加器的本地进位,与外来进位无关。

$t_i=A_i+B_i$,为第 i 位全加器的传送条件,用于传递外来进位。

$C_i=d_i+t_iC_{i-1}$,为第 i 位全加器的进位输出。

2. 双重分组跳跃进位链

双重分组跳跃进位链是将 n 位全加器分成几个大组,大组内又包含若干小组,每个大组内所包含的各小组的最高位进位是同时产生的,大组与大组之间采用串行进位。因为各小组的最高位进位是同时产生的,小组内的其他进位也是同时产生的(注意小组内的最高进位与小组内的其他进位并不是同时产生的),故这种进位链又有"组(小组)内并行,组(小组)间并行"之称。

以 $n=32$ 为例,共分两大组(每大组 16 位),大组内又分四小组(每小组 4 位),则 32 位双重分组跳跃进位链框图如图 6.11 所示。

图 6.11 中,D_i 为第 i 小组的本地进位,与外来进位无关。

T_i 为第 i 小组的传送条件,与外来进位无关,负责传递外来进位。

3. 用集成电路 74181 芯片构成 ALU

74181 是一种具有并行进位的多功能 ALU 芯片,每片 4 位,构成一小组,组内进位并行产生。4 片 74181 可构成 16 位的 ALU。当 74181 做算术运算时,其输出函数 F 即为和。图 6.12 是 4 片 74181 构成的"组内并行,组间串行"进位的 ALU 框图。

74182 是先行进位部件,是与 74181 配套的产品,1 片 74182 和 4 片 74181 就可组成 16 位的双重分组跳跃进位(二级先行进位)的 ALU,如图 6.13 所示。

图中 74181 的 G、P 分别为小组的本地进位和传送条件,74182 的 G^*、P^* 分别是大组的本地进位和传送条件。

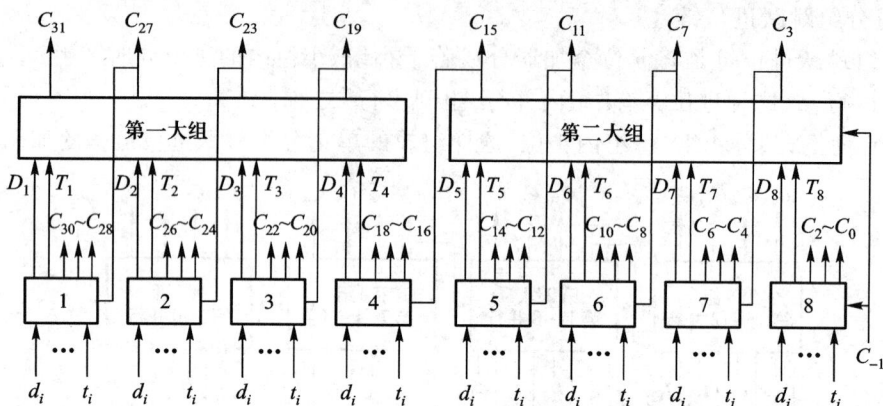

图 6.11　32 位双重分组跳跃进位链框图

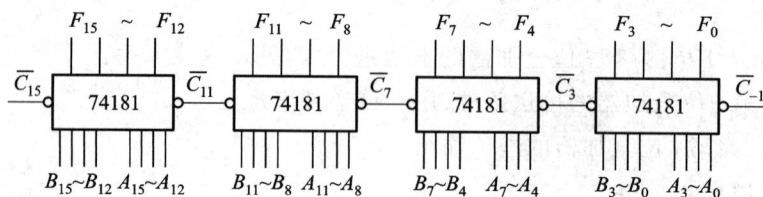

图 6.12　16 位组内并行、组间串行进位的 ALU 框图

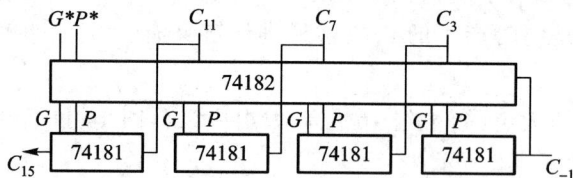

图 6.13　16 位的两级并行进位的 ALU 框图

6.3　例题精选

　　例 6.1　设机器字长为 16 位(其中 1 位为符号位),对于整数,当其分别代表无符号数、原码、补码和反码时,分别写出其对应的十进制数范围及机器数形式(用十六进制表示)。

　　【解】　表 6.3 列出了 16 位的机器数分别代表无符号数、原码、补码和反码时,对应的十进制数范围及机器数形式。

表 6.3 16 位机器数对应的十进制数范围及机器数形式

机器数	十进制数范围	机器数形式
无符号数	0 ~ 65 535	0000H ~ FFFFH
原码	−32 767 ~ +32 767	FFFFH ~ 7FFFH
补码	−32 768 ~ +32 767	8000H ~ 7FFFH
反码	−32 767 ~ +32 767	8000H ~ 7FFFH

例 6.2　在小数定点机中,若机器数字长为 8 位(含 1 位符号位)分别代表原码、补码和反码时,写出它们对应的十进制数范围。

【解】　对于 8 位字长的小数定点机,当其分别代表原码、补码和反码时,所对应的十进制真值范围是:

原码　　$-127/128$　　~　　$-0,+0$　　~　　$+127/128$

补码　　-1　　　　~　　± 0　　~　　$+127/128$

反码　　$-127/128$　　~　　$-0,+0$　　~　　$+127/128$

例 6.3　设浮点数字长为 32 位,其中阶码 8 位(含 1 位阶符),基值为 2,尾数 24 位(含 1 位数符),若阶码和尾数采用同一种机器数形式,试问当该浮点数分别用原码和补码表示时,且尾数为规格化形式,分别写出它们所对应的最大正数、最小正数、最大负数和最小负数的机器数形式及十进制真值。

【解】　表 6.4 和表 6.5 分别列出了当机器数为原码和补码时例 6.3 的答案。

表 6.4 32 位原码规格化形式的浮点数表示范围

	原码	真值
最大正数	$0,1111111;0.\underbrace{111\cdots1}_{23个1}$	$2^{+127}\times(1-2^{-23})$
最小正数	$1,1111111;0.1\underbrace{00\cdots0}_{22个0}$	$2^{-127}\times2^{-1}$
最大负数	$1,1111111;1.1\underbrace{00\cdots0}_{22个0}$	$-2^{-127}\times2^{-1}$
最小负数	$0,1111111;1.\underbrace{111\cdots1}_{23个1}$	$-2^{+127}\times(1-2^{-23})$

表 6.5　32 位补码规格化形式的浮点数表示范围

	补码	真值
最大正数	$0,1111111;0.\underbrace{111\cdots1}_{23个1}$	$2^{+127}\times(1-2^{-23})$
最小正数	$1,0000000;0.1\underbrace{00\cdots0}_{22个0}$	$2^{-128}\times2^{-1}$
最大负数	$1,0000000;1.0\underbrace{11\cdots1}_{22个1}$	$-2^{-128}\times(2^{-1}+2^{-23})$
最小负数	$0,1111111;1.\underbrace{000\cdots0}_{23个0}$	$2^{+127}\times(-1)$

例 6.4　设浮点数字长为 32 位,欲表示 $\pm6\times10^4$ 的十进制数,在保证数的最大精度条件下,除阶符、数符各取 1 位外,阶码和尾数各取几位? 按这样分配,该浮点数溢出的条件是什么?

【解】　因为 $2^{16}=65\,536$,则 $\pm6\times10^4$ 的十进制数需 16 位二进制数表示。

对于尾数为 16 位的浮点数,因 16 需用 5 位二进制数表示,即 $(16)_+ =(10000)_二$,故除阶符外,阶码至少取 5 位。为了保证数的最大精度,最终阶码取 5 位,尾数取 $32-1-1-5=25$ 位。

按这样分配,当阶码大于 $+31$ 时,浮点数溢出,需中断处理。

例 6.5　写出对应 ±0 的各种机器数(机器数字长自定)。

【解】　设机器数字长为 8 位(含 1 位数符),则

小数　　$[+0]_原=0.0000000$　　　　　整数　　$[+0]_原=0,0000000$

$\quad\quad\quad[-0]_原=1.0000000$　　　　　　　　　　$[-0]_原=1,0000000$

$\quad\quad\quad[+0]_补=0.0000000$　　　　　　　　　　$[+0]_补=0,0000000$

$\quad\quad\quad[-0]_补=0.0000000$　　　　　　　　　　$[-0]_补=0,0000000$

$\quad\quad\quad[+0]_反=0.0000000$　　　　　　　　　　$[+0]_反=0,0000000$

$\quad\quad\quad[-0]_反=1.1111111$　　　　　　　　　　$[-0]_反=1,1111111$

$\quad\quad\quad\quad\quad\quad\quad\quad\quad\quad\quad\quad\quad\quad\quad\quad\quad\quad\quad\quad[+0]_移=1,0000000$

$\quad\quad\quad\quad\quad\quad\quad\quad\quad\quad\quad\quad\quad\quad\quad\quad\quad\quad\quad\quad[-0]_移=1,0000000$

可见,$[+0]_补=[-0]_补$,$[+0]_移=[-0]_移$。

例 6.6　什么是机器零? 浮点数采用什么机器数形式时,可用全"0"表示机器零?

【解】　当一个浮点数的尾数为 0 时,不论其阶码为何值,或者当一个浮点数的阶码等于或小于它所能表示的最小数时,不论其尾数为何值,机器都把该浮点数当机器零处理。可见,如果浮点数的阶码用移码表示,则最小的阶码(移码)即为全 0,而浮点数的尾数用补码表示,则当其为全 0 时即表示尾数的真值为 0。此时机器零可用全 0 表示。

例 6.7　设 x 为真值,x^* 为绝对值,$[-x^*]_补=[-x]_补$ 是否成立,为什么?

【解】 $[-x^*]_{补} = [-x]_{补}$ 不能成立。

因为 x^* 为绝对值,故 $[-x^*]_{补}$ 的符号位必为 1。而 x 为真值,当 $x>0$ 时,$-x$ 为负数,则 $[-x]_{补}$ 的符号位一定为 1;当 $x<0$ 时,$-x$ 为正数,则 $[-x]_{补}$ 的符号位一定为 0。故仅当 $x>0$ 时,$[-x^*]_{补} = [-x]_{补}$ 成立。

例 6.8 "在计算机中,原码和反码不能表示 -1"这种说法是否正确,为什么?

【解】 "在计算机中,原码和反码不能表示 -1"这种说法是错误的。因为对于整数而言,这种说法不成立。假设机器字长为 8 位(含 1 位符号位),在整数定点机中,$[-1]_{原} = 1,0000001$,$[-1]_{补} = 1,1111111$,$[-1]_{反} = 1,1111110$。在小数定点机中,-1 的原码和反码不能表示,而 $[-1]_{补} = 1.0000000$。

例 6.9 设机器字长为 16 位,写出下列各种情况下它能表示的数的范围(十进制表示)。假设定点数采用一位符号位。

(1)无符号数;

(2)原码表示的定点小数;

(3)补码表示的定点小数;

(4)原码表示的定点整数;

(5)补码表示的定点整数;

(6)假设浮点数阶码 5 位(含 1 位阶符)尾数 11 位(含 1 位数符)分别写出其对应的正数和负数范围;

(7)浮点数格式同(6),机器数用原码规格化形式,分别写出其对应的正数和负数范围;

(8)浮点数格式同(6),机器数用补码规格化形式,分别写出其对应的正数和负数范围。

【解】

(1)无符号数	$0 \sim 65\ 535$
(2)原码表示的定点小数	$-32\ 767/32\ 768 \sim +32\ 767/32\ 768$
(3)补码表示的定点小数	$-1 \sim +32\ 767/32\ 768$
(4)原码表示的定点整数	$-32\ 767 \sim +32\ 767$
(5)补码表示的定点整数	$-32\ 768 \sim +32\ 767$
(6)浮点数(负数)	$-2^{15} \times (1-2^{-10}) \sim -2^{-15} \times 2^{-10}$
浮点数(正数)	$2^{-15} \times 2^{-10} \sim 2^{15} \times (1-2^{-10})$
(7)原码表示的浮点规格化负数	$-2^{15} \times (1-2^{-10}) \sim -2^{-15} \times 2^{-1}$
原码表示的浮点规格化正数	$2^{-15} \times 2^{-1} \sim 2^{15} \times (1-2^{-10})$
(8)补码表示的浮点规格化负数	$-2^{15} \sim -2^{-16} \times (2^{-1}+2^{-10})$
补码表示的浮点规格化正数	$2^{-16} \times 2^{-1} \sim 2^{15} \times (1-2^{-10})$

例 6.10 说明如何判断定点和浮点补码加减运算是否溢出。

【解】 对于定点补码加减运算出现溢出判断有三种方法。

(1)采用一位符号位。参加操作的两个数(加法时是被加数和加数,减法时是被减数和"求补"以后的减数)符号相同,其结果的符号与原操作数的符号不同,即为溢出。

(2) 根据数据位的进位。采用一位符号位运算,当符号位的进位与最高数值位的进位异或结果为"1"时,即为溢出。

(3) 采用双符号位。运算结果的两个符号位不同即为溢出,此时最高位符号位代表真正的符号。

对于浮点补码加减运算要根据运算结果的阶码来判断是否溢出。当阶码大于最大正阶码时,为溢出,此时需中断处理;当阶码小于最小负阶码时,按机器零处理。

例 6.11　说明如何判断原码和补码的小数除法是否溢出。

【解】　对于原码小数除法,因商值的运算是绝对值的运算,因此可用第一次上商判断除法是否溢出:若第一次上商为"1",即为溢出。

对于补码除法,因商符和商值是在运算过程中自然形成的,第一位商即为商符,故不能简单地将第一次上商为1,即判为溢出。应该将第一位商与两操作数的符号位异或结果相比较,若第一位商为1,两操作数的符号位异或结果亦为1,则表示未溢出;若两操作数的符号位异或结果为0,则表示溢出。同理,若第一位上商为0,两操作数的符号位异或结果亦为0,则表示未溢出;若两操作数的符号位异或结果为1,则表示溢出。

例 6.12　要求用最少的位数设计一个浮点数格式,必须满足下列要求:

(1) 十进制数的范围:负数 $-10^{38} \sim -10^{-38}$;正数 $+10^{-38} \sim 10^{38}$。

(2) 精度:7 位十进制数据。

【解】　(1) 由 $2^{10}>10^3$,可得 $(2^{10})^{12}>(10^3)^{12}$,即 $2^{120}>10^{36}$。

又 $2^7>10^2$,所以 $2^7 \times 2^{120}>10^2 \times 10^{36}$,即 $2^{127}>10^{38}$。

同理 $2^{-127}<10^{-38}$。

故阶码取 8 位(含 1 位阶符),使其数值范围为 $-128 \sim +127$。

(2) 因为 $10^7 \approx 2^{23}$,故尾数的数值部分可取 23 位。加上数符,最终浮点数取 32 位,其中阶码 8 位(含 1 位阶符),尾数 24 位(含 1 位数符)。

例 6.13　设 $n=16$(不含符号位),分析原码一位乘、原码两位乘、Booth 算法、原码除法(不恢复余数法)和补码除法的移位和加法的最多次数。

【解】　表 6.6 列出了各种运算的加和移位次数。

表 6.6　例 6.13 各种运算的加和移位次数

	原码一位乘	原码两位乘	Booth 算法	原码除	补码除
移位	16	8	16	16	16
最多加	16	9	17	17	16

例 6.14　(1) 设 $x=-0.1011,y=0.1101$,计算 $[x/y]_{补}$。

(2) 比较操作数采用一位符号位和两位符号位的操作过程及结果。

【解】　$[x]_{补}=1.0101,[y]_{补}=0.1101,[-y]_{补}=1.0011$

(1) 表 6.7 列出了采用两位符号位的运算过程。

表 6.7 采用两位符号位的运算过程

被除数(余数)	商	说明
11.0101 00.1101	0.0000	$+[y]_{\text{补}}$
00.0010 00.0100 11.0011	1 1	$[R]_{\text{补}}$ 与 $[y]_{\text{补}}$ 同号,上商 1 ←1 位 $+[-y]_{\text{补}}$
11.0111 10.1110 00.1101	1 0 1 0	$[R]_{\text{补}}$ 与 $[y]_{\text{补}}$ 异号,上商 0 ←1 位 $+[y]_{\text{补}}$
11.1011 11.0110 00.1101	1 0 0 1 0 0	$[R]_{\text{补}}$ 与 $[y]_{\text{补}}$ 异号,上商 0 ←1 位 $+[y]_{\text{补}}$
00.0011 00.0110	1 0 0 1 1 0 0 1 1	$[R]_{\text{补}}$ 与 $[y]_{\text{补}}$ 同号,上商 1 ←1 位,末位商恒置"1"

所以 $[x/y]_{\text{补}} = 1.0011$。

表 6.8 列出了采用一位符号位的运算过程。

表 6.8 采用一位符号位的运算过程

被除数(余数)	商	说明
1.0101 0.1101	0.0000	$+[y]_{\text{补}}$
0.0010 0.0100 1.0011	1 1	$[R]_{\text{补}}$ 与 $[y]_{\text{补}}$ 同号,上商 1 ←1 位 $+[-y]_{\text{补}}$
1.0111 0.1110 0.1101	1 0 1 0	$[R]_{\text{补}}$ 与 $[y]_{\text{补}}$ 异号,上商 0 ←1 位 $+[y]_{\text{补}}$
1.1011 1.0110 0.1101	1 0 0 1 0 0	$[R]_{\text{补}}$ 与 $[y]_{\text{补}}$ 异号,上商 0 ←1 位 $+[y]_{\text{补}}$
0.0011 0.0110	1 0 0 1 1 0 0 1 1	$[R]_{\text{补}}$ 与 $[y]_{\text{补}}$ 同号,上商 1 ←1 位,末位商恒置"1"

所以 $[x/y]_{补} = 1.0011$。

（2）比较两种操作过程

采用两位符号位时，左移操作按补码左移规则，符号位（最高位）不变，数值部分左移一位，低位补"0"。这样，左移时第二位符号位可以存放数值位，结果不会出现错误。采用一位符号位时，如果按补码左移规则，符号位不变，有可能将最高数值位移丢，造成结果错误，因此采用一位符号位左移时，应按逻辑左移处理。因为新余数的形成是根据上一次上商结果决定是$+[y]_{补}$（上商"0"）还是$+[-y]_{补}$（上商"1"），故按逻辑左移，符号位移丢，不影响对下一步操作的控制。

例6.15 画出实现补码Booth算法的运算器框图（假设数值取 n 位）。要求：

（1）指出寄存器和全加器的位数；

（2）详细画出最低位全加器的输入电路；

（3）指出加和移位的次数；

（4）描述Booth算法重复加和移位的过程。

【解】（1）实现补码Booth算法的运算器框图如图6.14所示。图中全加器和寄存器均为 $n+2$ 位，其中A寄存器存放部分积，含两位符号位，初态为"0"；X寄存器存放被乘数的补码，含两位符号位；Q寄存器存放乘数的补码，含1位符号位，最末位为附加位，初态为"0"。最终乘积的高位在寄存器A中，乘积的低位在Q寄存器中。计数器C用来控制移位次数，判断乘法是否结束。G_M 为乘法标记。

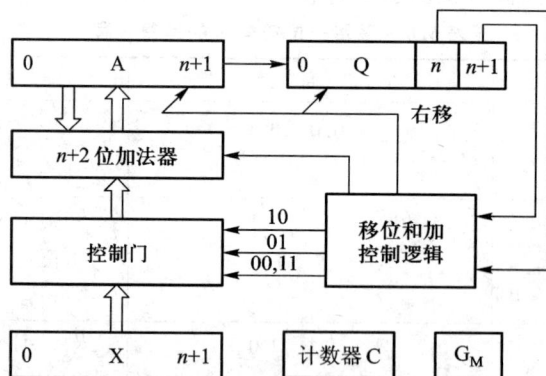

图6.14 例6.15 补码Booth算法运算器框图

（2）最低位全加器的输入电路如图6.15所示。

（3）Booth算法共做 n 次移位，最多做 $n+1$ 次加法。

（4）加的过程受Q寄存器末两位控制，当它们同时为0（记做$\overline{Q_n}\ \overline{Q_{n+1}}$）或同时为1（记做 $Q_n Q_{n+1}$）时，部分积（在A中）不变；当末两位为01（记做$\overline{Q_n}Q_{n+1}$）时，部分积加上被乘数（记做A+X）；当末两位为10（记做$Q_n\overline{Q_{n+1}}$）时，部分积减去被乘数，即与求补后的被乘数相加（记做$A+\overline{X}+1$）。

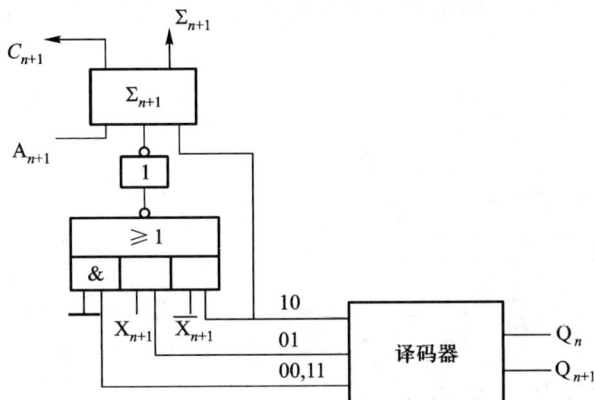

图 6.15 例 6.15 最低位全加器的输入电路

则 Booth 算法的重复加过程可描述为：

$$(\overline{Q_n \overline{Q_{n+1}}} + Q_n Q_{n+1})A + \overline{Q_n}Q_{n+1}(A+X) + Q_n \overline{Q_{n+1}}(A+\overline{X}+1) \rightarrow A$$

移位时 A、Q 两个寄存器串接（A//Q），一起右移一位（算术移位），记做 L（A//Q）→ R（A//Q）。

例 6.16 设机器数字长 16 位，阶码 5 位（含 1 位阶符），基值为 2，尾数 11 位（含 1 位数符）。对于两个阶码相等的数按补码浮点加法完成后，由于规格化操作可能出现的最大误差的绝对值是多少？

【解】 两个阶码相等的数按补码浮点加法完成后，仅当尾数溢出需右规时会引起误差。右规时，尾数右移一位，阶码加 1，可能出现的最大误差是末位丢 1，如

结果为   00,1110;01.×××××××××1

右规后得   00,1111;00.1×××××××××1

考虑到最大阶码是 15，最后得最大误差的绝对值为 $2^4 = 10000$。

例 6.17 设 X、Y、Z 均为 $n+1$ 位寄存器（n 为最低位），机器数采用 1 位符号位。若除法开始时操作数已放在合适的位置，试分别描述原码和补码除法商符的形成过程。

【解】 设 X、Y、Z 均为 $n+1$ 位寄存器，除法开始时被除数在 X 中，除数在 Y 中，S 为触发器，存放商符，Z 寄存器存放商。原码除法的商符由两操作数（原码）的符号位异或获得，记做 $X_0 \oplus Y_0 \rightarrow S$。

补码除法的商符由第一次上商获得，共分两步：

第一步，若两操作数符号相同，则被除数减去除数（加上除数的补码），结果送 X 寄存器；若两操作数符号不同，则被除数加上除数，结果送 X 寄存器，记做

$$\overline{X_0 \oplus Y_0} \cdot (X+\overline{Y}+1) + (X_0 \oplus Y_0) \cdot (X+Y) \rightarrow X$$

第二步，根据结果的符号和除数的符号确定商值。若结果的符号 X_0 与除数的符号 Y_0 同号，

则上商"1",送至 Z_n 保存;若结果的符号 X_0 与除数的符号 Y_0 异号,则上商"0",送至 Z_n 保存,记做 $\overline{X_0 \oplus Y_0} \to Z_n$。

6.4 习题训练

6.4.1 选择题

1. 下列数中最小的数为_____。

A. $(101001)_二$　　　　B. $(52)_八$　　　　C. $(2B)_{十六}$

2. 下列数中最大的数为_____。

A. $(10010101)_二$　　　B. $(227)_八$　　　　C. $(96)_{十六}$

3. 设寄存器位数为 8 位,机器数采用补码形式(含 1 位符号位)。对应于十进制数−27,寄存器内容为_____。

A. 27H　　　　　　　B. 9BH　　　　　　C. E5H

4. 对真值 0 表示形式唯一的机器数是_____。

A. 原码　　　　　　　B. 补码和移码　　　C. 反码　　　　　　D. 以上都不对

5. 下列表达式中,正确的运算结果为_____。

A. $(10101)_二 \times (2)_+ = (20202)_二$

B. $(10101)_三 \times (2)_+ = (20202)_三$

C. $(10101)_二 \times (3)_+ = (30303)_三$

6. 在整数定点机中,下述说法正确的是_____。

A. 原码和反码不能表示 −1,补码可以表示 −1

B. 三种机器数均可表示 −1

C. 三种机器数均可表示 −1,且三种机器数的表示范围相同

7. 在小数定点机中,下述说法正确的是_____。

A. 只有补码能表示 −1

B. 只有原码不能表示 −1

C. 三种机器数均不能表示 −1

8. 某机字长 8 位,采用补码形式(其中 1 位为符号位),则机器数所能表示的范围是_____。

A. −127 ~ 127　　　　B. −128 ~ +128　　　C. −128 ~ +127

9. 用 $n+1$ 位字长表示定点数(其中 1 位为符号位),它所能表示的整数范围是__①__,它所能表示的小数范围是__②__。

A. $0 \leqslant |N| \leqslant 2^n - 1$ B. $0 \leqslant |N| \leqslant 2^{n+1} - 1$

C. $0 \leqslant |N| \leqslant 1 - 2^{-(n+1)}$ D. $0 \leqslant |N| \leqslant 1 - 2^{-n}$

10. 32 位字长的浮点数,其中阶码 8 位(含 1 位阶符),尾数 24 位(含 1 位数符),则其对应的最大正数为 ① ,最小负数为 ② ,最小的绝对值为 ③ ;若机器数采用补码表示,且尾数为规格化形式,则对应的最大正数为 ④ ,最小正数为 ⑤ ,最小负数为 ⑥ 。

A. $2^{127}(1 - 2^{-23})$ B. $-2^{127}(1 - 2^{-23})$ C. 2^{-129}

D. -2^{+127} E. $2^{-128} \times 2^{-23}$ F. $2^{-127} \times 2^{-23}$

11. 16 位长的浮点数,其中阶码 7 位(含 1 位阶符),尾数 9 位(含 1 位数符),当浮点数采用原码表示时,所能表示的数的范围是 ① ;当采用补码表示时,所能表示的数的范围是 ② 。

A. $-2^{64} \sim 2^{64}(1 - 2^{-8})$ B. $-2^{63} \sim 2^{63}(1 - 2^{-8})$

C. $-2^{63} \sim 2^{63}(1 - 2^{-9})$ D. $-2^{63}(1 - 2^{-8}) \sim 2^{63}(1 - 2^{-8})$

12. 16 位长的浮点数,其中阶码 7 位(含 1 位阶符),尾数 9 位(含 1 位数符),当机器数采用原码表示时,它所能表示的最接近 0 的负数是 ① 。当采用补码表示时,它所能表示的最接近 0 的负数是 ② 。

A. -2^{-71} B. -2^{-72} C. -2^{-73}

13. 当用一个 16 位的二进制数表示浮点数时,下列方案中最好的是_____。

A. 阶码取 4 位(含阶符 1 位),尾数取 12 位(含数符 1 位)

B. 阶码取 5 位(含阶符 1 位),尾数取 11 位(含数符 1 位)

C. 阶码取 8 位(含阶符 1 位),尾数取 8 位(含数符 1 位)

14. 将一个十进制数 $x = -8\ 192$ 表示成补码时,至少采用_____位二进制代码表示。

A. 13   B. 14   C. 15

15. $[x]_{补} = 1.000 \cdots 0$,它代表的真值是_____。

A. $=0$ B. -1 C. $+1$

16. 设 x 为整数,$[x]_{补} = 1.x_1x_2x_3x_4x_5$,若要 $x < -16$,$x_1 \sim x_5$ 应满足的条件是_____。

A. $x_1 \sim x_5$ 至少有一个为 1

B. x_1 必须为 0,$x_2 \sim x_5$ 至少有一个为 1

C. x_1 必须为 0,$x_2 \sim x_5$ 任意

17. 已知两个正浮点数,$N_1 = 2^{J_1} \times S_1$,$N_2 = 2^{J_2} \times S_2$,当下列_____成立时,$N_1 > N_2$。

A. $S_1 > S_2$ B. $J_1 > J_2$ C. S_1 和 S_2 均为规格化数,且 $J_1 > J_2$

18. 设 $[x]_{原} = 1.x_1x_2x_3x_4$,当满足下列_____时,$x > -\frac{1}{2}$ 成立。

A. x_1 必为 0,$x_2 \sim x_4$ 至少有一个为 1

B. x_1 必为 0,$x_2 \sim x_4$ 任意

C. x_1 必为 1,$x_2 \sim x_4$ 任意

19. 当 $[x]_{反} = 1.1111$ 时,对应的真值是_____。

A. -0 　　　　B. $-\dfrac{15}{16}$ 　　　　C. $-\dfrac{1}{16}$

20. 设 x 为整数，$[x]_反=1,1111$，对应的真值是_____。

A. -15 　　　　B. -1 　　　　C. -0

21. 设 $[x]_补=1.\,x_1x_2x_3x_4$，当满足下列_____时，$x>-\dfrac{1}{2}$ 成立。

A. x_1 必须为 1，$x_2\sim x_4$ 至少有一个为 1

B. x_1 必须为 1，$x_2\sim x_4$ 任意

C. x_1 必须为 0，$x_2\sim x_4$ 至少有一个为 1

22. 计算机中所有信息以二进制表示，其主要理由是_____。

A. 节省器材 　　　　B. 运算速度快 　　　　C. 物理器件性能所致

23. $[x]_补=11.000000$，它代表的真值是_____。

A. $+3$ 　　　　B. -1 　　　　C. -64

24. 设 x 为真值，x^* 为其绝对值，则等式 $[-x^*]_补=[-x]_补$_____。

A. 成立 　　　　B. 不成立

25. 设 x 为真值，x^* 为其绝对值，满足 $[-x^*]_补=[-x]_补$ 的条件是_____。

A. x 任意 　　　　B. x 为正数 　　　　C. x 为负数

26. 在整数定点机中，机器数采用补码，双符号位，若它的十六进制表示为 C0H，则它对应的真值是_____。

A. -1 　　　　B. $+3$ 　　　　C. -64

27. 十进制数 56 的十六进制表示为___①___，十进制数 -39 的十六进制表示为___②___（负数用补码表示）。

A. D8 　　　　B. D9 　　　　C. 56 　　　　D. 38

28. 十六进制数 28 的十进制表示为___①___，十六进制数 E5 的十进制数表示为___②___（负数用补码表示）。

A. -26 　　　　B. 24 　　　　C. 40 　　　　D. -27

29. 1 KB =_____字节。

A. 2^{10} 　　　　B. 2^{20} 　　　　C. 2^{30}

30. 1 MB =_____字节。

A. 1^{10} 　　　　B. 2^{20} 　　　　C. 2^{30}

31. 1 GB =_____字节。

A. 2^{10} 　　　　B. 2^{20} 　　　　C. 2^{30}

32. 若要表示 0～999 中的任意一个十进制数，最少需_____位二进制数。

A. 6 　　　　B. 8 　　　　C. 10 　　　　D. 1000

33. 下列_____属于有权码。

A. 8421 码　　　　　　　B. 格雷码　　　　C. ASCII 码

34. $(24.6)_八 = ($_____$)_+$。

A. 36.75　　　　　B. 10.5　　　　C. 4.5　　　　D. 20.75

35. $(3117)_+ = ($_____$)_{十六}$。

A. 97B5　　　　　B. 9422　　　　C. C2D　　　　D. E9C

36. 把$(5AB)_{十六}$转换成二进制值为_____。

A. $(10110111010)_二$　　　　　B. $(10110101011)_二$

C. $(101010110101)_二$　　　　D. $(101110100101)_二$

37. 两个八进制数$(7)_八$和$(4)_八$,相加后得_____。

A. $(10)_八$　　　　　B. $(11)_八$

C. $(13)_八$　　　　　D. 以上都不对

38. 两个十六进制数 7E5 和 4D3 相加,得_____。

A. $(BD8)_{十六}$　　　　　B. $(CD8)_{十六}$

C. $(CB8)_{十六}$　　　　　D. 以上都不对

39. 二进制数 10100110 等于_____。

A. $(106)_{十六}$和$(246)_八$　　　　B. $(246)_八$和$(166)_+$

C. $(116)_{十六}$　　　　　D. 以上都不是

40. 下列表示法错误的是_____。

A. $(131.6)_{十六}$　　　　　B. $(532.6)_五$

C. $(100.101)_二$　　　　　D. $(267.4)_八$

41. 小数$(0.65625)_+$等于_____。

A. $(0.11101)_二$　　　　　B. $(0.10101)_二$

C. $(0.00101)_二$　　　　　D. $(0.10111)_二$

42. $(84)_+$等于_____。

A. $(10100100)_二$　　　　　B. $(224)_八$

C. $(054)_{十六}$　　　　　D. $(1210)_四$

43. 下列说法有误差的是_____。

A. 任何二进制整数都可用十进制表示

B. 任何二进制小数都可用十进制表示

C. 任何十进制整数都可用二进制表示

D. 任何十进制小数都可用二进制表示

44. 二进制数 11001011 等于十进制的_____。

A. 395　　　　　B. 203

C. 204　　　　　D. 394

45. 将$(305)_八$转换成十六进制值为_____。

  A. $(A5)_{十六}$ B. $(B5)_{十六}$

  C. $(C5)_{十六}$ D. $(D5)_{十六}$

46. $(76.54)_{八} =$ _____。

  A. $(3E. B)_{十六}$ B. $(111110.10010)_{二}$

  C. $(62.6835)_{十}$ D. $(110111.1011)_{二}$

47. $(20.8125)_{十} = ($ _____ $)_{二}$。

  A. 1010.1101   B. 10100.1011

  C. 10100.1101   D. 1010.1011

48. 补码 10110110 代表的是十进制负数 _____。

  A. −74   B. −54

  C. −68   D. −48

49. $(153.513)_{十} = ($ _____ $)_{八}$。

  A. 267.54   B. 352.5

  C. 231.406…   D. 以上都不对

50. 最少需用 _____ 位二进制数表示任一 4 位长的十进制整数。

  A. 10   B. 14

  C. 13   D. 16

51. 设机器数采用补码形式(含 1 位符号位),若寄存器内容为 9BH,则对应的十进制数为 _____。

  A. −27   B. −97

  C. −101   D. 155

52. 若 9BH 表示移码(含 1 位符号位),其对应的十进制数是 _____。

  A. 27   B. −27

  C. −101   D. 101

53. 若要表示 0 ~ 99999 中的任一十进制数,最少需用 _____ 位二进制数表示。

  A. 16   B. 18

  C. 17   D. 100000

54. 设寄存器内容为 10000000,若它等于 0,则为 _____。

  A. 原码   B. 补码

  C. 反码   D. 移码

55. 设寄存器内容为 10000000,若它等于 −128,则为 _____。

  A. 原码   B. 补码

  C. 反码   D. 移码

56. 设寄存器内容为 10000000,若它等于 −127,则为 _____。

  A. 原码   B. 补码

C. 反码　　　　　　　　　　　　　　　　D. 移码

57. 设寄存器内容为 10000000,若它等于 −0,则为_____。

A. 原码　　　　　　　　　　　　　　　　B. 补码

C. 反码　　　　　　　　　　　　　　　　D. 移码

58. 设寄存器内容为 11111111,若它等于 −0,则为_____。

A. 原码　　　　　　　　　　　　　　　　B. 补码

C. 反码　　　　　　　　　　　　　　　　D. 移码

59. 设寄存器内容为 11111111,若它等于 −127,则为_____。

A. 原码　　　　　　　　　　　　　　　　B. 补码

C. 反码　　　　　　　　　　　　　　　　D. 移码

60. 设寄存器内容为 11111111,若它等于 −1,则为_____。

A. 原码　　　　　　　　　　　　　　　　B. 补码

C. 反码　　　　　　　　　　　　　　　　D. 移码

61. 设寄存器内容为 11111111,若它等于 +127,则为_____。

A. 原码　　　　　　　　　　　　　　　　B. 补码

C. 反码　　　　　　　　　　　　　　　　D. 移码

62. 设寄存器内容为 00000000,若它等于 −128,则为_____。

A. 原码　　　　　　　　　　　　　　　　B. 补码

C. 反码　　　　　　　　　　　　　　　　D. 移码

63. 若 $[x]_{补} = 1, x_1 x_2 \cdots x_6$,其中 x_i 取 0 或 1,若要 $x > -32$,应该满足条件_____。

A. x_1 为 0,其他各位任意

B. x_1 为 1,其他各位任意

C. x_1 为 1,$x_2 \cdots x_6$ 中至少有一位为 1

D. x_1 为 0,$x_2 \cdots x_6$ 中至少有一位为 1

64. 大部分计算机内的减法是用_____实现。

A. 将被减数加到减数中　　　　　　　　　B. 从被减数中减去减数

C. 补数的相加　　　　　　　　　　　　　D. 从减数中减去被减数

65. 补码加减法是指_____。

A. 操作数用补码表示,两数相加减,符号位单独处理,减法用加法代替

B. 操作数用补码表示,符号位和数值位一起参加运算,结果的符号与加减相同

C. 操作数用补码表示,连同符号位直接相加减,减某数用加负某数的补码代替,结果的符号在运算中形成

D. 操作数用补码表示,由数符决定两数的操作,符号位单独处理

66. 在原码两位乘中,符号位单独处理,参加操作的数是_____。

A. 原码　　　　　　　　　　　　　　　　B. 补码

C. 绝对值   D. 绝对值的补码

67. 在原码加减交替除法中,符号位单独处理,参加操作的数是_____。

A. 原码   B. 绝对值

C. 绝对值的补码   D. 补码

68. 在补码加减交替除法中,参加操作的数是_____,商符_____。

A. 绝对值的补码   在形成商值的过程中自动形式

B. 补码   在形成商值的过程中自动形成

C. 补码   由两数符号位异或形成

D. 绝对值的补码   由两数符号位异或形成

69. 两补码相加,采用 1 位符号位,则当_____时,表示结果溢出。

A. 最高位有进位

B. 最高位进位和次高位进位异或结果为 0

C. 最高位为 1

D. 最高位进位和次高位进位异或结果为 1

70. 在下述有关不恢复余数法何时需恢复余数的说法中,_____是正确的。

A. 最后一次余数为正时,要恢复一次余数

B. 最后一次余数为负时,要恢复一次余数

C. 最后一次余数为 0 时,要恢复一次余数

D. 任何时候都不恢复余数

71. 在定点机中执行算术运算时会产生溢出,其原因是_____。

A. 主存容量不够   B. 运算结果无法表示

C. 操作数地址过大   D. 以上都对

72. 在浮点机中,下列说法_____是正确的。

A. 尾数的第一数位为 1 时,即为规格化形式

B. 尾数的第一数位与数符不同时,即为规格化形式

C. 不同的机器数有不同的规格化形式

D. 尾数的第一数位为 0 时,即为规格化形式

73. 在浮点机中,判断原码规格化形式的原则是_____。

A. 尾数的符号位与第一数位不同

B. 尾数的第一数位为 1,数符任意

C. 尾数的符号位与第一数位相同

D. 阶符与数符不同

74. 在浮点机中,判断补码规格化形式的原则是_____。

A. 尾数的第一数位为 1,数符任意

B. 尾数的符号位与第一数位相同

C. 尾数的符号位与第一数位不同

D. 阶符与数符不同

75. 设机器数字长 8 位（含 2 位符号位），若机器数 DAH 为补码，则算术左移一位得_____,算术右移一位得_____。

A. B4H　EDH

B. F4H　6DH

C. B5H　EDH

D. B4H　6DH

76. 设机器数字长 8 位（含 1 位符号位），若机器数 BAH 为原码，则算术左移一位得_____,算术右移一位得_____。

A. F4H　EDH

B. B4H　6DH

C. F4H　9DH

D. B5H　EDH

77. 运算器的主要功能是进行_____。

A. 算术运算

B. 逻辑运算

C. 算术逻辑运算

D. 初等函数运算

78. 运算器由许多部件组成,其核心部分是_____。

A. 数据总线

B. 算术逻辑运算单元

C. 累加寄存器

D. 多路开关

79. 定点运算器用来进行_____。

A. 十进制数加法运算

B. 定点运算

C. 浮点运算

D. 既进行浮点运算也进行定点运算

80. 串行运算器结构简单,其运算规律是_____。

A. 由低位到高位先行进行进位运算

B. 由高位到低位先行进行借位运算

C. 由低位到高位逐位运算

D. 由高位到低位逐位运算

81. 4 片 74181 和 1 片 74182 相配合,具有如下_____种进位传递功能。

A. 行波进位

B. 组（小组）内并行进位,组（小组）间并行进位

C. 组（小组）内并行进位,组（小组）间行波进位

D. 组内行波进位,组间并行进位

82. 早期的硬件乘法器设计中,通常采用加和移位相结合的方法,具体算法是_____,但需要有_____控制。

A. 串行加法和串行移位　触发器

B. 并行加法和串行左移　计数器

C. 并行加法和串行右移　计数器

D. 串行加法和串行右移　触发器

83. 下面有关浮点运算器的描述中,正确的是_____(多项选择)。

A. 浮点运算器可用两个松散连接的定点运算部件(阶码部件和尾数部件)来实现

B. 阶码部件可实现加、减、乘、除四种运算

C. 阶码部件只进行加、减和比较操作

D. 尾数部件只进行乘、除操作

84. 下面有关定点补码乘法器的描述中,正确的句子是_____(多项选择)。

A. 被乘数的符号和乘数的符号都参加运算

B. 乘数寄存器必须具有右移功能,并增设一位附加位,其初态为"1"

C. 被乘数寄存器也必须具有右移功能

D. 用计数器控制乘法次数

85. 用 8 片 74181 和 2 片 74182 可组成_____。

A. 组内并行进位、组间串行进位的 32 位 ALU

B. 二级先行进位结构的 32 位 ALU

C. 组内先行进位、组间先行进位的 16 位 ALU

D. 三级先行进位结构的 32 位 ALU

86. 设机器数字长为 16 位(含 1 位符号位),若用补码表示定点小数,则最大正数为_____。

A. $1-2^{15}$ B. $1-2^{-15}$

C. $2^{15}-1$ D. 2^{15}

87. 设 $[x]_{补}=1, x_1 x_2 x_3 x_4$,满足_____时,$x>-8$ 成立。

A. $x_1=0$, $x_2 \sim x_4$ 至少有一个为 1

B. $x_1=0$, $x_2 \sim x_4$ 任意

C. $x_1=1$, $x_2 \sim x_4$ 至少有一个为 1

D. $x_1=1$, $x_2 \sim x_4$ 任意

88. 在定点机中,下列说法错误的是_____。

A. 除补码外,原码和反码不能表示 -1

B. $+0$ 的原码不等于 -0 的原码

C. $+0$ 的反码不等于 -0 的反码

D. 对于相同的机器字长,补码比原码和反码能多表示一个负数

89. 设 x 为整数,$[x]_{补}=1, x_1 x_2 \cdots x_7$,若按 $x<-64$,则_____。

A. $x_1=1$, $x_2 \sim x_7$ 任意

B. $x_1=0$, $x_2 \sim x_7$ 至少有一个为 1

C. $x_1=0$, $x_2 \sim x_7$ 任意

D. $x_1 = 1$，$x_2 \sim x_7$ 至少有一个为 1

90. 计算机中表示地址时,采用_____。

A. 原码　　　　　　　　　　　B. 补码

C. 反码　　　　　　　　　　　D. 无符号数

91. 浮点数的表示范围和精度取决于_____。

A. 阶码的位数和尾数的机器数形式

B. 阶码的机器数形式和尾数的位数

C. 阶码的位数和尾数的位数

D. 阶码的机器数形式和尾数的机器数形式

92. 在浮点机中_____是隐含的。

A. 阶码　　　　　　　　　　　B. 数符

C. 尾数　　　　　　　　　　　D. 基数

93. 在规格化的浮点表示中,若只将移码表示的阶码改为补码表示,其余部分保持不变,则将会使浮点数的表示范围_____。

A. 增大　　　　　　　　　　　B. 减小

C. 不变　　　　　　　　　　　D. 以上都不对

94. 设浮点数的基值为 8,尾数采用模 4 补码表示,则_____为规格化数。

A. 11.111000　　　　　　　　B. 00.000111

C. 11.101010　　　　　　　　D. 11.111101

95. 芯片 74181 可完成_____。

A. 16 种算术运算

B. 16 种逻辑运算

C. 8 种算术运算和 8 种逻辑运算

D. 16 种算术运算和 16 种逻辑运算

96. ALU 属于_____。

A. 时序电路　　　　　　　　　B. 组合逻辑电路

C. 控制器　　　　　　　　　　D. 寄存器

97. 在补码定点加减运算器中,无论采用单符号位还是双符号位,必须有溢出判断电路,它一般用_____实现。

A. 与非门　　　　　　　　　　B. 或非门

C. 异或门　　　　　　　　　　D. 与或非门

98. 在运算器中不包含_____。

A. 状态寄存器　　　　　　　　B. 数据总线

C. ALU　　　　　　　　　　　D. 地址寄存器

99. 下列叙述中正确的是_____。(多项选择)。

A. 定点补码运算时, 其符号位不参加运算

B. 浮点运算可由阶码运算和尾数运算两部分组成

C. 阶码部件在乘除运算时只进行加、减操作

D. 浮点数的正负由阶码的正负符号决定

E. 尾数部件只进行乘除运算

100. 加法器采用先行进位的目的是_____。

A. 优化加法器的结构
B. 节省器材

C. 加速传递进位信号
D. 增强加法器结构

101. 下列说法中错误的是_____。

A. 运算器中通常都有一个状态标记寄存器, 为计算机提供判断条件, 以实现程序转移

B. 补码乘法器中, 被乘数和乘数的符号都不参加运算

C. 并行加法器中高位的进位依赖于低位

D. 在小数除法中, 为了避免溢出, 要求被除数的绝对值小于除数的绝对值

102. 设机器字长为 8 位(含 1 位符号位), 以下_____是 0 的一个原码。

A. 11111111
B. 10000000

C. 01111111
D. 11000000

103. 当定点运算发生溢出时, 应_____。

A. 向左规格化
B. 向右规格化

C. 发出出错信息
D. 舍入处理

104. 在定点补码运算器中, 若采用双符号位, 当_____时表示结果溢出。

A. 双符号位相同
B. 双符号位不同

C. 两个正数相加
D. 两个负数相加

105. 下列说法中_____是错误的。

A. 符号相同的两个数相减是不会产生溢出的

B. 符号不同的两个数相加是不会产生溢出的

C. 逻辑运算是没有进位或借位的运算

D. 浮点乘除运算需进行对阶操作

106. 采用规格化的浮点数是为了_____。

A. 增加数据的表示范围
B. 方便浮点运算

C. 防止运算时数据溢出
D. 增加数据的表示精度

107. 设浮点数的基数为 4, 尾数用原码表示, 则以下_____是规格化的数。

A. 1.001101
B. 0.001101

C. 1.011011
D. 0.000010

108. 在各种尾数舍入方法中, 平均误差最大的是_____。

A. 截断法
B. 恒置"1"法

C. 0 舍 1 入法   D. 恒置"0"法

109. 浮点数舍入处理的方法除了 0 舍 1 入法外,还有_____法。

A. 末位恒置"0"   B. 末位恒置"1"

C. 末位加 1   D. 末位减 1

110. 如果采用 0 舍 1 入法进行舍入处理,则 0.01010110011 舍去最后一位后,结果为_____。

A. 0.0101011001   B. 0.0101011010

C. 0.0101011011   D. 0.0101011100

111. 如果采用末位恒置 1 法进行舍入处理,则 0.01010110011 舍去最后一位后,结果为_____。

A. 0.0101011001   B. 0.0101011010

C. 0.0101011011   D. 0.0101011100

112. 原码加减交替除法,商符__①__,参加操作的数是__②__。

A. 原码

B. 绝对值的补码

C. 在形成商值的过程中自然形成

D. 由两数符号位异或形成

113. 在浮点数加减法的对阶过程中,_____。

A. 将被加(减)数的阶码向加(减)数的阶码看齐

B. 将加(减)数的阶码向被加(减)数的阶码看齐

C. 将较大的阶码向较小的阶码看齐

D. 将较小的阶码向较大的阶码看齐

114. 在浮点数中,当数的绝对值太大,以至于超过所能表示的数据时,称为浮点数的_____。

A. 正上溢   B. 上溢

C. 正溢   D. 正下溢

115. 在浮点数中,当数的绝对值太小,以至于小于所能表示的数据时,称为浮点数的_____。

A. 正下溢   B. 下溢

C. 负溢   D. 负上溢

116. 在补码除法中,根据_____上商"1"。

A. 余数为正

B. 余数的符号与除数的符号不同

C. 余数的符号与除数的符号相同

D. 余数的符号与被除数的符号相同

6.4.2　填空题

1. 计算机中广泛应用 ＿＿A＿＿ 进制数进行运算、存储和传递,其主要理由是 ＿＿B＿＿。

2. 在整数定点机中,机器数为补码,字长 8 位(含 2 位符号位),则所能表示的十进制数范围为 ＿＿A＿＿ 至 ＿＿B＿＿,前者的补码形式为 ＿＿C＿＿,后者的补码形式为 ＿＿D＿＿。

3. 机器数为补码,字长 16 位(含 1 位符号位),用十六进制写出对应于整数定点机的最大正数补码是 ＿＿A＿＿,最小负数补码是 ＿＿B＿＿。

4. 机器数为补码,字长 16 位(含 1 位符号位),用十六进制写出对应于小数定点机的最大正数补码是 ＿＿A＿＿,最小负数补码是 ＿＿B＿＿。

5. 某整数定点机,字长 8 位(含 1 位符号位),当机器数分别采用原码、补码、反码及无符号数时,其对应的真值范围分别为 ＿＿A＿＿、＿＿B＿＿、＿＿C＿＿ 和 ＿＿D＿＿(均用十进制数表示)。

6. 某小数定点机,字长 8 位(含 1 位符号位),当机器数分别采用原码、补码和反码时,其对应的真值范围分别是 ＿＿A＿＿、＿＿B＿＿、＿＿C＿＿(均用十进制表示)。

7. 在整数定点机中,采用 1 位符号位,若寄存器内容为 10000000,当它分别表示为原码、补码、反码及无符号数时,其对应的真值分别为 ＿＿A＿＿、＿＿B＿＿、＿＿C＿＿ 和 ＿＿D＿＿(均用十进制表示)。

8. 在小数定点机中,采用 1 位符号位,若寄存器内容为 10000000,当它分别表示为原码、补码和反码时,其对应的真值分别为 ＿＿A＿＿、＿＿B＿＿ 和 ＿＿C＿＿(均用十进制表示)。

9. 在整数定点机中,采用 1 位符号位,若寄存器内容为 11111111,当它分别表示为原码、补码、反码及无符号数时,其对应的真值分别为 ＿＿A＿＿、＿＿B＿＿、＿＿C＿＿ 和 ＿＿D＿＿(均用十进制表示)。

10. 在小数定点机中,采用 1 位符号位,若寄存器内容为 11111111,当它分别表示为原码、补码和反码时,其对应的真值分别为 ＿＿A＿＿、＿＿B＿＿ 和 ＿＿C＿＿(均用十进制表示)。

11. 机器数字长为 8 位(含 1 位符号位),当 $x = -128$(十进制)时,其对应的二进制为 ＿＿A＿＿,$[x]_原 = $＿＿B＿＿,$[x]_反 = $＿＿C＿＿,$[x]_补 = $＿＿D＿＿,$[x]_移 = $＿＿E＿＿。

12. 机器数字长为 8 位(含 1 位符号位),当 $x = -127$(十进制)时,其对应的二进制为 ＿＿A＿＿,$[x]_原 = $＿＿B＿＿,$[x]_反 = $＿＿C＿＿,$[x]_补 = $＿＿D＿＿,$[x]_移 = $＿＿E＿＿。

13. 在整数定点机中,机器数字长为 8 位(含 1 位符号位),当 $x = -1$(十进制)时,其对应的二进制为 ＿＿A＿＿,$[x]_原 = $＿＿B＿＿,$[x]_反 = $＿＿C＿＿,$[x]_补 = $＿＿D＿＿,$[x]_移 = $＿＿E＿＿。

14. 在整数定点机中,机器数字长为 8 位(含 1 位符号位),当 $x = -0$(十进制)时,其对应的二进制为 ＿＿A＿＿,$[x]_原 = $＿＿B＿＿,$[x]_反 = $＿＿C＿＿,$[x]_补 = $＿＿D＿＿,$[x]_移 = $＿＿E＿＿。

15. 机器数字长为 8 位(含 1 位符号位),当 $x = +100$(十进制)时,其对应的二进制为 ＿＿A＿＿,$[x]_原 = $＿＿B＿＿,$[x]_反 = $＿＿C＿＿,$[x]_补 = $＿＿D＿＿,$[x]_移 = $＿＿E＿＿。

16. 机器数字长为 8 位(含 1 位符号位),当 $x = +127$(十进制)时,其对应的二进制为 ＿＿A＿＿,$[x]_原 = $＿＿B＿＿,$[x]_反 = $＿＿C＿＿,$[x]_补 = $＿＿D＿＿,$[x]_移 = $＿＿E＿＿。

17. 设机器数字长为 8 位(含 1 位符号位),若机器数为 00H(十六进制),当它分别代表原码、补码、反码和移码时,等价的十进制整数分别为　A　、　B　、　C　和　D　。

18. 设机器数字长为 8 位(含 1 位符号位),若机器数为 80H(十六进制),当它分别代表原码、补码、反码和移码时,等价的十进制整数分别为　A　、　B　、　C　和　D　。

19. 设机器数字长为 8 位(含 1 位符号位),若机器数为 81H(十六进制),当它分别代表原码、补码、反码和移码时,等价的十进制整数分别为　A　、　B　、　C　和　D　。

20. 设机器数字长为 8 位(含 1 位符号位),若机器数为 FEH(十六进制),当它分别代表原码、补码、反码和移码时,等价的十进制整数分别为　A　、　B　、　C　和　D　。

21. 设机器数字长为 8 位(含 1 位符号位),若机器数为 FFH(十六进制),当它分别代表原码、补码、反码和移码时,等价的十进制整数分别为　A　、　B　、　C　和　D　。

22. 采用浮点表示时,若尾数为规格化形式,则浮点数的表示范围取决于　A　的位数,精度取决于　B　的位数,　C　确定浮点数的正负。

23. 一个浮点数,当其尾数右移时,欲使其值不变,阶码必须　A　。尾数右移一位,阶码　B　。

24. 对于一个浮点数,　A　确定了小数点的位置,当其尾数左移时,欲使其值不变,必须使　B　。

25. 采用浮点表示时,最大浮点数的阶符一定为　A　,尾数的符号一定为　B　。最小浮点数的阶符一定为　C　,尾数的符号一定为　D　。

26. 移码常用来表示浮点数的　A　部分,移码和补码除符号位　B　外,其他各位　C　。

27. 采用浮点表示时,当阶码和尾数的符号均为正,其他的数字全部为　A　时,表示的是最大的浮点数。当阶码的符号为　B　,尾数符号为　C　,其他数字全部为 1 时,这是最小的浮点数。

28. 设浮点数字长为 24 位,欲表示 $-6\times10^4 \sim 6\times10^4$ 之间的十进制数,在保证数的最大精度条件下,除阶符、数符各取 1 位外,阶码应取　A　位,尾数应取　B　位。按这样分配,这 24 位浮点数的溢出条件是　C　。

29. 已知 16 位长的浮点数,欲表示 $-3\times10^4 \sim 3\times10^4$ 间的十进制数,在保证数的最大精度条件下,除阶符、数符各取 1 位外,阶码应取　A　位,尾数应取　B　位。这种格式的浮点数(补码形式),当　C　时,按机器零处理。

30. 当 $0>x>-1$ 时,满足 $[x]_原=[x]_补$ 的 x 值是　A　;当 $0>x>-2^7$ 时,满足 $[x]_原=[x]_补$ 的 x 值是　B　。

31. 最少需用　A　位二进制数可表示任一五位长的十进制数。

32. 设 24 位长的浮点数,其中阶符 1 位,阶码 5 位,数符 1 位,尾数 17 位,阶码和尾数均用补码表示,且尾数采用规格化形式,则它能表示的最大正数真值是　A　,非零最小正数真值是　B　,绝对值最大的负数真值是　C　,绝对值最小的负数真值是　D　(均用十进制表示)。

33. 设浮点数阶码为 8 位(含 1 位阶符),尾数为 24 位(含 1 位数符),则在 32 位二进制补码浮点规格化数对应的十进制真值范围内:最大正数为　A　,最小正数为　B　,最大负数为

___C___,最小负数为___D___(均用十进制表示)。

34. 设机器数字长为 8 位(含 1 位符号位),对应十进制数 $x = -0.6875$ 的 $[x]_原$ 为___A___,$[x]_补$ 为___B___,$[x]_反$ 为___C___,$[-x]_原$ 为___D___,$[-x]_补$ 为___E___,$[-x]_反$ 为___F___。

35. 设机器数字长为 8 位(含 1 位符号位),对应十进制数 $x = -52$ 的 $[x]_原$ 为___A___,$[x]_补$ 为___B___,$[x]_反$ 为___C___,$[-x]_原$ 为___D___,$[-x]_补$ 为___E___,$[-x]_反$ 为___F___。

36. 补码表示的二进制浮点数,尾数采用规格化形式,阶码 3 位(含阶符 1 位),尾数 5 位(含 1 位符号位),则所对应的最大正数真值为___A___,最小正数真值为___B___,最大负数真值为___C___,最小负数真值为___D___(写出十进制各位数值)。

37. 某机字长 16 位(含 1 位符号位),它能表示的无符号整数范围是___A___,用原码表示的定点小数范围是___B___,用补码表示的定点小数范围是___C___,用补码表示的定点整数范围是___D___。

38. 已知十进制数 $x = -2.75$,分别写出对应 8 位字长的定点小数(含 1 位符号位)和浮点数(其中阶符 1 位,阶码 2 位,数符 1 位,尾数 4 位)的各种机器数,要求定点数比例因子选取 2^{-4},浮点数为规格化数,则定点表示法对应的 $[x]_原$ 为___A___,$[x]_补$ 为___B___,$[x]_反$ 为___C___,浮点表示法对应的 $[x]_原$ 为___D___,$[x]_补$ 为___E___,$[x]_反$ 为___F___。

39. 已知十进制数 $x = -5.5$,分别写出对应 8 位字长的定点小数(含 1 位符号位)和浮点数(其中阶符 1 位,阶码 2 位,数符 1 位,尾数 4 位)的各种机器数,要求定点数比例因子选取 2^{-4},浮点数为规格化数,则定点表示法对应的 $[x]_原$ 为___A___,$[x]_补$ 为___B___,$[x]_反$ 为___C___,浮点表示法对应的 $[x]_原$ 为___D___,$[x]_补$ 为___E___,$[x]_反$ 为___F___。

40. 设浮点数字长为 16 位(其中阶符 1 位,阶码 5 位,数符 1 位,尾数 9 位),对应十进制数 -87 的浮点规格化补码形式为___A___,若阶码采用移码,尾数采用补码,则机器数形式为___B___。

41. 设浮点数字长为 16 位(其中阶符 1 位,阶码 5 位,数符 1 位,尾数 9 位),对应十进制数 -95 的浮点规格化补码形式为___A___,若阶码采用移码,尾数采用补码,则机器数形式为___B___。

42. 在计算机中,一个二进制代码表示的数可被理解为___A___或___B___或___C___或___D___或___E___。

43. 已知 $[x]_补 = x_0 . x_1 x_2 \cdots x_n$,则 $[-x]_补 =$ ___A___。

44. 已知 $[x]_补 = 1.0000$,则 $[\frac{1}{2}x]_补$ 为___A___,$x =$ ___B___,$[x]_原 =$ ___C___,$[x]_反 =$ ___D___。

45. 设机器代码为 FCH,机器数为补码形式(采用 1 位符号),则对应的十进制真值为___A___,其原码形式为___B___,反码形式为___C___(均用十六进制表示)。

46. 设机器代码为 C5H,机器数为补码形式(采用 1 位符号),则对应的十进制真值为___A___,其原码形式为___B___,反码形式为___C___(均用十六进制表示)。

47. 已知 $[x]_补 = 1.1010100$,则 $x =$ ___A___,$[\frac{1}{2}x]_补 =$ ___B___。

48. 若 $[x]_反 = 1.0101011$,则 $[-x]_补 =$ ___A___,设 x^* 为绝对值,则 $[-x^*]_补 =$ ___B___。

49. 若 $[x]_反 = 0.01010$，则 $[-x]_补 =$ ___A___，设 x^* 为绝对值，则 $[-x^*]_补 =$ ___B___。

50. 设 x^* 为绝对值，等式 $[-x]_补 = [-x^*]_补$ 成立的条件是 ___A___。

51. 最少需用 ___A___ 位二进制数就能表示任一四位长的十进制无符号整数。

52. 某浮点数基值为 2，阶码 4 位(含 1 位阶符)，尾数 8 位(含 1 位数符)，阶码和尾数均用补码表示。它所能表示的最大正数真值是 ___A___，非零最小正数真值是 ___B___，最大负数真值是 ___C___，最小负数真值是 ___D___；如果尾数采用规格化表示，上述值分别是 ___E___、___F___、___G___ 和 ___H___；如果阶码采用移码表示，上述值 ___I___(均用十进制表示)。

53. 设 $x = \dfrac{25}{32}$，则 $[x]_补 =$ ___A___，$\left[\dfrac{1}{2}x\right]_补 =$ ___B___，$\left[\dfrac{1}{4}x\right]_补 =$ ___C___，$[-x]_补 =$ ___D___。

54. 设 $y = -\dfrac{25}{32}$，则 $[y]_补 =$ ___A___，$\left[\dfrac{1}{2}y\right]_补 =$ ___B___，$\left[\dfrac{1}{4}y\right]_补 =$ ___C___，$[-y]_补 =$ ___D___。

55. 某浮点数基值为 2，阶码 5 位(含 1 位阶符)，尾数 11 位(含 1 位数符)，阶码和尾数均用补码表示。它所能表示的最大正数真值是 ___A___，非零最小正数真值是 ___B___，最大负数真值是 ___C___，最小负数真值是 ___D___；如果尾数采用规格化表示，上述值分别是 ___E___、___F___、___G___ 和 ___H___；如果阶码采用移码表示，上述值 ___I___(均用十进制表示)。

56. 假设阶码取 3 位，尾数取 8 位(均不包括符号位在内)，则对应十进制数 -73.5 的原码是 ___A___，补码是 ___B___，反码是 ___C___。若阶码用移码表示，尾数用补码表示，则机器数为 ___D___。

57. 在浮点表示时，若用全 0 表示机器零(尾数为 0，阶码最小)，则阶码应采用 ___A___ 机器数形式。在定点表示时，若要求数值 0 在计算机中唯一表示为全"0"，则应采用 ___B___ 机器数形式。

58. 正数原码算术移位时，___A___ 位不变，空位补 ___B___。负数原码算术移位时 ___C___ 位不变，空位补 ___D___。

59. 正数补码算术移位时，___A___ 位不变，空位补 ___B___。负数补码算术左移时，___C___ 位不变，低位补 ___D___。负数补码算术右移时，___E___ 位不变，高位补 ___F___。

60. 正数反码算术移位时，___A___ 位不变，空位补 ___B___。负数反码算术左移时，___C___ 位不变，低位补 ___D___。负数反码算术右移时，___E___ 位不变，高位补 ___F___。

61. 已知寄存器位数为 8 位，机器数取 1 位符号位，设其内容为 11110101 当它代表无符号数时，逻辑左移一位后得 ___A___，逻辑右移一位后得 ___B___。当它代表补码时，算术左移一位后得 ___C___，算术右移一位后得 ___D___。

62. 已知寄存器位数为 8 位，机器数取 1 位符号位，设其内容为 01101100，当它代表无符号数时，逻辑左移一位后得 ___A___，逻辑右移一位后得 ___B___。当它代表补码时，算术左移一位后得 ___C___，算术右移一位后得 ___D___。

63. 已知寄存器位数为 8 位，机器数为补码(含 2 位符号位)，设其内容为 00101101，算术左移一位后得 ___A___，此时机器数符号为 ___B___；算术右移一位后得 ___C___，此时机器数符号为 ___D___。

64. 已知寄存器位数为 8 位，机器数为补码(含 2 位符号位)，设其内容为 11001011，算术左移一位后得___A___,此时机器数符号为___B___;算术右移一位后得___C___,此时机器数符号为___D___。

65. 设机器数字长为 8 位(含 2 位符号位),对应真值 $x=-5/16$ 的 $[x]_{补}=$___A___,算术左移 1 位后得___B___,算术左移 2 位后得___C___,算术右移 1 位后得___D___,算术右移 2 位后得___E___。移位后对应的真值分别为___F___、___G___、___H___和___I___。

66. 设机器数字长为 8 位(含 2 位符号位),对应真值 $x=-26$ 的 $[x]_{补}=$___A___,算术左移 1 位后得___B___,算术左移 2 位后得___C___,算术右移 1 位后得___D___,算术右移 2 位后得___E___。移位后对应的真值分别为___F___、___G___、___H___和___I___。

67. 正数原码左移时,___A___位不变,高位丢 1,结果___B___,右移时低位丢___C___,结果引起误差。负数原码左移时,___D___位不变,高位丢 1,结果___E___,右移时低位丢___F___,结果正确。

68. 正数原码左移时,___A___位不变,高位丢 0,结果___B___,右移时低位丢___C___,结果引起误差。负数原码左移时,___D___位不变,高位丢___E___,结果出错,右移时低位丢___F___,结果正确。

69. 正数补码左移时,___A___位不变,高位丢 1,结果___B___,右移时低位丢___C___,结果引起误差。负数补码左移时,___D___位不变,高位丢___E___,结果正确,右移时低位丢___F___,结果引起误差。

70. 正数补码左移时,___A___位不变,高位丢 1,结果___B___,右移时低位丢___C___,结果正确。负数补码左移时,___D___位不变,高位丢 1,结果___E___,右移时低位丢___F___,结果引起误差。

71. 正数反码左移时,___A___位不变,高位丢___B___,结果出错,右移时低位丢___C___,结果正确。负数反码左移时,___D___位不变,高位丢 1,结果___E___,右移时低位丢 1,结果___F___。

72. 正数反码左移时,___A___位不变,高位丢 1,结果___B___,右移时低位丢___C___,结果正确。负数反码左移时,___D___位不变,高位丢___E___,结果出错,右移时低位丢 1,结果___F___。

73. 两个 $n+1$ 位(含 1 位符号位)的原码在机器中作一位乘运算,共需做___A___次___B___操作,最多需做___C___次___D___操作,才能得到最后的乘积,乘积的符号位需___E___。

74. 设操作数字长 16 位(不包括符号位),机器做原码两位乘运算,共需做___A___次___B___操作,最多需做___C___次___D___操作,才能得到最后乘积,乘积的符号位需___E___。

75. 设操作数字长 15 位(不包括符号位),机器作原码两位乘运算,共需做___A___次___B___操作,最多需做___C___次___D___操作,才能得到最后乘积,乘积的符号位需___E___。

76. 定点原码除法和定点补码除法均可采用___A___法,但补码除法中___B___参与运算。

77. 在补码一位乘法中,设 $[x]_{补}$ 为被乘数,$[y]_{补}$ 为乘数,若 $y_n y_{n+1}$(y_{n+1} 为低位)$=00$,应执行___A___操作,若 $y_n y_{n+1}=01$,应执行___B___操作,若 $y_n y_{n+1}=10$,应执行___C___操作,若 $y_n y_{n+1}=11$,应执行___D___操作。若机器数字长为 16 位(不包括符号位),则补码乘法需做___E___次___F___操作,最多需做___G___次___H___操作。

78. 在补码除法中,设 $[x]_{补}$ 为被除数,$[y]_{补}$ 为除数。除法开始时,若 $[x]_{补}$ 和 $[y]_{补}$ 同号,需做___A___操作,得余数 $[R]_{补}$,若 $[R]_{补}$ 和 $[y]_{补}$ 异号,上商___B___,再做___C___操作。若机器数为 8 位(含 1 位符号位),共需上商___D___次,且最后一次上商___E___。

79. 在补码除法中,设$[x]_补$为被除数,$[y]_补$为除数。除法开始时,若$[x]_补$和$[y]_补$异号,需做__A__操作,得余数$[R]_补$,若$[R]_补$和$[y]_补$同号,上商__B__,再做__C__操作。若机器数位数为 15 位(不包括符号位),共需上商__D__次,且最后一次上商__E__。

80. 在浮点补码二进制加减运算中,当尾数部分出现__A__和__B__形式时,需进行右规;当尾数部分出现__C__和__D__形式时,需进行左规。

81. 在浮点补码二进制加减运算中,当尾数部分出现__A__和__B__形式时,需进行右规,此时尾数__C__移一位,阶码__D__。

82. 在浮点补码二进制加减运算中,当尾数部分出现__A__和__B__形式时,需进行左规,此时尾数__C__移一位,阶码__D__,直到__E__为止。

83. 已知浮点数尾数 24 位(不包括符号位)当它分别表示为原码、补码和反码时,左规的最多次数分别为__A__、__B__和__C__次,右规的最多次数分别为__D__、__E__和__F__次。

84. 在浮点加减运算中,对阶时需__A__阶向__B__阶看齐,即小阶的尾数向__C__移位,每移一位,阶码__D__,直到两数的阶码相等为止。

85. 假设机器数字长为 32 位(不包括符号位),若一次加法需 1 μs,一次移位需 1 μs,则完成原码一位乘,原码两位乘,补码一位乘,补码加减交替法(不考虑上商时间)各需__A__、__B__、__C__、__D__时间。

86. 运算器的技术指标一般用__A__和__B__表示。

87. 定点数和浮点数是按数的__A__来区分的,定点运算器的结构__B__,但表示数的范围__C__,常用于__D__类型机器。

88. 运算器能进行__A__运算,运算器中通常需有三个寄存器,称为__B__、__C__、__D__。

89. 一些大中型通用计算机的运算器既能进行__A__运算,又能进行__B__运算,这主要取决于机器的__C__。

90. 浮点运算器由__A__和__B__组成,它们都是__C__运算器。前者只要求能执行__D__运算,而后者要求能进行__E__运算。

91. 现代计算机中,通常将运算器和__A__制作在一个芯片内,称为__B__芯片。

92. 按信息的传送方式分、运算器可分为__A__、__B__、__C__三种结构。其中__D__最省器材,__E__运算速度最快。

93. 存放在两个寄存器中的 n 位长补码,欲实现串行加减运算,最基本的电路应有__A__和__B__,前者用来__C__,后者用作__D__。若 t_1 和 t_2 分别代表它们的延迟,则执行 n 位加法所需的时间为__E__,随着 n 的增加,__F__不变。

94. 为提高运算器的速度,通常可采用__A__、__B__和__C__三种方法。

95. 三态缓冲门可组成运算器的数据总线,其输出电平有__A__、__B__、__C__三种状态,它是靠__D__输入端上的高低电平来控制的,当该输入端__E__时,输出阻抗呈现__F__。

96. 多路开关是一种用来从 n 个数据源中选择__A__个数据到其输出端的器件,假设 $n = 2^p$,则源的选择由__B__所决定。

97. 算术/逻辑运算单元 74181 ALU 可以对___A___位信息完成___B___种___C___运算和___D___种___E___运算。

98. 进位的逻辑表达式中有___A___和___B___两部分,影响速度的是___C___。

99. ALU 属于___A___电路,因此在运算过程中,其输入数据必须___B___,欲获得运算结果,必须在 ALU 的输出端设置___C___。

100. 进位链是___A___。

101. 先行进位是指___A___。

102. 单重分组跳跃进位链的工作原理是___A___。

103. 双重分组跳跃进位链的工作原理是___A___。

104. 图 6.16 所示的定点运算器结构,能完成加、减、乘、除四种算术运算。设累加器用 AC 表示,乘商寄存器用 MQ 表示,数据寄存器用 DR 表示。

(1) 试在三个寄存器中用英文符号标其名称,其中 a 为___A___,b 为___B___,c 为___C___。

(2) 同时具有左移、右移功能的寄存器为___D___。

(3) 用规定的英文符号写出加、减、乘、除四种运算中三个寄存器的配置及操作表达式,加法:___E___,减法:___F___,乘法:___G___,除法:___H___。

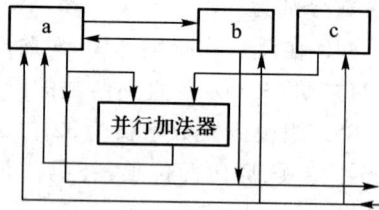

图 6.16 定点运算器结构

105. 在定点运算器中,无论采用单符号位还是双符号位,必须有___A___电路,它一般用___B___来实现。

106. 运算器内通常都设有反映___A___状态的寄存器,利用该寄存器的内容可以提供___B___,以实现程序的___C___。

107. 74181 可进行___A___运算,74182 称作___B___部件、它可实现___C___之间的先行进位。一个具有二级先行进位的 32 位 ALU 电路需有___D___片 74181 和___E___片 74182。

108. 运算器由许多部件组成,除寄存器外,其核心部分是___A___,记为___B___。

109. 若移码的符号为 1,则该数为___A___数;若符号为 0,则为___B___数。

110. 在原码、补码、反码和移码中,___A___对 0 的表示有两种形式,___B___对 0 的表示只有一种形式。

111. 设机器字长为 8 位,-1 的补码在整数定点机中表示为___A___,在小数定点机中表示为___B___。

112. 在浮点数中,尾数用原码表示时,其规格化特征是___A___,尾数用补码表示时,其规格化特征是___B___。

113. 一个定点数由___A___和___B___两部分组成。根据小数点的位置不同,定点数有___C___和___D___两种表示方法。

114. 16 位二进制补码(含 1 位符号位)所能表示的十进制整数的范围是___A___至___B___,前者的十六进制补码表示为___C___,后者的十六进制补码表示为___D___。

115. 在各种机器数中,0 为唯一形式的机器数是____A____;表示定点整数时,若要求数值 0 在计算机中唯一表示为全"0",应采用____B____;表示浮点数时,若要求机器零在计算机中表示为全"0",则阶码应采用____C____。

116. 设寄存器内容为 FFH,若其表示 127,则为____A____码;若其表示 -127,则为____B____码;若其表示 -1,则为____C____码;若其表示 -0,则为____D____码。

117. 在浮点数的基值确定后,且尾数采用规格化形式,则浮点数的范围取决于____A____,精度取决于____B____,小数点的真正位置取决于____C____。

118. 32 位长的浮点数,其中阶码 8 位(含 1 位阶符),基值为 2,尾数 24 位(含 1 位数符)。当阶码和尾数均用原码表示时,且尾数为规格化形式,则所对应的最小负数是____A____,最小正数是____B____;当阶码和尾数均用补码表示时,且尾数为规格化形式,则所对应的最大负数是____C____,最小正数是____D____。(均用十进制表示)

119. 32 位长的浮点数,其中阶码 8 位(含 1 位阶符),基值为 2,尾数 24 位(含 1 位数符),其对应的最大正数是____A____,非 0 的最小绝对值是____B____;若机器数采用补码表示时,且尾数为规格化形式,则对应的最小正数是____C____,最小负数是____D____。(均用十进制表示)

120. 32 位长的浮点数,其中阶码 8 位(含 1 位阶符),用移码表示,尾数 24 位(含 1 位数符),用补码规格化表示,则它所能表示的最大正数阶码为____A____,尾数为____B____;而绝对值最小的负数的阶码为____C____,尾数为____D____。

121. 在计算机中,有符号数共有____A____、____B____、____C____和____D____四种表示法。

122. 若 $[x]_{补}$ = 1.0000000,则 x = ____A____;若 $[x]_{补}$ = 1,0000000,则 x = ____B____。

123. 在浮点数中,当数的绝对值太大,以至于大于阶码所能表示的数值时,称为浮点数的____A____,当数的绝对值太小,以至于小于阶码所能表示的数值时,称为浮点数的____B____。____C____时,机器需停止运算,做中断处理。

124. 当浮点数的尾数部分为 0,不论其阶码为何值,机器都把该浮点数当做____A____处理。

6.4.3 问答题

1. 设浮点数字长 16 位,其中阶码 4 位(含 1 位阶符),尾数 12 位(含 1 位数符),将 $(51/128)_+$ 转换成二进制规格化浮点数及机器数(其中阶码采用移码,基值为 2,尾数采用补码),并回答此浮点格式的规格化数表示范围。

2. 设浮点数字长 16 位,其中阶码 4 位(含 1 位阶符),尾数 12 位(含 1 位数符),将 $(-43/128)_+$ 转换成二进制规格化浮点数及机器数(其中阶码采用移码,基值为 2,尾数采用补码),并回答此浮点格式的规格化数表示范围。

3. 设浮点数字长 16 位,其中阶码 5 位(含 1 位阶符),尾数 11 位(含 1 位数符),将 $(-13/64)_+$ 转换成二进制规格化浮点数及机器数(其中阶码采用移码,基值为 2,尾数采用补码),并回答此浮点格式的规格化数表示范围。

4. 设浮点数字长 16 位,其中阶码 5 位(含 1 位阶符),尾数 11 位(含 1 位数符),将 $(11/128)_+$ 转换成二进制规格化浮点数及机器数(其中阶码采用移码,基值为 2,尾数采用补码),并回答此浮点格式的规格化数表示范围。

5. 设浮点数字长 16 位,其中阶码 8 位(含 1 位阶符),尾数 8 位(含 1 位数符),阶码采用移码表示,基值为 2,尾数用补码表示,计算:

(1) 机器数为 81D0H 的十进制数值;

(2) 此浮点格式的规格化表示范围。

6. 设浮点数字长 16 位,其中阶码 8 位(含 1 位阶符),尾数 8 位(含 1 位数符),阶码采用移码表示,基值为 2,尾数用补码表示,计算:

(1) 机器数为 83BCH 的十进制数值;

(2) 此浮点格式的规格化表示范围。

7. 设浮点数字长 16 位,其中阶码 8 位(含 1 位阶符),尾数 8 位(含 1 位数符),阶码采用移码表示,基值为 2,尾数用补码表示,计算:

(1) 机器数为 7E60H 的十进制数值;

(2) 此浮点格式的规格化表示范围。

8. 设浮点数字长 16 位,其中阶码 8 位(含 1 位阶符),尾数 8 位(含 1 位数符),阶码采用移码表示,基值为 2,尾数用补码表示,计算:

(1) 机器数为 7FC0H 的十进制数值;

(2) 此浮点格式的规格化表示范围。

9. 设浮点数字长 32 位,其中阶码 8 位(含 1 位阶符),尾数 24 位(含 1 位数符),当阶码的基值分别是 2 和 16 时:

(1) 说明 2 和 16 在浮点数中如何表示;

(2) 当阶码和尾数均用补码表示,且尾数采用规格化表示时,给出两种情况下所能表示的最大正数真值和非零最小正数真值;

(3) 数的表示范围有什么不同?

10. 设浮点数字长 16 位,其中阶码 5 位(含 1 位阶符),尾数 11 位(含 1 位数符),当阶码的基值分别是 2 和 8 时:

(1) 说明 2 和 8 在浮点数中如何表示;

(2) 当阶码和尾数均用补码表示,且尾数采用规格化表示时,给出两种情况下所能表示的最大正数真值和非零最小正数真值;

(3) 数的表示范围有什么不同?

11. 给定下列十六进制数,若将此数分别视为无符号数、原码、补码、反码和移码表示,写出其对应的十进制整数值(有符号数的符号位占 1 位)。

00H,05H,7FH,80H,85H,FEH,FFH

12. 已知机器数字长为 4 位(其中 1 位为符号位),写出定点机(包括小数定点机和整数定点机两种)中原码、补码和反码的全部形式,并注明其对应的十进制真值。

13. 已知 $[y]_{补} = y_0.y_1y_2\cdots y_n$,求 $[-y]_{补}$。

14. 若 $[x]_{补} > [y]_{补}$,是否有 $x > y$?

15. 设浮点数字长 32 位,其中阶码 8 位(含 1 位阶符),尾数 24 位(含 1 位数符),当阶码的基值分别是 2 和 4 时:

(1)说明 2 和 4 在浮点数中如何表示;

(2)当阶码和尾数均用补码表示,且尾数采用规格化表示时,给出两种情况下所能表示的最大正数真值和非零最小正数真值;

(3)数的表示范围有什么不同?

16. 设浮点数字长 16 位,其中阶码 3 位(含 1 位阶符),尾数 13 位(含 1 位数符),当阶码的基值分别是 2 和 4 时:

(1)说明 2 和 4 在浮点数中如何表示;

(2)当阶码和尾数均用补码表示,且尾数采用规格化表示时,给出两种情况下所能表示的最大正数真值和非零最小正数真值;

(3)数的表示范围有什么不同?

17. 证明 $[-x]_{补} = -[x]_{补}$。

18. 某机字长 16 位,写出下列各种情况下它能表示的十进制数的范围(机器数采用 1 位符号位)。

(1)无符号整数;

(2)用原码表示定点小数;

(3)用补码表示定点整数;

(4)用补码表示定点小数;

(5)用下列浮点格式,尾数为规格化形式(机器数采用补码形式)。

0	1	4	5	6	15
阶符	阶码		数符	尾数	

19. 设浮点数字长 16 位,其中阶码 5 位(含 1 位阶符),尾数 11 位(含 1 位数符),写出 $(-29/1024)_+$ 对应的浮点规格化数的原码、补码、反码和阶码用移码、尾数用补码的形式。

20. 设浮点数字长 16 位,其中阶码 5 位(含 1 位阶符),尾数 11 位(含 1 位数符),写出 $(-53/512)_+$ 对应的浮点规格化数的原码、补码、反码和阶码用移码、尾数用补码的形式。

21. 如何判断一个七位二进制整数 $A = a_1a_2a_3a_4a_5a_6a_7$ 是否是 4 的倍数?

22. 简述算术移位和逻辑移位的区别,举例说明。

23. 讨论三种机器数在算术左移或右移时,对结果的影响(指出何时正确,何时有误)。

24. 在定点机中采用单符号位,如何判断补码加减运算是否溢出,有几种方案?

25. 在浮点机中如何判断溢出?

26. 补码一位乘法中,部分积为什么采用双符号位?

27. 原码两位乘法中,部分积需采用几位符号位,为什么?

28. 在原码两位乘法形成部分积的过程中,参加运算的数是否为原码,为什么?

29. 在原码除法形成余数的过程中,参加运算的数是否为原码,为什么?

30. 试比较原码和补码在加减交替除法的过程中有何相同和不同之处。

31. 在浮点补码加减运算中,当尾数运算结果的符号位为 01 或 10 时,即表示运算结果溢出。这种说法是否正确,为什么?

32. 写出浮点补码规格化形式,当尾数出现什么形式时需规格化? 如何规格化?

33. 已知十进制数 $x=-41$,$y=+101$,设机器数字长 8 位(含 1 位符号位)计算 $[x+y]_{补}$和$[x-y]_{补}$,并给出相应的 Z(零标志)、V(溢出标志)和 C(进位标志)。

34. 已知十进制数 $x=25/32$,$y=-21/64$,设机器数字长 8 位(含 1 位符号位),计算 $[x+y]_{补}$和$[x-y]_{补}$,并给出相应的零标志 Z,溢出标志 V 和进位标志 C。

35. 已知二进制数 $x=-0.1100$,$y=0.1001$,按一位乘法计算 $x \cdot y$,要求列出详细过程,机器数形式自定。

36. 已知二进制数 $x=0.1010$,$y=-0.0110$,用原码一位乘法计算 $[x \cdot y]_{原}$,并还原成真值。

37. 已知二进制数 $x=-0.1011$,$y=-0.1101$,用补码一位乘计算 $[x \cdot y]_{补}$。

38. 已知二进制数 $x=0.10110$,$y=0.11111$,用加减交替法计算 $x \div y$,机器数形式自定。

39. 已知二进制数 $x=-0.1001$,$y=0.1101$,用补码加减交替法计算 $[x \div y]_{补}$,并给出商与余数的真值。

40. 已知二进制数 $x=-0.1001$,$y=0.1101$,用原码加减交替法计算 $[x \div y]_{原}$,并给出商与余数的真值。

41. 设浮点数 $x=2^{010} \times 0.110101$,$y=2^{100} \times (-0.101010)$,若阶码取 3 位,尾数取 6 位(均不包括符号位),按补码运算步骤计算 $x+y$。

42. 已知 $x=125$,$y=-18.125$,按补码运算步骤计算 $[x-y]_{补}$,并还原成真值(机器数字长自定)。

43. 已知 $x=[2^5 \times (19/32)]$,$y=[2^6 \times (-45/64)]$,试按补码浮点运算步骤计算 $[x+y]_{补}$,并还原成真值,机器数字长自定。

44. 设 S_A 和 S_B 是参与运算的两个操作数的数符,S_f 为结果的数符,试列出一位符号位的补码加减运算"不溢出"的逻辑式。

45. 原码两位乘有何特点? 归纳一下共有几种运算规则。

46. 两个浮点规格化数相乘,是否可能需要右规? 为什么?

47. 两个浮点规格化数相乘,是否可能需要左规? 若可能,左规的次数可否确定?

48. 假设阶码取 3 位,尾数取 6 位(均不包括符号位),机器数形式自定,计算 $[2^5 \times (11/16)]+[2^4 \times (-9/16)]$,并给出真值。

49. 假设阶码取 3 位,尾数取 6 位(均不包括符号位),机器数形式自定,计算 $[2^{-3} \times (13/16)]-[2^{-4} \times (-5/8)]$,并给出真值。

50. 假设阶码取 3 位,尾数取 6 位(均不包括符号位),机器数形式自定,计算 $[2^3\times(13/16)]\times[2^4\times(-9/16)]$,并给出真值。

51. 假设阶码取 3 位,尾数取 6 位(均不包括符号位),机器数形式自定,计算 $[2^6\times(-11/16)]\div[2^3\times(-15/16)]$,并给出真值。

52. 假设阶码取 3 位,尾数取 6 位(均不包括符号位),机器数形式自定,计算 14.75 - 2.437 5,并给出真值。

53. 假设机器数字长为 16 位(包括 1 位符号位),若一次移位需 100 ns,一次加法需 100 ns,试问原码一位乘、原码两位乘、补码一位乘和补码加减交替法各最多需多少时间?

54. 你知道有几种方法判断补码定点加减运算的溢出?

55. 如何判断原码和补码小数除法运算溢出?

56. 某模型机具有逻辑加(OR)、逻辑乘(AND)、取反码(NOT)三条逻辑运算指令,要求得到 A、B 两数的"按位加"(异或、XOR)结果,请写出算法。

57. 设机器内没有"取反码"指令,如何得到一个数的反码?

58. 如何判断定点和浮点补码除法的溢出?

59. 下列叙述中哪些是正确的?

(1) 定点补码一位乘法中被乘数也要右移。

(2) n 位小数的补码一位乘法(Booth 算法),需做 $n+1$ 次运算,第 $n+1$ 次不移位。

(3) 在定点小数补码一位除法中,为了避免溢出,被除数的绝对值一定要小于除数的绝对值。

(4) 被除数和除数在作补码除法时,其符号不参加运算。

(5) 补码加减交替法是一种不恢复余数法。

(6) 原码两位乘法中的乘积符号由两原码的符号位异或操作获得,乘积的数值部分由两补码相乘获得。

(7) 浮点运算可由阶码运算和尾数运算两个部分联合实现。

(8) 阶码部分只进行阶码的加、减操作。

(9) 尾数部分只进行乘法和除法运算。

(10) 浮点数的正负由阶码的正负符号决定。

60. 下列叙述中哪些是错误的? 请指出并更正。

(1) 定点补码一位乘法中被乘数也要右移。

(2) n 位小数的补码一位乘法(Booth 算法),需做 $n+1$ 次运算,第 $n+1$ 次不移位。

(3) 在定点小数补码一位除法中,为了避免溢出,被除数的绝对值一定要小于除数的绝对值。

(4) 被除数和除数在作补码除法时,其符号不参加运算。

(5) 补码加减交替法是一种不恢复余数法。

(6) 浮点补码加减运算时若尾数溢出,即运算结果溢出。

61. 下列叙述中哪些是错误的？请指出并更正。

（1）原码两位乘法中的乘积符号由两原码的符号位异或操作获得，乘积的数值部分由两补码相乘获得。

（2）浮点运算可由阶码运算和尾数运算两个部分联合实现。

（3）阶码部分只进行阶码的加、减操作。

（4）尾数部分只进行乘法和除法运算。

（5）浮点数的正负由阶码的正负符号决定。

62. 设机器数字长为 8 位（含 1 位符号位），设 $A=9/64$，$B=-13/32$，计算 $[A\pm B]_{\nimg}$，并还原成真值。

63. 设机器数字长为 8 位（含 1 位符号位），设 $A=-9/32$，$B=-17/128$，计算 $[A\pm B]_{\nimg}$，并还原成真值。

64. 设机器数字长为 8 位（含 1 位符号位），设 $A=-13/16$，$B=9/32$，计算 $[A\pm B]_{\nimg}$，并还原成真值。

65. 设机器数字长为 8 位（含 1 位符号位），设 $A=-87$，$B=53$，计算 $[A\pm B]_{\nimg}$，并还原成真值。

66. 已知二进制数 $x=-0.11111$，$y=0.10111$，求 $[x\cdot y]_{原}$ 并还原成真值。

67. 已知二进制数 $x=-0.1111$，$y=0.1101$，用补码一位乘 Booth 算法计算 $x\cdot y$。

68. 已知二进制数 $x=0.10101$，$y=-0.11011$，求 $[x\div y]_{补}$ 并还原成真值。

69. 已知二进制数 $x=0.10101$，$y=-0.11011$，用加减交替法计算 $[x\div y]_{原}$ 并还原成真值。

70. 设 $x=-25/32$，$y=-47/64$，用原码两位乘计算 $[x\cdot y]_{原}$。

71. 已知二进制数 $x=-0.010110$，$y=0.011110$，用原码两位乘计算 $[x\cdot y]_{原}$。

72. 已知 $x=2^{-011}\times 0.101100$，$y=2^{-010}\times(-0.011100)$，计算 $[x\pm y]_{补}$。

73. 已知 $x=2^{-011}\times(-0.100010)$，$y=2^{-011}\times(-0.011111)$，计算 $[x\pm y]_{补}$。

74. 设阶码取 3 位，尾数取 8 位（均不包括符号位），按浮点补码加减运算规则计算 $3.3125+6.125$。

75. 设阶码取 3 位，尾数取 8 位（均不包括符号位），按浮点补码加减运算规则计算 $14.75-2.4375$。

76. 计算机中如何判断原码、补码和反码的规格化形式？

77. 为什么反码加减运算要加上循环进位？

78. 画出并行补码定点加减运算器框图（设机器数采用 1 位符号位），并描述其信息加工过程。

79. 画出并行补码定点加减运算器框图（设机器数采用 2 位符号位），并描述其信息加工过程。

80. 试比较串行、串并行、全并行补码定点加减法运算器的硬件组成，哪种结构运算速度最快？

81. 影响加减运算速度的关键问题是什么？可采取哪些改进措施？举例说明。

82. 什么是进位链？什么是先行进位？你知道有几种先行进位？简要说明。

83. 试比较单重分组和双重分组跳跃进位链。

84. 设机器数字长为 n 位(不包括符号位),画出原码一位乘的运算器框图(图中必须反映原码一位乘算法),要求：

(1) 寄存器和全加器均用方框表示；

(2) 指出每个寄存器的位数及寄存器中操作数的名称；

(3) 详细画出最末位全加器的输入逻辑电路；

(4) 描述原码一位乘法过程中的重复加和移位操作。

85. 设机器数字长为 n 位(不包括符号位),画出补码一位乘的运算器框图(图中必须反映补码一位乘算法),要求：

(1) 寄存器和全加器均用方框表示；

(2) 指出每个寄存器的位数及寄存器中操作数的名称；

(3) 详细画出第 5 位全加器的输入逻辑电路(设第 n 位为最低位)；

(4) 描述补码一位乘法过程中的重复加和移位操作。

86. 设机器数字长为 n 位(不包括符号位),画出原码两位乘的运算器框图(图中必须反映原码两位乘算法),要求：

(1) 寄存器和全加器均用方框表示；

(2) 指出每个寄存器的位数及寄存器中操作数的名称；

(3) 详细画出最末位全加器的输入逻辑电路；

(4) 描述原码两位乘法过程中的重复加和移位操作。

87. 设机器数字长为 n 位(不包括符号位),画出补码加减交替法的运算器框图(图中必须反映补码加减交替法算法),要求：

(1) 寄存器和全加器均用方框表示；

(2) 指出每个寄存器的位数及寄存器中操作数的名称；

(3) 详细画出最末位全加器的输入逻辑电路；

(4) 描述补码加减交替操作和上商操作。

88. 设机器数字长为 n 位(不包括符号位),画出原码一位乘的运算器框图(图中必须反映原码一位乘算法),要求：

(1) 寄存器和全加器均用方框表示；

(2) 指出每个寄存器的位数及寄存器中操作数的名称；

(3) 详细画出第 5 位全加器的输入逻辑电路(设第 n 位为最低位)；

(4) 描述原码一位乘法过程中的重复加和移位操作。

89. 设机器数字长为 n 位(不包括符号位),画出原码两位乘的运算器框图(图中必须反映原码两位乘算法),要求：

(1) 寄存器和全加器均用方框表示；

（2）指出每个寄存器的位数及寄存器中操作数的名称；

（3）详细画出第 5 位全加器的输入逻辑电路（设第 n 位为最末位）；

（4）描述原码两位乘法过程中的重复加和移位操作。

90. 设机器数字长为 n 位（不包括符号位），画出补码加减交替法的运算器框图（图中必须反映补码加减交替法算法），要求：

（1）寄存器和全加器均用方框表示；

（2）指出每个寄存器的位数及寄存器中操作数的名称；

（3）详细画出第 5 位全加器的输入逻辑电路（设第 n 位为最末位）；

（4）描述补码加减交替操作和上商操作。

91. 设寄存器位数为 8 位，画出补码定点除法运算器框图，要求：

（1）寄存器和全加器用方框表示；

（2）详细画出反映补码除法的最末位全加器的输入逻辑电路；

（3）描述补码加减交替操作和上商的操作；

（4）指出加和移位次数。

92. 画出实现 n 位小数（不包括符号位在内）的补码一位乘运算器框图。要求：

（1）指出寄存器和全加器位数；

（2）详细画出最低位全加器的输入电路；

（3）描述重复加和移位的操作；

（4）指出加和移位次数。

93. 画出实现补码加减交替除法的运算器框图，要求：

（1）指出寄存器和全加器位数；

（2）详细画出第 4 位（设 n 为最低位）全加器的输入电路；

（3）画出上商的输入电路；

（4）描述加减交替操作。

94. 设有一个 16 位定点补码运算器，序号 n 为最低位，能实现下述功能：

$A \pm X \rightarrow A$

$X \times Q \rightarrow A//Q$（高位积在 A 中）

$A \div X \rightarrow Q$（商在 Q 中）

（1）列出实现上述功能的控制信号；

（2）画出全加器第 5 位和 A、Q 寄存器第 5 位的输入电路。

95. 设有一个 16 位定点补码运算器，序号 0 为最低位，能实现下述功能：

$A \pm X \rightarrow A$

$X \times Q \rightarrow A//Q$（高位积在 A 中）

$A \div X \rightarrow Q$（商在 Q 中）

（1）列出实现上述功能的控制信号；

（2）画出全加器第 5 位和 A、Q 寄存器第 5 位的输入电路。

96. 试用 74181 和 74182 器件设计以下两种方案的 32 位 ALU（只需画出进位之间的联系），并比较两种方案的速度及集成电路片数。

（1）采用单重分组（组内并行进位,组间串行进位）进位结构;

（2）采用双重分组（二级先行进位）进位结构。

97. $A_4 \sim A_1$ 和 $B_4 \sim B_1$ 分别是 4 位加法器的两组输入,C_0 为最低位的外来进位。当加法器分别采用行波进位和先行进位结构时,写出 4 个进位 $C_4 \sim C_1$ 的逻辑表达式。

98. 某机器字长为 8 位,采用双重分组先行进位方案,按 2、3、3 分组,并设 C_0 为最高位进位,$C_{外}$ 为外来进位。

（1）画出进位链框图,并指出小组和大组的输入和输出信号;

（2）写出每个进位的逻辑表达式及进位产生时间（门级延迟时间自定）。

参 考 答 案

6.4.1 选择题

1. A	2. B	3. C	4. B	5. B	6. B
7. A	8. C	9. ①A ②D			

10. ①A ②B ③F ④A ⑤C ⑥D

11. ①D ②B		12. ①A ②B		13. B	14. B
15. B	16. C	17. C	18. B	19. A	20. C
21. A	22. C	23. B	24. B	25. B	26. C
27. ①D ②B		28. ①C ②D		29. A	30. B
31. C	32. C	33. A	34. D	35. C	36. B
37. C	38. C	39. B	40. B	41. B	42. C
43. D	44. B	45. C	46. A	47. C	48. A
49. C	50. B	51. C	52. A	53. C	54. D
55. B	56. C	57. A	58. C	59. A	60. B
61. D	62. D	63. C	64. C	65. C	66. D
67. C	68. B	69. D	70. B	71. B	72. C
73. B	74. C	75. A	76. C	77. C	78. B
79. B	80. C	81. B	82. C	83. A、C	84. A、D
85. B	86. B	87. C	88. A	89. C	90. D
91. C	92. D	93. C	94. C	95. D	96. B
97. C	98. D	99. B、C	100. C	101. B	102. B
103. C	104. B	105. D	106. D	107. C	108. A

109. B　　110. B　　111. A　　112. ①D ②B　　113. D

114. B　　115. B　　116. C

6.4.2 填空题

1. A. 二　　　　　　B. 物理器件性能所致

2. A. −64　　　　　B. 63　　　　　C. 11000000　　　D. 00111111

3. A. 7FFF　　　　 B. 8000

4. A. 0. FFFE　　　 B. 1.0000

5. A. −127 ~ +127　B. −128 ~ +127　C. −127 ~ +127　D. 0 ~ 255

6. A. −127/128 ~ +127/128　　　B. −1 ~ +127/128
   C. −127/128 ~ +127/128

7. A. −0　　　　　 B. −128　　　　C. −127　　　　D. 128

8. A. −0　　　　　 B. −1　　　　　C. −127/128

9. A. −127　　　　 B. −1　　　　　C. −0　　　　　D. 255

10. A. −127/128　　B. −1/128　　　C. −0

11. A. −10000000　 B. 不能表示　　C. 不能表示　　D. 10000000
    E. 00000000

12. A. −1111111　　B. 11111111　　C. 10000000　　D. 10000001
    E. 00000001

13. A. −0000001　　B. 10000001　　C. 11111110　　D. 11111111
    E. 01111111

14. A. −0000000　　B. 10000000　　C. 11111111　　D. 00000000
    E. 10000000

15. A. 1100100　　 B. 01100100　　C. 01100100　　D. 01100100
    E. 11100100

16. A. 1111111　　 B. 01111111　　C. 01111111　　D. 01111111
    E. 11111111

17. A. 0　　　　　 B. ±0　　　　　C. 0　　　　　D. −128

18. A. − 0　　　　 B. −128　　　　C. −127　　　　D. ±0

19. A. −1　　　　　B. −127　　　　C. −126　　　　D. +1

20. A. −126　　　　B. −2　　　　　C. −1　　　　　D. +126

21. A. −127　　　　B. −1　　　　　C. −0　　　　　D. +127

22. A. 阶码　　　　B. 尾数　　　　C. 数符

23. A. 增加　　　　B. 加1

24. A. 阶码的大小　B. 阶码减少

25. A. 正　　　　　B. 正　　　　　C. 正　　　　　D. 负

26. A. 阶码   B. 不同   C. 相同

27. A. 1   B. 正   C. 负

28. A. 5   B. 17   C. 阶码大于 +31

29. A. 4   B. 10   C. 阶码小于 −16

30. A. −1/2   B. −64

31. A. 17

32. A. $2^{31}\times(1-2^{-17})$ B. 2^{-33} C. -2^{31}
    D. $2^{-32}\times(-2^{-1}-2^{-17})$

33. A. $2^{127}\times(1-2^{-23})$ B. 2^{-129}
    C. $2^{-128}\times(-2^{-1}-2^{-23})$ D. -2^{127}

34. A. 1.1011000   B. 1.0101000   C. 1.0100111
    D. 0.1011000   E. 0.1011000   F. 0.1011000

35. A. 1,0110100   B. 1,1001100   C. 1,1001011
    D. 0,0110100   E. 0,0110100   F. 0,0110100

36. A. 7.5   B. 1/32   C. −9/256   D. −8

37. A. 0 ~ 65 535   B. $-(1-2^{-15})\sim(1-2^{-15})$
    C. $-1\sim(1-2^{-15})$ D. −32 768 ~ 32 767

38. A. 1.0010110   B. 1.1101010   C. 1.1101001
    D. 0,10；1.1011   E. 0,10；1.0101   F. 0,10；1.0100

39. A. 1.0101100   B. 1.1010100   C. 1.1010011
    D. 0,11；1.1011   E. 0,11；1.0101   F. 0,11；1.0100

40. A. 0,00111；1.010100100   B. 1,00111；1.010100100

41. A. 0,00111；1.010000100   B. 1,00111；1.010000100

42. A. 指令   B. 数据   C. 字符   D. 地址
    E. 逻辑值

43. A. $\overline{x_0}\,\overline{x_1}\,\overline{x_2}\,\overline{x_3}\cdots\overline{x_n}+2^{-n}$

44. A. 1.1000   B. −1   C. 不能表示   D. 不能表示

45. A. −4   B. 84H   C. FBH

46. A. −59   B. BBH   C. C4H

47. A. −0.0101100（或−11/32）   B. 1.1101010

48. A. 0.1010100   B. 1.0101100

49. A. 1.10110   B. 1.10110

50. A. x 为正数或 0

51. A. 14

52. A. 127   B. 2^{-15} C. -2^{-15} D. −128

E. 127   F. 2^{-9} G. $-(2^{-9}+2^{-15})$ H. -128

I. 不变

53. A. 0.11001   B. 0.011001   C. 0.0011001   D. 1.00111

54. A. 1.00111   B. 1.100111   C. 1.1100111   D. 0.11001

55. A. $2^{15}\times(1-2^{-10})$ B. 2^{-26} C. -2^{-26} D. $-32\ 768$

E. $2^{15}\times(1-2^{-10})$ F. 2^{-17} G. $-(2^{-17}+2^{-26})$

H. $-32\ 768$ I. 不变

56. A. 0,111 ; 1.10010011   B. 0,111 ; 1.01101101

C. 0,111 ; 1.01101100   D. 1,111 ; 1.01101101

57. A. 移码   B. 补码

58. A. 符号   B. 0   C. 符号   D. 0

59. A. 符号   B. 0   C. 符号   D. 0

E. 符号   F. 1

60. A. 符号   B. 0   C. 符号   D. 1

E. 符号   F. 1

61. A. 11101010   B. 01111010   C. 11101010   D. 11111010

62. A. 11011000   B. 00110110   C. 01011000   D. 00110110

63. A. 01011010   B. 正   C. 00010110   D. 正

64. A. 10010110   B. 负   C. 11100101   D. 负

65. A. 11.101100   B. 11.011000   C. 10.110000   D. 11.110110

E. 11.111011   F. $-5/8$ G. 负溢   H. $-5/32$

I. $-5/64$

66. A. 11,100110   B. 11,001100   C. 10,011000   D. 11,110011

E. 11,111001   F. -52 G. 负溢   H. -13

I. -7

67. A. 符号   B. 出错   C. 1   D. 符号

E. 出错   F. 0

68. A. 符号   B. 正确   C. 1   D. 符号

E. 1   F. 0

69. A. 符号   B. 出错   C. 1   D. 符号

E. 1   F. 1

70. A. 符号   B. 出错   C. 0   D. 符号

E. 正确   F. 1

71. A. 符号   B. 1   C. 0   D. 符号

E. 正确   F. 正确

72. A. 符号　　　　　B. 出错　　　　　C. 0　　　　　　　D. 符号

　　 E. 0　　　　　　F. 正确

73. A. n　　　　　　B. 移位（右移）　　C. n　　　　　　D. 加

　　 E. 通过两数符号位异或运算获得

74. A. 8　　　　　　　B. 移位　　　　　 C. 9　　　　　　　D. 加法

　　 E. 由两数符号位异或运算获得

75. A. 8　　　　　　　B. 移位　　　　　 C. 8　　　　　　　D. 加法

　　 E. 由两数符号位异或运算获得

76. A. 加减交替　　　 B. 符号位

77. A. 右移一位　　　 B. $+[x]_{补}$，右移一位

　　 C. $+[-x]_{补}$，右移一位　　　　　 D. 右移一位

　　 E. 16　　　　　　F. 移位　　　　　 G. 17　　　　　　 H. 加法

78. A. $[x]_{补}+[-y]_{补}$　B. 0　　　　　C. $2[R]_{补}+[y]_{补}$

　　 D. 8　　　　　　E. 1

79. A. $[x]_{补}+[y]_{补}$　B. 1　　　　　C. $2[R]_{补}+[-y]_{补}$

　　 D. 16　　　　　 E. 1

80. A. $01.\times\times\cdots\times$　　　　　　　B. $10.\times\times\cdots\times$　　　C. $00.0\times\times\cdots\times$

　　 D. $11.1\times\times\cdots\times$

81. A. $01.\times\times\cdots\times$　　　　　　　B. $10.\times\times\cdots\times$　　　C. 右

　　 D. 加 1

82. A. $00.0\times\times\cdots\times$　　　　　　B. $11.1\times\times\cdots\times$　　　C. 左

　　 D. 减 1

　　 E. 尾数部分出现 $00.1\times\times\cdots\times$或 $11.0\times\times\cdots\times$时

83. A. 23　　　　　　B. 24　　　　　　C. 23　　　　　　 D. 1

　　 E. 1　　　　　　F. 1

84. A. 小　　　　　　B. 大　　　　　　C. 右　　　　　　 D. 加 1

85. A. 64 μs　　　　 B. 33 μs　　　　 C. 65 μs　　　　　D. 64 μs

86. A. 机器字长　　　 B. 运算速度

87. A. 小数点的位置　 B. 简单　　　　　C. 小

　　 D. 小型机、微型机、单片机

88. A. 算术逻辑　　　 B. 累加器　　　　 C. 乘商寄存器

　　 D. 操作数寄存器

89. A. 定点　　　　　B. 浮点　　　　　 C. 指令系统

90. A. 阶码运算器　　 B. 尾数运算器　　 C. 定点　　　　　 D. 加减

　　 E. 加减乘除

91. A. 控制器　　　　　　B. CPU

92. A. 串行　　　　　　　B. 并行　　　　　　　C. 串并行　　　　　　D. 串行运算器

    E. 并行运算器

93. A. 一位全加器　　　　B. 一位触发器　　　　C. 实现加减运算　　　D. 存放进位

    E. $n(t_1+t_2)$　　　　　F. 全加器和触发器的数目

94. A. 高速器件　　　　　B. 快速进位链　　　　C. 改进算法

95. A. 高电平　　　　　　B. 低电平　　　　　　C. 浮空

    D. 允许/禁止（控制）　　　　　E. 为无效电平　　　　　F. 高阻

96. A. 一　　　　　　　　B. P 位编码格式

97. A. 4　　　　　　　　B. 16　　　　　　　　C. 算术　　　　　　　D. 16

    E. 逻辑

98. A. 本地进位　　　　　B. 传送进位　　　　　C. 传送进位

99. A. 组合逻辑　　　　　B. 保持不变　　　　　C. 暂存器

100. A. 传送进位的逻辑电路

101. A. 高位的进位不必等低位的进位产生后再形成,高位的进位与低位的进位同时产生

102. A. 将 n 位全加器分成若干小组,小组内进位同时产生,小组之间采用串行进位

103. A. 将 n 位全加器分成几个大组,每个大组里又包含若干个小组,大组内每个小组的最高位进位是同时产生的,大组与大组之间采用串行进位;小组内的其他位进位也同时产生

104. A. AC　　　　　　　B. MQ　　　　　　　C. DR　　　　　　　D. AC 和 MQ

    E. （AC）+（DR）→AC　　　　F. （AC）-（DR）→AC

    G. （DR）×（MQ）→AC 和 MQ 串接

    H. （AC）÷（DR）→MQ,余数在 AC 中

105. A. 判断溢出　　　B. 异或门

106. A. 运算结果　　　B. 判断条件　　　C. 控制转移

107. A. 算术逻辑　　　B. 先行进位　　　C. 小组与小组　　　D. 8

    E. 2

108. A. 算术逻辑运算单元　　　　　　B. ALU

109. A. 正　　　　　　B. 负

110. A. 原码、反码　　B. 补码、移码

111. A. 1,1111111　　B. 1.0000000

112. A. 符号位任意,第一数字位为 1

    B. 符号位与第一数字位不同

113. A. 数符　　　　　B. 数值位　　　　C. 纯小数　　　　D. 纯整数

114. A. +32 767　　　B. -32 768　　　C. 7FFFH　　　　D. 8000H

115. A. 补码和移码　　B. 补码　　　　　C. 移码

116. A. 移　　　　B. 原　　　　C. 补　　　　D. 反

117. A. 阶码的位数　　B. 尾数的位数　　C. 阶符和阶码值

118. A. $-2^{127}\times(1-2^{-23})$　　　　B. $2^{-127}\times2^{-1}$　　　　C. $-2^{-128}\times(2^{-1}+2^{-23})$

    D. $2^{-128}\times2^{-1}$

119. A. $2^{127}\times(1-2^{-23})$　　　　B. $2^{-127}\times2^{-23}$　　　　C. $2^{-128}\times2^{-1}$

    D. $2^{127}\times(-1)$

120. A. 1,1111111　　B. 0.11111111111111111111111　　C. 0,0000000

    D. 1.01111111111111111111

121. A. 原码　　　B. 补码　　　C. 反码　　　D. 移码

122. A. -1　　　　B. -128

123. A. 上溢　　　B. 下溢　　　C. 上溢

124. A. 机器零

6.4.3 问答题

1. $(51/128)_{+}=0.0110011=2^{-1}\times0.1100110$

阶码采用移码、基值为2、尾数采用补码的机器数为 0,111;0.11001100000。按题目给定的浮点格式的规格化数表示范围是:最大正数为 $2^7\times(1-2^{-11})$;最小正数为 2^{-9};最大负数为 $-2^{-8}\times(2^{-1}+2^{-11})$;最小负数为 -2^7。

2. $(-43/128)_{+}=-0.0101011=2^{-1}\times(-0.1010110)$

按题要求的机器数形式为 0,111;1.01010100000。数的表示范围同第1题。

3. $(-13/64)_{+}=-0.001101=2^{-2}\times(-0.1101000)$

按题要求的机器数形式为 0,1110;1.0011000000。数的表示范围是:最大正数为 $2^{15}\times(1-2^{-10})$;最小正数为 2^{-17};最大负数为 $-2^{-16}\times(2^{-1}+2^{-10})$;最小负数为 -2^{15}。

4. $(11/128)_{+}=0.0001011=2^{-3}\times0.1011000$

按题要求的机器数形式为 0,1101;0.1011000000。数的表示范围同第3题。

5. (1) 81D0H=1000 0001 1101 0000,十进制数为 $2^1\times(-0.011)_{\pm}=(-0.75)_{+}$。

(2) 最大正数为 $2^{127}\times(1-2^{-7})$;最小正数为 2^{-129};最大负数为 $-2^{-128}\times(2^{-1}+2^{-7})$;最小负数为 -2^{127}。

6. (1) 83BCH=1000 0011 1011 1100,十进制数为 $2^3\times(-0.10001)_{\pm}=(-4.25)_{+}$

(2) 同第5题(2)答案。

7. (1) 7E60H=0111 1110 0110 0000,十进制数为 $2^{-2}\times(0.11)_{\pm}=(0.187\,5)_{+}$

(2) 同第5题(2)答案。

8. (1) 7FC0H=0111 1111 1100 0000,十进制数为 $2^{-1}\times(-0.1)_{\pm}=(-0.25)_{+}$

(2) 同第5题(2)答案。

9. (1) 基值为2和16在浮点数表示形式上完全相同(2和16是隐含约定的),阶码和尾数均用二进制表示,运算规则也基本相同。但在对阶和规格化操作时,若基值为2,则每当阶码增1或减1时,尾数相应移1位;若基值为16,则每当阶码增1或减1时,尾数要相应移4位。

（2）基值为2：最大正数为$2^{127}\times(1-2^{-23})$，非零最小正数为$2^{-128}\times2^{-1}$。

基值为16：最大正数为$16^{127}(1-2^{-23})$，非零最小正数为$16^{-128}\times2^{-4}$。

（3）基值为16时，数的表示范围大。

10．（1）基值为2和8在浮点数表示形式上完全相同（2和8是隐含约定的），阶码和尾数均用二进制表示，运算规则也基本相同。但在对阶和规格化操作时，若基值为2，则每当阶码增1或减1时，尾数相应移1位；若基值为8，则每当阶码增1或减1时，尾数要相应移3位。

（2）基值为2：最大正数为$2^{15}\times(1-2^{-10})$，非零最小正数为$2^{-16}\times2^{-1}$。

基值为8：最大正数为$8^{15}\times(1-2^{-10})$，非零最小正数为$8^{-16}\times2^{-3}$。

（3）基值为8时，数的表示范围大。

11．对应的十进制数如表6.9所示。

表6.9　十六进制数对应的十进制整数

十六进制数	无符号数	原码	补码	反码	移码
0 0	0	+0	±0	+0	−128
0 5	5	+5	+5	+5	−123
7 F	127	+127	+127	+127	−1
8 0	128	−0	−128	−127	±0
8 5	133	−5	−123	−122	+5
F E	254	−126	−2	−1	+126
F F	255	−127	−1	−0	+127

12．小数定点机和整数定点机中三种机器数对应的十进制数分别示于表6.10和表6.11。

表6.10　小数对应的真值范围

机器数形式	原码对应的真值	补码对应的真值	反码对应的真值
0 0 0 0	+0	±0	+0
0 0 0 1	+1/8	+1/8	+1/8
0 0 1 0	+2/8	+2/8	+2/8
0 0 1 1	+3/8	+3/8	+3/8
0 1 0 0	+4/8	+4/8	+4/8
0 1 0 1	+5/8	+5/8	+5/8
0 1 1 0	+6/8	+6/8	+6/8
0 1 1 1	+7/8	+7/8	+7/8
1 0 0 0	−0	−1	−7/8
1 0 0 1	−1/8	−7/8	−6/8
1 0 1 0	−2/8	−6/8	−5/8
1 0 1 1	−3/8	−5/8	−4/8
1 1 0 0	−4/8	−4/8	−3/8
1 1 0 1	−5/8	−3/8	−2/8
1 1 1 0	−6/8	−2/8	−1/8
1 1 1 1	−7/8	−1/8	−0

表 6.11　整数对应的真值范围

机器数形式	原码对应的真值	补码对应的真值	反码对应的真值
0 0 0 0	+0	±0	+0
0 0 0 1	+1	+1	+1
0 0 1 0	+2	+2	+2
0 0 1 1	+3	+3	+3
0 1 0 0	+4	+4	+4
0 1 0 1	+5	+5	+5
0 1 1 0	+6	+6	+6
0 1 1 1	+7	+7	+7
1 0 0 0	−0	−8	−7
1 0 0 1	−1	−7	−6
1 0 1 0	−2	−6	−5
1 0 1 1	−3	−5	−4
1 1 0 0	−4	−4	−3
1 1 0 1	−5	−3	−2
1 1 1 0	−6	−2	−1
1 1 1 1	−7	−1	−0

13. 设 $y_0 = 0$，有

$[y]_补 = 0.\, y_1\, y_2 \cdots y_n$

$y = 0.\, y_1\, y_2 \cdots y_n$

$-y = -0.\, y_1\, y_2 \cdots y_n$

$[-y]_补 = [-0.\, y_1\, y_2 \cdots y_n]_补$

$[-y]_补 = 1.\, \overline{y_1}\, \overline{y_2} \cdots \overline{y_n} + 2^{-n}$

设 $y_0 = 1$，有

$[y]_补 = 1.\, y_1 y_2 \cdots y_n$

$y = -(0.\, \overline{y_1}\, \overline{y_2} \cdots \overline{y_n} + 2^{-n})$

$-y = 0.\, \overline{y_1}\, \overline{y_2} \cdots \overline{y_n} + 2^{-n}$

$[-y]_补 = 0.\, \overline{y_1}\, \overline{y_2} \cdots \overline{y_n} + 2^{-n}$

可见，$[-y]_补$ 由 $[y]_补$ 每位求反末位加 1 求得。

14. 不一定。当 x 和 y 同号时，若 $[x]_补 > [y]_补$，则 $x > y$ 成立。

15.（1）基值为 2 和 4 在浮点数表示形式上完全相同（2 和 4 是隐含约定的），阶码和尾数均用二进制表示，运算规则也基本相同。但在对阶和规格化操作时，若基值为 2，则每当阶码增 1 或减 1 时，尾数相应移 1 位；若基值为 4，则每当阶码增 1 或减 1 时，尾数要相应移 2 位。

（2）基值为 2：最大正数为 $2^{127} \times (1-2^{-23})$，非零最小正数为 $2^{-128} \times 2^{-1}$。

　　基值为 4：最大正数为 $4^{127} \times (1-2^{-23})$，非零最小正数为 $4^{-128} \times 2^{-2}$。

（3）基值为 4 时，数的表示范围大。

16.（1）同第 15 题（1）答案。

（2）基值为 2：最大正数为 $2^{3}(1-2^{-12})$，非零最小正数为 $2^{-4} \times 2^{-1}$。

　　基值为 4：最大正数为 $4^{3}(1-2^{-12})$，非零最小正数为 $4^{-4} \times 2^{-2}$。

（3）同第 15 题（3）答案。

17. 证明　$[-x]_{补} = -[x]_{补}$　　　　　　　　　　（mod 2）

（1）若 $[x]_{补} = 0.x_1 x_2 \cdots x_n$

　　则 $x = 0.x_1 x_2 \cdots x_n$

　　所以，$-x = -0.x_1 x_2 \cdots x_n$

　　故 $[-x]_{补} = 1.\overline{x_1}\,\overline{x_2}\cdots\overline{x_n} + 2^{-n}$　　　（mod 2）　　　　　　（a）

　　又因为，$[x]_{补} = 0.x_1 x_2 \cdots x_n$

　　所以，$-[x]_{补} = -0.x_1 x_2 \cdots x_n$

$$\equiv 2 - 0.x_1 x_2 \cdots x_n \qquad (\text{mod } 2)$$

$$= 1.\overline{x_1}\,\overline{x_2}\cdots\overline{x_n} + 2^{-n} \qquad\qquad\qquad (\text{b})$$

比较（a）、（b）两式得

　　$[-x]_{补} = -[x]_{补}$

（2）若 $[x]_{补} = 1.x_1 x_2 \cdots x_n$

　　则 $x = -(0.\overline{x_1}\,\overline{x_2}\cdots\overline{x_n} + 2^{-n})$

　　所以，$-x = 0.\overline{x_1}\,\overline{x_2}\cdots\overline{x_n} + 2^{-n}$

　　故 $[-x]_{补} = 0.\overline{x_1}\,\overline{x_2}\cdots\overline{x_n} + 2^{-n}$　　（mod 2）　　　（c）

　　又因为，$[x]_{补} = 1.x_1 x_2 \cdots x_n$

$$\equiv -(0.\overline{x_1}\,\overline{x_2}\cdots\overline{x_n} + 2^{-n}) \qquad (\text{mod } 2)$$

　　所以，$-[x]_{补} = 0.\overline{x_1}\,\overline{x_2}\cdots\overline{x_n} + 2^{-n}$　　　　　　　（d）

　　比较（c）、（d）两式得

　　$[-x]_{补} = -[x]_{补}$

　　证毕。

18.（1）0 ~ 65 535

（2）$-(1-2^{-15}) \sim (1-2^{-15})$

（3）$-32\,768 \sim 32\,767$

（4）$-1 \sim (1-2^{-15})$

（5）正数范围为 $2^{-17} \sim 2^{15}(1-2^{-10})$，负数范围为 $-2^{15} \sim -2^{-16}(2^{-1}+2^{-10})$

19. 设 $x=(-29/1\ 024)_+ = -0.0000011101 = 2^{-101}\times(-0.1110100000)$

    $[x]_原 = 1,0101;1.1110100000$

    $[x]_补 = 1,1011;1.0001100000$

    $[x]_反 = 1,1010;1.0001011111$

    阶码用移码,尾数用补码的机器数形式是 $0,1011;1.0001100000$。

20. 设 $x=(-53/512)_+ = -0.000110101 = 2^{-11}\times(-0.1101010000)$

    $[x]_原 = 1,0011;1.1101010000$

    $[x]_补 = 1,1101;1.0010110000$

    $[x]_反 = 1,1100;1.0010101111$

    阶码用移码、尾数用补码的机器数形式是 $0,1101;1.0010110000$。

21. 当 a_6a_7 为 00 时,A 即为 4 的倍数。

22. 算术移位时,符号位(最高位)不变,左移时最高数值位移丢,右移时最低数值位移丢,移位时出现的空位根据不同机器数的移位规则确定填补空位的代码(1 或 0)。逻辑移位时,没有符号位,左移时最高位移丢,低位补 0,右移时最低位移丢,高位补 0。例如:10101110 逻辑右移一位得 01010111,逻辑左移一位得 01011100。若将其视为补码,则算术左移一位得 11011100,算术右移一位得 11010111。可见两种移位结果不同。

23. 当真值为正数,三种机器数算术移位时,符号位均不变,若左移时最高数位丢 1,结果出错,右移时最低位丢 1,结果引起误差。

    当真值为负数,原码移位时,符号位不变,左移时最高数位丢 1,结果出错,右移时最低位丢 1,引起误差。补码移位时,符号位不变,左移时最高数位丢 0,结果出错,右移时最低位丢 1,引起误差。反码移位时,符号位不变,左移时最高数位丢 0,结果出错,右移时最低位丢 0,引起误差。

24. 定点机中采用单符号位判断补码加减运算是否溢出有两种方案。

    (1)参加运算的两个操作数(减法时减数需连同符号位在内每位取反,末位加 1)符号相同,结果的符号又与原操作数的符号不同,则为溢出。

    (2)求和时最高位进位与次高位进位异或结果为 1 时,则为溢出。

25. 浮点机中溢出根据阶码来判断,当阶码大于最大正阶码时,即为浮点数溢出。若阶码小于最小负阶码时,按机器零处理。

26. 补码一位乘是由重复加和移位操作实现的,移位时按补码右移规则进行。以小数乘法为例,由于乘法过程中相加结果可能大于 1,即小数点前面第一位为数值,占去了符号位的位置,若只用一位符号位,则原符号位被破坏,移位时会出错。若部分积采用双符号位,并以最高位代表真正的符号,就可避免移位时会出错的现象。

27. 原码两位乘是由重复加和移位操作实现的,移位时按补码右移规则进行。以小数乘法为例,由于乘法过程中相加结果可能超过 2,占去小数点前面两个位置,将原符号位破坏,移位时会出错。若采用三位符号位,并以最高位代表真正的符号,就可根据该位的状态进行移位,结果即不会出错。

28. 原码两位乘法过程中,参加运算的数不是原码。因为由原码两位乘的运算规则得出,符号位的运算和数值部分的运算是分开进行的,而数值部分的运算是绝对值参加运算。但又由于由两位乘的运算规则得出,运算过程中可能出现减 1 倍被乘数的绝对值操作(记为减被乘数*),计算机中减法用加法代替,即需作加$[-被乘数^*]_{补}$的操作,故数值运算时,参加运算的数实际是绝对值的补码而不是原码。

29. 原码除法过程中,商符和商值的运算是分开进行的。以小数为例:

设$[x]_{原}=x_0.\,x_1x_2\cdots x_n,[y]_{原}=y_0.\,y_1y_2\cdots y_n$

则　$[x\div y]_{原}=(x_0\oplus y_0)\cdot\dfrac{0.\,x_1x_2\cdots x_n}{0.\,y_1y_2\cdots y_n}$

其中,$0.\,x_1x_2\cdots x_n$为 x 的绝对值,记为 x^*,$0.\,y_1y_2\cdots y_n$为 y 的绝对值,记做 y^*。

求商值可用加减交替法,即加 y^* 或减 y^*,在计算机内则用加$[y^*]_{补}$和加$[-y^*]_{补}$实现,故参加运算的数不是原码而是绝对值的补码。

30. 原码和补码在加减交替除法过程中相同之处是形成新余数的规则相同。不同之处有四点:

(1)原码除法的商符由两数符号位异或运算获得,补码除法的商符在求商值的过程中自然形成。

(2)原码除法参加运算的数是绝对值的补码,补码除法参加运算的数是补码。

(3)两种除法上商的原则不同。原码除法上商的原则是:余数为正上商"1",余数为负上商"0";补码除法上商的原则是:余数和除数同号上商"1",余数和除数异号上商"0"。

(4)两种除法第一步的操作不同。原码除法第一步做被除数减除数的操作;补码除法第一步要根据被除数和除数的符号决定做加法还是减法("同号"做减法,"异号"做加法)。

31. 这种说法不对。因为浮点数的溢出不是以尾数溢出为判断依据的。若尾数溢出,可通过右规(尾数右移,阶码加 1)使尾数恢复正常。

32. 设浮点数尾数采用双符号位,当尾数呈现 00.1××…×或 11.0××…×时,即为补码规格化形式。

当尾数出现 01.××…×或 10.××…×时,需右规,右规时尾数右移一位,阶码加 1。当尾数出现 00.00××…×或 11.111××…×时,需左规,左规时尾数左移一位,阶码减 1,直到尾数呈现规格化形式为止。

33. $[x+y]_{补}=0,0111100,Z=0,V=0,C=1$

　　　$[x-y]_{补}=0,1110010,Z=0,V=1,C=1$

34. $[x+y]_{补}=0.0111010,Z=0,V=0,C=1$

　　　$[x-y]_{补}=1.0001110,Z=0,V=1,C=0$

35. 按原码一位乘做乘法运算,$[x\cdot y]_{原}=1.01101100$,则 $x\cdot y=-0.01101100$;按补码 Booth 算法做,$[x\cdot y]_{补}=1.10010100$,则 $x\cdot y=-0.01101100$

36. $[x\cdot y]_{原}=1.00111100,\qquad x\cdot y=-0.001111$

37. $[x \cdot y]_\text{补} = 0.10001111$

38. 按原码除法得 $[x \div y]_\text{原} = 0.10110$，则 $x \div y = 0.10110$。按补码除（末位恒置 1 法）得 $[x \div y]_\text{补} = 0.10111$，则 $x \div y = 0.10111$。

39. $[x \div y]_\text{补} = 1.0101, x \div y = -0.1011$ 余数为 -0.0001×2^{-4}

40. $[x \div y]_\text{原} = 1.1011, x \div y = -0.1011$ 余数为 -0.0001×2^{-4}

41. $[x+y]_\text{补} = 0,011;1.000110, x+y = 2^{011} \times (-0.111010)$

42. 设阶码取 4 位，尾数取 12 位（均不包括符号位），得

    $[x-y]_\text{补} = 0,1000;0.100011110010,$

    则 $x-y = (10001111.001)_\text{二} = (143.125)_\text{十}$

43. $[x+y]_\text{补} = 0,101;1.001100$

    $x+y = 2^{101} \times (-0.110100) = 2^5 \times (-13/16)$

44. "不溢出" $= \overline{S_A} S_B + S_A \overline{S_B} + S_A S_B S_f + \overline{S_A}\,\overline{S_B}\,\overline{S_f}$

45. 原码两位乘的特点是：乘积的符号位由两原码符号位异或运算获得，数值部分是两原码绝对值相乘。设部分积为 z，被乘数的绝对值为 x^*，乘数的绝对值为 y^*，乘数的判断位为 $y_{n-1}y_n$，标志位为 C_j，具体规则归纳如表 6.12 所示。

表 6.12　第 45 题的答案

乘数判断位 $y_{n-1}y_n$	标志位 C_j	操作内容
0 0	0	$z \to 2, y^* \to 2, C_j$ 保持 "0"
0 1	0	$z+x^* \to 2, y^* \to 2, C_j$ 保持 "0"
1 0	0	$z+2x^* \to 2, y^* \to 2, C_j$ 保持 "0"
1 1	0	$z-x^* \to 2, y^* \to 2$, 置 "1" C_j
0 0	1	$z+x^* \to 2, y^* \to 2$, 置 "0" C_j
0 1	1	$z+2x^* \to 2, y^* \to 2$, 置 "0" C_j
1 0	1	$z-x^* \to 2, y^* \to 2, C_j$ 保持 "1"
1 1	1	$z \to 2, y^* \to 2, C_j$ 保持 "1"

46. 两个浮点规格化数相乘，不可能右规，因两个规格化尾数的绝对值均在 1/2 到 1 之间，其乘积不会大于 1，则不可能右规。

47. 两个浮点规格化数相乘，可能左规，且左规次数为 1 次。因为 $1/2 \leqslant |S_x| < 1, 1/2 \leqslant |S_y| < 1$，所以 $1/4 \leqslant |S_x \cdot S_y| < 1$，故出现左规时，左规次数只能为一次。

48. $2^4 \times (13/16)$

49. $2^{-2} \times (9/16)$

50. $2^6 \times (-117/128)$

51. $2^3 \times (47/64)$

52. 若对阶时舍入规则采用末位恒置"1"法,令 $x = 14.75, y = 2.4375$,
则 $[x-y]_{补} = 0, 100; 0.110010$, 故 $x-y = 12.5$

53. 原码一位乘加 15 次,移位 15 次,共 3 μs。原码两位乘加 8 次,移位 8 次(最后一次移一位),共 1.6 μs。补码一位乘加 16 次,移位 15 次,共 3.1 μs。补码加减交替法(采用末位恒置"1"法)加 15 次,移位 15 次,共 3 μs。

54. 有三种判断补码定点溢出的办法。

(1) 采用一位符号位,若两操作数符号相同(减法时减数需每位取反,末位加1),结果的符号又与原操作数符号不同,则为溢出。

(2) 采用一位符号位,加法时最高位(符号位)的进位和次高位的进位异或结果为 1 时,即为溢出。

(3) 采用双符号位,当结果的两个符号位不同时,即为溢出。

55. 以小数除法为例,原码除法以第一次上商的商值来判断是否溢出,若上商"1",即为溢出。补码除法以第一次上商的商值(即商符)与两操作数的符号位异或结果进行比较,若比较结果不同即为溢出。例如两操作数符号位异或结果为 1,而第一次上商为 0,即为溢出。

56. 设 R_1 和 R_2 为寄存器,用下述指令可实现 $A \oplus B$,即 $\overline{A}B + A\overline{B}$

```
MOV      R₁,A
MOV      R₂,B
NOT      R₁
AND      R₁,B
NOT      R₂
AND      R₂,A
OR       R₁,R₂
```

57. 将此数与全"1"异或,即可得该数的反码。

58. 以小数除法为例,补码除法第一次上商即为商符,若商符与两操作数符号位异或结果不同,即为溢出。如两操作数符号相同,第一次上商若为 1 即为溢出;若两操作数符号不同,第一次上商若为 0 即为溢出。

浮点补码除法运算不能以尾数相除结果溢出为判断依据,因为尾数溢出可通过右规校正。仅当最后结果的浮点数阶码大于最大正阶码时,才为真正溢出。

59. 第(2)、(3)、(5)、(7)、(8)正确。

60. (1) 定点补码一位乘法中,被乘数不需右移,部分积和乘数需右移。

(4) 补码除法时,被除数和除数的符号位一起参加运算。

(6) 浮点补码加减运算时,尾数溢出不等于运算结果溢出,仅当阶码大于最大正阶码时,运算结果才溢出。

61. （1）乘积的数值部分由两原码的绝对值的补码相乘获得。

（4）浮点运算的尾数部分可作加、减、乘、除运算。

（5）浮点数的正负由尾数的符号决定。

62. $[A+B]_{\text{补}}=1.1011110$, $\qquad$ $A+B=(-17/64)$

$\quad\ \ [A-B]_{\text{补}}=1.1000110$, $\qquad$ $A-B=(35/64)$

63. $[A+B]_{\text{补}}=1.0100011$, $\qquad$ $A+B=(-93/128)$

$\quad\ \ [A-B]_{\text{补}}=0.1000101$, $\qquad$ $A-B=(-59/128)$

64. $[A+B]_{\text{补}}=1.0111100$, $\qquad$ $A+B=(-17/32)$

$\quad\ \ [A-B]_{\text{补}}=0.1110100$, $\qquad$ 溢出

65. $[A+B]_{\text{补}}=1,1011110$, $\qquad$ $A+B=-34$

$\quad\ \ [A-B]_{\text{补}}=0,1110100$, $\qquad$ 溢出

66. $[x\cdot y]_{\text{原}}=1.1011001001$, $\qquad$ $x\cdot y=-0.1011001001$

67. $[x\cdot y]_{\text{补}}=1.00111101$, $\qquad$ $x\cdot y=-0.11000011$

68. $[x\div y]_{\text{补}}=1.00111$, $\qquad$ $x\div y=-0.11001$

69. $[x\div y]_{\text{原}}=1.11000$, $\qquad$ $x\div y=-0.11000$

70. $[x\cdot y]_{\text{原}}=0.100100101110$

71. $[x\cdot y]_{\text{原}}=1.001010010100$

72. $[x+y]_{\text{补}}=1,011;1.010000$

$\quad\ \ [x-y]_{\text{补}}=1,110;0.110010$

73. $[x+y]_{\text{补}}=1,110;1.011111$

$\quad\ \ [x-y]_{\text{补}}=1,001;1.010000$

74. 设 $x=3.3125,y=6.125$

$\quad\ \ [x+y]_{\text{补}}=0,100;0.10010111,x+y=9.4375$

75. 设 $x=14.75,y=2.4375$

$\quad\ \ [x-y]_{\text{补}}=0,100;0.11000101,x-y=12.3125$

76. 在浮点机中,机器数采用原码时,不论尾数的符号是 0 或 1,只需第一数值位为 1,即为规格化形式。机器数采用补码或反码时,尾数的符号位与第一数值位不同即为规格化形式。

77. 以小数为例,根据定义有

$$[x]_{\text{反}}=\begin{cases}x, & 1>x\geqslant 0\\ (2-2^{-n})+x, & 0\geqslant x>-1\ [\text{mod}(2-2^{-n})]\end{cases}$$

故可将反码视为以 $2-2^{-n}$ 为模的补码。

根据补码求和公式

$$[x]_{\text{补}}+[y]_{\text{补}}=[x+y]_{\text{补}} \qquad (\text{mod }2)$$

则有 $\qquad\qquad\qquad [x]_{\text{反}}+[y]_{\text{反}}=[x+y]_{\text{反}} \qquad [\text{mod}(2-2^{-n})]$

可见补码加减运算时,丢掉符号位产生的进位(即模 2)是正确的。反码加减时,丢掉模$(2-2^{-n})$

是正确的。若只丢掉符号位产生的进位(即模 2),则表示多丢了 2^{-n},必须再加上它,这称为"循环进位"。例如,

$$A = -0.0100, \qquad\qquad B = -0.0111$$
$$[A]_{反} = 1.1011, \qquad\qquad [B]_{反} = 1.1000$$
$$[A]_{反} + [B]_{反} = 1.1011$$

$$
\begin{array}{r}
+\quad 1.1000 \\
\hline
1\ 1.0011 \\
\end{array}
$$

$$
\begin{array}{r}
+\ \lfloor\!\!\longrightarrow 1 \\
\hline
1.0100 \\
\end{array}
$$

故　　　　　　　　　　$[A+B]_{反} = 1.0100, A+B = -0.1011$

78. 并行补码定点运算器框图如图 6.17 所示。

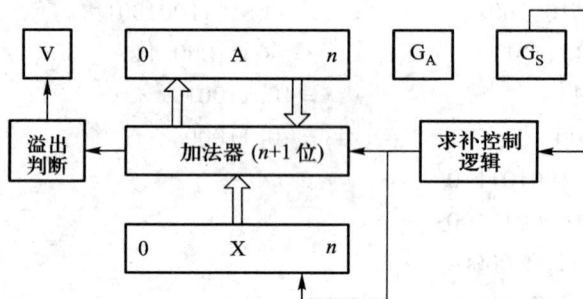

图 6.17　第 78 题答图

设加法时 $G_A = 1$,减法时 $G_S = 1$,A 寄存器存放被加(减)数,X 寄存器存放加(减)数,第 i 位全加器的进位输出为 C_i。则并行补码定点运算的过程可描述为 $G_A \cdot (A+X) + G_S \cdot (A+\overline{X}+1) \to$ A;溢出判断过程可描述为 $C_0 \oplus C_1 \to V$(符号位的进位和第一数值位的进位异或结果为 1,则置"1"标记 V)。

79. 并行补码定点运算器框图与图 6.17 相同。

并行补码加减运算的信息加工过程可描述为 $G_A \cdot (A+X) + G_S \cdot (A+\overline{X}+1) \to A$;溢出判断过程可描述为 $A_0 \oplus A_1 \to V$。

80. 串行、串并行和全并行补码定点加减法运算器都需有相应的寄存器和全加器,但全加器的位数不同。串行运算器只需 1 位全加器,完成 1 位加减运算,还需 1 位触发器,用来存放每位求和时产生的进位。串并行运算器的全加器位数取决于并行处理信息的位数,例如能并行处理4 位信息,相应就设置 4 位全加器。同时还需设置 1 位触发器,用来存放这 4 位并行处理信息的最高位进位,该进位作为下一组 4 位并行处理信息的外来进位。全并行运算器的全加器位数与寄存器位数相同,而且全加器本身就包含了进位电路,无需再设置触发器存放进位。可见全并行运算器结构最复杂,但速度最快。

81. 影响加减运算速度的关键是进位问题。可采用快速进位链来提高进位速度。通常采用先行进位,即高位进位可以和低位进位同时产生,具体有两种方案。

（1）单重分组进位链,即将 n 位全加器分成若干小组,小组内进位同时产生,小组间采用串行进位。

（2）多重分组进位链,即将 n 位全加器分成几个大组,每个大组又包含若干小组。大组内每个小组的最高位进位是同时产生的,小组内的其他各位进位也是同时产生的,而大组之间采用串行进位。

82. 进位链是传递进位的逻辑电路。高位进位和低位进位同时产生的进位叫先行进位。先行进位有两种,一种是单重分组跳跃进位,即将 n 位全加器分成若干小组,小组内进位同时产生,小组间采用串行进位,简称组内并行,组间串行。另一种是多重分组跳跃进位,即将 n 位全加器分成几个大组,每个大组又包含若干小组,大组内每个小组的最高位进位是同时产生的,小组内的其他各位进位也是同时产生的,而大组之间采用串行进位,简称组（小组）内并行,组（小组）间并行。

83. 单重分组跳跃进位链是组内并行,组间串行的进位链,多重分组跳跃进位链是组内并行,组间并行的进位链（参考第82题答案）,后者比前者速度快,但线路更复杂。

84. （1）原码一位乘运算器框图如图6.18所示。

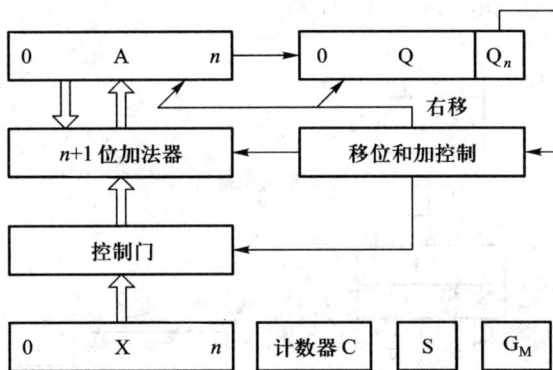

图6.18　第84题（1）答图

（2）图中寄存器和全加器均为 $n+1$ 位,寄存器 A 存放部分积,初态为0,寄存器 X 存放被乘数,寄存器 Q 存放乘数。

（3）最末位全加器的输入电路如图6.19所示。

（4）重复加和移位操作

重复加　　　　　　　$A+Q_n \cdot X \rightarrow A$

逻辑右移一位　　　　$L(A//Q) \rightarrow R(A//Q), 0 \rightarrow A_0$

85. （1）补码一位乘运算器框图如图6.20所示。

（2）图中全加器和寄存器均为 $n+2$ 位,寄存器 A 存放部

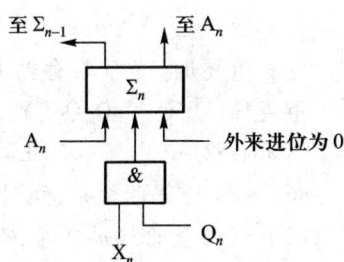

图6.19　第84题（3）答图

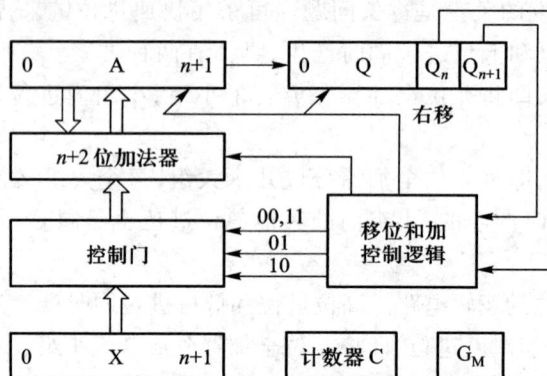

图 6.20   第 85 题(1)答图

分积,含 2 位符号位,初态为"0";寄存器 X 存放被乘数,含 2 位符号位;寄存器 Q 存放乘数,含 1 位符号位,最末位附加位初态为"0"。计数器 C 用来控制移位次数,判断乘法是否结束。G_M 为乘法标记。

(3) 第 5 位全加器的输入电路如图 6.21 所示。

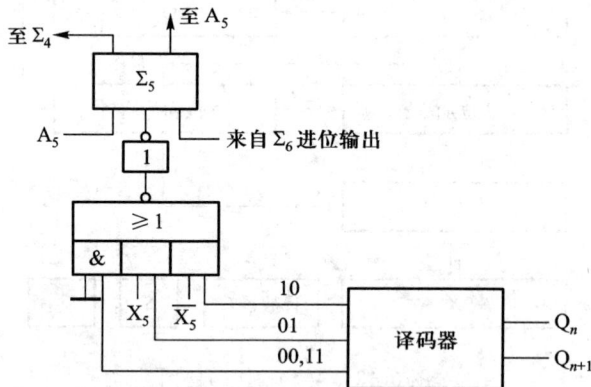

图 6.21   第 85 题(3)答图

(4) 重复加(受 Q 寄存器末两位控制)和移位操作:

重复加$(\overline{Q}_n \overline{Q}_{n+1} + Q_n Q_{n+1}) \cdot A + \overline{Q}_n Q_{n+1} \cdot (A+X) + Q_n \overline{Q}_{n+1} \cdot (A+\overline{X}+1) \rightarrow A$

算术右移一位 $L(A//Q) \rightarrow R(A//Q)$

86. (1) 原码两位乘运算器框图如图 6.22 所示。

(2) 图中全加器 $n+3$ 位,寄存器 A 存放部分积,$n+3$ 位(含 3 位符号位,设 n 为偶数),初态为"0";寄存器 X 存放被乘数,$n+3$ 位(含 3 位符号位,设 n 为偶数);寄存器 Q 存放乘数,$n+3$ 位

0　　A　　n+2　　　0　　Q　　Q_n Q_{n+1} Q_{n+2}

右移2位

n+3 位加法器　　移位和加控制逻辑

控制门　　000.111　001.010　100.011　110.101

G_M

S

计数器C

0　　X　　n+2　　求补控制

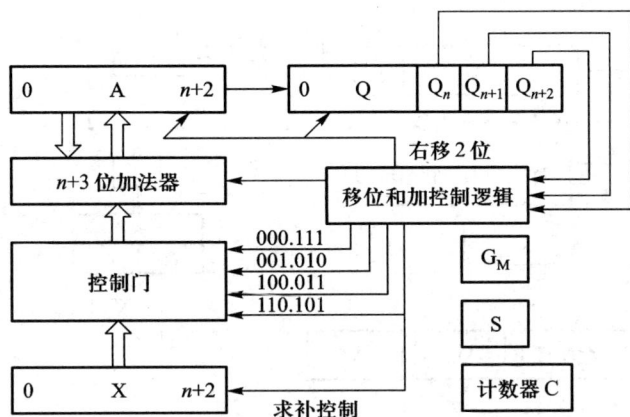

图 6.22　第 86 题(1)答图

（含 2 位符号位，设 n 为偶数，最末位 Q_{n+2} 起到 C_j 的作用，初态为"0"）。

（3）最末位全加器的输入电路如图 6.23 所示。

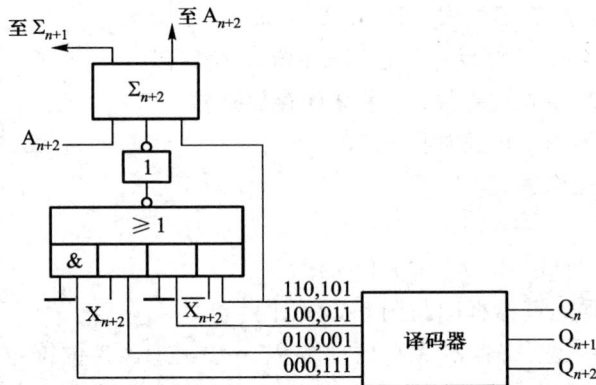

至 Σ_{n+1}　　至 A_{n+2}

Σ_{n+2}

A_{n+2}　1

≥1

&

X_{n+2}　$\overline{X}_{n+2}$　110,101　100,011　010,001　000,111　译码器　Q_n Q_{n+1} Q_{n+2}

图 6.23　第 86 题(3)答图

（4）重复加(受 Q 寄存器末 3 位控制)和移位操作：

重复加$(\overline{Q}_n \overline{Q}_{n+1} \overline{Q}_{n+2}+Q_n Q_{n+1} Q_{n+2}) \cdot A+(\overline{Q}_n Q_{n+1} \overline{Q}_{n+2}+\overline{Q}_n \overline{Q}_{n+1} Q_{n+2}) \cdot (A+X)+(Q_n \overline{Q}_{n+1} \overline{Q}_{n+2}+\overline{Q}_n Q_{n+1} Q_{n+2}) \cdot (A+2X)+(Q_n Q_{n+1} \overline{Q}_{n+2}+Q_n \overline{Q}_{n+1} Q_{n+2}) \cdot (A+\overline{X}+1) \rightarrow A$

算术右移两位　　　　　　　$2L(A//Q) \rightarrow 2R(A//Q)$

87.（1）补码加减交替法运算器框图如图 6.24 所示。

（2）图中全加器 $n+1$ 位，寄存器 A 存放被除数，$n+1$ 位(含 1 位符号位)；寄存器 X 存放除数，$n+1$ 位(含 1 位符号位)；寄存器 Q 存放商，$n+1$ 位(含 1 位符号位)，初态为 0。

（3）最末位全加器的输入电路如图 6.25 所示。

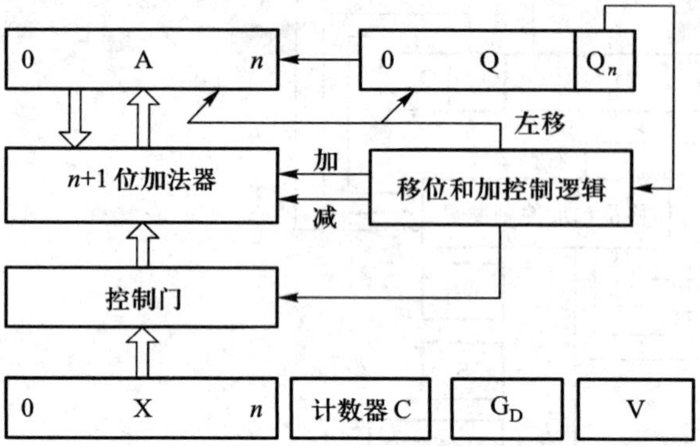

图 6.24　第 87 题(1)答图

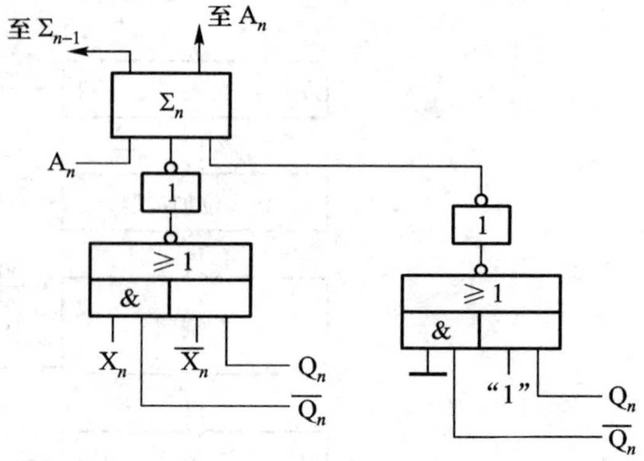

图 6.25　第 87 题(3)答图

(4) 补码加减交替操作和上商操作：

加减交替　　　　　　　　$Q_n \cdot (A+\overline{X}+1)+\overline{Q}_n \cdot (A+X) \rightarrow A$

上商　　　　　　　　　　$\overline{A_0 \oplus X_0} \rightarrow Q_n$

88. (1) 原码一位乘运算器框图与图 6.18 相同。

(2) 图中寄存器和全加器均为 $n+1$ 位,寄存器 A 存放部
分积,初态为 0,寄存器 X 存放被乘数,寄存器 Q 存放乘数。

(3) 第 5 位全加器的输入电路如图 6.26 所示。

(4) 重复加和移位操作：

重复加　　　　　　$A+Q_n \cdot X \rightarrow A$

逻辑右移一位 $L(A//Q) \rightarrow R(A//Q)$,$0 \rightarrow A_0$

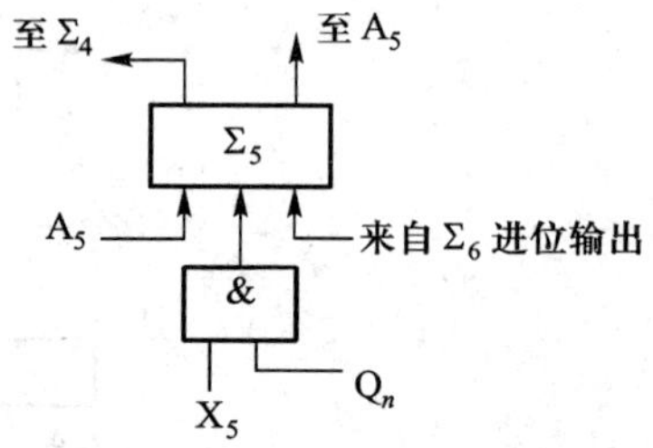

图 6.26　第 88 题(3)答图

89. (1) 原码两位乘运算器框图与图 6.22 相同。

(2) 图中全加器 $n+3$ 位,寄存器 A 存放部分积,$n+3$ 位(含 3 位符号位,设 n 为偶数),初态
为"0";寄存器 X 存放被乘数,$n+3$ 位(含 3 位符号位,设 n 为偶数);寄存器 Q 存放乘数,$n+3$ 位
(含 2 位符号位,设 n 为偶数,最末位 Q_{n+2} 起到 C_j 的作用,初态为"0")。

(3) 第 5 位全加器输入电路如图 6.27 所示。

(4) 重复加(受 Q 寄存器末 3 位控制)和移位操作：

重复加$(\overline{Q}_n \overline{Q}_{n+1} \overline{Q}_{n+2}+Q_n Q_{n+1} Q_{n+2}) \cdot A+(\overline{Q}_n Q_{n+1} \overline{Q}_{n+2}+\overline{Q}_n \overline{Q}_{n+1} Q_{n+2}) \cdot (A+X)+(Q_n \overline{Q}_{n+1} \overline{Q}_{n+2}+$
$\overline{Q}_n Q_{n+1} Q_{n+2}) \cdot (A+2X)+(Q_n Q_{n+1} \overline{Q}_{n+2}+Q_n \overline{Q}_{n+1} Q_{n+2}) \cdot (A+\overline{X}+1) \rightarrow A$

算术右移两位　　　　　　　　$2L(A//Q) \rightarrow 2R(A//Q)$

90. (1) 补码加减交替法运算器框图与图 6.24 相同。

(2) 图中全加器 $n+1$ 位,寄存器 A 存放被除数,$n+1$ 位(含 1 位符号位);寄存器 X 存放除
数,$n+1$ 位(含 1 位符号位);寄存器 Q 存放商,$n+1$ 位(含 1 位符号位),初态为 0。

(3) 第 5 位全加器输入电路如图 6.28 所示。

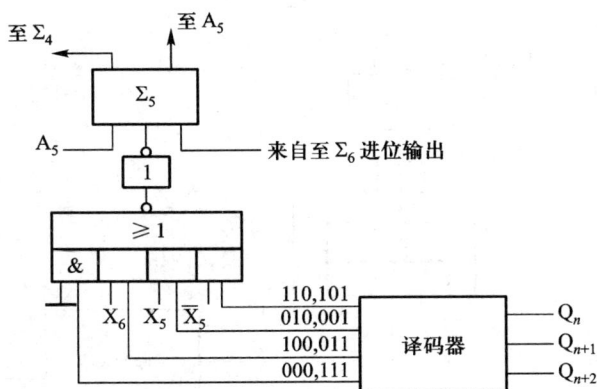

图 6.27   第 89 题(3)答图

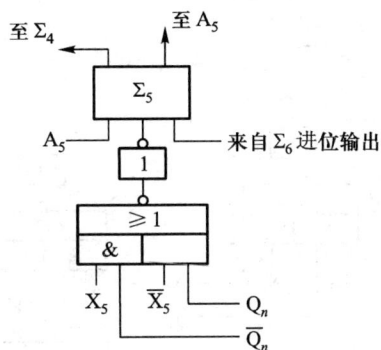

图 6.28   第 90 题(3)答图

(4)补码加减交替操作和上商操作:

加减交替 $$Q_n \cdot (A+\overline{X}+1)+\overline{Q}_n \cdot (A+X) \rightarrow A$$

上商 $$\overline{A_0 \oplus X_0} \rightarrow Q_n$$

91.(1)补码定点除法运算器框图如图 6.29 所示。

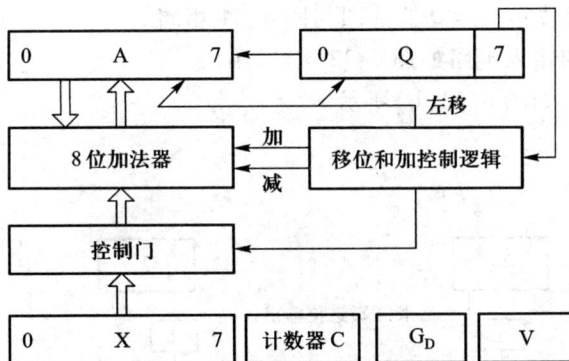

图 6.29   第 91 题(1)答图

(2)最末位全加器输入电路如图 6.30 所示。

(3)补码加减交替操作和上商操作:

加减交替 $$Q_n \cdot (A+\overline{X}+1)+\overline{Q}_n \cdot (A+X) \rightarrow A$$

上商 $$\overline{A_0 \oplus X_0} \rightarrow Q_n$$

(4)采用末位恒置"1"法,共做 7 次移位,7 次加法。

92.(1)补码一位乘运算器框图与图 6.20 相同,寄存器和全加器均为 $n+2$ 位。

(2)最低位全加器输入电路如图 6.31 所示。

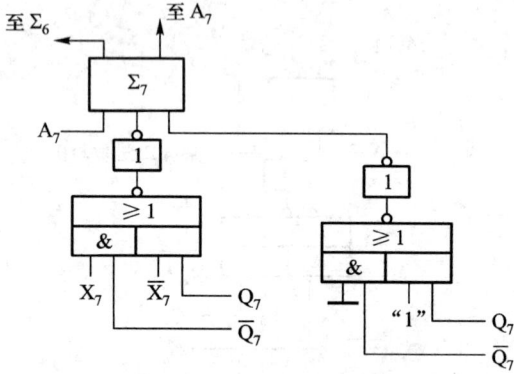

图 6.30 第 91 题(2)答图

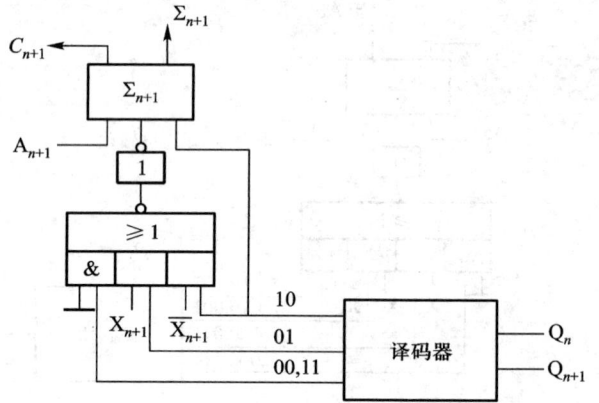

图 6.31 第 92 题(3)答图

（3）重复加(受 Q 寄存器末 2 位控制)和移位操作：

重复加$(\overline{Q}_n\overline{Q}_{n+1}+Q_nQ_{n+1}) \cdot A+\overline{Q}_nQ_{n+1} \cdot (A+X)+Q_n\overline{Q}_{n+1} \cdot (A+\overline{X}+1) \rightarrow A$

算术右移一位　　　　　　　$L(A//Q) \rightarrow R(A//Q)$

（4）共做 n 次移位,最多做 $n+1$ 次加法。

93．（1）补码加减交替除法运算器框图与图 6.24 相同。

（2）第 4 位全加器的输入电路如图 6.32(a)所示。

（3）上商的输入电路如图 6.32(b)所示。

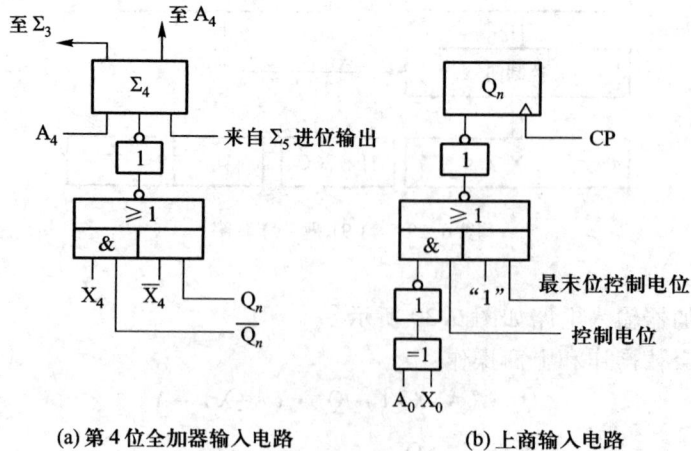

(a) 第 4 位全加器输入电路　　　　(b) 上商输入电路

图 6.32 第 93 题(2)、(3)答图

（4）加减交替操作 $Q_n \cdot (A+\overline{X}+1)+\overline{Q}_n \cdot (A+X) \to A$

94.（1）设全加器为 Σ

运算功能	所需控制信号
$A+X \to A$	$A \to \Sigma, X \to \Sigma, \Sigma \to A$
$A-X \to A$	$A \to \Sigma, \overline{X} \to \Sigma, \Sigma \to A$（末位 +1 与本位无关）
$X \times Q \to A//Q$	$A \to \Sigma, X \to \Sigma, \overline{X} \to \Sigma, \frac{1}{2}\Sigma \to A, L(Q) \to R(Q)$
$A \div X \to Q$	$A \to \Sigma, X \to \Sigma, \overline{X} \to \Sigma, 2\Sigma \to A, R(Q) \to L(Q)$

（2）全加器第 5 位和 A、Q 寄存器第 5 位的输入电路分别如图 6.33(a)、(b)、(c)所示。

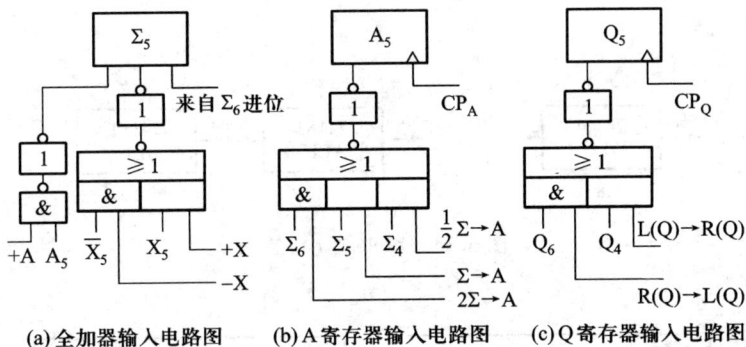

(a)全加器输入电路图　(b)A寄存器输入电路图　(c)Q寄存器输入电路图

图 6.33　第 94 题答图

95.（1）设全加器为 Σ

运算功能	所需控制信号
$A+X \to A$	$A \to \Sigma, X \to \Sigma, \Sigma \to A$
$A-X \to A$	$A \to \Sigma, \overline{X} \to \Sigma, \Sigma \to A$（末位+1 与本位无关）
$X \times Q \to A//Q$	$A \to \Sigma, X \to \Sigma, \overline{X} \to \Sigma, \frac{1}{2}\Sigma \to A, L(Q) \to R(Q)$
$A \div X \to Q$	$A \to \Sigma, X \to \Sigma, \overline{X} \to \Sigma, 2\Sigma \to A, R(Q) \to L(Q)$

（2）全加器第 5 位和 A、Q 寄存器第 5 位的输入电路分别如图 6.34(a)、(b)、(c)所示。

96.（1）采用单重分组（组内并行进位,组间串行进位）的 32 位 ALU 结构框图如图 6.35 所示。共用 8 片 74181,运算速度较慢。

（2）采用双重分组（二级先行进位）的 32 位 ALU 结构框图如图 6.36 所示。共用 8 片 74181 和 2 片 74182。每 4 片 74181 为一大组,使用 1 片 74182,可实现大组内的 4 片 74181 之间的第二级先行进位。大组与大组之间采用行波进位。此方案比（1）速度快,但多用了 2 片 74182。

97. 设进位的传递函数, $P_i = A_i + B_i$,进位的产生函数 $G_i = A_i B_i$,则进位的逻辑表达式为:

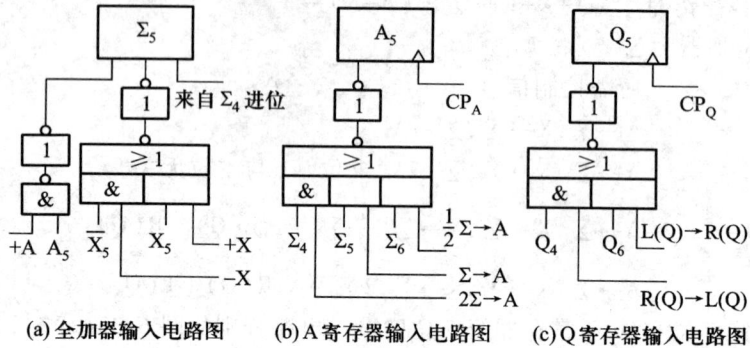

(a) 全加器输入电路图   (b) A 寄存器输入电路图   (c) Q 寄存器输入电路图

图 6.34　第 95 题答图

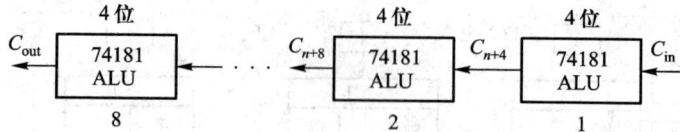

图 6.35　第 96 题(1)答图

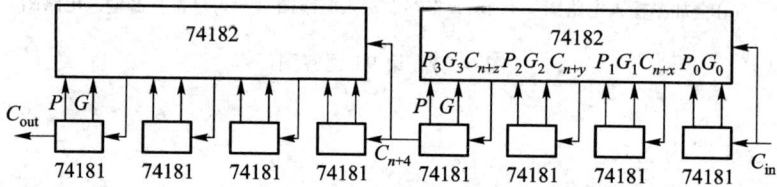

图 6.36　第 96 题(2)答图

$C_i = G_i + P_i C_{i-1}$

（1）行波进位

$C_1 = G_1 + P_1 C_0$

$C_2 = G_2 + P_2 C_1$

$C_3 = G_3 + P_3 C_2$

$C_4 = G_4 + P_4 C_3$

（2）先行进位

$C_1 = G_1 + P_1 C_0$

$C_2 = G_2 + P_2 G_1 + P_2 P_1 C_0$

$C_3 = G_3 + P_3 G_2 + P_3 P_2 G_1 + P_3 P_2 P_1 C_0$

$$C_4 = G_4 + P_4 G_3 + P_4 P_3 G_2 + P_4 P_3 P_2 G_1 + P_4 P_3 P_2 P_1 C_0$$

98.（1）按 2、3、3 分组的双重分组进位链框图如图 6.37 所示,图中

$$d_i = A_i B_i, \quad t_i = A_i + B_i。$$

（2）每个进位的逻辑表达式如下所示,其中 D_i 为小组本地进位, T_i 为小组传送条件。

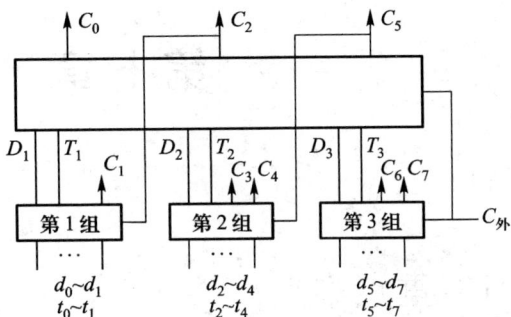

图 6.37　第 98 题(1)答图

$$C_7 = d_7 + t_7 C_外$$

$$C_6 = d_6 + t_6 d_7 + t_6 t_7 C_外$$

$$C_5 = \underbrace{d_5 + t_5 d_6 + t_5 t_6 d_7}_{D_3} + \underbrace{t_5 t_6 t_7}_{T_3} C_外$$

$$C_4 = d_4 + t_4 C_5$$

$$C_3 = d_3 + t_3 d_4 + t_3 t_4 C_5$$

$$C_2 = d_2 + t_2 d_3 + t_2 t_3 d_4 + t_2 t_3 t_4 C_5$$

$$\quad = D_2 + T_2 C_5$$

$$C_1 = d_1 + t_1 C_2$$

$$C_0 = d_0 + t_0 d_1 + t_0 t_1 C_2$$

$$\quad = D_1 + T_1 C_2$$

采用与或非、与非逻辑,设与非门级延迟 t_y,与或非门级延迟 $1.5\,t_y$,则 $2.5\,t_y$ 产生 $C_6 C_7$ 及全部 D、T,$5t_y$ 产生 $C_0 C_2 C_5$,$7.5\,t_y$ 产生 $C_1 C_3 C_4$。

第七章 指令系统

7.1 重点难点

本章要求真正理解机器的指令系统决定了一台计算机的功能,而一旦计算机的指令系统被确定以后,必须有相应的硬件支持。学习本章应重点掌握:

(1)指令系统主要体现在它的操作类型、数据类型、地址格式和寻址方式等方面。

(2)机器指令的一般格式以及指令字中各字段的作用。

(3)不同的地址格式对访存次数、寻址范围的影响。

(4)不同的寻址方式对操作数的寻址范围、所需的硬件支持、信息加工流程以及编程的影响。

(5)RISC的主要特点及其与 CISC 的区别。

本章的难点包括:

(1)掌握设计指令格式的方法,学会根据指令系统的要求,确定指令字中各字段的位数及其含义。

(2)扩展操作码技术的运用。

(3)当指令字长不等于存储字长时,应格外注意各种寻址方式和地址格式的运用。

(4)在可按字节和字寻址的存储器中,不同的机器,其数据的存放方式是不同的。

(5)数据"边界对准"方式和"边界不对准"方式对访存操作的影响。

7.2 主要内容

7.2.1 机器指令

1. 机器指令的一般格式

机器指令由 0、1 代码组成,包括操作码和地址码,图 7.1 所示是机器指令的一般格式。

(1)操作码

操作码字段	地址码字段

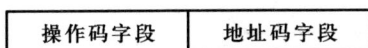

图 7.1 指令的一般格式

指令的操作码字段指明该指令所完成的操作,通常其位数反映了机器的操作种类,如操作码占 7 位,则表示该机最多包含 $2^7 = 128$ 条指令,即可完成 128 种操作。

操作码的长度可以是固定的(如 IBM 370),也可以是变化的(如 Intel 8086/80386)。操作码的长度不固定会增加指令译码和分析的难度,使控制器的设计复杂化。通常采用扩展操作码技术,这种技术可以有效地缩短指令的长度,使操作码的长度随地址数的减少而增加。具体采用哪种方案可根据实际要求而定。

(2)地址码

指令的地址码字段用来指出该指令的源操作数的地址(一个或两个)、结果的地址以及下一条指令的地址。这里的"地址"可以是主存的地址,也可以是寄存器的地址,还可以是 I/O 设备的地址。

从计算机诞生至今,指令的地址码字段经历了四地址、三地址、二地址、一地址和零地址这几个阶段,图 7.2 所示是操作码位数固定(除零地址格式外),指令字长固定的五种地址格式。

OP	A_1	A_2	A_3	A_4

(a) 四地址

OP	A_1	A_2	A_3

(b) 三地址

OP	A_1	A_2

(c) 二地址

OP	A_1

(d) 一地址

OP

(e) 零地址

图 7.2 五种地址格式示意图

假设指令字长等于存储字长均为 32 位,操作码 OP 占 8 位,A_i 表示存储器地址,表 7.1 列出了不同地址格式指令的访存次数(包括取指令)及操作数的寻址范围。

表 7.1 不同地址格式指令的比较

地址格式	操作	访存次数	操作数寻址范围	备注
四地址	$(A_1)OP(A_2) \rightarrow A_3$	4	2^6	A_4 指出下条指令地址
三地址	$(A_1)OP(A_2) \rightarrow A_3$	4	2^8	PC 代替 A_4

地址格式	操作	访存次数	操作数寻址范围	备注
二地址	$(A_1)OP(A_2)\rightarrow A_1$	4	2^{12}	A_1 代替 A_3
二地址	$(A_1)OP(A_2)\rightarrow A_2$	4	2^{12}	A_2 代替 A_3
二地址	$(A_1)OP(A_2)\rightarrow ACC$	3	2^{12}	ACC 存放结果
一地址	$(ACC)OP(A_1)\rightarrow ACC$	2	2^{24}	ACC 存放操作数和结果

由此可见,用一些硬件资源如 PC、ACC 存放指令字中须指明的地址码,可在不改变指令字长的前提下,扩大指令操作数的直接寻址范围。此外,用 PC、ACC 等硬件代替指令字中的某些地址字段,还可以缩短指令字长,并可减少访存次数。究竟采用什么地址格式,必须从机器性能出发综合考虑。

（3）指令字长

指令字长取决于操作码的长度、操作数地址的长度和操作数地址的个数。不同机器的指令字长是不同的,同一机器的指令字长可以是固定的,也可以是可变的(按字节的倍数变化)。

2. 操作数类型

机器中常见的操作数类型有地址、数字、字符、逻辑数据等。地址可被看做一个无符号整数;数字可以是有符号数、无符号数、定点数、浮点数和十进制数;字符普遍采用 ASCII 码;逻辑数据是布尔类型的数据,它们的每一位代表真(1)或假(0),可参与逻辑运算。

不同机器的数据字长是不同的,同一台机器也可以处理不同字长的数据,存储器可按字节、半字、字、双字访问。对于不同字长的数据,不同的机器存放的方式也不同,有的机器以低字节地址作为字地址,有的机器以高字节地址作为字地址,读者在使用不同的机器时,要注意数据在存储器中存放的方式,避免应用时出错。

3. 操作类型

不同的机器有不同的操作类型,但几乎所有的机器都有数据传送、算术逻辑运算、移位、转移、输入输出和其他类型的操作(包括停机、空操作、开中断、关中断、置条件码等)。

7.2.2　寻址方式

寻址方式是指如何确定本条指令的操作数地址以及下一条将要执行指令的地址,它与硬件结构紧密相关,而且直接影响指令格式和指令功能。

寻址方式分指令寻址和数据寻址两大类。

1. 指令寻址

指令寻址分顺序寻址和跳跃寻址。顺序寻址可通过程序计数器 PC 加 1,自动形成下一条指令的地址;跳跃寻址则通过转移类指令来实现。

2. 数据寻址

数据寻址方式的种类较多,为了区别各种方式,在指令字中通常设一字段,用来指明属于哪种寻址方式。这样,指令字的地址码字段并不代表操作数的真实地址,把它称为形式地址,记为A。操作数的真实地址叫做有效地址,记为EA,它是由寻址方式和形式地址共同确定的。由此可得指令的格式如图7.3所示。

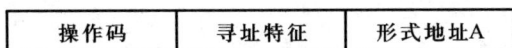

操作码	寻址特征	形式地址A

图7.3　带有寻址特征的一地址指令格式

为了便于分析各类寻址方式,假设指令字长、存储字长、机器字长均相等。

（1）立即寻址

立即寻址的形式地址A就是操作数本身,称作立即数（补码表示）。图7.4是立即寻址示意图,图中#表示立即寻址特征。

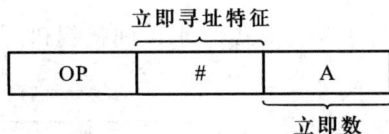

立即寻址特征

OP	#	A

立即数

图7.4　立即寻址示意图

立即寻址的特点是指令在执行阶段不访存;A的位数限制了立即数的范围。

（2）直接寻址

直接寻址EA＝A,有效地址EA由形式地址A直接给出。图7.5是直接寻址示意图。

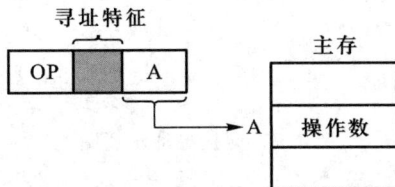

寻址特征

OP		A

主存

→A　操作数

图7.5　直接寻址示意图

直接寻址的特点是:指令在执行阶段访问一次存储器;A的位数决定了该指令操作数的寻址范围;操作数的地址不易修改（只有修改A的值,才能修改操作数的地址）。

（3）隐含寻址

隐含寻址的操作数隐含在操作码中。图7.6是隐含寻址示意图。

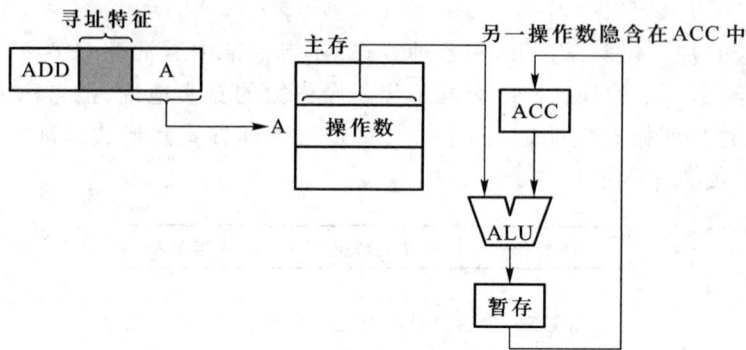

图 7.6　隐含寻址示意图

隐含寻址的特点是:因指令字中少了一个地址字段,可缩短指令字长。例如 Intel 8086 的 MUL 指令,只需指出乘数的地址,其被乘数隐含在 AX(16 位)或 AL(8 位)中。

（4）间接寻址

间接寻址 EA=(A),有效地址 EA 由形式地址 A 间接提供。图 7.7 为间接寻址示意图。

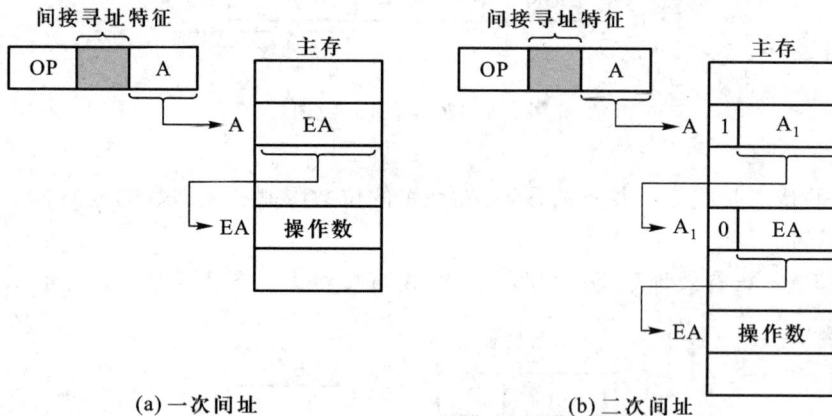

(a) 一次间址　　　　　　　　　　(b) 二次间址

图 7.7　间接寻址示意图

间接寻址的特点是:指令在执行阶段要多次访存(一次间址需两次访存,多次间址需根据存储字的最高位确定几次访存);可扩大寻址范围(有效地址 EA 的位数大于形式地址 A 的位数);便于编制程序。

（5）寄存器寻址

寄存器寻址 $EA=R_i$,有效地址 EA 即为寄存器编号。图 7.8 是寄存器寻址示意图。

寄存器寻址的特点是:指令在执行阶段不访存,只访问寄存器,执行速度快;寄存器个数有限,可缩短指令字长。

（6）寄存器间接寻址

寄存器间接寻址 EA =（R_i），有效地址 EA 在寄存器中。图 7.9 是寄存器间接寻址示意图。

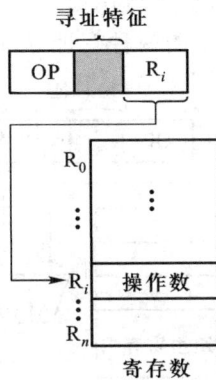

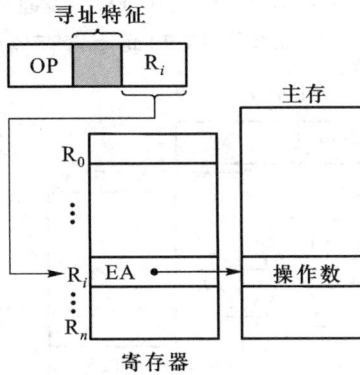

图 7.8　寄存器寻址示意图　　　图 7.9　寄存器间接寻址示意图

寄存器间接寻址的特点是:指令的执行阶段需要访存(因有效地址在寄存器中,操作数在存储器中);便于编制循环程序。

（7）基址寻址

基址寻址 EA =（BR）+ A,其中 BR 为基址寄存器(专用),也可用通用寄存器作为基址寄存器。图 7.10 是采用专用寄存器 BR 和通用寄存器作基址寄存器的两种基址寻址示意图。

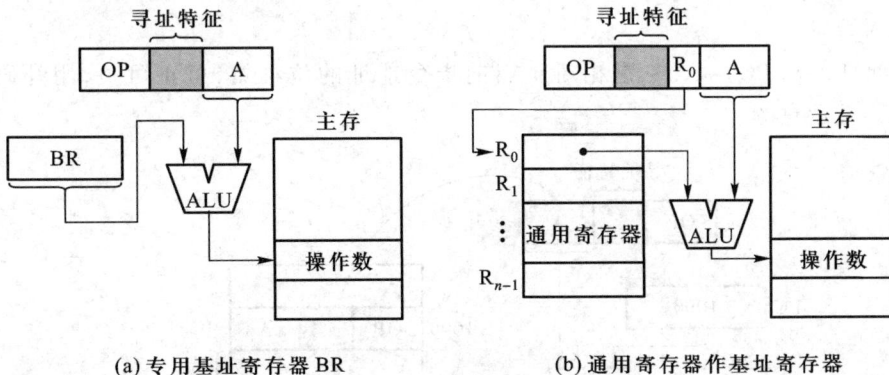

(a)专用基址寄存器 BR　　　　　(b)通用寄存器作基址寄存器

图 7.10　基址寻址示意图

基址寻址的特点是:可扩大操作数的寻址范围(基址寄存器的位数大于形式地址 A 的位数);有利于多道程序运行;基址寄存器的内容由操作系统或管理程序确定;在程序执行过程中,基址寄存器的内容不变(作为基地址),形式地址 A 可变(作为偏移量)。值得注意的是,当采用通用寄存器作基址寄存器时,可由用户指定哪个寄存器作基址寄存器,但其内容仍由操作系统确定。

(8) 变址寻址

变址寻址 $EA = (IX) + A$,其中 IX 为变址寄存器(专用),也可用通用寄存器作为变址寄存器。图 7.11 是采用专用寄存器 IX 和通用寄存器作变址寄存器的两种变址寻址示意图。

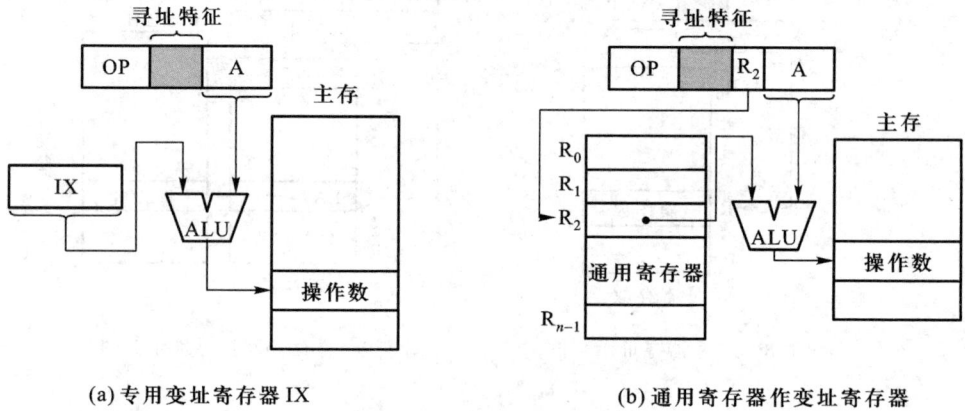

(a) 专用变址寄存器 IX   (b) 通用寄存器作变址寄存器

图 7.11 变址寻址示意图

变址寻址的特点是:可扩大操作数的寻址范围(变址寄存器的位数大于形式地址 A 的位数);变址寄存器的内容由用户给定;在程序执行过程中,变址寄存器的内容可变(作为偏移量),形式地址 A 不变(作为基地址);便于处理数组问题。

(9) 相对寻址

相对寻址 $EA = (PC) + A$,A 是相对于当前指令地址的位移量,可正可负,用补码表示。图 7.12 为相对寻址示意图。

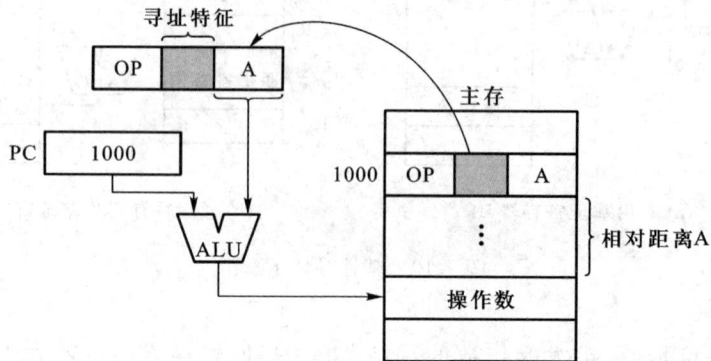

图 7.12 相对寻址示意图

相对寻址的特点是:A 的位数决定操作数的寻址范围;便于程序浮动;广泛应用于转移指令。

(10) 堆栈寻址

多个寄存器可构成硬堆栈,指定的存储空间可构成软堆栈,其特点是先进后出。堆栈的栈顶地址由 SP 指出,堆栈寻址的有效地址 EA 隐含在堆栈指针 SP 中。每次进栈或出栈,SP 自动修改。如进栈 (SP)−1→SP,出栈 (SP)+1→SP。图 7.13(a) ～ (d) 为堆栈寻址示意图。

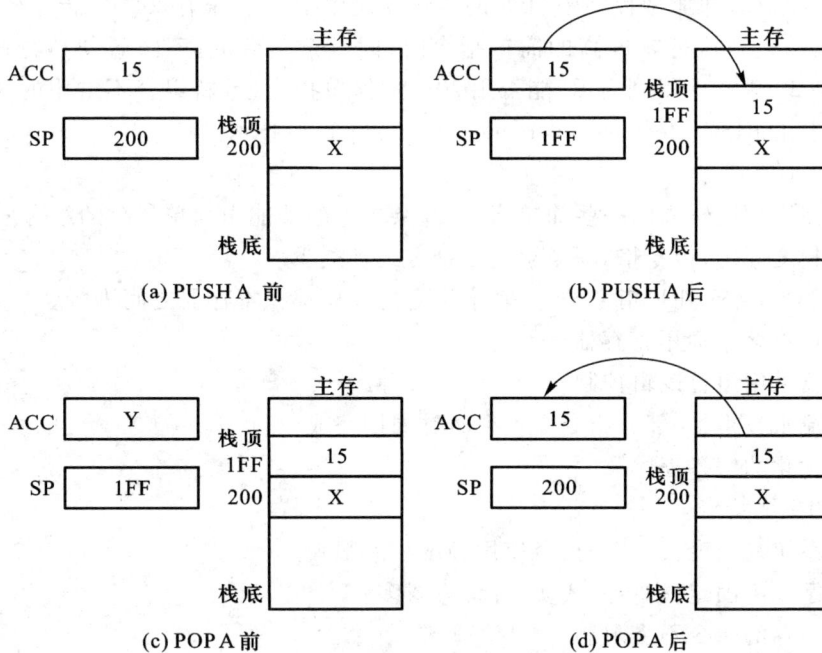

图 7.13　堆栈寻址示意图

堆栈寻址的特点是:因有效地址隐含在 SP 中,所以指令中可以少一个地址字段;进栈出栈要修改地址指针,进栈 (SP)−Δ→SP,出栈 (SP)+Δ→SP。Δ 取值与主存编址方式有关,若按字编址,Δ 取 1;若按字节编址,当字长为 16 位时,Δ 取 2,当字长为 32 位时,Δ 取 4。

在上述 10 种寻址方式的基础上,可进一步扩展成其他的各种寻址方式,如先间址再变址、先变址再间址以及既变址又基址等。掌握机器指令的寻址方式对于用汇编语言编程的用户十分重要。对于参与机器指令系统的设计人员而言,了解寻址方式对确定指令格式是必不可少的。对广大读者来说,只有透彻了解了机器指令的寻址方式,才能加深对机器内信息流程及整机工作概念的理解。

7.2.3 RISC 技术

随着计算机的发展,机器的功能越来越强,指令系统和硬件结构也越来越复杂,这类机器被称为复杂指令系统计算机 CISC(Complex Instruction Set Computer)。在人们进一步分析 CISC 后,发现一个 80-20 规律,即典型程序中 80% 的语句仅使用指令系统中 20% 的指令(这些指令都属于简单指令)。而且当执行频度高的简单指令时,因复杂指令的存在,致使执行速度也无法提高。人们从 80-20 规律中得到启示:能否用 20% 的简单指令,重新组合不常用的 80% 的指令功能呢? 这便引发出 RISC(Reduced Instruction Set Computer)技术。

1. RISC 的主要特点

(1) 选取使用频度较高的一些简单指令,复杂指令的功能由简单指令的组合来实现。

(2) 指令长度固定,指令格式种类少,寻址方式种类少。

(3) 只有 LOAD/STORE 指令访存,其余指令的操作都在寄存器之间进行。

(4) CPU 中有多个通用寄存器。

(5) 控制器采用组合逻辑控制。

(6) 采用流水技术,大部分指令在 1 个时钟周期完成。

(7) 采用优化的编译程序。

2. CISC 的主要特点

(1) 指令系统复杂庞大,各种指令使用频度相差很大。

(2) 指令字长不固定,指令格式多,寻址方式多。

(3) 可以访存的指令不受限制。

(4) CPU 中设有专用寄存器。

(5) 各种指令执行时间相差很大,大多数指令需多个时钟周期才能完成。

(6) 控制器大多数采用微程序控制。

(7) 难以用优化编译生成高效的目标代码程序。

3. RISC 和 CISC 的比较

(1) RISC 更能充分利用 VLSI 芯片的面积。

(2) RISC 更能提高运算速度。

(3) RISC 便于设计,可降低成本,提高可靠性。

(4) RISC 有利于编译程序代码优化。

(5) RISC 不易实现指令系统兼容。

7.3 例题精选

例 7.1 某机主存容量为 4M×16 位,且存储字长等于指令字长,若该机指令系统能完成 97 种操作,操作码位数固定,且具有直接、间接、变址、基址、相对、立即六种寻址方式。

(1) 画出一地址指令格式并指出各字段的作用。

(2) 该指令直接寻址的最大范围。

(3) 一次间址和多次间址的寻址范围。

(4) 立即数的范围(十进制数表示)。

(5) 相对寻址的位移量(十进制数表示)。

(6) 上述六种寻址方式的指令哪一种执行时间最短? 哪一种最长? 哪一种便于用户编制处理数组问题的程序? 哪一种便于程序浮动? 为什么?

(7) 如何修改指令格式,使指令的直接寻址范围可扩大到 4M?

(8) 为使一条转移指令能转移到主存的任一位置,可采取什么措施? 请简要说明。

【解】

(1) 一地址指令格式为

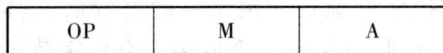

OP	M	A

OP 操作码字段,共 7 位,可反映 97 种操作;

M 寻址方式特征字段,共 3 位,可反映 6 种寻址方式;

A 形式地址字段,共 16−7−3=6 位。

(2) 直接寻址的最大范围为 $2^6=64$。

(3) 由于存储字长为 16 位,故一次间址的寻址范围为 2^{16}。若多次间址,需用存储字的最高位来区别是否继续间接寻址,故寻址范围为 2^{15}。

(4) 立即数的范围是 −32 ~ +31(有符号数)或 0 ~ 63(无符号数)。

(5) 相对寻址的位移量为 −32 ~ +31。

(6) 上述六种寻址方式中,因立即数由指令直接给出,故立即寻址的指令执行时间最短。间接寻址在指令的执行阶段要多次访存(一次间接寻址要两次访存,多次间接寻址要多次访存),故执行时间最长。变址寻址由于变址寄存器的内容由用户给定,而且在程序的执行过程中允许用户修改,而其形式地址始终不变,故变址寻址的指令便于用户编制处理数组问题的程序。相对寻址操作数的有效地址只与当前指令地址相差一定的位移量,与直接寻址相比,更有利于程序浮动。

(7) 若指令的格式改为双字指令,即

OP	M	A$_1$
A$_2$		

其中 OP 7 位,M 3 位,A$_1$ 6 位,A$_2$ 16 位,即指令的地址字段共 16+6=22 位,则指令的直接寻址范围可扩大到 4M。

(8) 为使一条转移指令能转移到主存的任一位置,寻址范围须达到 4M,除了采用(7)所示的格式外,还可采用(1)所示的一地址指令格式,并且配置 22 位的基址寄存器或 22 位的变址寄存器,使 EA=(BR)+A(BR 为 22 位的基址寄存器)或 EA=(IX)+A(IX 为 22 位的变址寄存器),便可访问 4M 存储空间。还可以通过 16 位的基址寄存器左移 6 位(低位补 0)再和形式地址 A 相加,也可达到同样的效果。

例 7.2 假设某机的指令长度可变(长度在 1～4 字节内变化),而且 CPU 与存储器的数据传送宽度为 32 位(每次读取 32 位)。试问如何区分一个存储字包含多少条指令?

【解】 在设计该指令系统时,可在指令(1 字节指令)或指令的第一个字节(多字节指令)中安排 2 位来区分指令的长度,2 位共 4 个状态,可直接区分 1～4 字节指令。

例 7.3 说明数据在存储器中可以按"边界对准"或"边界不对准"两种方式存放的特点,并分析其利弊。

【解】 设存储字长为 32 位,可按字节、半字、字寻址,对于机器字长为 32 位的计算机,数据按"边界对准"方式存放,则数据字的地址一定是 4 的整数倍,这样每访问一个字,即可读出 32 位。当所存数据不能满足此要求时,可填充一个或多个空白字节,这会浪费一些存储空间。若数据不按"边界对准"方式存放,则数据字可能跨了两个存储字的位置,此时需要访问两次存储器,并对高低字节的位置进行调整后,才能取得一个数据字,影响了取数的时间,图 7.14 的阴影部分即属于这种情况。

存储器		地址(十进制)
字(地址 2)	半字(地址 0)	0
字节(地址 7)　字节(地址 6)	字(地址 4)	4
半字(地址 10)	半字(地址 8)	8

图 7.14 "边界不对准"的数据存放

例 7.4 假设指令字长为 16 位,操作数的地址码为 6 位,指令有零地址、一地址、二地址三种格式。

(1) 设操作码固定,若零地址指令有 M 种,一地址指令有 N 种,则二地址指令最多有几种?

(2) 采用扩展操作码技术,二地址指令最多有几种?

(3) 采用扩展操作码技术,若二地址指令有 P 种,零地址指令有 Q 种,则一地址指令最多有几种?

【解】

(1) 根据操作数地址码为 6 位,则二地址指令中操作码的位数为 $16-6-6=4$。这 4 位操作码可有 16 种操作。由于操作码固定,则除去了零地址指令 M 种,一地址指令 N 种,剩下二地址指令最多有 $16-M-N$ 种。

(2) 采用扩展操作码技术,操作码位数可随地址数的减少而增加。对于二地址指令,指令字长 16 位减去两个地址码共 12 位,剩下 4 位操作码,共 16 种编码,去掉一种编码(如 1111)用于一地址指令扩展,最多二地址指令可有 15 种操作。

(3) 采用扩展操作码技术,操作码位数可变,则二地址、一地址和零地址的操作码长度分别为 4 位、10 位和 16 位。这样二地址指令操作码每减少一种,就可以多构成 2^6 种一地址指令操作码;一地址指令操作码每减少一种,就可以多构成 2^6 种零地址指令操作码。因二地址指令有 P 种,则一地址指令最多有 $(2^4-P)\times 2^6$ 种。设一地址指令有 R 种,则零地址指令最多有 $\left[(2^4-P)\times 2^6-R\right]\times 2^6$ 种。

根据题中给出零地址指令为 Q 种,即

$$Q=\left[(2^4-P)\times 2^6-R\right]\times 2^6$$

则一地址指令 $\qquad R=(2^4-P)\times 2^6-Q\times 2^{-6}$

例 7.5 某机器采用一地址格式的指令系统,允许直接和间接寻址。机器配备有如下硬件:ACC、MAR、MDR、PC、X、MQ、IR 以及变址寄存器 R_X 和基址寄存器 R_B,均为 16 位。

(1) 若采用单字长指令,共能完成 105 种操作,则指令可直接寻址的范围是多少? 一次间址的寻址范围是多少? 画出其指令格式并说明各字段的含义。

(2) 若采用双字长指令,操作码位数及寻址方式不变,则指令可直接寻址的范围又是多少? 画出其指令格式并说明各字段的含义。

(3) 若存储字长不变,可采用什么方法访问容量为 8 MB 的主存? 需增设哪些硬件?

【解】

(1) 根据 IR 和 MDR 均为 16 位,且采用单字长指令,得出指令字长 16 位。根据 105 种操作,取操作码 7 位。因允许直接寻址和间接寻址,且有变址寄存器和基址寄存器,因此取 2 位寻址特征,能反映四种寻址方式。最后得指令格式为:

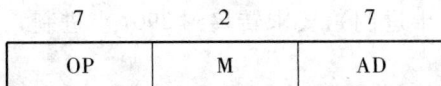

7	2	7
OP	M	AD

其中,OP 为操作码,可完成 105 种操作;M 为寻址特征,可反映四种寻址方式;AD 为形式地址。

这种格式指令可直接寻址 $2^7=128$,一次间址的寻址范围是 $2^{16}=65\ 536$。

(2) 双字长指令格式如下:

7	2	7
OP	M	AD$_1$
AD$_2$		

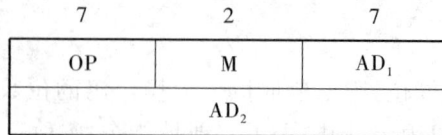

其中,OP、M 的含义同上;AD$_1$ // AD$_2$ 为 23 位形式地址。

这种格式指令可直接寻址的范围为 $2^{23} = 8$ M。

(3) 容量为 8 MB 的存储器,MDR 为 16 位,即对应 4 M×16 位的存储器。可采用双字长指令,直接访问 4 M 存储空间,此时 MAR 取 22 位;也可采用单字长指令,但 R$_X$ 和 R$_B$ 取 22 位,用变址或基址寻址访问 4 M 存储空间。

例 7.6 设相对寻址的转移指令占两个字节,第一字节是操作码,第二字节是相对位移量,用补码表示。每当 CPU 从存储器取出一个字节时,即自动完成 (PC)+1→PC。

(1) 设当前 PC 值为 3000H,试问转移后的目标地址范围是什么?

(2) 若当前 PC 值为 2000H,要求转移到 201BH,则转移指令第二字节的内容是什么?

(3) 若当前 PC 值为 2000H,指令 JMP * −9(* 为相对寻址特征)的第二字节的内容是什么?

【解】

(1) 由于相对寻址的转移指令为两个字节,第一字节为操作码,第二字节为相对位移量,且用补码表示,故其范围为−128 ～ +127,即 80H ~ 7FH。又因 PC 当前值为 3000H,且 CPU 取出该指令后,PC 已修改为 3002H,因此最终的转移目标地址范围为 3081H ~ 2F82H,即 3002H+7FH = 3081H 至 3002H−80H = 2F82H。

(2) 若 PC 当前值为 2000H,取出该指令后 PC 值为 2002H,故转移指令第二字节应为 201BH − 2002H = 19H。

(3) 根据汇编语言指令 JMP * −9,即要求转移后的目标地址为 2000H−09H = 1FF7H,但因为 CPU 取出该指令后 PC 值已修改为 2002H,故转移指令的第二字节的内容应为−11(十进制),写成补码为 F5H。

例 7.7 设相对寻址的转移指令占 3 个字节,第一字节为操作码,第二字节是相对位移量(补码表示)的低 8 位,第三字节是相对位移量(补码表示)的高 8 位。每当 CPU 从存储器取一个字节时,即自动完成 (PC)+1→PC。

(1) 若 PC 当前值为 256(十进制),要求转移到 290(十进制),则转移指令的第二、三字节的机器代码是什么?

(2) 若 PC 当前值为 128(十进制),要求转移到 110(十进制),则转移指令的第二、三字节的机器代码又是什么?

【解】

(1) PC 当前值为 256,该指令取出后 PC 值为 259,要求转移到 290,即相对位移量为 290−259 = 31,转换成补码为 1FH,故该转移指令的第二字节为 1FH,第三字节为 00H。

（2）PC 当前值为 128，该指令取出后 PC 值为 131，要求转移到 110，相对位移量为 110-131 = -21，转换成补码为 EBH，故该转移指令的第二字节为 EBH，第三字节为 FFH。

例 7.8 一条双字长直接寻址的子程序调用 CALL 指令，其第一个字为操作码和寻址特征，第二个字为地址码 5000H。假设 PC 当前值为 1000H，SP 的内容为 0100H，栈顶内容为 1234H，存储器按字编址，而且进栈操作是先（SP）-Δ→SP，后存入数据。试回答下列几种情况下，PC、SP 及栈顶内容各为多少。

（1）CALL 指令被读取前；

（2）CALL 指令被执行后；

（3）子程序返回后。

【解】

（1）CALL 指令被读取前，PC、SP 和栈顶内容由题目给出，即 PC = 1000H，SP = 0100H，栈顶内容为 1234H。

（2）CALL 指令被执行后，程序断点 1002H 进栈，此时 SP = 00FFH，栈顶内容为 1002H，PC 被更新为子程序入口地址 5000H。

（3）子程序返回后，程序断点出栈，PC = 1002H，SP 被修改为 0100H，栈顶内容为 1234H。

例 7.9 某机字长 16 位，存储器直接寻址空间为 128 字，变址时的位移量为 -64 ~ +63，16 个通用寄存器均可作为变址寄存器。设计一套指令系统格式，满足下列寻址类型的要求：

（1）直接寻址的二地址指令 3 条；

（2）变址寻址的一地址指令 6 条；

（3）寄存器寻址的二地址指令 8 条；

（4）直接寻址的一地址指令 12 条；

（5）零地址指令 32 条。

试问还有多少种代码未用？若安排寄存器寻址的一地址指令，还能容纳多少条？

【解】

（1）在直接寻址的二地址指令中，根据题目给出直接寻址空间为 128 字，则每个地址码为 7 位，其格式如图 7.15（a）所示。3 条这种指令的操作码为 00、01 和 10，剩下的 11 可作为下一种格式指令的操作码扩展用。

（2）在变址寻址的一地址指令中，根据变址时的位移量为 -64 ~ +63，形式地址 A 取 7 位。根据 16 个通用寄存器均可作为变址寄存器，取 4 位作为变址寄存器 R_x 的编号。剩下的 5 位可作为操作码，其格式如图 7.15（b）所示。6 条这种指令的操作码为 11000 ~ 11101，剩下的两个编码 11110 和 11111 可作为扩展用。

（3）在寄存器寻址的二地址指令中，两个寄存器地址 R_i 和 R_j 共 8 位，剩下的 8 位可作为操作码，比格式（2）的操作码扩展了 3 位，其格式如图 7.15（c）所示。8 条这种指令的操作码为 11110000 ~ 11110111。剩下的 11111000 ~ 11111111 这 8 个编码可作为扩展用。

（4）在直接寻址的一地址指令中，除去 7 位的地址码外，可有 9 位操作码，比格式（3）的操作

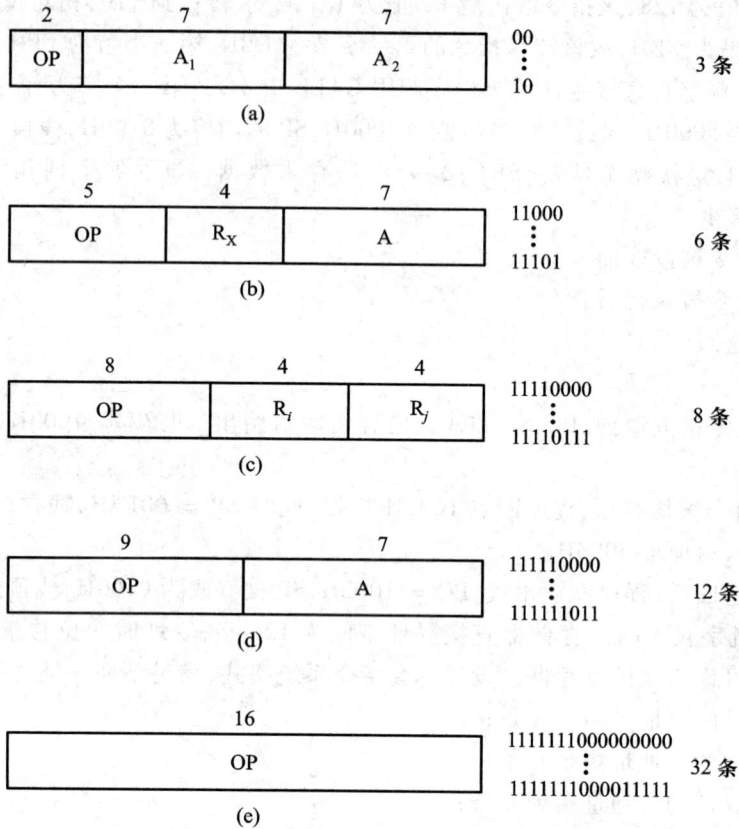

图 7.15 例 7.9 五种指令格式

码扩展了 1 位,与格式(3)剩下的 8 个编码组合,可构成 16 个 9 位编码。以 11111 作为格式(4)指令的操作码特征位,12 条这种指令的操作码为 111110000 ~ 111111011,如图 7.15(d)所示。剩下的 111111100 ~ 111111111 可作为扩展用。

（5）在零地址指令中,指令的 16 位都作为操作码,比格式(4)的操作码扩展了 7 位,与上述剩下的 4 个操作码组合后,共可构成 4×2^7 条指令的操作码。32 条这种指令的操作码可取 1111111000000000 ~ 1111111000011111,如图 7.15(e)所示。

还有 $2^9 - 32 = 480$ 种代码未用,若安排寄存器寻址的一地址指令,除去末 4 位为寄存器地址外,还可容纳 30 条这类指令。

例 7.10 某模型机共有 64 种操作,操作码位数固定,且具有以下特点:

（1）采用一地址或二地址格式;

（2）有寄存器寻址、直接寻址和相对寻址(位移量为 -128 ~ +127)三种寻址方式;

（3）有 16 个通用寄存器,算术运算和逻辑运算的操作数均在寄存器中,结果也在寄存器中;

（4）取数/存数指令在通用寄存器和存储器之间传送数据；

（5）存储器容量为 1 MB，按字节编址。

要求设计算术逻辑指令、取数/存数指令和相对转移指令的格式，并简述理由。

【解】

（1）算术逻辑指令格式为"寄存器-寄存器"型，取单字长 16 位。

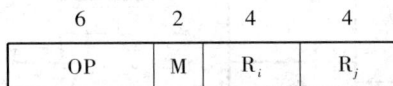

6	2	4	4
OP	M	R_i	R_j

其中，OP 为操作码，6 位，可实现 64 种操作；M 为寻址模式，2 位，可反映寄存器寻址、直接寻址、相对寻址；R_i 和 R_j 各取 4 位，指出源操作数和目的操作数的寄存器编号。

（2）取数/存数指令格式为"寄存器-存储器"型，取双字长 32 位，格式如下：

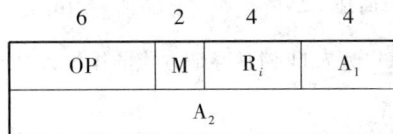

6	2	4	4
OP	M	R_i	A_1
A_2			

其中，OP 为操作码，6 位不变；M 为寻址模式，2 位不变；R_i 为 4 位，源操作数地址（存数指令）或目的操作数地址（取数指令）；A_1 和 A_2 共 20 位，存储器地址，可直接访问按字节编址的 1 MB 存储器。

（3）相对转移指令为一地址格式，取单字长 16 位，格式如下：

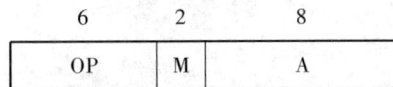

6	2	8
OP	M	A

其中，OP 为操作码，6 位不变；M 为寻址模式，2 位不变；A 为位移量 8 位，对应 $-128 \sim +127$。

例 7.11 画出先变址再间址和先间址再变址的操作数寻址过程示意图。

【解】 先变址再间址和先间址再变址的操作数寻址过程分别如图 7.16(a) 和 (b) 所示，图中 IX 为变址寄存器。

例 7.12 以下关于 RISC 描述中，哪些是正确的？说明理由。

（1）为了实现兼容，各公司设计的 RISC 计算机是从原来 CISC 系统的指令系统中挑选一部分实现的。

（2）早期的计算机比较简单，采用 RISC 技术后，计算机的体系结构又恢复了早期的情况。

（3）RISC 的主要目标是减少指令数，因此允许采取增加每条指令的功能的方法来减少指令系统所包含的指令数。

（4）以上说法都不对。

【解】 由于 RISC 和 CISC 的指令系统并无必然联系，都根据自己的需要和特点设定，因此

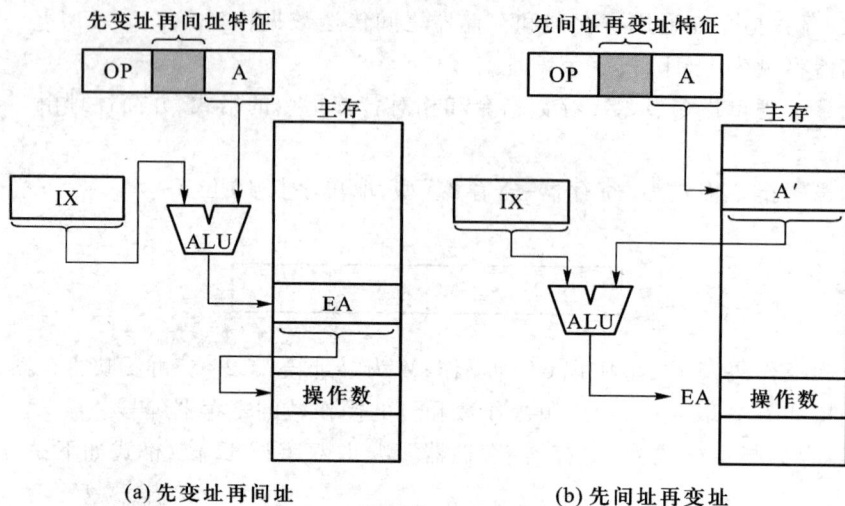

图 7.16 例 7.11 两种寻址方式的操作数寻址过程

（1）说法不正确。

　　早期的计算机简单是由设计水平和器件水平决定的，RISC 技术虽然降低了硬件设计的复杂度，但这与早期计算机的简单完全是两回事，因此（2）说法不正确。

　　RISC 不只是要减少指令总数，还要简化指令功能，其目的是降低硬件设计的复杂度，提高指令执行速度，因此（3）说法不正确。

　　故答案为（4）。

7.4 习题训练

7.4.1 选择题

1. 指令系统中采用不同寻址方式的目的主要是_____。

A. 可降低指令译码难度

B. 缩短指令字长，扩大寻址空间，提高编程灵活性

C. 实现程序控制

2. 零地址运算指令在指令格式中不给出操作数地址，它的操作数来自_____。

A. 立即数和栈顶　　　　　　B. 暂存器　　　　　　C. 栈顶和次栈顶

3. 一地址指令中，为完成两个数的算术运算，除地址译码指明的一个操作数外，另一个数常

采用_____。

    A. 堆栈寻址方式　　　　　　B. 立即寻址方式　　　　C. 隐含寻址方式

4. 二地址指令中,操作数的物理位置可安排在_____。（本题是多项选择）

    A. 两个主存单元　　　　　　　　　　　B. 两个寄存器

    C. 一个主存单元和一个寄存器　　　　　D. 栈顶和次栈顶

5. 操作数在寄存器中的寻址方式称为_____寻址。

    A. 直接　　　　　　　　　B. 寄存器直接　　　　　　C. 寄存器间接

6. 寄存器间接寻址方式中,操作数在_____中。

    A. 通用寄存器　　　　　　B. 堆栈　　　　　　　　　　C. 主存单元

7. 变址寻址方式中,操作数的有效地址是_____。

    A. 基址寄存器内容加上形式地址(位移量)

    B. 程序计数器内容加上形式地址

    C. 变址寄存器内容加上形式地址

8. 基址寻址方式中,操作数的有效地址是_____。

    A. 基址寄存器内容加上形式地址(位移量)

    B. 程序计数器内容加上形式地址

    C. 变址寄存器内容加上形式地址

9. 采用基址寻址可扩大寻址范围,且_____。

    A. 基址寄存器内容由用户确定,在程序执行过程中不可变

    B. 基址寄存器内容由操作系统确定,在程序执行过程中不可变

    C. 基址寄存器内容由操作系统确定,在程序执行过程中可变

10. 采用变址寻址可扩大寻址范围,且_____。

    A. 变址寄存器内容由用户确定,在程序执行过程中不可变

    B. 变址寄存器内容由操作系统确定,在程序执行过程中可变

    C. 变址寄存器内容由用户确定,在程序执行过程中可变

11. 变址寻址和基址寻址的有效地址形成方式类似,但是_____。

    A. 变址寄存器的内容在程序执行过程中是不可变的

    B. 在程序执行过程中,变址寄存器、基址寄存器和内容都是可变的

    C. 在程序执行过程中,基址寄存器的内容不可变,变址寄存器中的内容可变

12. 堆栈寻址方式中,设 A 为累加器,SP 为堆栈指示器,M_{SP} 为 SP 指示的栈顶单元,如果进栈操作的动作顺序是 $(A) \rightarrow M_{SP}$, $(SP)-1 \rightarrow SP$,那么出栈操作的动作顺序应为_____。

    A. $(M_{SP}) \rightarrow A$, $(SP)+1 \rightarrow SP$

    B. $(SP)+1 \rightarrow SP$, $(M_{SP}) \rightarrow A$

    C. $(SP)-1 \rightarrow SP$, $(M_{SP}) \rightarrow A$

13. 堆栈寻址方式中,设 A 为累加器,SP 为堆栈指示器,M_{SP} 为 SP 指示的栈顶单元,如果进

栈操作的动作顺序是 $(SP)-1 \to SP,(A) \to M_{SP}$,那么出栈操作的动作顺序应为_____。

    A. $(M_{SP}) \to A,(SP)+1 \to SP$

    B. $(SP)+1 \to SP,(M_{SP}) \to A$

    C. $(SP)-1 \to SP,(M_{SP}) \to A$

14. 设变址寄存器为 X,形式地址为 D,某机具有先变址再间址的寻址方式,则这种寻址方式的有效地址为_____。

    A. $EA=(X)+D$ B. $EA=(X)+(D)$ C. $EA=((X)+D)$

15. 设变址寄存器为 X,形式地址为 D,某机具有先间址后变址的寻址方式,则这种寻址方式的有效地址为_____。

    A. $EA=(X)+D$ B. $EA=(X)+(D)$ C. $EA=((X)+D)$

16. IBM PC 中采用了段寻址方式,在寻访一个主存具体单元时,由一个基地址加上某寄存器提供的 16 位偏移量来形成 20 位物理地址。这个基地址由_____来提供。

    A. 指令中的直接地址(16 位)自动左移 4 位

    B. CPU 中的四个 16 位段寄存器之一自动左移 4 位

    C. CPU 中的累加器(16 位)自动左移 4 位

17. 程序控制类指令的功能是_____。

    A. 进行主存和 CPU 之间的数据传送

    B. 进行 CPU 和设备之间的数据传送

    C. 改变程序执行的顺序

18. 运算型指令的寻址和转移型指令的寻址不同点在于_____。

    A. 前者取操作数,后者决定程序转移地址

    B. 前者是短指令,后者是长指令

    C. 后者是短指令,前者是长指令

19. 指令的寻址方式有顺序和跳跃两种,采用跳跃寻址方式可以实现_____。

    A. 程序浮动

    B. 程序的无条件转移和浮动

    C. 程序的条件转移和无条件转移

20. 扩展操作码是_____。

    A. 操作码字段以外的辅助操作字段的代码

    B. 指令格式中不同字段设置的操作码

    C. 一种指令优化技术,即让操作码的长度随地址数的减少而增加,不同地址数的指令可以具有不同的操作码长度

21. 设相对寻址的转移指令占两个字节,第一字节是操作码,第二字节是相对位移量(用补码表示),若 CPU 每当从存储器取出一个字节时,即自动完成 $(PC)+1 \to PC$,设当前 PC 的内容为 2000H,要求转移到 2008H 地址,则该转移指令第二字节的内容应为_____。

A. 08H   B. 06H   C. 0AH

22. 设相对寻址的转移指令占两个字节,第一字节是操作码,第二字节是相对位移量(用补码表示),若 CPU 每当从存储器取出一个字节时,即自动完成（PC）+1→PC。设当前 PC 的内容为 2009H,要求转移到 2000H 地址,则该转移指令第二字节的内容应为_____。

A. F5H   B. F7H   C. 09H

23. 设相对寻址的转移指令占两个字节,第一字节是操作码,第二字节是相对位移量(可正可负),则转移的地址范围是_____。

A. 255   B. 256   C. 254

24. 直接、间接、立即三种寻址方式指令的执行速度,由快至慢的排序是_____。

A. 直接、立即、间接

B. 直接、间接、立即

C. 立即、直接、间接

25. 一条指令中包含的信息有_____。

A. 操作码、控制码

B. 操作码、向量地址

C. 操作码、地址码

26. 为了缩短指令中地址码的位数,应采用_____寻址。

A. 立即数   B. 寄存器   C. 直接

27. 若数据在存储器中采用以低字节地址为字地址的存放方式,则十六进制数 12345678H 按字节地址由小到大依次存为_____。

A. 12345678   B. 78563412   C. 34127856

28. 在指令格式设计中,采用扩展操作码的目的是_____。

A. 增加指令长度   B. 增加寻址空间   C. 增加指令数量

29. 设机器字长为 16 位,存储器按字编址,对于单字长指令而言,读取该指令后,PC 值自动加_____。

A. 1   B. 2   C. 4

30. 设机器字长为 16 位,存储器按字节编址,CPU 读取一条单字长指令后,PC 值自动加_____。

A. 1   B. 2   C. 4

31. 设机器字长为 16 位,存储器按字节编址,设 PC 当前值为 1000H,当读取一条双字长指令后,PC 值为_____。

A. 1001H   B. 1002H   C. 1004H

32. 指令系统中采用不同寻址方式的主要目的是_____。

A. 简化指令译码

B. 提高访存速度

C. 缩短指令字长,扩大寻址空间,提高编程灵活性

33. 指令操作所需的数据不可能来自_____。

A. 控制存储器　　　　　　B. 指令本身　　　　　　C. 寄存器

34. 转移指令的主要操作是_____。

A. 改变程序计数器 PC 的值

B. 改变地址寄存器的值

C. 改变程序计数器的值和堆栈指针 SP 的值

35. 子程序调用指令完整的功能是_____。

A. 改变程序计数器 PC 的值

B. 改变地址寄存器的值

C. 改变程序计数器的值和堆栈指针 SP 的值

36. 子程序返回指令完整的功能是_____。

A. 改变程序计数器的值

B. 改变堆栈指针 SP 的值

C. 从堆栈中恢复程序计数器的值

37. 通常一地址格式的算术运算指令,另一个操作数隐含在_____中。

A. 累加器　　　　　　B. 通用寄存器　　　　　　C. 操作数寄存器

38. 下列_____是错误的。

A. 为了充分利用存储器空间,指令的长度通常可取字节的整数倍

B. 一地址指令是固定长度的指令

C. 单字长指令可加快取指令的速度

39. 在二地址指令中_____是正确的。

A. 指令的地址码字段存放的一定是操作数

B. 指令的地址码字段存放的一定是操作数地址

C. 运算结果通常存放在其中一个地址码所提供的地址中

40. 在一地址格式的指令中,下列_____是正确的。

A. 仅有一个操作数,其地址由指令的地址码提供

B. 可能有一个操作数,也可能有两个操作数

C. 一定有两个操作数,另一个是隐含的

41. 下列三种类型的指令,_____执行时间最长。

A. RR 型　　　　　　B. RS 型　　　　　　C. SS 型

42. 操作数地址存放在寄存器的寻址方式是_____。

A. 寄存器寻址　　　　　　B. 寄存器间接寻址　　　　　　C. 变址寄存器寻址

43. _____对于实现程序浮动提供了较好的支持。

A. 间接寻址　　　　　　B. 变址寻址　　　　　　C. 相对寻址

44. _____便于处理数组问题。

A. 间接寻址   B. 变址寻址   C. 相对寻址

45. _____有利于编制循环程序。

A. 基址寻址   B. 相对寻址   C. 寄存器间址

46. 在下列寻址方式中,_____寻址方式需要先计算,再访问主存。

A. 立即   B. 变址   C. 间接

47. 下列叙述中,_____能反映 RISC 的特征。(本题是多项选择)

A. 丰富的寻址方式

B. 指令执行采用流水方式

C. 控制器采用微程序设计

D. 指令长度固定

E. 只有 LOAD/STORE 指令访问存储器

F. 难以用优化编译生成高效的目标代码

G. 配置多个通用寄存器

48. 下列叙述中,_____能反映 CISC 的特征。(本题是多项选择)

A. 丰富的寻址方式

B. 控制器采用组合逻辑设计

C. 指令字长固定

D. 大多数指令需要多个时钟周期才能执行完成

E. 各种指令都可以访存

F. 只有 LOAD/STORE 指令可以访存

G. 采用优化编译技术

7.4.2 填空题

1. 指令字中的地址码字段(形式地址)有不同的含义,它是通过__A__体现的,因为通过某种方式的变换,可以得出__B__地址。常用的指令地址格式有__C__、__D__、__E__和__F__四种。

2. 在非立即寻址的一地址格式指令中,其中一个操作数通过指令的地址字段安排在__A__或__B__中。

3. 在二地址格式指令中,操作数的物理位置有三种形式,它们是__A__型、__B__型和__C__型。

4. 对于一条隐含寻址的算术运算指令,其指令字中不明确给出__A__,其中一个操作数通常隐含在__B__中。

5. 立即寻址的指令其指令的地址字段指出的不是__A__,而是__B__。

6. 寄存器直接寻址操作数在　A　中,寄存器间接寻址操作数在　B　中,所以执行指令的速度前者比后者　C　。

7. 设形式地址为 X,则在直接寻址方式中,操作数的有效地址为　A　;在间接寻址方式中,操作数的有效地址为　B　;在相对寻址中,操作数的有效地址为　C　。

8. 变址寻址和基址寻址的区别是:基址寻址中的基址寄存器提供　A　,指令的地址码字段提供　B　。而变址寻址中的变址寄存器提供　C　,指令的地址码字段提供　D　。

9. 把两种寻址方式相结合就形成了复合寻址方式,常见的复合寻址方式可把　A　和　B　相结合,它可分为　C　和　D　两种。

10. 指令寻址的基本方式有两种,一种是　A　寻址方式,其指令地址由　B　给出,另一种是　C　寻址方式,其指令地址由　D　给出。

11. 条件转移、无条件转移、子程序调用指令、中断返回指令都属　A　类指令,这类指令字的地址码字段指出的地址不是　B　的地址,而是　C　的地址。

12. 堆栈寻址需在 CPU 内设一个专用的寄存器,称为　A　,其内容是　B　。

13. 不同机器的指令系统各不相同,一个较完善的指令系统应该包括　A　、　B　、　C　、　D　、　E　等类指令。

14. 常见的数据传送类指令的功能可实现　A　和　B　之间或　C　和　D　之间的数据传送。

15. 设指令字长等于存储字长,均为 24 位,若某指令系统可完成 108 种操作,操作码长度固定,且具有直接、间接(一次间址)、变址、基址、相对、立即等寻址方式,则在保证最大范围内直接寻址的前提下,指令字中操作码占　A　位,寻址特征占　B　位,可直接寻址的范围是　C　,一次间址的范围是　D　。

16. 设机器指令系统可完成 98 种操作,指令字长为 16 位,操作码长度固定。若该指令系统具有直接、间接、变址、基址、相对、立即六种寻址方式,则在保证最大范围内直接寻址的前提下,其指令代码中操作码占　A　位,寻址特征占　B　位,形式地址码占　C　位,一次间址的范围是　D　。

17. 某机采用三地址格式指令,共能完成 50 种操作,若机器可在 1K 地址范围内直接寻址,则指令字长应取　A　位,其中操作码占　B　位,地址码占　C　位。

18. 某机指令字长 24 位,共能完成 130 种操作,采用单地址格式可直接寻址的范围是　A　,采用二地址格式指令,可直接寻址范围是　B　。

19. 某机共有 156 条指令,采用一地址格式,则指令字需取　A　位才能直接寻址 64K 个存储单元。完成一条这种格式的加法指令,需访问　B　次存储器。

20. 设指令字长等于存储字长均为 16 位,若某指令系统共能完成 58 种操作,且具有立即、间接、直接、变址四种寻址方式(变址寄存器为 32 位),则该指令系统可直接寻址的范围是　A　,一次间址的寻址范围是　B　,变址寻址的范围是　C　,立即数(有符号数)的范围是　D　。

21. 设 D 为指令字中的形式地址,D＝FCH,(D)＝40712,如果采用直接寻址方式,有效地址是___A___,参与操作的操作数是___B___。如果采用一次间接寻址方式,其间接地址是___C___,有效地址是___D___,参与操作的操作数是___E___。

22. 某机指令字长 16 位,每个操作数的地址码长 6 位,设操作码长度固定,指令分为零地址、一地址和二地址三种格式。若零地址指令有 P 种,一地址指令有 Q 种,则二地址指令最多有___A___种。若按变长度操作码考虑,则二地址指令最多允许有___B___种。

23. 某机指令字长 32 位,共有 64 种操作,若 CPU 内有 16 个 32 位的通用寄存器,采用寄存器–存储器型指令,能直接寻址的最大主存空间是___A___,如果采用通用寄存器作为基址寄存器,则寄存器–存储器型指令能寻址的最大主存空间是___B___。

24. RISC 的英文全名是___A___,它的中文含义是___B___;CISC 的英文全名是___C___,它的中文含义是___D___。

25. RISC 指令系统选取使用频度较高的一些___A___指令,复杂指令的功能由___B___指令的组合来实现。其指令长度___C___,指令格式种类___D___,寻址方式种类___E___,只有取数/存数指令访问存储器,其余指令的操作都在寄存器之间进行,且采用流水线技术,大部分指令在___F___时间内完成。

26. 操作数由指令直接给出的寻址方式为___A___。

27. 只有操作码没有地址码的指令称为___A___。

28. 在指令的执行阶段需要两次访问存储器的指令通常采用___A___寻址。

29. 需要通过计算才能获得有效地址的寻址方式常见的有___A___、___B___和___C___。

30. 在一地址的运算指令中,通常第一操作数在___A___中,第二操作数由指令地址码给出,运算结果在___B___中。

31. 操作数的地址直接在指令中给出的寻址方式是___A___。

32. 操作数的地址在寄存器中的寻址方式是___A___。

33. 操作数的地址在主存储器中的寻址方式是___A___。

34. 操作数的地址隐含在指令的操作码中,这种寻址方式是___A___。

35. 在寄存器寻址中,指令的地址码给出___A___,而操作数在___B___中。

36. 在寄存器间接寻址中,指令中给出的是___A___所在的寄存器编号。

37. 程序控制类指令包括各类转移指令,用户常用的有___A___指令、___B___指令和___C___指令。

38. 基址寻址方式的操作数地址由___A___与___B___求和产生。

39. 相对寻址方式中的操作数地址由___A___与___B___求和产生。

40. ___A___寻址和___B___寻址的有效地址形成方式极为相似,但它们的应用场合不同,前者主要用于处理数组程序,后者___C___。

7.4.3　问答题

1. 指令字中有哪些字段？各有何作用？如何确定这些字段的位数？

2. 在寄存器–寄存器型,寄存器–存储器型和存储器–存储器型三类指令中,哪类指令的执行时间最长？哪类指令的执行时间最短？为什么？

3. 比较变址寻址和基址寻址的异同点。

4. 设某机器共能完成 78 种操作,若指令字长为 16 位,试问单地址格式的指令其地址码可取几位？若想使指令的寻址范围扩大到 2^{16},可采用什么办法？举出三种不同的例子加以说明。

5. 某机字长 32 位,CPU 内有 32 个 32 位的通用寄存器,设计一种能容纳 64 种操作的指令系统,设指令字长等于机器字长。

（1）如果主存可直接或间接寻址,采用寄存器–存储器型指令,能直接寻址的最大存储空间是多少？画出指令格式。

（2）如果采用通用寄存器作为基址寄存器,则上述寄存器–存储器型指令的指令格式有何特点？画出指令格式并指出这类指令可访问多大的存储空间？

6. 若机器采用三地址格式访存指令,试问完成一条加法指令共需访问几次存储器？若该机共能完成 54 种操作,操作数可在 1K 地址范围内直接寻找,试画出该机器的指令格式。

7. 某机指令格式如下图所示：

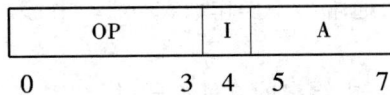

OP		I	A
0	3	4　5	7

图中 I 为间址特征位（I = 0,直接寻址；I = 1,一次间接寻址）。假设存储器部分单元有以下内容：

地址号（十六进制）	00	01	02	03	04	05	06	07
内容（十六进制）	01	5E	9D	74	A4	15	04	A0

指出下列机器指令（十六进制表示）的有效地址。

（1）D7;（2）DF;（3）DE;（4）D2。

8. 某机指令格式如下图所示：

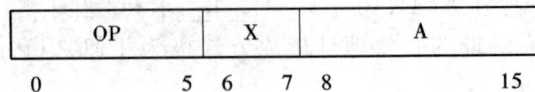

OP		X	A
0	5　6	7　8	15

图中 X 为寻址特征位,且

当 X = 0 时,不变址；

X = 1 时,用变址寄存器 X_1 进行变址；

X=2 时,用变址寄存器 X_2 进行变址;

X=3 时,相对寻址。

设(PC)=1234H,[X_1]=0037H,[X_2]=1122H,确定下列指令的有效地址(指令和地址均用十六进制表示):

(1) 4420;(2) 2244;(3) 1322;(4) 3521。

9. 某机存储器容量为 64 K×16 位,该机访存指令格式如下:

OP	M	I	X	A
0	3 4	5 6	7 8	15

其中 M 为寻址模式:0 为直接寻址,1 为基址寻址,2 为相对寻址,3 为立即寻址;I 为间址特征(I=1 间址);X 为变址特征(X=1 变址)。

设 PC 为程序计数器,R_x 为变址寄存器,R_B 为基址寄存器,试问:

(1) 该指令能定义多少种操作?

(2) 立即寻址操作数的范围。

(3) 在非间址情况下,除立即寻址外,写出每种寻址方式计算有效地址的表达式。

(4) 设基址寄存器为 14 位,在非变址直接基址寻址时,指令的寻址范围是多少?

(5) 间接寻址时,寻址范围是多少? 若允许多重间址,寻址范围又是多少?

10. 一种一地址指令的格式如下所示:

OP	I	X	A

其中 I 为间址特征,X 为寻址模式,A 为形式地址。设 R 为通用寄存器,也可作为变址寄存器。在表 7.2 中填入适当的寻址方式名称。

表7.2 寻 址 表

寻址方式名称	I	X	有效地址 EA
①	0	00	EA=A
②	0	01	EA=(PC)+A
③	0	10	EA=(R)+A
④	0	11	EA=R
⑤	1	00	EA=(A)
⑥	1	01	EA=((PC)+A)
⑦	1	10	EA=((R)+A)
⑧	1	11	EA=(R)

11. 某机使用的指令格式和寻址方式如图 7.17 所示,该机有 16 个 16 位的通用寄存器,并可选定任一个通用寄存器作为变址寄存器。指令汇编格式中的 S(源)、D(目标)都是通用寄存器,M 是主存中的一个单元。

图 7.17　某机的指令格式和寻址方式

试问：

（1）CPU 完成哪一种操作花的时间最短？为什么？

（2）CPU 完成哪一种操作花的时间最长？为什么？

（3）第②种指令的执行时间有时会等于第③种指令的执行时间吗？为什么？

（4）哪一种指令操作数的寻址范围最大？为什么？

12．某机机器字长、指令字长和存储字长均为 16 位，指令系统共能完成 50 种操作，采用相对寻址、间接、直接寻址。试问：

（1）指令格式如何确定？各种寻址方式的有效地址如何形成？

（2）能否增加其他寻址方法？说明理由。

13．设用八进制数表示下列单元地址及内容：

地址	6	11	15	17	23	2023
内容	100015	000035	000017	000023	000011	001000

寄存器 R_3 中放 000015，程序计数器 PC 中放 002000（均为八进制），试求表 7.3 中的有效地址 EA 和指令执行后 R_1 或 PC 的内容（均用八进制表示）。

表 7.3　问答题 13 的表格

指令助记符	有效地址 EA	R_1 或 PC 内容
① LDA　1,6	EA =	R_1 =
② LDA　1,-7,3	EA =	R_1 =
③ LDA　1,　@6	EA =	R_1 =
④ LDA　1,6,3	EA =	R_1 =
⑤ LDA　1,@15	EA =	R_1 =
⑥ LDA　1,@23	EA =	R_1 =
⑦ LDA　1,23	EA =	R_1 =
⑧ LDA　1,@6,3	EA =	R_1 =
⑨ JMP　*　-7	EA =	PC =
⑩ JMP　@ *+23	EA =	PC =

说明：

（1）LDA 表示取数指令，后面的 1 表示 R_1，逗点后的第一个数为形式地址（或位移量），用八进制表示，@ 表示间接寻址，∗ 表示相对寻址，第二个逗点后的 3 表示用 R_3 作为变址寄存器。JMP 为无条件转移指令。

（2）表中⑧和⑩为复合寻址方式，前者为先变址再间址，后者为先相对寻址再间址。

（3）间接访问某一存储单元时，存储字的最高位用于区分是否多次间址，低 15 位表示有效地址。如取出的数据最高位为"0"，则为一次间址，如取出的数据最高位为"1"，则有多次间接寻址功能。

14．设用十六进制数表示下列单元地址及内容：

地址	6	9	D	F	13	413
内容	800D	001D	000F	0013	0009	0200

寄存器 R_3 中放 000D，程序计数器 PC 中放 0400（均为十六进制），试求表 7.4 中的有效地址 EA 和指令执行后 R_1 或 PC 的内容（均用十六进制表示）。

表 7.4　问答题 14 的表格

指令助记符	有效地址 EA	R_1 或 PC 内容
① LDA 1, 6	EA =	R_1 =
② LDA 1, −7,3	EA =	R_1 =
③ LDA 1, @6	EA =	R_1 =
④ LDA 1,6,3	EA =	R_1 =
⑤ LDA 1,@15	EA =	R_1 =
⑥ LDA 1,@13	EA =	R_1 =
⑦ LDA 1,13	EA =	R_1 =
⑧ LDA 1,@6,3	EA =	R_1 =
⑨ JMP ∗ −7	EA =	PC =
⑩ JMP @ ∗ +13	EA =	PC =

说明：

（1）LDA 表示取数指令，后面的 1 表示 R_1，逗点后的第一个数为形式地址（或位移量），用十六进制表示，@ 表示间接寻址，∗ 表示相对寻址，第二个逗点后的 3 表示用 R_3 作变址寄存器。JMP 为无条件转移指令。

（2）表中⑧和⑩为复合寻址方式，前者为先变址再间址，后者为先相对寻址再间址。

（3）间接访问某一存储单元时,存储字的最高位用于区分是否多次间址,低 15 位表示有效地址。如取出的数据最高位为"0",则为一次间址,如取出的数据最高位为"1",则有多次间接寻址功能。

15. 某机主存容量为 64 K×16 位,并且指令字长、机器字长和存储字长相等,采用单字长一地址指令,共有 60 条。试设计四种寻址方式的指令格式,并说明每一种寻址方式的寻址范围及有效地址计算方法。

16. 已知一台 16 位的计算机配有 16 个通用寄存器,设计一种方案,用指定的通用寄存器组中的某些寄存器来实现对 1 M 地址空间的存储器寻址,参加这种寻址的通用寄存器该采用什么办法区分出来?

17. 比较间接寻址和变址寻址。

18. RISC 指令系统具有哪些主要特点?

19. 设有一条双操作数指令 ADD　R_0,D,R_3,其中 R_0 是通用寄存器存放操作数 1,R_3 是变址寄存器,D 是位移量。该指令的操作是$(R_0)+((R_3) + D)\to R_0$,画出完成该指令的信息流程图。

20. 画出 ADD @　R_1 指令对操作数的寻址及加法过程的信息流程图(设另一个操作数隐含在 ACC 中,@ R_1 表示寄存器间接寻址,R_1 寄存器的内容为 2074H)。

21. 画出完成 ADD　 *+3 指令的信息流程图(* 表示相对寻址,另一操作数隐含在 ACC 中)。假设（PC) = 2000H。

22. 画出完成 ADD　 *−3 指令的信息流程图(* 表示相对寻址,另一操作数隐含在 ACC 中)。假设（PC) = 2000H。

23. 某指令系统指令长 16 位,如果操作码固定为 4 位,则三地址格式的指令共有几条? 如果采用扩展操作码技术,对于三地址、二地址、一地址和零地址这四种格式的指令,每种指令最多可以安排几条? 写出它们的格式。

24. 某指令系统指令字长 12 位,地址码取 3 位,试提出一种方案,使该指令系统有 4 条三地址指令、8 条二地址指令、150 条一地址指令。

25. 设某机共能完成 120 种操作,CPU 有 8 个通用寄存器（12 位）,主存容量为 16K 字,采用寄存器–存储器型指令。

（1）欲使指令可直接访问主存的任一地址,指令字长应取多少位?

（2）若在上述设计的指令字中设置一寻址特征位 X,且 X = 0 表示某个寄存器作基址寄存器,画出指令格式。试问采用基址寻址可否访问主存的任一单元? 为什么? 如不能,提出一种方案,使指令可访问主存的任一位置。

（3）若指令字长等于存储字长,且主存容量扩大到 64 K 字,在不改变硬件结构的前提下,可采用什么方法使指令可访问存储器的任一位置?

26. 设机器字长为 12 位,若主存容量为 64 K×12 位,为使一条 12 位字长的转移指令能够转移到主存中的任一单元,应选用何种寻址方式? 说明理由。

27. 设某机存储字长、指令字长和机器字长三者相等。若主存容量为 256K×16 位,欲使一条转移指令能够转移到主存的任一位置,可选用何种寻址方式,为什么?

28. 设某机存储字长、指令字长和机器字长均相等,该机的指令格式如下:

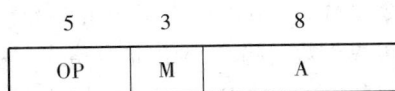

5	3	8
OP	M	A

其中,A 为形式地址,用补码表示(包括 1 位符号位);

M 为寻址模式,M = 0 立即寻址;

M = 1 直接寻址(此时 A 视为无符号数);

M = 2 间接寻址(此时 A 视为无符号数);

M = 3 变址寻址(变址寄存器为 R_x);

M = 4 相对寻址。

试问:

(1) 该指令格式能定义多少种不同的操作? 立即寻址操作数的范围是多少?

(2) 写出各种寻址模式计算有效地址的表达式。

(3) 当 M = 1、2、4 时,能访问的最大主存空间为多少机器字(主存容量为 64K 字)?

29. 某机指令字长 16 位,具有二地址、一地址和零地址三种指令格式,规定每个操作数的地址码为 5 位,采用操作码扩展技术,每种指令最多可安排几条? 写出它们的格式。

30. 设指令字长为 16 位,每个操作数的地址码为 6 位。如果定义了 12 条二地址指令,试问还有多少条一地址指令?

31. 某计算机的指令字长 16 位,采用扩展操作码,操作数地址取 4 位。假设该指令系统已有 X 条三地址指令,Y 条二地址指令,没有零地址指令,问最多还有几条一地址指令?

32. 设指令字长为 16 位,每个地址码为 6 位,采用扩展操作码技术,设计 12 条二地址指令,96 条一地址指令,50 条零地址指令。列出操作码的扩展形式并计算操作码的平均长度。

33. 一条双字长的取数指令(LDA)存于存储器的 100 和 101 单元,其中第一个字为操作码和寻址特征 M,第二个字为形式地址。假设 PC 当前值为 100,变址寄存器 XR 的内容为 100,基址寄存器的内容为 200,存储器各单元的内容如下所示:

地址	101	300	400	401	402	500	501	800
内容	300	800	700	400	500	200	900	600

写出下列寻址方式的有效地址,以及取数指令执行结束后累加器 ACC 的内容。

(1) 直接寻址 (2) 立即寻址 (3) 间接寻址 (4) 相对寻址

(5) 变址寻址 (6) 基址寻址

34. 设一条相对寻址的转移指令占三个字节,第一字节是操作码,第二、三字节为相对位移量,且数据在存储器采用以高字节地址为字地址的存放方式。假设 PC 当前值为 4000H。试问当执行 JMP *+17 和 JMP *−9 指令时,该转移指令的第二、第三字节的机器码各为多少?

35. 设某计算机机器字长为 16 位,共有 16 个通用寄存器,四种寻址方式,指令字长可变,操作码位数可变,主存容量为 64 K×16 位,存储器按字编址。

（1）画出单字长 R–R 型指令格式,并指出这类指令最多允许几条。

（2）在（1）的基础上,扩展成单操作数的指令,画出指令格式,并指出这类指令最多允许几条。

（3）画出允许直接访问主存任一单元的 R–S 型指令格式。

（4）画出变址寻址的指令格式。

36. 假设某 RISC 机有加法和减法指令,其功能如下:

ADD　　　R_i, R_j, R_k　　　完成$(R_i)+(R_j)\rightarrow(R_k)$操作

SUB　　　R_i, R_j, R_k　　　完成$(R_i)-(R_j)\rightarrow(R_k)$操作

若设 R_0 寄存器恒为 0,如何用上述指令完成寄存器之间的传送,寄存器清"0"和寄存器内容取负。

参 考 答 案

7.4.1　选择题

1. B	2. C	3. C	4. A、B、C	5. B	6. C
7. C	8. A	9. B	10. C	11. C	12. B
13. A	14. C	15. B	16. B	17. C	18. A
19. C	20. C	21. B	22. A	23. B	24. C
25. C	26. B	27. C	28. C	29. A	30. B
31. C	32. C	33. A	34. A	35. C	36. C
37. A	38. B	39. C	40. B	41. C	42. B
43. C	44. B	45. C	46. B	47. B、D、E、G	48. A、D、E

7.4.2　填空题

1. A. 寻址方式　　　　B. 有效　　　　C. 零地址　　　　D. 一地址

　　E. 二地址　　　　F. 三地址

2. A. 寄存器　　　　B. 存储器

3. A. 寄存器–寄存器　　B. 寄存器–存储器　　　　C. 存储器–存储器

4. A. 操作数的地址　　B. 累加器

5. A. 操作数的地址　　B. 操作数本身

6. A. 寄存器　　　　B. 存储器　　　　C. 快

7. A. X　　　　B. (X)　　　　C. (PC)+X（X 可正可负）

8. A. 基准量　　　　B. 位移量　　　　C. 修改量　　　　D. 基准量

9. A. 变址　　　　B. 间址　　　　C. 先变址后间址

　　D. 先间址后变址

10. A. 顺序　　　　B. 程序计数器　　C. 跳跃　　　　D. 指令本身

11. A. 程序控制(或跳转)   B.操作数   C. 下一条指令

12. A. 堆栈指示器   B. 栈顶的地址

13. A. 数据传送   B. 算术逻辑运算   C. 程序控制

     D. 输入输出   E. 其他

14. A. 寄存器   B. 寄存器   C. 寄存器   D. 存储器

15. A. 7   B. 3   C. 2^{14} D. 2^{24}

16. A. 7   B. 3   C. 6   D. 2^{16}

17. A. 36   B. 6   C. 30

18. A. 2^{16} B. 2^8

19. A. 24   B. 两

20. A. 2^8 B. 2^{16} C. 2^{32} D. $-2^7 \sim 2^7-1$

21. A. FCH   B. 40712   C. FCH   D. 40712

     E. (40712)

22. A. $16-P-Q$ B. 15

23. A. 2^{22} B. 2^{32}

24. A. Reduced Instruction Set Computer

     B. 精简指令系统计算机

     C. Complex Instruction Set Computer

     D. 复杂指令系统计算机

25. A. 简单   B. 简单   C. 固定   D. 少

     E. 少   F. 一个时钟周期

26. A. 立即寻址

27. A. 零地址格式指令

28. A. 存储器间接

29. A. 变址寻址   B. 基址寻址   C. 相对寻址

30. A. 累加器   B. 累加器

31. A. 直接寻址

32. A. 寄存器间接寻址

33. A. 存储器间接寻址

34. A. 隐含寻址

35. A. 寄存器号   B. 寄存器

36. A. 操作数地址

37. A. 无条件转移   B. 条件转移   C. 子程序调用

38. A. 基址寄存器的内容 B.指令地址码字段给出的地址(或形式地址)

39. A. 当前 PC 值   B. 指令地址码字段给出的位移量(或形式地址)

40. A. 变址　　　　　　　B. 基址　　　　　C. 支持多道程序的应用

7.4.3　问答题

1. 指令字中有三种字段：操作码字段、寻址特征字段和地址码字段。操作码字段指出机器完成某种操作，其位数取决于指令系统的操作种类。寻址特征字段指出该指令以何种方式寻找操作数的有效地址，其位数取决于寻址方式的种类。地址码字段和寻址特征字段共同指出操作数或指令的有效地址，其位数与寻址范围有关。

2. 这三类指令中寄存器–寄存器型指令执行速度最快，存储器–存储器指令执行速度最慢。因为前者两个操作数都在寄存器中，后者两个操作数都在存储器中，而访问一次存储器所需的时间比访问一次寄存器所需的时间长得多。

3. 两者的区别如下表：

基址寻址	变址寻址
（1）有效地址等于形式地址加上基址寄存器的内容	（1）有效地址等于形式地址加上变址寄存器的内容
（2）可扩大寻址范围	（2）可扩大寻址范围
（3）基址寄存器的内容由操作系统给定，且在程序的执行过程中不可变	（3）变址寄存器的内容由用户给定，且在程序的执行过程中可变
（4）支持多道程序技术的应用	（4）用于处理数组程序

4. 根据 78 种操作，可求出操作码的位数为 7 位，则单地址格式的指令地址码占 $16-7=9$ 位。欲使指令的寻址范围扩大到 2^{16}，可采用以下三种寻址方法。

（1）若指令字长等于存储字长均为 16 位，则采用间接寻址可使寻址范围扩大到 2^{16}，因为间址时（设非多次间址）从存储单元中取出的有效地址为 16 位。

（2）采用变址寻址，并设变址寄存器 XR 为 16 位，则有效地址 $EA=(XR)+A$（形式地址），即可使寻址范围扩大到 2^{16}。

（3）采用基址寻址，并设基址寄存器 BR 为 16 位，则有效地址 $EA=(BR)+A$，即可使寻址范围扩大到 2^{16}。

5. （1）根据题意指令格式如下：

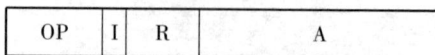

OP	I	R	A

其中，OP 占 6 位，为操作码，可容纳 64 种操作；I 占 1 位，为直接/间接寻址方式（I=1 为间址，I=0 为直接寻址）；R 占 5 位，为 32 个通用寄存器编号；A 占 20 位，为形式地址。

这种指令格式能直接寻址的存储空间为 2^{20}。

（2）根据题意，保留（1）格式的 OP，I，R 字段，增加 B 字段，用以指出哪个寄存器为基址寄存器。此时，基址寻址的特征隐含在 OP 中。其指令格式如下：

OP	I	R	B	A

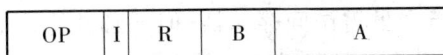

其中,OP 占 6 位,为操作码,对应 64 种操作;I 占 1 位,为直接/间接寻址方式;R 占 5 位,为 32 个通用寄存器编号;B 占 5 位,为基址寄存器编号;A 占 15 位,为形式地址。

因为通用寄存器为 32 位,用它作基址寄存器后,有效地址等于基址寄存器内容加上形式地址,可得 32 位的有效地址,故寻址范围可达 2^{32}。

也可在(2)格式中再增加一位基址寻址特征位 X,用以明确指出是否基址寻址(X＝1 基址寻址),此时 A 取 14 位,如下所示:

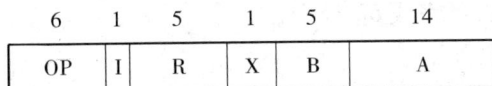

6	1	5	1	5	14
OP	I	R	X	B	A

6. 根据题意,指令字长为 36 位,其格式为

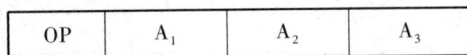

OP	A_1	A_2	A_3

其中,OP 占 6 位操作码,可完成 54 种操作;A_1 占 10 位,第一操作数地址,寻址范围为 1 K;A_2 占 10 位,第二操作数地址,寻址范围为 1 K;A_3 占 10 位,存放结果的地址,寻址范围为 1 K。

完成一条加法指令共需访问 4 次存储器:第一次取指令;第二次取第一操作数;第三次取第二操作数;第四次存放结果。

7. (1) 07H;(2) A0H;(3) 04H;(4) 02H。

8. (1) 0020H;(2) 1166H;(3) 1256H;(4) 0058H。

9. (1) 该指令能定义 16 种操作。

(2) 立即寻址操作数的范围是 –128 ～ +127。

(3) 直接寻址 EA＝A　　　基址寻址 EA＝(R_B)+A

变址寻址 EA＝(R_X)+A　　相对寻址 EA＝(PC)+A。

(4) 非变址直接基址寻址时 EA＝(R_B)+A,R_B 为 14 位,故可寻址的范围为 2^{14}。

(5) 间接寻址时,如不考虑多次间址,寻址范围为 64 K,因为从存储器中读出的 16 位数为有效地址。如果考虑多次间址,则需用最高 1 位作多次间址标志("1"为多次间址),此时寻址范围为 32 K。

10. ① 直接寻址　　　② 相对寻址　　　③ 变址寻址　　　④ 寄存器直接寻址

⑤ 间接寻址　　　⑥ 先相对后间址　　⑦ 先变址再间址　　⑧ 寄存器间接寻址

11. (1) CPU 完成第①种指令所需时间最短,因为是 RR 型指令,执行指令时不访问存储器。

(2) CPU 完成第②种指令所需时间最长,因为是 RS 型指令,执行指令时需访问存储器,且要通过变址运算求得有效地址,故所需时间长。

（3）不可能，因为第③种指令虽需访问存储器，但不必进行地址变换运算。

（4）由于第③种指令的源操作数地址为 20 位的主存地址，因此它的寻址范围最大，为 2^{20}。第②种指令的目的地址为 (R_x)+形式地址（R_x 为变址寄存器），因为通用寄存器的位数和形式地址均为 16 位的地址，其和必小于 2^{20}。第①种指令的操作数在寄存器中，寻址范围为 2^4，最小。

12. （1）根据题意指令格式为

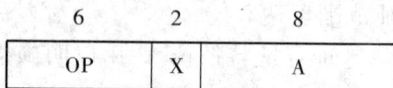

6	2	8
OP	X	A

其中，OP 为操作码，6 位，可完成 50 种操作；

X 为寻址模式，2 位，定义如下：

X=00 直接寻址，EA=A；

X=01 相对寻址，EA=(PC)+A；

X=10 间接寻址，EA=(A)。

（2）由于上述指令格式中寻址模式 X=11 尚未使用，故可增加一种寻址方式，如立即寻址，此时 A 即为操作数。

13. ① EA=6　　　　R_1=100015　　　② EA=6　　　　R_1=100015

　　③ EA=17　　　　R_1=000023　　　④ EA=23　　　　R_1=000011

　　⑤ EA=17　　　　R_1=000023　　　⑥ EA=11　　　　R_1=000035

　　⑦ EA=23　　　　R_1=000011　　　⑧ EA=11　　　　R_1=000035

　　⑨ EA=1771　　　PC=001771　　　⑩ EA=1000　　　PC=001000

14. ① EA=6　　　　R_1=800D　　　② EA=6　　　　R_1=800D

　　③ EA=F　　　　R_1=0013　　　④ EA=13　　　　R_1=0009

　　⑤ EA=F　　　　R_1=0013　　　⑥ EA=9　　　　R_1=001D

　　⑦ EA=13　　　　R_1=0009　　　⑧ EA=9　　　　R_1=001D

　　⑨ EA=3F9　　　PC=03F9　　　⑩ EA=200　　　PC=0200

15. 根据题意指令格式如下所示：

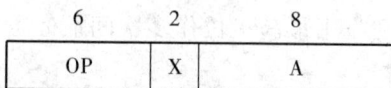

6	2	8
OP	X	A

其中，OP 为操作码，6 位，可完成 60 种操作；

X 为寻址模式，2 位，允许有 4 种寻址方式，设计如下：

X=00 直接寻址，EA=A，(256)；

X=01 间接寻址，EA=(A)，(64 K)；

X=10 变址寻址，EA=(R_x)+A，(64 K)；

X = 11 基址寻址,EA =(R$_B$)+A,(64 K)。

R$_X$为变址寄存器(16 位),R$_B$为基址寄存器(16 位),A 为形式地址。

16. 欲对 1 M 地址空间寻址,必须形成 20 位的有效地址,可以指定某些通用寄存器和形式地址拼接而成。如将 16 位通用寄存器的内容左移 4 位(低位补 0),然后加上形式地址;或用 4 位形式地址作为有效地址的高 4 位,用 16 位通用寄存器的内容作为有效地址的低 16 位。这两种方法都需有一个 20 位的 MAR。

参与这种寻址方式的通用寄存器可用赋予地址编号来加以区分。16 个通用寄存器用 4 位地址给 R$_0$~R$_{15}$命名,由设计者选定哪几个寄存器参与这种方式的寻址。

17. 间接寻址和变址寻址都可扩大寻址范围,但它们形成有效地址的方式不同:间址需通过访存(若是多次间址还需多次访存)得到有效地址;而变址需通过地址变换(将变址寄存器内容加上形式地址)得到有效地址,故通常间址指令执行时间比变址指令长。此外,两种指令的应用场合不同,变址寻址特别适用于处理数组问题。

18. RISC 指令系统通过简化指令,使计算机的结构更加简单合理,并通过减少指令执行周期数的途径,达到提高机器速度的目的。其特点归纳如下:

(1)选取使用频度较高的一些简单指令,复杂指令的功能由执行频度高的简单指令组合来实现。

(2)指令长度固定,指令格式和寻址方式种类少。

(3)CPU 中通用寄存器数量多,大多数指令操作都在寄存器之间进行,只有取数(LOAD)和存数(STORE)指令访问存储器。

(4)采用流水线技术,大部分指令在一个时钟周期内完成。

(5)控制器采用组合逻辑控制,不用微程序控制。

(6)采用优化的编译程序。

19. 完成 ADD R$_0$,D,R$_3$指令的信息流程示意如图 7.18 所示。

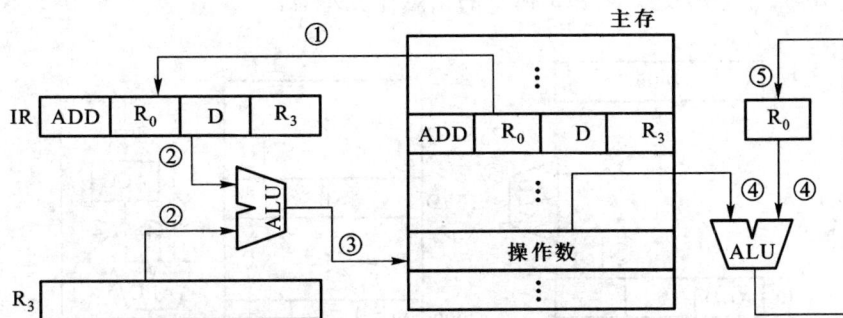

图 7.18 第 19 题答图

20. ADD@ R$_1$指令对操作数的寻址及加法过程的信息流程示意如图 7.19 所示。

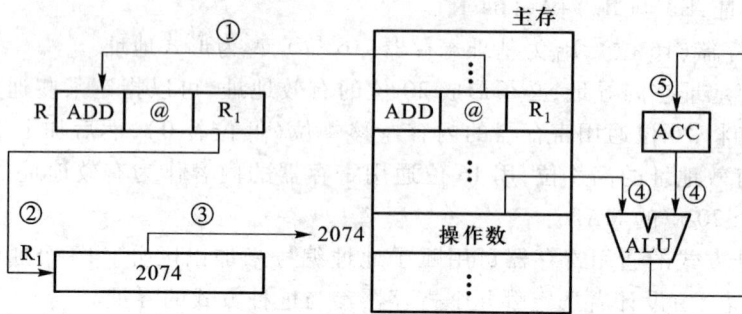

图 7.19　第 20 题答图

21. 图 7.20 是完成 ADD　＊+3 指令的信息流程示意。

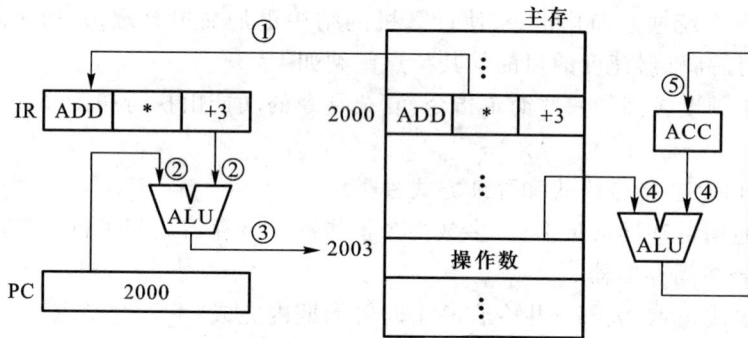

图 7.20　第 21 题答图

22. 图 7.21 是完成 ADD　＊－3 指令的信息流程示意。

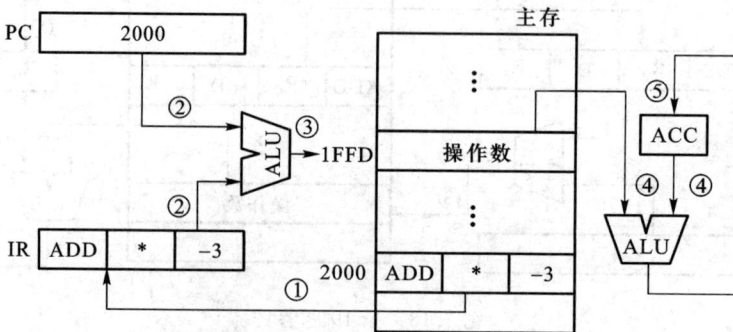

图 7.21　第 22 题答图

23. 指令字长 16 位,如果操作码固定为 4 位,则三地址格式指令共有 16 条。若采用扩展操作码技术,这 16 位字长的指令最多分别有 15 条三地址格式指令、15 条二地址格式指令、15 条单地址格式指令和 16 条零地址格式指令,共 61 条。指令格式如图 7.22 所示。

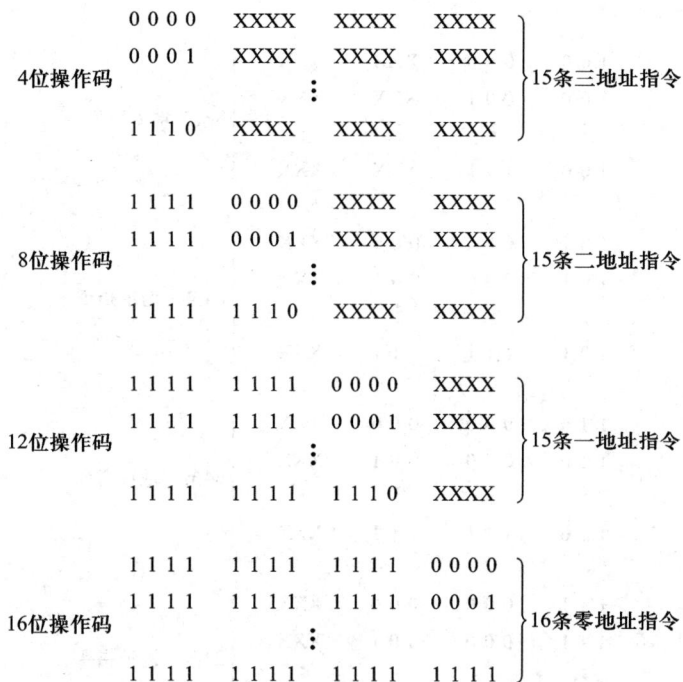

```
            0000  XXXX  XXXX  XXXX  ⎫
            0001  XXXX  XXXX  XXXX  ⎬  15条三地址指令
  4位操作码              ⋮             ⎭
            1110  XXXX  XXXX  XXXX

            1111  0000  XXXX  XXXX  ⎫
            1111  0001  XXXX  XXXX  ⎬  15条二地址指令
  8位操作码              ⋮             ⎭
            1111  1110  XXXX  XXXX

            1111  1111  0000  XXXX  ⎫
            1111  1111  0001  XXXX  ⎬  15条一地址指令
  12位操作码             ⋮             ⎭
            1111  1111  1110  XXXX

            1111  1111  1111  0000  ⎫
            1111  1111  1111  0001  ⎬  16条零地址指令
  16位操作码             ⋮             ⎭
            1111  1111  1111  1111
```

图 7.22 第 23 题答图

24. 根据题意,4 条三地址指令,8 条二地址指令,150 条一地址指令的格式如图 7.23 所示。

25. (1)欲使指令可直接访问 16 K 字存储器的任一单元,采用寄存器-存储器型指令,该机的指令字长应包括 14 位的地址码、3 位寄存器编号和 7 位操作码,即指令字长 = 14+3+7 = 24,指令格式为

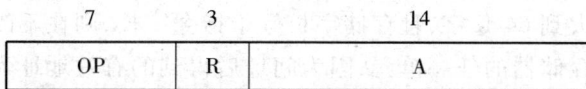

7	3	14
OP	R	A

(2)增加一位寻址特征位 X,且 X = 1 表示某个寄存器作基址寄存器 R_B。因为通用寄存器仅 12 位不足以覆盖 16K 地址空间,可将寄存器内容左移 2 位,低位补 0,形成 14 位基地址,然后与形式地址相加,所得的有效地址即可访问 16K 字存储器的任一单元。其指令格式如下:

```
000    XXX    XXX    XXX  ⎫
001    XXX    XXX    XXX  ⎬ 4条三地址指令
010    XXX    XXX    XXX  ⎪
011    XXX    XXX    XXX  ⎭

100    000    XXX    XXX  ⎫
100    001    XXX    XXX  ⎬ 8条二地址指令
 ⋮      ⋮      ⋮      ⋮   ⎪
100    111    XXX    XXX  ⎭

101    000    000    XXX  ⎫
101    000    001    XXX  ⎬ 64条一地址指令
 ⋮      ⋮      ⋮      ⋮   ⎪
101    111    111    XXX  ⎭

110    000    000    XXX  ⎫
110    000    001    XXX  ⎬ 64条一地址指令
 ⋮      ⋮      ⋮      ⋮   ⎪
110    111    111    XXX  ⎭

111    000    000    XXX  ⎫
111    000    001    XXX  ⎬ 22条一地址指令
 ⋮      ⋮      ⋮      ⋮   ⎪
111    010    101    XXX  ⎭
```

图 7.23　第 24 题答图

OP	R	X	R_B	A
7	3	1	3	10

（3）若主存容量扩大到 64 K 字,且存储字长等于指令字长,则在不改变硬件结构的前提下,采用一次间址即可访问存储器的任一单元,因为间址后得到的有效地址为 24 位。

26. 为使一条 12 位字长的转移指令能转至 64 K×12 位的主存任一单元,可采用基址寻址。由于机器字长为 12 位,故可将寄存器内容左移 4 位,低位补 0,形成 16 位的基地址,然后和形式地址相加,所得地址即可访问 64 K 主存的任一单元。

27. 采用扩充寻址可使 16 位长的转移指令转至 256 K 主存的任一单元。用 16 位字长的寄存器作为扩充地址寄存器,其内容作为高 16 位地址,再与形式地址拼接后所得的有效地址便可访问 256 K 的存储空间,因为 256 K 字的存储器对应 18 位地址码,而形式地址码的位数必大于 2

位。也可采用基址寻址,将寄存器的内容左移 2 位,低位补 0,形成 18 位的基地址,然后和形式地址相加,所得的有效地址即可访问 256 K 主存的任一单元。

28.（1）该指令格式能定义 32 种不同操作,立即寻址操作数的范围是 $-128 \sim +127$。

（2）立即寻址 A = 操作数

直接寻址 EA = A

间接寻址 EA = (A)

变址寻址 EA = (R_x) + A

相对寻址 EA = (PC) + A

（3）M = 1 寻址空间为 256 字

M = 2 寻址空间为 64 K 字

M = 4 寻址空间为 256 字

29. 最多可安排 63 条二地址格式指令、31 条一地址格式指令以及 32 条零地址格式指令。三种地址格式的操作码安排如图 7.24 所示。

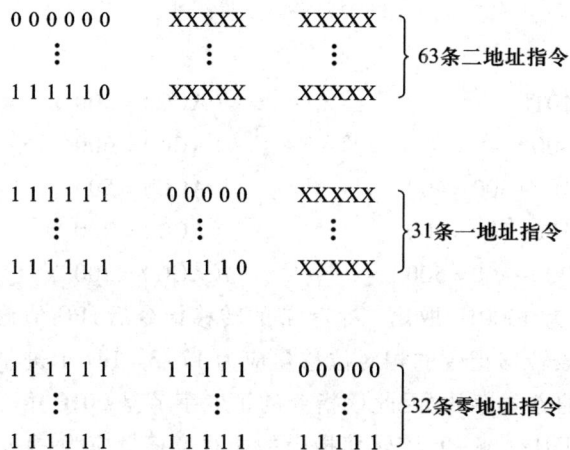

```
0 0 0 0 0 0    XXXXX    XXXXX  ⎫
   ⋮            ⋮         ⋮     ⎬ 63条二地址指令
1 1 1 1 1 0    XXXXX    XXXXX  ⎭


1 1 1 1 1 1    0 0 0 0 0    XXXXX  ⎫
   ⋮             ⋮           ⋮     ⎬ 31条一地址指令
1 1 1 1 1 1    1 1 1 1 0    XXXXX  ⎭


1 1 1 1 1 1    1 1 1 1 1    0 0 0 0 0  ⎫
   ⋮             ⋮            ⋮        ⎬ 32条零地址指令
1 1 1 1 1 1    1 1 1 1 1    1 1 1 1 1  ⎭
```

图 7.24　第 29 题答图

30. 在二地址指令中,操作码的位数为 16-6-6=4,这 4 位操作码可有 16 种编码,其中 12 种编码可作为二地址指令的操作码,剩下的 4 种编码可用于扩展。这样,指令再增加 6 位操作码后,可有 $4 \times 2^6 = 256$ 条一地址指令。

31. 根据题意,三地址、二地址和一地址指令的操作码位数分别是 4 位、8 位和 12 位,故一地址指令最多还有 $[(2^4-X) \times 2^4 - Y] \times 2^4$ 条。

32.（1）根据题意,图 7.25 列出了其中一种操作码的扩展形式。

（2）操作码的平均长度 = $(4 \times 12 + 10 \times 96 + 16 \times 50)/158 \approx 8.3$

33.（1）直接寻址 EA = 300　　　　　　　　　　　　（ACC）= 800

```
0000    XXXXXX    XXXXXX  ⎫
  ⋮        ⋮          ⋮     ⎬ 12条二地址指令
1011    XXXXXX    XXXXXX  ⎭

1100    000000    XXXXXX  ⎫
  ⋮        ⋮          ⋮     ⎪
1100    111111    XXXXXX  ⎪
1101    000000    XXXXXX  ⎬ 96条一地址指令
  ⋮        ⋮          ⋮     ⎪
1101    011111    XXXXXX  ⎭

1101    100000    000000  ⎫
  ⋮        ⋮          ⋮     ⎬ 50条零地址指令
1101    100000    110001  ⎭
```

图 7.25　第 32 题答图

（2）立即寻址 EA=101　　　　　　　　　　　　（ACC）=300

（3）间接寻址 EA=800　　　　　　　　　　　　（ACC）=600

（4）相对寻址 EA=102+300=402　　　　　　　（ACC）=500

（5）变址寻址 EA=100+300=400　　　　　　　（ACC）=700

（6）基址寻址 EA=200+300=500　　　　　　　（ACC）=200

34. 根据 PC 当前值为 4000H，取出三个字节的转移指令后，PC 值修改为 4003H。对应汇编语言指令 JMP　*+17，该转移指令的相对位移量应为 17−3=14（十进制），因为数据在存储器中以高字节地址为字地址的方式存放，因此该指令的第二字节是 00H，第三字节是 0EH。

对应汇编语言指令 JMP　*−9，该转移指令的相对位移量应为 −9−3=−12（十进制），因为数据在存储器中以高字节地址为字地址的方式存放，因此该指令的第二字节为 FFH，第三字节为 F4H。

35. （1）根据机器共有 16 个通用寄存器、四种寻址方式，单字长的 R−R 型指令的格式如下：

4	2	4	2	4
OP	M_S	R_S	M_D	R_D

其中，OP 为操作码，4 位；M_S 为源操作数寻址方式，2 位；R_S 为源操作数寄存器号，4 位；M_D 为目的操作数寻址方式，2 位；R_D 为目的操作数寄存器号，4 位。

操作码 4 位，共有 16 种操作，留出一个编码为（2）扩展用，单字长 R−R 型指令最多 15 条。

（2）将（1）指令格式扩展成单操作数指令,其格式如下：

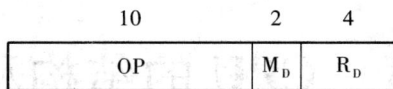

10	2	4
OP	M_D	R_D

其中操作码 10 位,可扩展位为 10−4=6 位,所以单操作数指令最多有 2^6=64 条。

（3）由于主存容量为 64 K×16 位,因此允许直接访问主存任一单元的 R–S 型指令地址码必须取 16 位,故满足此要求的指令必须取双字长,其格式如下：

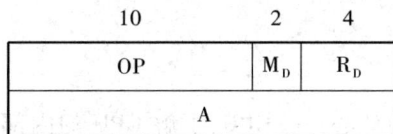

10	2	4
OP	M_D	R_D
A		

直接寻址 EA=A,寻址范围为 64 K 字。

（4）变址寻址的指令在指令字中必须给出形式地址,故需取双字长,格式如下所示：

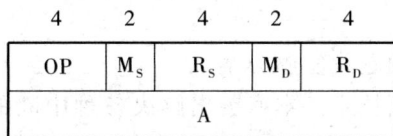

4	2	4	2	4
OP	M_S	R_S	M_D	R_D
A				

变址寻址 EA=（R）+A（R 为 R_S 或 R_D）

36. 用加法指令实现寄存器之间的传送和寄存器清"0",用减法指令可实现寄存器内容取负。

指令	操作说明	
ADD R_0,R_2,R_3	（R_0）+（R_2）→R_3	R_2→R_3 传送
ADD R_0,R_0,R_2	（R_0）+（R_0）→R_2	R_2 清"0"
SUB R_0,R_2,R_3	（R_0）−（R_2）→R_3	R_2 内容取负→R_3

第八章　CPU 的结构和功能

8.1　重点难点

本章要求全面认识计算机的核心——CPU,了解 CPU 的内部结构,应重点掌握:

(1) CPU 的功能和硬件组成。

(2) CPU 工作周期和指令周期的概念。

(3) 一个完整的指令周期中的信息流程。

(4) 指令流水技术。

(5) 中断系统需要解决的问题及实施方案。

本章的难点是掌握各种中断技术。本章突出解决各种中断的共性问题,在第五章的 I/O 中断基础上,更全面地体现了中断系统在 CPU 中的重要地位和作用。建议结合第五章学习中断系统,这样更有利于建立整机概念。此外,影响流水线性能的因素也是本章较难理解的内容。

8.2　主要内容

8.2.1　CPU 的功能和组成

1. CPU 的功能

CPU 包括控制器和运算器,对于冯·诺伊曼结构的计算机而言,CPU 要负责协调并控制计算机各部件执行程序的指令序列,并要对数据进行加工。具体功能包括:

(1) 控制程序的顺序执行(称指令控制)。

(2) 产生完成每条指令所需的控制命令(称操作控制)。

(3) 对各种操作加以时间上的控制(称时间控制)。

(4) 对数据进行算术运算和逻辑运算(数据加工)。

(5) 处理计算机在运行过程中出现的异常情况和特殊请求(中断处理)。

2. CPU 的组成

由于 CPU 要顺序执行程序的指令序列,为此必须不断取指令、分析指令和执行指令,并应有相应的寄存器指出现行指令的地址(如程序计数器 PC)和存放现行指令(如指令寄存器 IR);还需有指令译码器,以及根据指令译码在规定的时间内发出各种操作命令的控制单元 CU。此外,为了完成算术运算和逻辑运算,必须有存放操作数的寄存器和算术逻辑运算部件 ALU。为了处理中断,还需有相应的中断系统。CPU 的组成框图如图 8.1 所示。

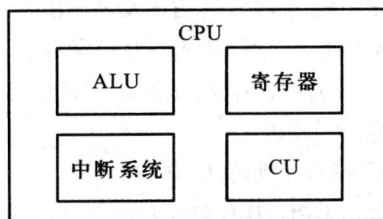

图 8.1 CPU 的组成框图

8.2.2 指令周期

1. 指令周期的概念

CPU 取出并执行一条指令所需的全部时间(即 CPU 完成一条指令的时间)叫做指令周期。其中取指令的时间叫做取指周期,执行指令的时间叫做执行周期。由于各种指令操作不同,因此各种指令的指令周期是不同的。图 8.2 所示为三条指令的指令周期。由图可见,三条指令的取指令时间是相同的,其中无条件转移指令 JMP X 在指令的执行阶段不访存,其指令周期最短;加法指令 ADD X(X 为主存单元)在指令的执行阶段需访存,其指令周期较长;乘法指令 MUL X(X 为主存单元)在指令执行阶段的操作比加法指令多得多(需重复加和移位),其指令周期最长。

由第七章可知,在间接寻址时,需多访问一次存储器取出有效地址。由第五章可知,当 CPU 采用中断方式实现主机与 I/O 交换信息时,CPU 在每条指令的执行周期结束前,要发中断查询信号,以检测是否有某个 I/O 提出请求。如果有请求,CPU 要进入中断响应阶段,又称中断周期(参见第五章图 5.17)。这样,一个完整的指令周期应包括取指、间址、执行和中断四个子周期,如图 8.3 所示。

图 8.2 各种指令周期的比较

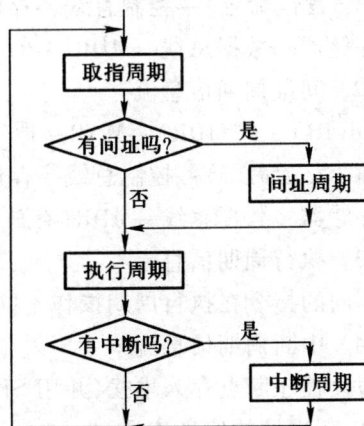

图 8.3 指令周期的流程

2. CPU 的工作周期

CPU 访问一次存储器的时间称为 CPU 的工作周期。根据 CPU 访存的目的不同,可将 CPU 的工作周期分别命名为取指周期(为了取指令)、间址周期(为了取有效地址)、执行周期(为了取或存操作数)、中断周期(为了保存程序断点)。为了便于控制单元 CU 的设计(特别是组合逻辑设计),分别用四个触发器对应这四个工作周期。若不采用指令流水技术,则四个工作周期是不会重叠的。

3. 指令周期的信息流

假设 CPU 中有程序计数器 PC,指令寄存器 IR,存储器地址寄存器 MAR、存储器数据寄存器 MDR 和控制单元 CU,则 CPU 通过总线与存储器的连接示意图如图 8.4 所示。

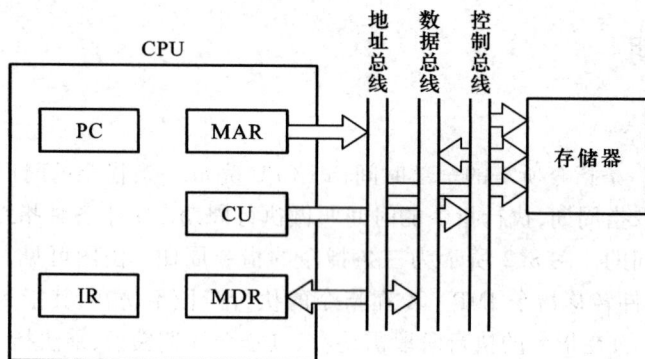

图 8.4　CPU 通过总线与存储器的连接示意图

(1) 取指周期信息流

PC→MAR→地址总线→存储器

CU(发读命令)→控制总线→存储器

存储器→数据总线→MDR→IR(存放指令)

(2) 间址周期信息流

Ad(IR)(或 MDR)→MAR→地址总线→存储器

CU(发读命令)→控制总线→存储器

存储器→数据总线→MDR(存放有效地址)

(3) 执行周期信息流

不同的指令在执行周期操作不同,故执行周期无统一的信息流。

(4) 中断周期信息流

假设程序断点存入堆栈,并用 SP 指示栈顶地址,而且进栈操作是先修改栈指针,后存入数据,则中断周期的信息流是:

CU 控制(SP)−1→SP→MAR→地址总线→存储器

CU(发写命令)→控制总线→存储器

PC→MDR→数据总线→存储器(程序断点存入存储器)

8.2.3 指令流水

通过前面各章的学习可知,为了提高访存速度,除了采用高速存储芯片之外,还可以采用多体结构和高速缓冲存储器等措施。为了提高主机与I/O交换信息的速度,可以采用DMA方式,也可以采用多总线结构,将速度不一的I/O分别挂到不同带宽的总线上,以解决总线的瓶颈问题。为了提高处理机速度,除了采用高速的器件外,还可以改进系统的结构,开发系统的并行性。具体可采用流水技术。

1. 指令流水概念

指令流水就是改变各条指令按顺序串行执行的规则,如图8.5所示,使机器在执行上一条指令的同时,取出下一条指令,即上一条指令的执行周期和下一条指令的取指周期同时进行。图8.6所示为指令的二级流水示意图。

图 8.5 指令的串行执行

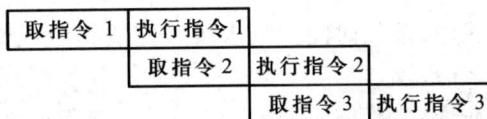

图 8.6 指令的二级流水示意图

通常指令的执行时间大于取指时间,而且当遇到条件转移指令时,必须等到上一条指令执行阶段结束,根据结果判断条件是否成立后,才能决定下一条指令的地址,这些都是影响二级流水效率的因素。为了进一步提高处理速度,可将指令的处理过程分解为更细的几个阶段。如将一个指令周期分成取指(IF)、指令译码(ID)、执行(EX)和回写(WR)四个阶段,就形成了四级流水,如图8.7所示。如果将一个指令周期分成取指(IF)、指令译码(ID)、计算操作数地址(CO)、取操作数(FO)、执行指令(EI)、写操作数(WO)六个阶段,就形成了六级流水,如图8.8所示。

在指令流水中,当遇到结构相关(即硬件资源满足不了指令重叠执行的要求,产生了资源冲突)、数据相关(即由于指令重叠执行,可能改变操作数的读写访问顺序,导致数据相关冲突)以及控制相关(即当流水线遇到分支指令或其他改变程序计数器PC值的指令,造成指令执行顺序的改变)时,流水线会受阻,影响流水线性能。为解决上述问题,可采用相应措施,具体在后续课程"计算机体系结构"中介绍。

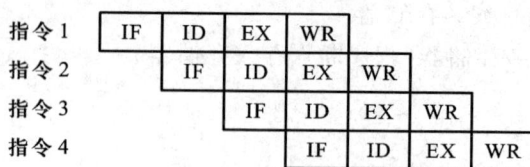

图 8.7   指令的四级流水

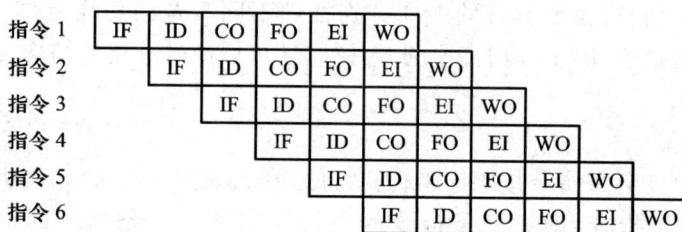

图 8.8   指令的六级流水

2. 流水线性能

流水线性能通常用吞吐率、加速比和效率三项指标来衡量。

(1) 吞吐率

吞吐率是指在指令流水线中,单位时间内流水线所完成指令或输出结果的数量。吞吐率又有最大吞吐率和实际吞吐率之分。

最大吞吐率是指流水线在连续流动达到稳定状态后所获得的吞吐率。对于 m 段的指令流水线(即 m 级流水)而言,若各段的时间均为 Δt,则最大吞吐率为

$$T_{P\max} = \frac{1}{\Delta t}$$

实际吞吐率是指流水线完成 n 条指令的实际吞吐率。对于 m 段的流水线而言,若各段的时间均为 Δt,连续处理 n 条指令,除第一条指令需 $m\Delta t$ 外,其余 $(n-1)$ 条指令,每隔 Δt 就有一个结果输出,故实际吞吐率为

$$T_P = \frac{n}{m\Delta t + (n-1)\Delta t}$$

(2) 加速比

加速比是指 m 段流水线的速度与等功能的非流水线的速度之比。设流水线各段时间均为 Δt,则完成 n 条指令在 m 段流水线上共需 $T = m\Delta t + (n-1)\Delta t$ 时间。而在等效的非流水线上所需时间为 $T' = nm\Delta t$。故加速比为

$$S_P = \frac{nm\Delta t}{m\Delta t + (n-1)\Delta t} = \frac{nm}{m+n-1}$$

（3）效率

效率是指流水线中各功能段的利用率。由于流水线有建立时间和排空时间,因此各功能段的设备不可能一直处于工作状态,总有一段空闲时间(见图8.9)。由图8.9可见,$mn\Delta t$是流水线各段处于工作时间的时空区,而流水线中各段总的时空区是$m(m+n-1)\Delta t$。效率可用流水线各段处于工作时间的时空区与流水线中各段总的时空区之比来衡量,即

$$E = \frac{mn\Delta t}{m(m+n-1)\Delta t} = \frac{n}{m+n-1} = \frac{S_P}{m}$$

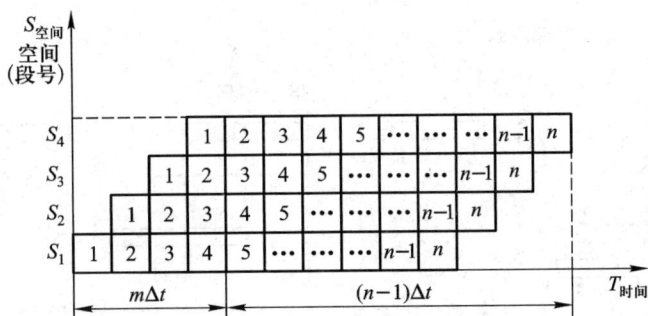

图 8.9　各段时间相等的流水线时空图

3. 流水线中的多发技术

为了提高流水线的性能,设法在一个时钟周期(机器主频的倒数)内产生更多条指令的结果,这就是流水线中的多发技术。常见的有超标量技术、超流水线技术和超长指令字技术。图8.10所示为这三种多发技术和普通四级流水技术(见图8.10(a))的区别。

超标量流水技术如图8.10(b)所示。在每个时钟周期内可同时并发多条独立指令,即以并行操作方式将两条或两条以上(图中所示为三条)指令编译并执行。在一个时钟周期内,有多个功能部件同时执行多条指令。

超流水线技术如图8.10(c)所示。它将流水线再分段,图中将原来的一个时钟周期分成三段,同一个功能部件在一个时钟周期内要被使用三次,使流水线以3倍于原来时钟频率的速度运行。

超长指令字技术如图8.10(d)所示。它利用在编译程序编译时指令间潜在的并行性,把多条能并行操作的指令组合成一条具有多个操作码字段的超长指令(指令字长可达几百位),需要有多个功能部件(每一个操作码字段控制一个功能部件)同时工作。

超标量流水技术和超流水线技术都不能靠硬件重新安排指令的执行顺序,需与编译优化技术配合。超长指令字技术要求编译器充分挖掘指令间潜在的并行性,具有更高的并行处理能力,对优化编译器的要求更高。

指令序列

IF ID EX WR

0 1 2 3 4 5 6 7 8 9 10 11 12 13
时钟周期

(a) 普通流水

指令序列

IF ID EX WR

0 1 2 3 4 5 6 7 8 9 10 11 12 13
时钟周期

(b) 超标量流水

指令序列

IF ID EX WR

0 1 2 3 4 5 6 7 8 9 10 11 12 13
时钟周期

(c) 超流水线

指令序列

IF ID EX WR

0 1 2 3 4 5 6 7 8 9 10 11 12 13
时钟周期

(d) 超长指令字

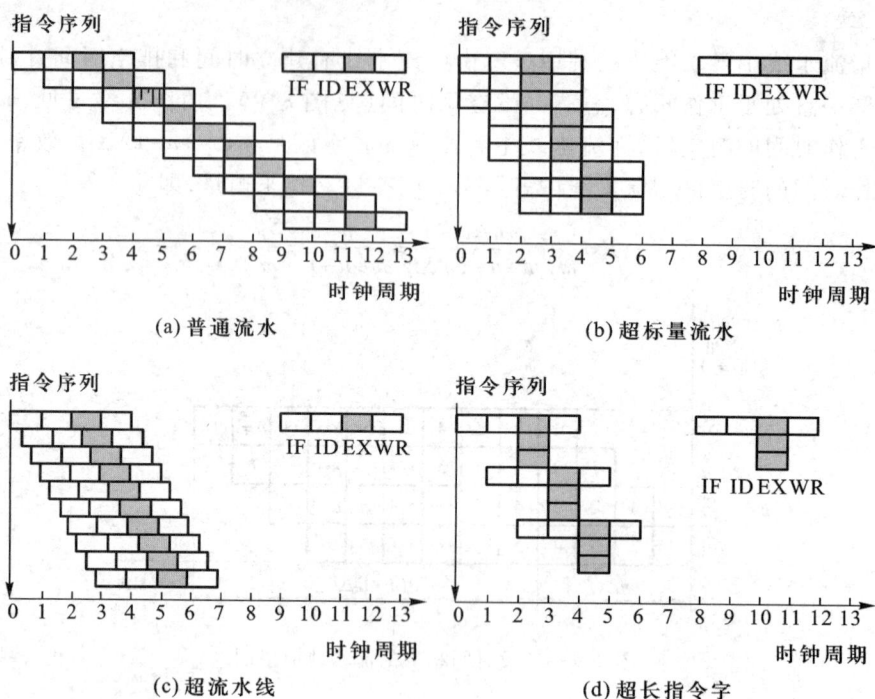

图 8.10　四种流水技术的比较

8.2.4　中断系统

计算机在执行程序的过程中,遇到了异常情况或特殊请求,为了解决这些问题,计算机必须暂停现行程序,转去为这些异常情况或特殊请求服务(中断服务),服务结束后再返回到程序断点继续执行原程序,这就是中断。第五章对 I/O 中断作了详细讨论,实际上 I/O 中断只是 CPU 众多中断中的一种,本小节主要讨论各种中断的共性问题以及实施方案。

1. 中断系统需解决的问题

引起中断的因素很多,有人为设置的中断,由程序设计不周引起的程序性事故、硬件故障和 I/O 设备准备就绪提出的中断,通过键盘等外部事件引起的中断,等等。除人为设置的以外,上述各种中断因素大多数是随机的。通常把各种中断因素称为中断源。中断源可分两大类:一类为不可屏蔽中断,这类中断 CPU 不能禁止响应(如电源掉电);另一类属于可屏蔽中断,这类中断 CPU 可根据这些中断源是否被屏蔽来确定是否响应。为了解决各中断源提出的请求,CPU 中需设置中断系统。归纳起来,中断系统需解决如下一些共性问题。

(1) 各中断源如何向 CPU 提出中断请求?

（2）当多个中断源同时提出中断请求时,中断系统如何确定优先响应哪个中断源的请求?

（3）CPU 在什么条件、什么时间、以什么方式响应中断?

（4）CPU 响应中断后如何保护现场?

（5）CPU 响应中断后,如何寻找中断服务程序的入口地址?

（6）中断处理结束后,CPU 如何恢复现场,如何返回到原程序的间断处?

（7）CPU 如何处理在中断处理过程中又出现的新的中断请求?

为了解决上述七个问题,在中断系统中需配置相应的硬件和软件,统称中断技术。

2. 中断系统中的各种软、硬件技术

（1）设置中断请求标记

为了判断哪个中断源提出请求,中断系统需对每个中断源设置中断请求标记触发器 INTR,当其状态为"1"时,表示中断源有请求。这些触发器可组成中断请求标记寄存器,该寄存器可集中在 CPU 内,也可分散在各个中断源中。

（2）设置中断判优逻辑

中断系统在任一瞬间只能响应一个中断源的请求。由于许多中断源提出中断请求的时间都是随机的,因此当多个中断源同时提出请求时,需通过中断判优逻辑确定响应哪个中断源的请求。

中断判优可以用硬件实现,也可用软件实现。

① 硬件排队

硬件排队器可设置在 CPU 内,也可分散在各个中断源中。图 8.11 所示是集中在 CPU 内的排队器,图中排队器的输入来自中断源 1、3、4 的中断请求标记触发器的"原端"$INTR_i$,当最高优先级的中断源有请求时,$INTR_1 = 1$,就可封住比它级别低的中断源的请求。

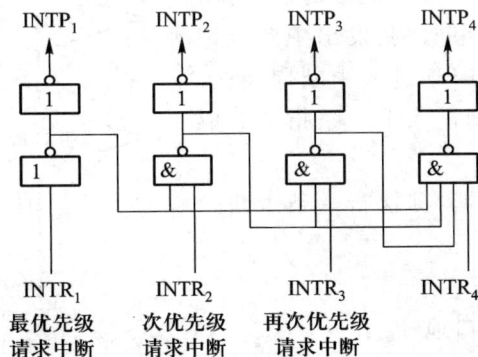

图 8.11　集中在 CPU 内的排队器(1、2、3、4 按降序排列)

图 8.12 所示是分散在各个中断源中的链式排队器。图中每个中断源配置两个反相器和两个与非门,如图中虚线框所示。它们虽然分散在各中断源中,但却像链条一样组成一个链式排队

器。排队器的输入来自各中断请求标记触发器的"非端"$\overline{INTR_i}$，当某个中断源有请求时，$\overline{INTR_i}=0$，可封住级别比它低的中断源的请求，而中断请求触发器的原端 $INTR_i$ 又能保证排队器只有一个输出 $INTP_i$ 有效。

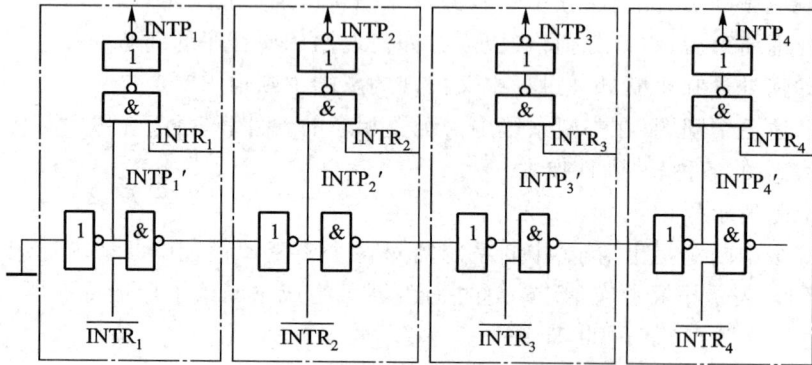

图 8.12　链式排队器（1、2、3、4 按降序排列）

② 软件排队

软件排队是通过编写查询程序实现的，其程序框图如图 8.13 所示。

（3）CPU 响应中断的条件和时间

在中断系统中设置一个允许中断触发器 EINT，仅当 EINT=1（开中断）时，CPU 可以响应中断源的请求。

各个中断源提出请求的时间是随机的，但 CPU 统一在每条指令执行周期结束时刻，发出中断查询信号，若查询到有中断请求，CPU 进入中断周期；若未查询到有中断请求，CPU 则进入下一条指令的取指周期（见图 8.3）。

CPU 一旦进入了中断周期，即执行一条中断隐指令，完成下列操作：

① 保护程序断点；

② 寻找中断服务程序入口地址；

③ 硬件关中断。

（4）保护现场

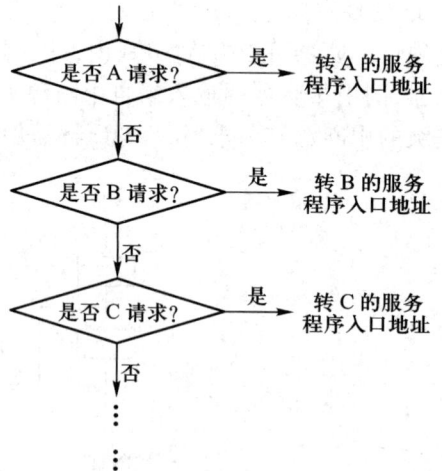

图 8.13　按 A>B>C……优先级别的软件排队

保护现场包括程序断点的保护和 CPU 内部各寄存器内容的保护。其中程序断点的保护由中断隐指令完成，CPU 内部各寄存器内容的保护在中断服务程序中由用户（或系统）用机器指令编程实现（参见第五章图 5.17）。

（5）中断服务程序入口地址的寻找

通常有两种方法寻找中断服务程序的入口地址：硬件向量法和软件查询法。

硬件向量法通过硬件产生向量地址，再由向量地址找到中断服务程序入口地址。向量地址由向量地址形成部件产生，其输入来自排队器输出，其输出即为向量地址。图 8.14 所示是向量地址形成部件框图。向量地址可通过两种办法寻找入口地址：一种是在向量地址单元内存放一条无条件转移指令，如图 8.15（a）所示；另一种是在向量地址单元内直接存放入口地址，形成一个中断向量地址表，如图 8.15（b）所示。图 8.15（a）、（b）中的 12H、13H、14H 为向量地址，200、300、400 为入口地址。

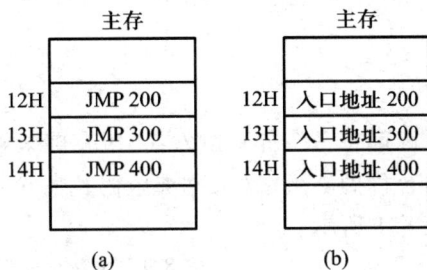

图 8.14　向量地址形成部件框图　　　　图 8.15　通过向量地址寻找入口地址

软件查询法是用软件编程的办法寻找入口地址，其程序流程框图与图 8.13 相同。

（6）恢复现场和中断返回

恢复现场是指在中断返回前，必须将寄存器的内容恢复到中断处理前的状态，这部分工作由中断服务程序完成（参见第五章图 5.17）。

中断返回由中断服务程序的最后一条中断返回指令完成。

（7）中断屏蔽技术

中断屏蔽技术主要用于多重中断，多重中断的示意图如第五章图 5.7（b）所示。CPU 要具备处理多重中断的功能，必须满足下列条件：

① 在中断服务程序中提前设置开中断指令（参见第五章图 5.17（b））。

由于在中断周期内由中断隐指令自动完成了置"0"允许中断触发器 EINT（关中断），因此只有在中断服务程序中用开中断指令置"1"EINT 后，才能再次响应新的中断请求。

② 优先级别高的中断源有权中断优先级别低的中断源。

为了保证级别低的中断源不干扰比其级别高的中断源的中断处理过程，可采用屏蔽技术。例如可用屏蔽触发器去禁止中断源发中断请求，如在第五章图 5.6 中，当中断源被屏蔽（MASK=1）时，此时即使 D=1，在中断查询信号到来时刻，仍将 INTR 置"0"，CPU 接收不到该中断源的中断请求，即它被屏蔽。也可以用屏蔽触发器的输出，封住某个中断源的中断请求信号，使其排队不被选中，也即将它屏蔽，如图 8.16 所示。

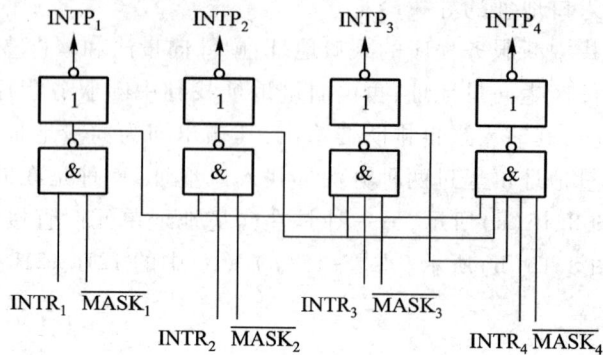

图 8.16　具有屏蔽功能的排队器

　　每个中断源都有一个屏蔽触发器,所有屏蔽触发器组合在一起,便构成一个屏蔽寄存器,屏蔽寄存器的内容称做屏蔽字(又称屏蔽码),每个中断源都对应一个屏蔽字。中断优先级与屏蔽字的关系如表 8.1 所示。

表 8.1　中断优先级与屏蔽字的关系

优先级	屏蔽字
1	1 1 1 1 1 1 1 1 1 1 1 1 1 1 1 1
2	0 1 1 1 1 1 1 1 1 1 1 1 1 1 1 1
3	0 0 1 1 1 1 1 1 1 1 1 1 1 1 1 1
4	0 0 0 1 1 1 1 1 1 1 1 1 1 1 1 1
5	0 0 0 0 1 1 1 1 1 1 1 1 1 1 1 1
6	0 0 0 0 0 1 1 1 1 1 1 1 1 1 1 1
⋮	⋮
15	0 0 0 0 0 0 0 0 0 0 0 0 0 0 1 1
16	0 0 0 0 0 0 0 0 0 0 0 0 0 0 0 1

　　在中断服务程序中设置适当的屏蔽字(码),便能起到对优先级别不同的中断源的屏蔽作用。由表 8.1 可见,任何一个级别(如第 n 级)的中断源,其屏蔽字的高 $n-1$ 位为 0,其余各位为 1。这样设置的屏蔽字能保证比第 n 级更高的中断源可以中断第 n 级和比第 n 级低的中断服务程序。

　　由于开中断指令之后便允许中断嵌套,因此设置屏蔽字(码)的指令应安排在中断服务程序的开中断指令之前。

　　利用屏蔽技术可以改变各中断源的优先等级,使计算机适应各种场合的需要。严格地说,优先级包含响应优先级和处理优先级。响应优先级是指 CPU 响应各中断源请求的优先次序,这种次序往往是硬件线路已设置好的,不便于改动。处理优先级是指 CPU 实际对各中断源请求的处理优先次序。如果不采用屏蔽技术,响应的优先次序就是处理的优先次序。

采用了屏蔽技术后,通过在中断服务程序中设置新的屏蔽字就可改变 CPU 执行程序的轨迹。例如 A、B、C、D 四个中断源的优先级别按 A→B→C→D 降序排列,根据这一次序,CPU 执行程序的轨迹如图 8.17 所示。当四个中断源同时提出请求时,处理次序与响应次序一致。

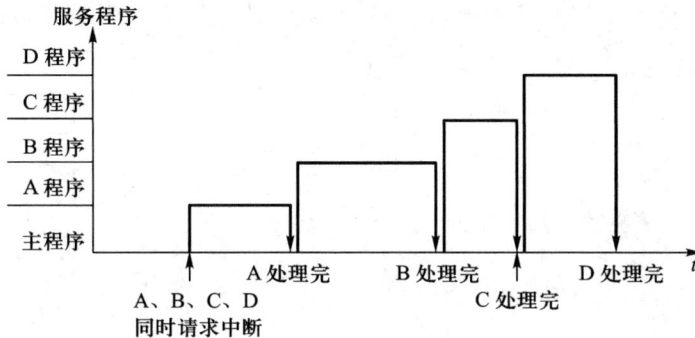

图 8.17 CPU 执行程序的轨迹

在不改变 CPU 响应中断的次序下,通过改变屏蔽字可以改变 CPU 处理中断的次序。如将上述四个中断源的处理次序改为:A→D→C→B,则每个中断源所对应的屏蔽字发生了变化,如表 8.2 所示。表中原屏蔽字对应 A→B→C→D 的响应顺序,新屏蔽字对应 A→D→C→B 的处理顺序。

表 8.2 中断处理次序与屏蔽字的关系

中断源	原屏蔽字				新屏蔽字			
A	1	1	1	1	1	1	1	1
B	0	1	1	1	0	1	0	0
C	0	0	1	1	0	1	1	0
D	0	0	0	1	0	1	1	1

在同样中断请求的情况下,CPU 执行程序的轨迹发生了变化,如图 8.18 所示。CPU 在运行程序的过程中,A、B、C、D 四个中断源同时提出请求,按照中断级别的高低,CPU 首先响应并处理 A 中断源的请求,由于 A 的屏蔽字是 1111,屏蔽了所有的中断源,故 A 程序可以全部执行完,然后回到主程序。由于 B、C、D 的中断请求还未响应,而 B 的响应优先级高于其他,所以 CPU 响应 B 的请求,进入 B 的中断服务程序。在 B 的服务程序中,由于设置了新的屏蔽字 0100,即 A、C、D 可打断 B,而 A 程序已执行完,C 的响应优先级又高于 D,于是 CPU 响应 C,进入 C 的服务程序。

在 C 的服务程序中,由于设置了新的屏蔽字 0110,即 A、D 可打断 C,而 A 程序已执行完,于是 CPU 响应 D,执行 D 的服务程序。在 D 的服务程序中,屏蔽字变成 0111,即只有 A 可打断 D,但 A 已处理结束,所以 D 可以一直处理完,然后回到 C 程序。C 程序执行完后,回到 B 程序。B 程序执行完后,回到主程序。至此,A、B、C、D 均处理完毕。

采用了屏蔽技术后,在中断服务程序中需设置新的屏蔽字,其流程如图 8.19 所示。与第五章图 5.17(b)所示的中断服务程序相比,增加了置屏蔽字和恢复屏蔽字两部分内容。而且为了防止在恢复现场过程中又出现新的中断,在恢复现场前又增加了关中断,恢复屏蔽字之后,必须再次开中断。

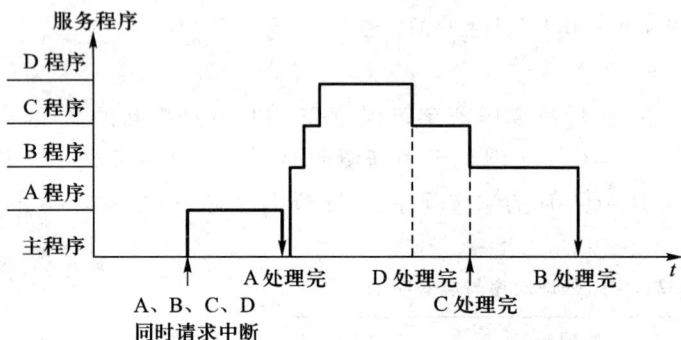

图 8.18 改变中断处理次序后 CPU 执行程序的轨迹

图 8.19 采用屏蔽技术的
中断服务程序

8.3 例题精选

例 8.1 假设主机框图如图 8.20 所示,各部分之间的连线表示数据通路,箭头表示信息传送方向。

(1) 标明图中 X、Y、Z、W 四个寄存器的名称。

(2) 简述取指令的数据通路。

（3）简述取数指令和存数指令执行阶段的数据通路。

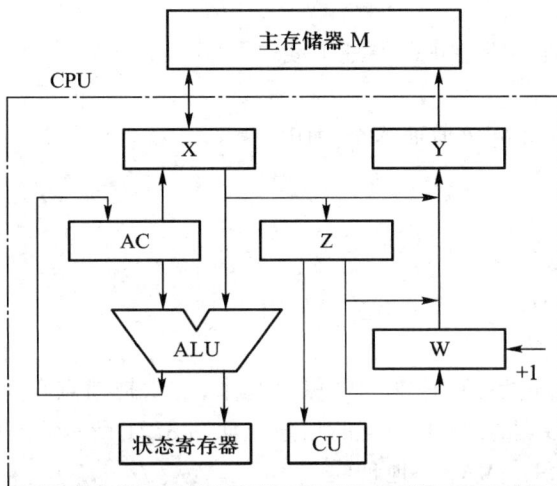

图 8.20　例 8.1 主机框图

【解】

（1）图中 X 为存储器数据寄存器 MDR，Y 为存储器地址寄存器 MAR，Z 为指令寄存器 IR，W 为程序计数器 PC。

（2）取指令的数据通路是：W→Y→M→X→Z。

（3）取数指令是将指令地址码字段指出的存储单元的内容读到 AC 中。由于图中 X(MDR) 与 AC 无直接通路，要经过 ALU 实现数据传送，故执行阶段的数据通路是：X(或 Z)→Y→M→X →ALU→AC。

存数指令是将 AC 的内容存入指令地址码字段指出的存储单元中，其执行阶段的数据通路是先置地址 X(或 Z)→Y→M，然后 AC→X→M。

例 8.2　设 CPU 内有下列部件：PC、IR、SP、AC、MAR、MDR 和 CU，要求：

（1）写出完成间接寻址的取数指令 LDA @ X(将主存某单元的内容取至 AC 中)的信息流。

（2）画出中断周期的信息流，并简要说明。

【解】

（1）完成间接寻址的取数指令包括取指、间址和执行三个阶段。

取指阶段的信息流：

PC→MAR→地址线

CU 发出读存储器命令

M→数据线→MDR→IR，至此指令读至 IR

OP(IR)→CU，指令操作码送 CU 分析

（PC）+1→PC,形成下一条指令地址

间址阶段的信息流:

MDR(或 IR)的地址码字段→MAR→地址线

CU 发出读存储器命令

M→数据线→MDR,至此有效地址读至 MDR

执行阶段的信息流:

MDR→MAR→地址线

CU 发出读存储器命令

M→数据线→MDR→AC,至此数据读至 AC 中

（2）中断周期的信息流

在中断周期内需将程序断点(在 PC 中)保存起来,通常把断点存入堆栈。假设进栈操作是先修改堆栈指针,后存入数据,则中断周期的信息流如图 8.21 所示。具体可描述为:

CU 控制　　(SP)-1→SP→MAR→地址线

CU 发出写存储器命令

PC→MDR→数据线→存储器

CU 将向量地址(硬件向量法)或中断识别程序入口地址(软件查询法)→PC

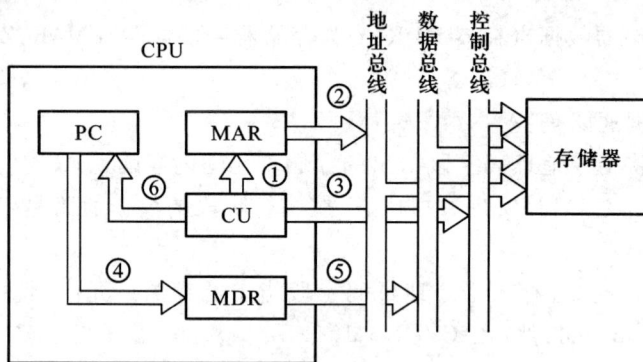

图 8.21　例 8.2 中断周期信息流

例 8.3　假设指令流水线分取指(IF)、译码(ID)、执行(EX)、回写(WR)四个过程段,共有 10 条指令连续输入此流水线。

（1）画出指令周期流程。

（2）画出非流水线时空图。

（3）画出流水线时空图。

（4）假设时钟周期为 100 ns,求流水线的实际吞吐率(单位时间执行完毕的指令数)。

（5）求该流水处理器的加速比。

（6）求该流水线的效率。

【解】

（1）根据指令周期包括 IF、ID、EX、WR 四个子过程，图 8.22(a) 为指令周期流程图。

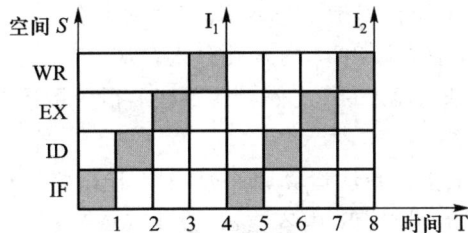

（2）非流水线时空图如图 8.22(b) 所示。假设一个时间单位为一个时钟周期，则每隔 4 个时钟周期才有一个输出结果。

（3）标准流水线时空图如图 8.22(c) 所示。由图可见，第一条指令出结果需要 4 个时钟周期。当流水线满载时，以后每一个时钟周期可以出一个结果，即执行完一条指令。

入 → [IF] → [ID] → [EX] → [WR]

(a) 指令周期流程图

(b) 非流水线时空图

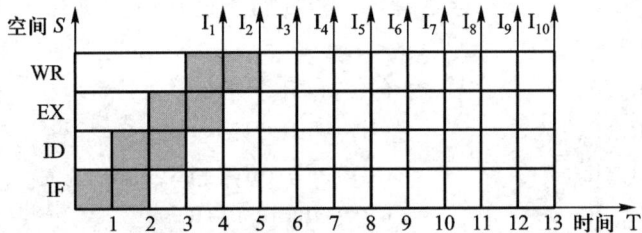

(c) 标准流水线时空图

图 8.22　例 8.3 答图

（4）由图 8.22(c) 所示的 10 条指令进入流水线的时空图可见，在 13 个时钟周期结束时，CPU 执行完 10 条指令，故实际吞吐率为：

$10/(100\ \text{ns} \times 13) \approx 0.77 \times 10^7$ 条指令/s

（5）在流水处理器中，当任务饱满时，指令不断输入流水线，不论是几级流水线，每隔一个时钟周期都输出一个结果。对于本题四级流水线而言，处理 10 条指令所需的时钟周期数为 $T_4 = 4 + (10-1) = 13$。而非流水线处理 10 条指令需 $4 \times 10 = 40$ 个时钟周期。故该流水处理器的加速比为 $40 \div 13 \approx 3.08$

（6）流水线的效率为加速比 $S_p/m = 3.08/4 = 0.77$

例 8.4   流水线中有三类数据相关冲突:写后读相关(Read After Write, RAW),读后写相关(Write After Read, WAR),写后写相关(Write After Write, WAW)。判断下面三组指令各存在哪种类型的数据相关。

(1) I_1 SUB R_1, R_2, R_3 ; $(R_2) - (R_3) \rightarrow R_1$

   I_2 ADD R_4, R_5, R_1 ; $(R_5) + (R_1) \rightarrow R_4$

(2) I_3 STA M, R_2 ; $(R_2) \rightarrow M$, M 为存储单元

   I_4 ADD R_2, R_4, R_5 ; $(R_4) + (R_5) \rightarrow R_2$

(3) I_5 MUL R_3, R_2, R_1 ; $(R_2) \times (R_1) \rightarrow R_3$

   I_6 SUB R_3, R_4, R_5 ; $(R_4) - (R_5) \rightarrow R_3$

【解】   在第(1)组指令中,I_1 指令运算结果应先写入 R_1,然后在 I_2 指令中读出 R_1 内容。由于 I_2 指令进入流水线,使得 I_2 指令在 I_1 指令写入 R_1 前就读出 R_1 的内容,发生 RAW 相关。

在第(2)组指令中,I_3 指令应先读出 R_2 内容并存入存储器单元 M 中,然后 I_4 指令中将运算结果写入 R_2 中。但由于 I_4 指令进入流水线,使得 I_4 指令在 I_3 指令读出 R_2 之前就写入 R_2,发生 WAR 相关。

在第(3)组指令中,如果 I_6 指令减法运算完成时间早于 I_5 指令的乘法运算时间,使得 I_6 指令在 I_5 指令写入 R_3 之前就写入 R_3,导致 R_3 内容错误,发生 WAW 相关。

例 8.5   假设指令流水线分为取指令(IF)、指令译码/读寄存器(ID)、执行/有效地址计算(EX)、存储器访问(MEM)、结果寄存器写回(WB)五个过程段。现有下列指令序列进入该流水线。

① ADD R_1, R_2, R_3 ; $(R_2) + (R_3) \rightarrow R_1$

② SUB R_4, R_1, R_5 ; $(R_1) - (R_5) \rightarrow R_4$

③ AND R_6, R_1, R_7 ; (R_1) AND $(R_7) \rightarrow R_6$

④ OR R_8, R_1, R_9 ; (R_1) OR $(R_9) \rightarrow R_8$

⑤ XOR R_{10}, R_1, R_{11} ; (R_1) XOR $(R_{11}) \rightarrow R_{10}$

试问:

(1) 如果处理器不对指令之间的数据相关进行特殊处理,而允许这些指令进入流水线,试问上述指令中哪些指令将从未准备好数据的 R_1 寄存器中取到错误的操作数?

(2) 假如采用将相关指令延到所需操作数被写回到寄存器后再执行的方式,以解决数据相关的问题,那么处理器执行该指令序列需占多少个时钟周期?

【解】

(1) 由上述指令序列可见,ADD 指令后的所有指令都用到 ADD 指令的计算结果。表 8.3 列出了未对数据相关进行特殊处理的流水线示意,表中 ADD 指令在 WB 段才将计算结果写入寄存器 R_1 中,但 SUB 指令在其 ID 段就要从寄存器 R_1 中读取该计算结果。同样 AND 指令、OR 指令也将受到这种相关关系的影响。ADD 指令只有到第五个时钟周期末尾才能结束对寄存器 R_1 的写操作,使 XOR 指令可以正常操作,因为它在第六个时钟周期才读寄存器 R_1 的内容。

表 8.3 未对数据相关进行特殊处理的流水线

时钟周期	1	2	3	4	5	6	7	8	9
ADD	IF	ID	EX	MEM	WB				
SUB		IF	ID	EX	MEM	WB			
AND			IF	ID	EX	MEM	WB		
OR				IF	ID	EX	MEM	WB	
XOR					IF	ID	EX	MEM	WB

（2）表8.4列出了对这些指令之间数据相关进行特殊处理的流水示意。由此表可见,从第一条指令进入流水线到最后一条指令出结果,共需12个时钟周期。

表 8.4 对数据相关进行特殊处理的流水线

时钟周期	1	2	3	4	5	6	7	8	9	10	11	12
ADD	IF	ID	EX	MEM	WB							
SUB		IF				ID	EX	MEM	WB			
AND			IF				ID	EX	MEM	WB		
OR				IF				ID	EX	MEM	WB	
XOR					IF				ID	EX	MEM	WB

例 8.6 回答下列问题:

（1）一个完整的指令周期包括哪些 CPU 工作周期?

（2）中断周期前和中断周期后各是 CPU 的什么工作周期?

（3）DMA 周期前和 DMA 周期后各是 CPU 的什么工作周期?

【解】

（1）一个完整的指令周期包括取指周期、间址周期、执行周期和中断周期。其中取指和执行周期是每条指令都有的。间址周期只有间接寻址(存储器间接寻址)的指令才有。中断周期只有在条件满足时才有。

（2）中断周期前是执行周期,中断周期后是取指周期。

（3）DMA 周期前可以是取指周期、间址周期、执行(取数和存数)周期或中断周期,DMA 周期后也可以是取指周期、间址周期、执行(取数或存数)周期或中断周期。总之,DMA 周期前后都是存取周期。

例 8.7 判断下列叙述是否正确,并对错误的叙述加以修改。

（1）一个更高级的中断请求一定可以中断另一个正在执行的中断处理程序。

（2）所谓关中断就是屏蔽所有的中断源。

（3）一旦有中断请求出现，CPU 立即停止当前指令的执行，转去执行中断服务程序。

（4）为了保证中断服务程序执行后能正确返回到被中断的程序断点处继续执行程序，必须进行现场保护。

（5）中断级别最高的是不可屏蔽中断。

（6）CPU 响应中断后，由用户通过关中断指令置"0"允许中断触发器。

（7）在多重中断系统中，CPU 响应中断后可以立即响应更高优先级的中断请求。

（8）CPU 响应中断时暂停当前程序的运行，自动转去执行中断服务程序。

【解】　上述说法中，（4）、（8）正确，其余有错，修改如下：

（1）如果 CPU 处于关中断状态（允许中断触发器 EINT=0），或者更高级的中断源被屏蔽，则优先级高的中断源就不能中断另一个正在执行的中断处理程序。

（2）关中断是指允许中断触发器 EINT=0，CPU 不允许响应任何中断，这和屏蔽中断源是两个概念。

（3）一旦有中断请求出现，CPU 必须执行完当前指令后才能转去受理中断请求（如果允许中断触发器为"1"）。

（4）级别最高的中断不一定是不可屏蔽中断，这与机器的设计有关。例如 8086/8088 中，内部中断的优先级比不可屏蔽中断的级别更高。

（5）CPU 响应中断后，不是由用户通过关中断指令置"0"允许中断触发器的，而是由硬件（中断隐指令）自动完成的。

（6）在多重中断系统中，CPU 响应中断后，在保护断点和现场以及开中断之前，CPU 不能立即响应更高优先级的中断请求。

例 8.8　设某机有四个中断源 A、B、C、D，其硬件排队优先次序为 A>B>C>D，现要求将中断处理次序改为 D>A>C>B。

（1）写出每个中断源对应的屏蔽字。

（2）按图 8.23 所示的时间轴给出的四个中断源的请求时刻，画出 CPU 执行程序的轨迹。设每个中断源的中断服务程序时间均为 20 μs。

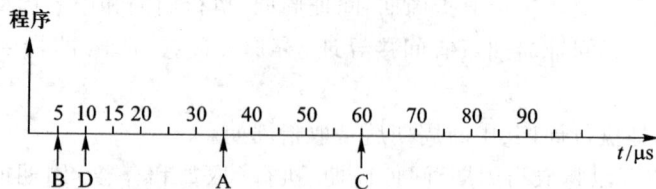

图 8.23　例 8.8 设置中断请求的时刻

【解】

（1）在中断处理次序改为 D>A>C>B 后，每个中断源新的屏蔽字如表 8.5 所示。

表 8.5 例 8.8 各中断源对应的屏蔽字

中断源	屏蔽字			
	A	B	C	D
A	1	1	1	0
B	0	1	0	0
C	0	1	1	0
D	1	1	1	1

（2）根据新的处理次序，CPU 执行程序的轨迹示意图如图 8.24 所示。

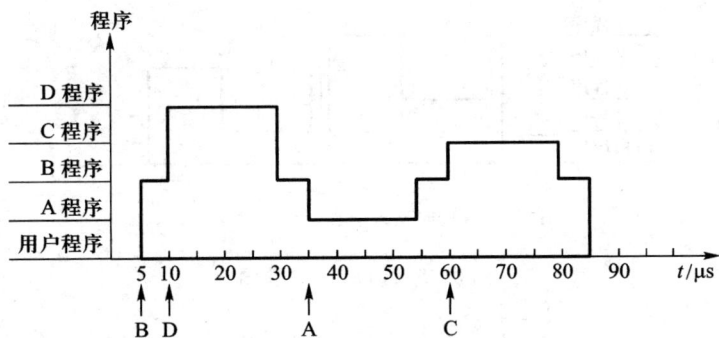

图 8.24 例 8.8(2)答图

例 8.9 设某机有四个中断源 1、2、3、4，其硬件排队优先次序按 1→2→3→4 降序排列，各中断源的服务程序中所对应的屏蔽字如表 8.6 所示。

表 8.6 例 8.9 各中断源对应的屏蔽字

中断源	屏蔽字			
	1	2	3	4
1	1	1	0	1
2	0	1	0	0
3	1	1	1	1
4	0	1	0	1

（1）给出上述四个中断源的中断处理次序。
（2）若四个中断源同时有中断请求，画出 CPU 执行程序的轨迹。
【解】

（1）根据表 8.6，四个中断源的处理次序是 3→1→4→2。

（2）当四个中断源同时有中断请求时，由于硬件排队的优先次序是 1→2→3→4，故 CPU 先响应 1 的请求，执行 1 的服务程序。该程序中设置了屏蔽字 1101，故开中断指令后转去执行 3 服务程序，且 3 服务程序执行结束后又回到 1 服务程序。1 服务程序结束后，CPU 还有 2、4 两个中断源请求未响应。由于 2 的响应优先级高于 4，故 CPU 先响应 2 的请求，执行 2 服务程序。在 2 服务程序中由于设置了屏蔽字 0100，意味着 1、3、4 可中断 2 服务程序。而 1,3 的请求已处理结束，因此在开中断指令之后转去执行 4 服务程序，4 服务程序执行结束后又回到 2 服务程序的断点处，继续执行 2 服务程序，直至该程序执行结束。图 8.25 所示为 CPU 执行程序的轨迹。

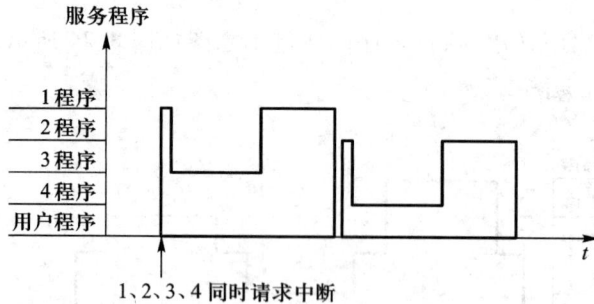

图 8.25   例 8.9(2)答图

例 8.10   设某机有六个中断源，优先顺序按 0→1→2→3→4→5 降序排列。

（1）若在某用户程序的运行过程中，依次发生了 3、2、1 级中断请求，画出 CPU 的程序运行轨迹。

（2）若在 3、2、1 级中断请求发生之前，用改变屏蔽字的方法，将优先级的顺序从高到低改为 0→5→3→4→1→2。试在与（1）相同的请求顺序和请求时间的情况下，画出 CPU 程序的运行轨迹。

【解】

（1）依次发生 3、2、1 级中断请求的 CPU 程序的运行轨迹示意图如图 8.26 所示。

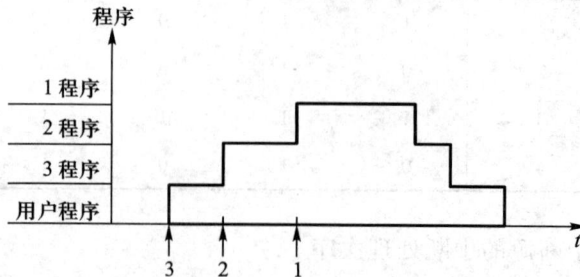

图 8.26   例 8.10(1)答图

（2）改变了优先处理顺序后，在与（1）相同的请求顺序和请求时间的情况下，若 3 程序较长，2、1 提出请求均在 3 程序的执行时间内，则 CPU 程序的运行轨迹示意图如图 8.27(a)所示。

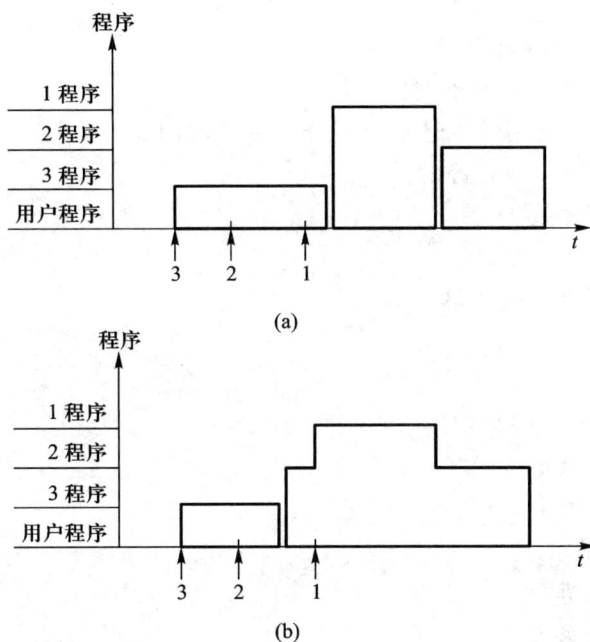

(a)

(b)

图 8.27　例 8.10(2)答图

若 3 程序较短，2 的请求发生在 3 程序的执行时间内，1 的请求发生在 3 程序执行结束后，则 CPU 程序的运行轨迹示意图如图 8.27(b)所示。

8.4　习题训练

8.4.1　选择题

1. CPU 是指_____。
   A. 控制器
   B. 运算器和控制器
   C. 运算器、控制器和主存
2. 控制器的全部功能是_____。
   A. 产生时序信号

B. 从主存取出指令并完成指令操作码译码

C. 从主存取出指令、分析指令并产生有关的操作控制信号

3. 指令周期是_____。

A. CPU 执行一条指令的时间

B. CPU 从主存取出一条指令的时间

C. CPU 从主存取出一条指令加上执行这条指令的时间

4. 下列说法中_____是正确的。

A. 指令周期等于机器周期

B. 指令周期大于机器周期

C. 指令周期是机器周期的 2 倍

5. 中断标志触发器用于_____。

A. 向 CPU 发中断请求

B. 指示 CPU 是否进入中断周期

C. 开放或关闭中断系统

6. 允许中断触发器用于_____。

A. 向 CPU 发中断请求

B. 指示正有中断在进行

C. 开放或关闭中断系统

7. CPU 响应中断的时间是_____。

A. 一条指令执行结束

B. 外部设备提出中断

C. 取指周期结束

8. 向量中断是_____。

A. 外部设备提出中断

B. 由硬件形成中断服务程序入口地址

C. 由硬件形成向量地址,再由向量地址找到中断服务程序入口地址

9. 程序计数器的位数取决于_____。

A. 存储器的容量   B. 机器字长   C. 指令字长

10. 响应中断请求的条件是_____。

A. 外部设备提出中断

B. 外部设备工作完成和系统允许时

C. 外部设备工作完成和中断标记触发器为"1"时

11. 隐指令是指_____。

A. 操作数隐含在操作码中的指令

B. 在一个机器周期里完成全部操作的指令

C. 指令系统中没有的指令

12. 中断向量可提供_____。

A. 被选中设备的地址

B. 传送数据的起始地址

C. 中断服务程序入口地址

D. 主程序的断点地址

13. 指令寄存器的位数取决于_____。

A. 存储器的容量　　　　　　B. 指令字长　　　　　　C. 机器字长

14. 在中断周期中,由_____将允许中断触发器置"0"。

A. 关中断指令　　　　　　　B. 中断隐指令　　　　　C. 开中断指令

15. CPU 中的通用寄存器位数取决于_____。

A. 存储器容量　　　　　　　B. 指令的长度　　　　　C. 机器字长

16. 程序计数器 PC 属于_____。

A. 运算器　　　　　　　　　B. 控制器　　　　　　　C. 存储器

17. CPU 不包括_____。

A. 地址寄存器　　　　　　　B. 指令寄存器 IR　　　　C. 地址译码器

18. 与具有 n 个并行部件的处理器相比,一个 n 段流水处理器_____。

A. 具备同等水平的吞吐能力

B. 不具备同等水平的吞吐能力

C. 吞吐能力大于前者的吞吐能力

19. CPU 中的译码器主要用于_____。

A. 地址译码

B. 指令译码

C. 选择多路数据至 ALU

20. CPU 中的通用寄存器_____。

A. 只能存放数据,不能存放地址

B. 可以存放数据和地址

C. 可以存放数据和地址,还可以代替指令寄存器

21. 某机有四级中断,优先级从高到低为 1→2→3→4。若将优先级顺序修改,改后 1 级中断的屏蔽字为 1011,2 级中断的屏蔽字为 1111,3 级中断的屏蔽字为 0011,4 级中断的屏蔽字为 0001,则修改后的优先顺序从高到低为_____。

A. 3→2→1→4　　　　　　B. 1→3→4→2　　　　　C. 2→1→3→4。

22. 中断系统是由_____实现的。

A. 硬件　　　　　　　　　　B. 固件　　　　　　　　C. 软硬件结合

23. 超标量流水技术是指_____。

A. 缩短原来流水线的处理器周期

B. 在每个时钟周期内同时并发多条指令

C. 把多条能并行操作的指令组合成一条具有多个操作码字段的指令

24. 超流水线技术是_____。

A. 缩短原来流水线的处理器周期

B. 在每个时钟周期内同时并发多条指令

C. 把多条能并行操作的指令组合成一条具有多个操作码字段的指令

25. CPU 响应中断的时间是_____。

A. 中断源提出请求

B. 取指周期结束

C. 执行周期结束

26. 中断周期前是_____,中断周期后是_____。

A. 取指周期,执行周期

B. 执行周期,取指周期

C. 间址周期,执行周期

27. 由编译程序将多条指令组合成一条指令,这种技术称做_____。

A. 超标量技术

B. 超流水线技术

C. 超长指令字技术

28. RISC 机器_____。

A. 不一定采用流水技术

B. 一定采用流水技术

C. CPU 配备很少的通用寄存器

29. 以下叙述中_____是正确的。

A. RISC 机一定采用流水技术

B. 采用流水技术的机器一定是 RISC 机

C. CISC 机一定不采用流水技术

30. 在 CPU 的寄存器中,_____对用户是完全透明的。

A. 程序计数器　　　　　　B. 指令寄存器　　　　　　C. 状态寄存器

8.4.2　填空题

1. 控制器的功能是__A__。

2. CPU 的功能是__A__。

3. CPU 的基本组成包括__A__。

4. 在 CPU 中,指令寄存器的作用是___A___,其位数取决于___B___;程序计数器的作用是___C___,其位数取决于___D___。

5. 指令周期是___A___,最基本的指令周期包括___B___和___C___。

6. 根据 CPU 访存的性质不同,可将 CPU 的工作周期分为___A___、___B___、___C___和___D___。

7. 在中断响应周期内 CPU 自动执行一条___A___指令,完成___B___、___C___和___D___操作。

8. 完成一条指令一般分为___A___周期和___B___周期,前者完成___C___操作,后者完成___D___操作。

9. 计算机中存放当前指令地址的寄存器叫___A___。在顺序执行程序时,若存储器按字节编址,而指令长度为 32 位,则每取出一条指令后,该寄存器自动加___B___,当执行___C___指令或___D___操作时,该寄存器接收新的地址。

10. 中断标志触发器用于___A___,允许中断触发器用于___B___,响应中断的条件是___C___,响应中断的时间是___D___。

11. 中断判优的含义是___A___,通常可用___B___和___C___来实现中断判优,后者所需的时间更长。中断服务程序的入口地址可通过___D___和___E___获得,前者所需的时间短。

12. 允许中断触发器用于___A___,其状态受___B___控制,当允许中断触发器为"1"状态时,表示___C___。

13. 多重中断的含义是___A___,实现多重中断的条件是___B___。

14. 置"0"允许中断触发器可通过___A___或___B___实现。

15. 在中断系统中,通常将中断源分为___A___和___B___两大类,其中___C___优先级高。

16. CPU 响应中断后可通过___A___或___B___转至中断服务程序入口地址。前者需配有___C___,后者需配有___D___。

17. 流水线处理器可处理___A___和___B___,其实质是___C___处理,以提高机器速度。

18. 在 CPU 中保存当前正在执行的指令的寄存器是___A___,保存下一条指令地址的寄存器是___B___,保存 CPU 访存地址的寄存器是___C___。

19. 控制器中 CU 是___A___部件,它可采用___B___设计或___C___设计方法实现。

20. 任何指令周期的第一步必定是___A___周期。

21. 在指令周期中是否有间址周期由___A___决定。

22. 取指令过程是由___A___给出现行指令地址,然后送至___B___,经地址线从存储器读出,经数据线送至 CPU 中的___C___,最终送至___D___。

23. 一个五级流水的处理器,当任务饱满时,它处理 10 条指令的加速比是___A___。

24. 一个五级流水的处理器,共有 12 条指令连续输入此流水线,则在 12 个时钟周期结束时执行完___A___条指令。

25. 在一个有四个过程段的浮点加法器流水线中,假设四个过程段的时间分别是 $T_1 = 60$ ns、$T_2 = 50$ ns、$T_3 = 90$ ns、$T_4 = 80$ ns。则加法器流水线的时钟周期至少为___A___。如果采用同样的逻辑电路,但不是流水线方式,则浮点加法所需的时间为___B___。

26. 流水线中的多发技术包括___A___、___B___和___C___。

27. 在流水线的多发技术中，___A___在原来的时钟周期内，功能部件被使用多次。

28. ___A___技术在每个时钟周期内可同时并发多条独立指令，处理器中需配置多个功能部件和指令译码电路，以便同时执行多个操作。

29. 在流水线的多发技术中，___A___技术对编译器的要求更高，因为在一个时钟周期内，虽然执行一条指令，但要求各个功能部件之间不允许有数据相关。

30. 流水 CPU 是以___A___为原理构造的处理器。目前高性能的微处理器无一不采用___B___。

31. 影响流水线性能的因素主要反应在___A___相关、___B___相关和___C___相关。

32. 结构相关发生在___A___时，如___B___。

33. 当出现___A___时，便发生了控制相关。

34. 数据相关是指___A___，它又分___B___、___C___和___D___。

35. 若采用硬件向量法形成中断服务程序的入口地址，则 CPU 在中断周期完成___A___、___B___和___C___操作。

36. 若采用软件查询的方法形成中断服务程序的入口地址，则 CPU 在中断周期完成___A___、___B___和___C___操作。

37. 中断判优可通过___A___和___B___实现，前者速度更快。

38. 中断服务程序的入口地址可通过___A___和___B___寻找。

39. 在硬件向量法中，可通过两种方式找到服务程序的入口地址，一种是___A___，另一种是___B___。

40. 某机有四个中断源，优先顺序按 1→2→3→4 降序排列，若想将中断处理次序改为 3→1→4→2，则 1、2、3、4 中断源对应的屏蔽字分别是___A___、___B___、___C___和___D___。

8.4.3 问答题

1. CPU 有哪些功能？画出其内部组成框图，并说明图中每个部件的作用。

2. 什么是指令周期？指令周期是否有一个固定值？为什么？

3. 画出指令周期的流程图，分别说明图中每个子周期的作用。

4. 根据 CPU 访存的性质不同，可将 CPU 的工作周期分为哪几类？

5. 中断周期前和中断周期后各是 CPU 的什么工作周期？中断周期完成什么操作？

6. 存储器中有若干数据类型：指令代码、运算数据、堆栈数据、字符代码和 BCD 码，计算机如何区别这些代码？

7. 什么叫系统的并行性？粗粒度并行性和细粒度并行性有何区别？

8. 什么是指令流水？画出指令二级流水和四级流水的示意图，它们中的哪个更能提高处理器速度，为什么？

9. 当遇到什么情况时，流水线将受阻？举例说明。

10. 指令流水线和运算流水线结构有何共同之处?

11. 写一组指令序列,说明因数据相关会影响该程序的执行结果。

12. 举例说明流水线中的几种数据相关。

13. 假设指令流水线分 8 个过程段,若每个过程段所需的时间为 T,试问完成 100 条指令共需多少时间?

14. 今有四级流水线,分别完成取指(IF)、译码并取数(ID)、执行(EX)、写结果(WR)四个步骤。假设完成各步操作的时间依次为 100 ns、100 ns、70 ns、50 ns。

(1) 流水线的时钟周期应取何值?

(2) 若相邻的指令发生数据相关,那么第二条指令安排推迟多少时间才能不发生错误?

(3) 若相邻两指令发生数据相关,而不推迟第二条指令的执行,可采取什么措施?

15. 在三个过程段的浮点加法运算流水线中,假设每个过程段所需的时间分别是 60 ns、90 ns、70 ns,试求三级流水线加法器的加速比。

16. 在一个四级指令流水线中,假设时钟周期为 50 ns,共有 30 条指令连续输入此流水线,试求该流水线的最大吞吐率、实际吞吐率和加速比。

17. 在一个四级指令流水线中,假设每段的执行时间分别是 20 ns、16 ns、20 ns、18 ns。对于完成 50 条指令的流水线而言,其加速比为多少?该流水线的实际吞吐率为多少?该流水线的效率为多少?

18. 与各中断源的中断级别相比,是否可以说 CPU(或主程序)的级别最高,为什么?

19. 什么是中断?设计中断系统需考虑哪些主要问题?

20. 在计算机系统中,为了管理中断,硬件上通常有哪些设置?各有何作用?指令系统应有哪些设置?

21. 什么是中断隐指令?它有哪些功能?

22. 中断系统中采用屏蔽技术有何作用?

23. 为实现多重中断,需有哪些硬件支持?

24. 在中断系统中 INTR、INT、EINT 三个触发器各有什么作用?

25. CPU 在处理中断过程中,有几种方法找到中断服务程序的入口地址?举例说明。

26. 中断处理过程中为什么要中断判优?有几种方法实现?若想改变原定的优先级顺序,可采取什么措施?

27. 中断处理过程中保护现场需完成哪些操作?如何实现?

28. CPU 响应中断的条件是什么?CPU 什么时间响应中断?

29. 什么是多重中断?实现多重中断有无条件约束?

30. 画出中断服务程序的处理流程,若想改变优先级可采取什么措施?

31. 什么叫屏蔽字?如何设置屏蔽字?

32. 什么叫向量中断?举出两个不同的例子加以说明。

33. 现有 A、B、C、D 四个中断源,其优先级由高向低按 A、B、C、D 顺序排列。若中断服务程序的执行时间为 20 μs,请根据图 8.28 时间轴给出的中断源请求中断的时刻,画出 CPU 执行程序的轨迹。

34. 设某机配有 A、B、C 三台设备,其优先顺序是 A>B>C,为改变中断处理次序,将它们的屏蔽字分别设置为如表 8.7 所示:

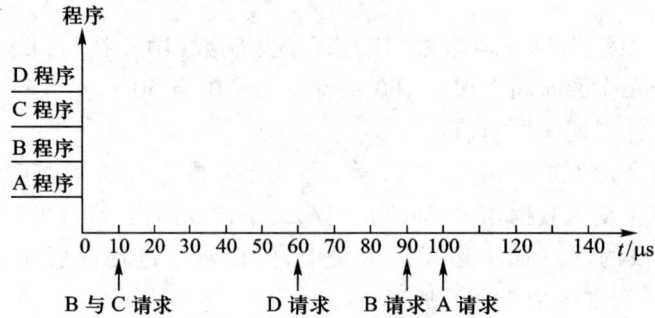

图 8.28 A、B、C、D 四个中断源的中断请求

表 8.7 第 34 题各中断源对应的屏蔽字

设备	屏蔽字		
A	1	1	1
B	0	1	0
C	0	1	1

请按图 8.29 所示的时间轴给出的设备请求中断的时刻,画出 CPU 执行程序的轨迹。设 A、B、C 中断服务程序的执行时间均为 20 μs。

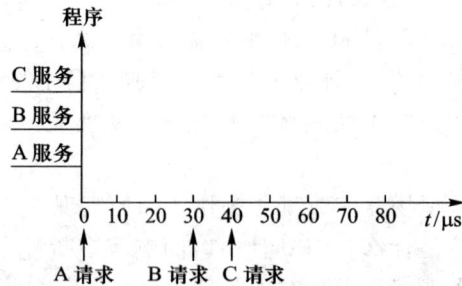

图 8.29 A、B、C 三个中断源的中断请求

35. 某机有五个中断源 L_0,L_1,L_2,L_3,L_4,按中断响应的优先次序由高向低排序为 $L_0 \rightarrow L_1 \rightarrow$

$L_2 \rightarrow L_3 \rightarrow L_4$，现要求中断处理次序改为 $L_1 \rightarrow L_3 \rightarrow L_4 \rightarrow L_0 \rightarrow L_2$，写出各中断源的屏蔽字。

36. 某机有三个中断源，其优先级按 $1 \rightarrow 2 \rightarrow 3$ 降序排列。假设中断处理时间均为 τ，在图8.30所示的时间内共发生 5 次中断请求，图中①表示 1 级中断源发出的中断请求信号，其余类推，画出 CPU 执行程序的轨迹。

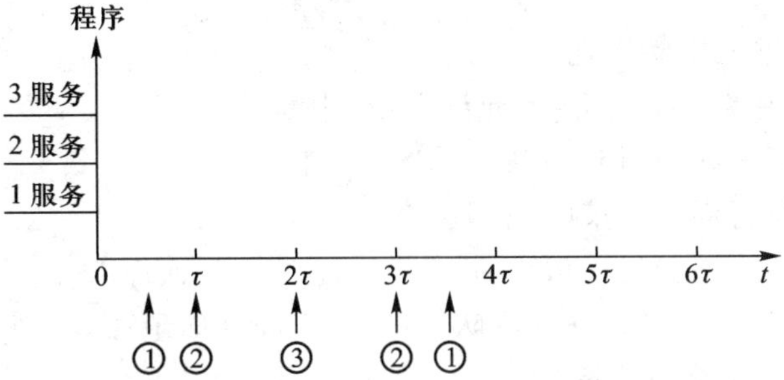

图 8.30　第 36 题 5 次中断请求

参 考 答 案

8.4.1　选择题

1. B	2. C	3. C	4. B	5. B	6. C
7. A	8. C	9. A	10. B	11. C	12. C
13. B	14. B	15. C	16. B	17. C	18. A
19. B	20. B	21. C	22. C	23. B	24. A
25. C	26. B	27. C	28. B	29. A	30. B

8.4.2　填空题

1. A. 取指令、分析指令、发出各种微操作命令、执行不同指令、处理各种异常情况或特殊请求等

2. A. 指令控制、操作控制、时间控制、数据加工、处理中断

3. A. 各类寄存器、算术逻辑部件 ALU、控制单元、中断系统

4. A. 存放当前正在执行的指令　　　B. 指令字长
   C. 指示现行指令的地址并跟踪后继指令地址
   D. 存储单元的个数

5. A. CPU 从主存取出一条指令并执行完该指令所需的时间
   B. 取指周期
   C. 执行周期

6. A. 取指周期　　　B. 间址周期　　　C. 执行周期　　　D. 中断周期

7. A. 中断隐　　　B. 保护断点　　　C. 关中断

　　D. 向量地址送 PC(硬件向量法)或中断识别程序入口地址送 PC(软件查询法)

8. A. 取指　　　　　　　　B. 执行　　　　　　　　C. 取指令和分析指令

　　D. 执行指令

9. A. 程序计数器 PC　　　　　　　　　　　B. 4　　　　　　　C. 转移

　　D. 中断

10. A. 指示 CPU 进入中断周期

　　B. 开放(允许中断)或关闭(不允许中断)中断系统

　　C. 中断源有请求和中断允许触发器为"1"时

　　D. 每条指令执行周期结束时刻

11. A. 当多个中断源同时提出请求时,确定响应的优先次序

　　B. 硬件排队器　　　C. 软件排队　　　　D. 硬件向量法　　　E. 软件查询法

12. A. 标志 CPU 是否允许中断

　　B. 开中断指令、关中断指令或硬件自动复位

　　C. 系统开放,允许中断

13. A. CPU 在处理中断的过程中,又允许响应新的中断请求

　　B. 在中断服务程序中必须提前设置"开中断"指令,使允许中断触发器为"1",而且只
　　有级别更高的中断源才能中断现行的中断服务程序

14. A. 关中断指令　　　B. 在中断响应时,由硬件自动关中断

15. A. 可屏蔽中断　　　B. 不可屏蔽中断　　　C. 不可屏蔽中断

16. A. 硬件向量法　　　B. 软件查询法　　　C. 向量地址形成部件(编码器)

　　D. 中断识别程序

17. A. 指令流水　　　B. 运算流水　　　　C. 并行

18. A. 指令寄存器 IR　　　　　　　　B. 程序计数器 PC

　　C. 存储器地址寄存器 MAR

19. A. 提供完成机器全部指令功能的微操作命令序列的

　　B. 组合逻辑　　　C. 微程序

20. A. 取指

21. A. 指令的寻址特征指出是否有间接寻址

22. A. 程序计数器 PC　　　　　　　　B. 存储器地址寄存器 MAR

　　C. 存储器数据寄存器 MDR　　　　　D. 指令寄存器 IR

23. A. 3.6

24. A. 8

25. A. 90 ns　　　　B. 280 ns

26. A. 超标量技术　　B. 超流水线技术　　C. 超长指令字技术

27. A. 超流水线技术

28. A. 超标量

29. A. 超长指令字

30. A. 时间并行性　　　B. 流水技术

31. A. 结构　　　　　　B. 数据　　　C. 控制

32. A. 硬件资源满足不了指令重叠执行的要求

　　B. 在某个时钟周期内流水线既要完成某条指令对操作数的存储器访问操作,又要完成另一条指令的取指令操作,即发生了访存冲突

33. A. 条件转移指令(或分支指令)

34. A. 由于指令重叠执行,可能改变对操作数的读写访问顺序

　　B. 读后写相关　　　C. 写后读相关　　　D. 写后写相关

35. A. 保护程序断点　　B. 硬件关中断　　　　　　C. 向量地址送至 PC

36. A. 保护程序断点　　B. 硬件关中断

　　C. 中断识别程序入口地址送至 PC

37. A. 硬件排队　　　　B. 软件排队(编程)

38. A. 硬件向量法　　　B. 软件查询法

39. A. 在向量地址的存储单元中,存放一条无条件转至入口地址的指令

　　B. 在向量地址的存储单元中,直接存放入口地址,形成一个向量地址表

40. A. 1101　　　　　　B. 0100　　　　　　C. 1111　　　　　　D. 0101

8.4.3 问答题

1. CPU 具有控制程序的顺序执行、产生完成每条指令所需的控制命令、对各种操作实施时间上的控制、对数据进行算术和逻辑运算以及处理中断等功能,其框图如图 8.31 所示。图中寄存器包括专用寄存器(如程序计数器、指令寄存器、堆栈指示器、存储器地址寄存器、存储器数据寄存器、状态寄存器等)以及通用寄存器(存放操作数);CU 产生各种微操作命令序列;ALU 完成算术和逻辑运算;中断系统用于处理各种中断。

2. 指令周期是 CPU 每取出并执行一条指令所需的全部时间,也即 CPU 完成一条指令的时间。由于各种指令操作功能不同,因此各种指令的指令周期是不同的,指令周期的长短主要和指令在执行阶段的访存次数和执行阶段所需要完成的操作有关。

3. 图 8.32 所示是指令周期的流程图,取指周期完成取指令和分析指令的操作;间址周期用于取操作数的有效地址;执行周期完成执行指令的操作;中断周期是当 CPU 响应中断时,由中断隐指令完成保护程序断点、硬件关中断和向量地址送 PC(硬件向量法)的操作。

4. 根据访存性质不同,CPU 的工作周期可分为取指周期、间址周期、执行周期和中断周期四类。它们访存的目的分别是取指令、取有效地址、取(或存)操作数及将程序断点保存起来。

5. CPU 中断周期前为执行周期,中断周期后为取指周期。中断周期完成下列操作:保存程序断点;硬件关中断;将向量地址送至程序计数器(硬件向量法)或将中断识别程序入口地址送至程序计数器(软件查询法)。

6. CPU 在取指阶段从存储器取出的信息为指令代码。CPU 在执行阶段从存储器取出的可以是运算数据、字符代码或 BCD 码,具体是哪一种信息与指令的操作码有关。凡是根据堆栈指示器 SP 所指示的地址访存时所获得的数据即为堆栈数据。

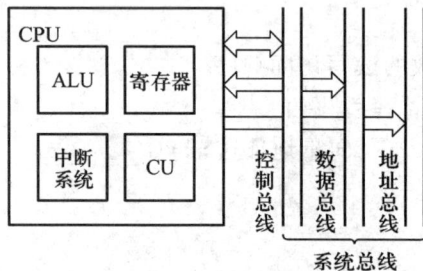

图 8.31 第 1 题答图

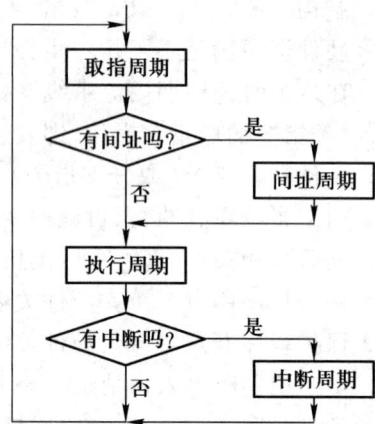

图 8.32 第 3 题答图

7. 所谓并行包含同时性和并发性两个方面。前者是指两个或多个事件在同一时刻发生,后者是指两个或多个事件在同一时间段发生。也就是说,在同一时刻或同一时间段内完成两种或两种以上性质相同或不同的功能,只要在时间上互相重叠,就存在并行性。

并行性可分粗粒度并行和细粒度并行两类。粗粒度并行性是在多个处理机上分别运行多个进程,由多台处理机合作完成一个程序,一般用算法(软件)实现。细粒度并行性是指在处理机的操作级和指令级的并行性,一般用硬件实现,其中指令流水就是一项重要技术。

8. 指令流水就是改变各条指令按顺序串行执行的规则,使机器在执行上一条指令的同时,取出下一条指令,图 8.33(a)和(b)分别是指令的二级流水和四级流水示意图。

把指令周期划分得更细,使更多的指令在同一时间内执行,更能提高处理器速度,故四级流水比二级流水的处理速度高。

9. 流水线受阻一般有三种情况。

(1)在指令重叠执行过程中,硬件资源满足不了指令重叠执行的要求,发生资源冲突,引起控制相关。如在同一时间,几条重叠执行的指令分别要取指令、取操作数和存结果,都需要访存,就会发生访存冲突。

(2)在程序的相邻指令之间出现了某种关联,如当一条指令需要用到前面指令的执行结果,而这些指令均在流水线中重叠执行,可能改变对操作数的读写访问顺序,引起数据相关。

(3)当流水线遇到分支指令时,如一条指令要等前一条(或几条)指令作出转移方向的决定后,才能进入流水线时,便发生控制相关。

10. 指令流水线和运算流水线的共同点是:由于相邻两段在执行不同的操作,所需的时间可

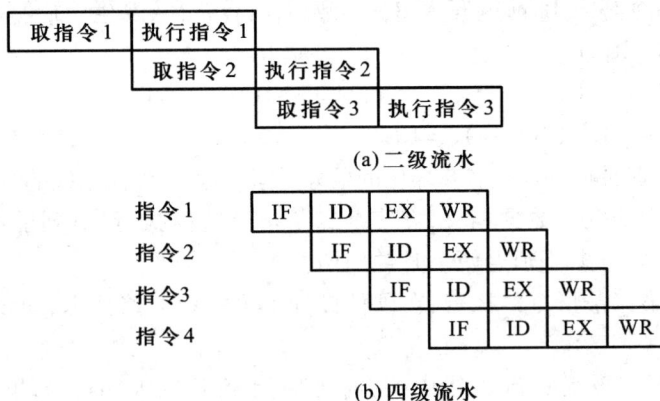

(a)二级流水

(b)四级流水

图 8.33 第 8 题答图

能不相同,因此在相邻两段之间必须设置锁存器或寄存器,以保证在一个时钟周期内流水线各段的输出信号不变。

11. 假设处理器具有五级流水结构:IF(取指)、ID(译码和读寄存器)、EX(执行和访存有效地址计算)、MEM(存储器访问)、WB(结果写回寄存器),下列指令序列中,第(2)、(3)、(4)指令将取到错误的操作数。

(1) SUB　R_3, R_1, R_2　　　　　;$(R_1) - (R_2) \rightarrow R_3$

(2) ADD　R_6, R_3, R_4　　　　　;$(R_3) + (R_4) \rightarrow R_6$

(3) AND　R_7, R_5, R_3　　　　　;$(R_5) \text{ AND } (R_3) \rightarrow R_7$

(4) OR　　R_8, R_3, R_2　　　　　;$(R_3) \text{ OR } (R_2) \rightarrow R_8$

(5) SUB　R_{10}, R_9, R_3　　　　;$(R_9) - (R_3) \rightarrow R_{10}$

由于第(1)条指令在第 5 个时钟周期结束才能将结果写入 R_3,而第(2)、(3)、(4)条指令分别在第 3、4、5 个时钟周期要读 R_3 的内容,造成错误。

12. 流水线中的数据相关有三种类型:

(1) 写后读(RAW)。如在下列一组指令中,I_1 指令运算结果应先写入 R_1,然后在 I_2 指令中读出 R_1 的内容,即写数指令在前,读数指令在后。

I_1　　ADD　　　R_1, R_2, R_3　　　　　;$(R_2) + (R_3) \rightarrow R_1$

I_2　　SUB　　　R_4, R_1, R_5　　　　　;$(R_1) - (R_5) \rightarrow R_4$

(2) 读后写(WAR)。如在下列这组指令中,I_3 指令应先读出 R_6 的内容并存入存储器,然后在 I_4 指令中将运算结果写入 R_6,即读数指令在前,写数指令在后。

I_3　　MOV　　RESULT, R_6　　　　　;$(R_6) \rightarrow \text{RESULT}$

I_4　　SUB　　　R_6, R_7, R_8　　　　　;$(R_7) - (R_8) \rightarrow R_6$

(3) 写后写(WAW)。在下列这组指令中,如果 I_6 指令的与运算结果早于 I_5 指令的除法结果,变成 I_6 指令在 I_5 指令写入 R_3 前就写入 R_3,导致 R_3 内容错误,发生写后写相关。

I_5　　　DIV　　　R_3,R_4,R_5　　　　　　　$;(R_4)\div(R_5)\to R_3$

I_6　　　AND　　　R_3,R_9,R_{10}　　　　　　$;(R_9)AND(R_{10})\to R_3$

13. 所需时间为　　　$8T+(100-1)T=107T$

14. (1) 流水线的时钟周期应按各步操作的最大时间来考虑,即流水线的时钟周期应取 100 ns。

(2) 若相邻两条指令发生数据相关,需使第二条指令暂停执行,直到前面指令产生结果后,再执行第二条指令,因此至少要延迟两个时钟周期。

(3) 若想不推迟第二条指令的执行,在硬件设计上可采取旁路技术,即设置直接传送数据的通路。

15. 在浮点加法器三级运算流水线中,其时钟周期至少为 90 ns。如果采用同样的逻辑电路,而且是非流水线方式,则浮点加法所需的时间是 $(60+90+70)$ ns $=220$ ns。故三级流水的浮点加法器的加速比为 $220/90\approx2.4$。

16. 该流水线的最大吞吐率为 $1/50$ ns $=20\times10^6$ 条指令/s

该流水线的实际吞吐率为

$$30/[4\times50\ ns+(30-1)\times50\ ns]\approx18\times10^6 \text{条指令/s}$$

该流水线的加速比为

$$(30\times4)/[4+(30-1)]\approx3.63$$

17. 根据题目给出的流水线每段执行时间,确定其时钟周期至少为 20 ns。对于完成 50 条指令的流水线而言,其实际吞吐率为 $50/[20\ ns\times(4+49)]\approx47\times10^6$ 条指令/s。其加速比为 $(50\times4)/(4+50-1)=3.77$。该流水线的效率为 $3.77/4\approx0.94$。

18. 与各个中断源的中断级别相比,不能说 CPU(主程序)的级别最高。因为在主程序执行时,若有 I/O 请求或有硬件等方面的故障(若它们未被屏蔽),都可以中断主程序的执行,因此 CPU 的级别并不是最高的。

19. CPU 在程序运行过程中,遇到异常情况或特殊请求,需暂停现行程序,转至对这些异常情况或特殊请求的处理,处理完后再返回到原程序断点处继续执行,这一过程即为中断。设计中断系统需考虑如下几个问题。

(1) 中断源如何向 CPU 提出请求?

(2) 当多个中断源同时提出请求时,CPU 如何确定响应的优先次序?

(3) CPU 在什么条件、什么时间、以什么方式响应中断?

(4) 如何保护现场?

(5) 如何寻找中断服务程序的入口地址?

(6) 如何恢复现场?

(7) 当出现中断嵌套时如何处理?

20. 在计算机系统中,为了管理中断需设置下列这些硬件,它们的作用分别是:

(1) 中断请求触发器,其个数与中断源个数相等,用以标志某个中断源向 CPU 提出中断请求。

（2）中断屏蔽触发器，其个数与中断请求触发器相等，当其为 1 时，表示该中断源的中断请求被屏蔽，CPU 不能响应。

（3）排队器，用来进行中断判优。当多个中断源同时请求时，排队器可选中优先级最高的中断请求。

（4）向量地址形成部件，用以产生中断源的向量地址，从而可找到中断服务程序的入口地址。

（5）允许中断触发器，当其为 1 时，CPU 允许处理中断。

（6）中断标志触发器，标志系统进入中断周期。

（7）堆栈，用来保护现场。

（8）中断查询信号电路。在每条指令执行周期结束时刻，该电路向各中断源发查询信号。

在计算机系统中，为了管理中断，指令系统应设有开中断、关中断、置屏蔽字及中断返回等指令。

21. 中断隐指令是指令系统中没有的指令，它由 CPU 在中断响应周期自动完成。其功能是保护程序断点、硬件关中断、向量地址送 PC（硬件向量法）或中断识别程序入口地址送 PC（软件查询法）。

22. 采用屏蔽技术的作用是：

（1）在多重中断系统中，CPU 响应中断后不希望有级别低的其他中断请求的干扰，采用屏蔽技术可屏蔽本级和更低级的中断请求，使中断处理可靠进行。

（2）改变中断处理的优先级。

（3）有选择地封锁部分中断请求，使程序控制更灵活。

23. 为实现多重中断，需设置中断请求触发器、屏蔽触发器、排队器、向量地址形成部件、中断标志触发器、允许中断触发器、堆栈及中断查询信号电路等。

24. INTR 是中断请求触发器，每个中断源都对应一个 INTR，当其为"1"状态时，表示该中断源有请求。EINT 是允许中断触发器，当其为"1"时，表示 CPU 允许响应中断源的请求；当其为"0"时，意味着 CPU 禁止响应中断。INT 是中断标记触发器，当其为"1"时，表示 CPU 进入中断周期。

25. CPU 在处理中断过程中有两种方法找到中断服务程序的入口地址。

（1）硬件向量法是由硬件电路产生对应某中断源的向量地址，在向量地址内可设一条无条件转移指令，转向中断服务程序的入口地址。只需在中断响应周期将向量地址送至 PC，在 CPU 进入下一取指周期时，就可取出无条件转移指令，执行该指令即可转至中断服务程序。也可以在向量地址内直接存放服务程序的入口地址，通过访问向量地址的存储单元，采用间址的方法找到服务程序的入口地址。

（2）软件查询法是在主存中存有一段中断识别程序，它通过程序判断是哪个中断源提出请求，并转至相应的入口地址。只要在中断响应周期将中断识别程序的首地址送至 PC，在 CPU 进入下一取指周期时，就可取出中断识别程序的第一条指令，逐条执行指令，便可找到相应的服务程序入口地址。

26. 中断源的请求是随机的,在某一时刻可能有多个中断源提出请求,而 CPU 只能响应一个,故必须中断判优,以解决响应的优先次序。

中断判优有两种方法实现:硬件排队和软件排队。前者用组合逻辑电路实现,后者用程序按优先级别(从高至低)顺序查询各中断源,以实现排队。

欲想改变优先顺序,可采用屏蔽技术,重新设置屏蔽字,封锁级别高的请求源,开放级别低的请求源。

27. 中断处理过程中,保护现场包括以下操作:

(1) 将程序断点保存起来,可用中断隐指令完成。

(2) 将各通用寄存器及状态寄存器的内容保存起来,可在中断服务程序中用机器指令编程完成。

28. CPU 响应中断的条件是:允许中断触发器必须为 1;中断源提出请求,又未被屏蔽,并排上队。

CPU 在每条指令执行周期结束时刻要向所有中断源发中断查询信号,此时若条件满足,即可响应中断。

29. 多重中断即指 CPU 在处理中断的过程中,又出现了新的中断请求,此时若 CPU 暂停现行的中断处理,转去处理新的中断请求,如图 8.34 所示,即多重中断。

实现多重中断的条件如下:

(1) 必须重新设置"开中断"指令。因 CPU 响应中断后,即由硬件自动将允许中断触发器清"0",关闭了中断系统,CPU 不再能响应中断。只有在中断服务程序中重新设置一条"开中断"指令,使允许中断触发器为"1",开放中断系统,才能再次响应中断请求。

(2) 只有优先级别更高的中断请求才能中断现行的中断处理程序。

30. 以实现多重中断处理的服务程序为例,其处理流程如图 8.35 实线部分所示。若想改变中断优先级,可在开中断前增加"置新屏蔽字",在恢复现场后增加"恢复屏蔽字",如图 8.35 中虚线部分所示。根据新屏蔽字的要求,就可改变处理优先级。

31. 每个中断源都有一个中断屏蔽触发器,当其为"1"时,CPU 不响应该中断源的请求。将所有中断屏蔽触发器组合起来,构成一个中断屏蔽寄存器,而中断屏蔽寄存器的内容即为屏蔽字。屏蔽字的设置与中断源的优先级有关,主要有以下几个原则。

(1) 如果根据需要,对某个中断源的请求不予处理,则可将对应该中断源的屏蔽触发器置"1"。

(2) 通常在多重中断中,为了使中断处理可靠进行,响应中断后需屏蔽本级和更低级的中断请求。例如共有 8 个中断源,则排序为第 3 优先级的中断源应设置"00111111"屏蔽字。

(3) 若想改变优先级,可按新的优先级设置屏蔽字。仍以 8 个中断源为例,如果想改变排序为第 5 和第 6 中断源的优先级,那么在响应了第 5 个中断源的中断请求后,设置新的屏蔽字"00001011",便可使级别为 6 的中断源可以中断级别为 5 的中断服务程序。

保护现场

置新屏蔽字

开中断

中断服务

关中断

恢复现场

恢复屏蔽字

开中断

中断返回

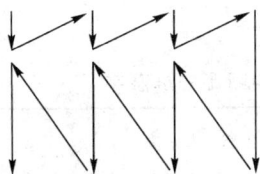

图 8.34　第 29 题答图　　　　　　图 8.35　第 30 题答图

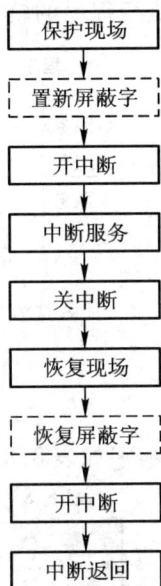

32. 向量中断即当有中断请求时,由硬件产生该中断源对应的向量地址,再由向量地址找到服务程序的入口地址,然后暂停现行程序为中断源服务。例如,向量地址内可以存放一条无条件转移指令,转移地址即为该中断源的服务程序入口地址。只要在中断周期内完成向量地址→PC,那么在接着的取指周期便可取出无条件转移指令,执行该指令,即可转至服务程序的入口地址。又如,在向量地址内直接存入服务程序的入口地址,而所有向量地址的内容就组成了一个入口地址表。同样只要在中断周期内完成向量地址→PC,那么通过查入口地址表,间址后就可找到服务程序的入口地址。

33. 根据给出的 A、B、C、D 中断源的中断请求时刻,CPU 执行程序的轨迹如图 8.36 所示。

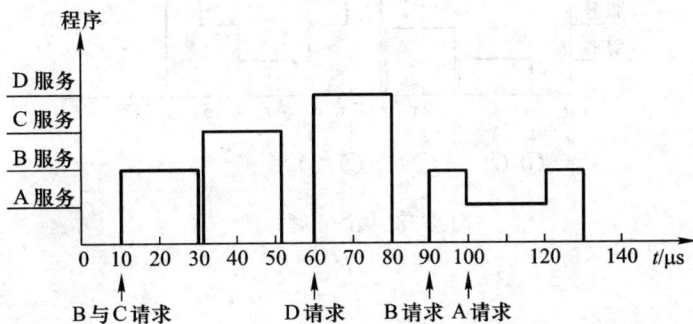

图 8.36　第 33 题答图

34. 根据题意,CPU 执行程序的轨迹如图 8.37 所示。

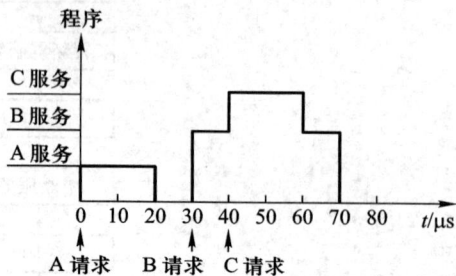

图 8.37　第 34 题答图

35. 五个中断源的屏蔽字如表 8.8 所示。

表 8.8　第 35 题五个中断源的屏蔽字

中断源	屏蔽字				
	L_0	L_1	L_2	L_3	L_4
L_0	1	0	1	0	0
L_1	1	1	1	1	1
L_2	0	0	0	0	0
L_3	1	0	1	1	1
L_4	1	0	1	0	1

36. 根据题意,CPU 执行程序的轨迹如图 8.38 所示。

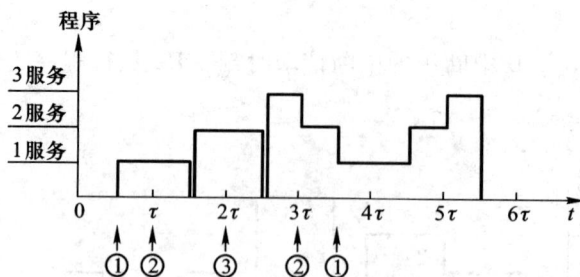

图 8.38　第 36 题答图

第九章　控制单元的功能

9.1　重点难点

本章结合指令周期的四个阶段,着重分析了控制单元完成不同指令所发出的各种操作命令,这些命令(又称控制信号)控制着计算机的所有部件有次序地完成相应的操作,以达到执行程序的目的。学习本章应在分析微操作命令的基础上,重点掌握:

(1) 对应不同的指令,控制单元应发出哪些不同的操作命令。

(2) 控制单元在不同指令的取指、间址和中断周期中,发出哪些相同的操作命令。

(3) 多级时序系统的作用。

(4) 控制单元的控制方式。

本章的难点是:

(1) 指令周期、机器周期、时钟周期与操作命令的关系。

(2) 中央控制和局部控制相结合的同步控制方式。

(3) 不同结构的计算机(总线结构和非总线结构)控制信号的特点。

9.2　主要内容

9.2.1　控制单元的外特性

控制单元 CU 具有发出各种操作命令(即控制信号)序列的功能。这些命令与指令有关,而且必须按一定次序发出,才能使机器有序地工作。其外特性如图 9.1 所示。

由图 9.1 可见,控制单元的输入受指令寄存器、时钟、标志以及来自系统总线(控制总线)的控制。指令的操作码决定了控制单元发出执行不同指令所需的不同操作命令。由于每一个操作都需占用一定时间,而且各个操作又是有先后顺序的,因此 CU 必须受时钟控制。由时钟信号产生的节拍信号,控制 CU 按序发出各种操作命令。控制单元有时需依赖 CPU 当前所处状态(如 ALU 操作结果)产生控制信号,如 BAN 指令,CU 需根据上条指令的结果是否为负而产生不同的

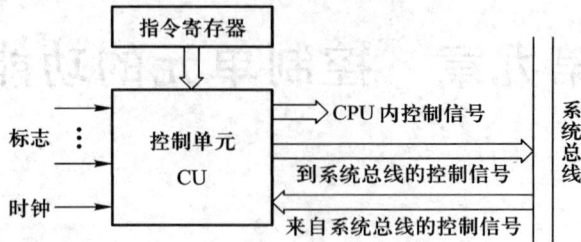

图 9.1　控制单元的外特性

操作命令,因此,CU 也受"标志"的控制。此外,来自控制总线上的信号(如中断请求、DMA 请求)也影响控制单元发出的控制信号。

控制单元的输出包括至 CPU 内部的各种控制信号以及至系统总线上的各种控制信号。

9.2.2　微操作命令的分析

在执行程序的过程中,对于不同的指令,控制单元需发出各种不同的微操作命令。进一步分析发现,在完成不同指令的过程中,有些操作是相同或类似的,如取指令、取操作数地址(当间接寻址时)以及进入中断周期所需完成的操作。下面按指令周期的四个阶段进一步分析其对应的微操作命令。

1. 取指周期的微操作命令

不论是什么指令,取指周期都需有下列微操作命令:

(1) PC→MAR   现行指令地址→MAR

(2) 1→R   命令存储器读

(3) M(MAR)→MDR   现行指令从存储器中读至 MDR

(4) MDR→IR   现行指令→IR

(5) OP(IR)→CU   指令的操作码→CU 译码

(6) (PC) + 1→PC   形成下一条指令的地址

2. 间址周期的微操作命令

间址周期完成取操作数地址的任务,具体微操作命令如下:

(1) Ad(IR)→MAR   将指令字中的地址码(形式地址)→MAR

(2) 1→R   命令存储器读

(3) M(MAR)→MDR   将有效地址从存储器读至 MDR

3. 执行周期的微操作命令

执行周期的操作命令视不同指令而定。

4. 中断周期的微操作命令

中断周期由中断隐指令完成保护程序断点、寻找中断服务程序入口地址及硬件关中断的操作。若采用硬件向量法寻找中断服务程序入口地址,并用堆栈保护程序断点(假设进栈的操作是先修改堆栈指针,后存入数据),则中断周期的微操作命令如下:

(1)(SP)−1→SP→MAR　　　　　修改堆栈指针内容,并将其→MAR

(2)1→W　　　　　　　　　　命令存储器写

(3)PC→MDR　　　　　　　　将程序断点送至 MDR

(4)MDR→M(MAR)　　　　　将程序断点送入堆栈

(5)向量地址→PC　　　　　　将向量地址送至 PC

(6)由硬件置允许中断触发器 EINT 为"0"

9.2.3　多级时序系统

机器周期和节拍(状态)组成了多级时序系统。

1. 机器周期

机器周期可看做是所有指令执行过程中的一个基准时间。不同指令的操作不同,指令周期也不同,但是不论完成什么指令,都需要取指令,而访问一次存储器的时间是固定的,因此通常以存取周期作为基准时间,即机器周期。在存储字长等于指令字长的前提下,取指周期也可看做机器周期。

在一个机器周期里可完成若干个微操作,每个微操作都需一定的时间,可用时钟信号来控制产生每一个微操作命令。

2. 时钟周期

时钟就好比计算机的心脏,只要合上电源,计算机内就产生时钟信号。时钟信号可由机器主振电路(如晶体振荡器)发出的脉冲信号经整形(或倍频、分频)后产生,时钟信号的频率即为机器主频。用时钟信号控制节拍发生器,就可产生节拍。每个节拍的宽度正好对应一个时钟周期。在每个节拍内机器可完成一个或几个需同时执行的操作,它是控制计算机操作的最小时间单位。

图 9.2 反映了机器周期、时钟周期和节拍的关系,图中一个机器周期内有四个节拍 T_0、T_1、T_2、T_3。

3. 指令周期、机器周期、节拍和时钟周期的关系

图 9.3 反映了指令周期、机器周期、节拍和时钟周期的关系。由图可见,一个指令周期包含若干个机器周期,一个机器周期又包含若干个时钟周期(节拍)。每个指令周期内机器周期数可以不等,每个机器周期内的节拍数也可以不等。其中图 9.3(a)所示为定长的机器周期,每个机器周期包含四个节拍(T);图 9.3(b)所示为不定长的机器周期,每个机器周期包含的节拍数可以为 4 个,也可以为 3 个(这种情况适合于操作比较简单的指令,它可跳过某些时钟周期,如 T_3,从而缩短了指令周期)。

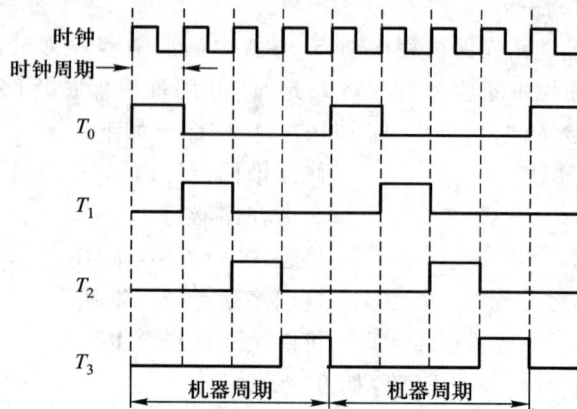

图 9.2　机器周期、时钟周期和节拍的关系

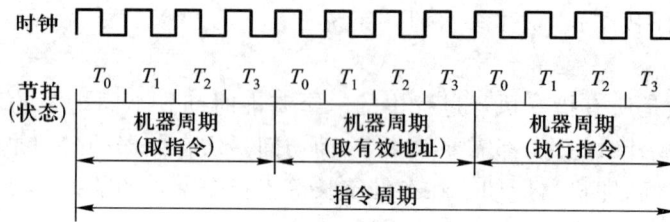

(a) 定长的机器周期

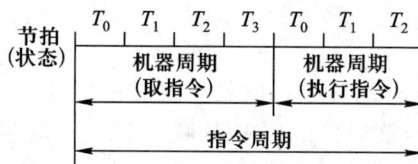

(b) 不定长的机器周期

图 9.3　指令周期、机器周期、节拍和时钟周期的关系

9.2.4　控制方式

控制单元控制一条指令执行的过程,实质上是依次执行一个确定的微操作序列的过程。由于不同指令所对应的微操作数及复杂程度不同,因此每条指令和每个微操作所需的执行时间也不同。通常将如何形成控制不同微操作序列所采用的时序控制方式称作 CU 的控制方式,主要

有三种。

1. 同步控制方式

任何一条指令或指令中任何一个微操作的执行,都由事先确定且有统一基准时标的时序信号所控制的方式,叫做同步控制方式。具体又有三种方案。

(1) 采用定长的机器周期

这种方案的特点是以最长的微操作序列和最烦琐的微操作作为标准,采取完全统一的、具有相同时间间隔和相同数目的节拍作为机器周期来运行各种不同的指令,如图9.3(a)所示。

(2) 采用不定长的机器周期

这种方案每个机器周期内的节拍数可以不等,如图9.3(b)所示。有的指令微操作少,机器周期内只包含3个节拍。有的指令微操作复杂,则可以采用延长机器周期,即增加节拍的办法来解决,如图9.4所示。

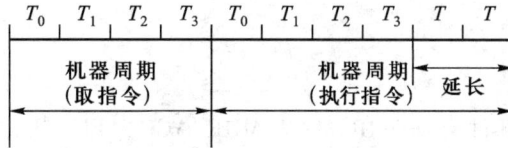

图 9.4 延长机器周期示意

(3) 采用中央控制和局部控制相结合的方法

这种方案将机器的大部分指令安排在统一的、较短的机器周期内完成,称为中央控制,而将少数操作复杂的指令中的某些操作采用局部控制方式来完成,如乘、除法和浮点运算。图9.5所示为中央控制和局部控制的时序关系。

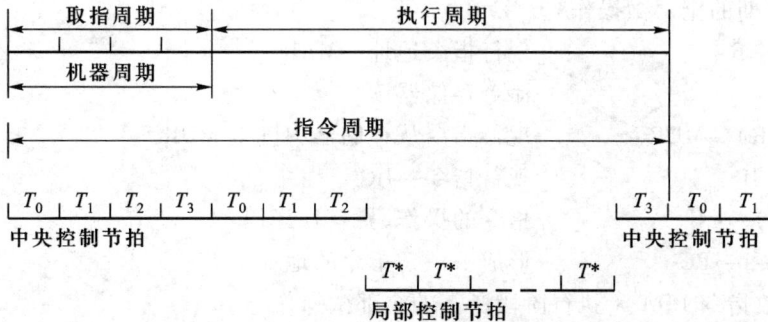

图 9.5 中央控制和局部控制的时序关系

图中的 T^* 为局部控制节拍,其宽度与中央控制的节拍宽度相同,而且局部控制节拍作为中央控制中机器节拍的延续,插入到中央控制的执行周期内,使机器以同样的节奏工作,保证了局部控制和中央控制的同步。T^* 的多少根据情况而定。

2. 异步控制方式

异步控制方式不存在基准时标信号,没有固定的周期节拍和严格的时钟同步。这种方式微操作的时序由专门的应答线路控制,其结构比同步控制复杂。

3. 联合控制方式

联合控制方式就是同步控制和异步控制相结合的方式。这种方式对不同指令的微操作实行大部分统一、小部分区别对待的方式。如对每条指令的取指令操作采用同步控制,而对那些时间难以确定的微操作(如 I/O 操作)则采用异步控制。

此外,为了调机和软件开发的需要,有时也在机器面板或者键盘上设置一些按键或者开关来达到人工控制的目的。

9.3　例题精选

例 9.1　设 CPU 内的部件有:PC、IR、MAR、MDR、ACC、ALU、CU,且采用非总线结构。

(1) 写出取指周期的全部微操作。

(2) 写出取数指令 LDA X,存数指令 STA X,加法指令 ADD X(X 均为主存地址)在执行阶段所需的全部微操作。

(3) 当上述指令均为间接寻址时,写出执行这些指令所需的全部微操作。

(4) 写出无条件转移指令 JMP Y 和结果为零则转指令 BAZ Y 在执行阶段所需的全部微操作。

【解】

(1) 取指周期的全部微操作

PC→MAR	现行指令地址→MAR
1→R	命令存储器读
M(MAR)→MDR	现行指令从存储器中读至 MDR
MDR→IR	现行指令→IR
OP(IR)→CU	指令的操作码→CU 译码
(PC) +1→PC	形成下一条指令的地址

(2) ① 取数指令 LDA X 执行阶段所需的全部微操作

Ad(IR)→MAR	指令的地址码字段→MAR
1→R	命令存储器读
M(MAR)→MDR	操作数从存储器中读至 MDR
MDR→ACC	操作数→ACC

② 存数指令 STA X 执行阶段所需的全部微操作

Ad(IR)→MAR	指令的地址码字段→MAR
1→W	命令存储器写
ACC→MDR	欲写入的数据→MDR
MDR→M(MAR)	数据写至存储器中

③ 加法指令 ADD X 执行阶段所需的全部微操作

Ad(IR)→MAR	指令的地址码字段→MAR
1→R	命令存储器读
M(MAR)→MDR	操作数从存储器中读至 MDR
(ACC)+(MDR)→ACC	两数相加结果送 ACC

（3）当上述指令为间接寻址时,需增加间址周期的微操作。这三条指令在间址周期的微操作是相同的,即

Ad(IR)→MAR	指令的地址码字段→MAR
1→R	命令存储器读
M(MAR)→MDR	有效地址从存储器中读至 MDR

进入执行周期,三条指令的第一个微操作均为 MDR→MAR(有效地址送 MAR),其余微操作不变。

（4）① 无条件转移指令 JMP Y 执行阶段的微操作

Ad(IR)→PC	转移（目标）地址 Y→PC

② 结果为零则转指令 BAZ Y 执行阶段的微操作

Z·Ad(IR)→PC	当 Z = 1 时,转移（目标）地址 Y→PC
	（Z 为标记触发器,结果为 0 时 Z = 1）

例 9.2 设 CPU 内部采用总线连接方式,如图 9.6 所示。

（1）写出完成 LDA X,STA X,ADD X(X 均为主存地址)三条指令所需的全部微操作,并指出哪些控制信号有效。

（2）当上述三条指令均为间接寻址时,写出完成这些指令所需的全部微操作命令,并指出哪些控制信号有效。

【解】 由图 9.6 可见,一条 CPU 内部总线(Bus)上连接了指令寄存器 IR、程序计数器 PC、存储器地址寄存器 MAR、存储器数据寄存器 MDR、累加器 AC、算术逻辑单元 ALU 以及 ALU 输入端寄存器 Y 和 ALU 输出端寄存器 Z。总线是上述这些器件的共享资源,每次只能传递一个数据,分别受控制信号控制(下标 i 表示输入控制,下标 o 表示输出控制)。

（1）上述三条指令的取指操作均相同,即

PC→Bus→MAR	PC_o 和 MAR_i 有效,现行指令地址→MAR
1→R	CU 发读命令
数据线→MDR	现行指令从存储器→数据线→MDR
MDR→Bus→IR	MDR_o 和 IR_i 有效,现行指令→IR

　　（PC）+1→PC　　　　　　　形成下条指令的地址

　　取指周期结束时,指令在 MDR 和 IR 中。由于图 9.6 中没有 IR_o 控制信号,故进入执行周期后,操作数的地址均由 Ad(MDR)提供。三条指令执行周期的微操作分别如下。

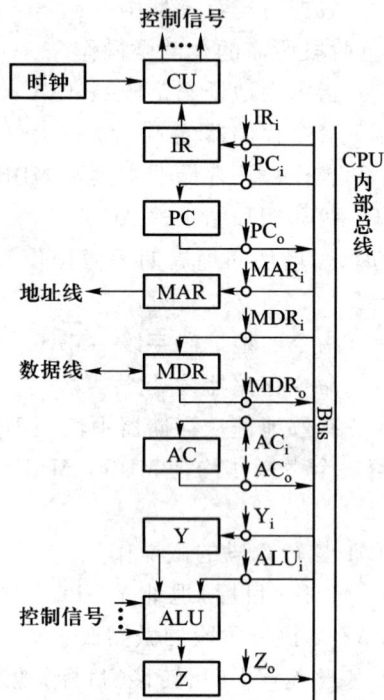

图 9.6　CPU 内部总线的数据通路和控制信号

① LDA　X 指令

　　Ad(MDR)→Bus→MAR　　　　　　MDR_o 和 MAR_i 有效,指令的地址码字段→MAR

　　1→R　　　　　　　　　　　　CU 发读命令

　　数据线→MDR　　　　　　　　　操作数从存储器→数据线→MDR

　　MDR→Bus→AC　　　　　　　　MDR_o 和 AC_i 有效,操作数→AC

② STA　X 指令

　　Ad(MDR)→Bus→MAR　　　　　　MDR_o 和 MAR_i 有效,指令的地址码字段→MAR

　　1→W　　　　　　　　　　　　CU 发写命令

　　AC→Bus→MDR　　　　　　　　AC_o 和 MDR_i 有效,欲写入的数据→MDR

　　MDR→数据线　　　　　　　　　数据经数据线写入存储器

③ ADD　X 指令

　　Ad(MDR)→Bus→MAR　　　　　　MDR_o 和 MAR_i 有效,指令的地址码字段→MAR

$1 \rightarrow R$	CU 发读命令
数据线$\rightarrow$MDR	操作数从存储器$\rightarrow$数据线$\rightarrow$MDR
MDR$\rightarrow$Bus$\rightarrow$Y	MDR_o 和 Y_i 有效,操作数$\rightarrow$Y
(AC) + (Y) $\rightarrow$Z	AC_o 和 ALU_i 有效,CU 向 ALU 发加命令,结果$\rightarrow$Z
Z$\rightarrow$AC	Z_o 和 AC_i 有效,结果$\rightarrow$AC

(2) 对于间接寻址的取数、存数和加法指令,其取指周期的操作是不变的,进入间址周期三条指令的间址操作均相同,具体的微操作是:

Ad(MDR)$\rightarrow$Bus$\rightarrow$MAR	MDR_o 和 MAR_i 有效,形式地址$\rightarrow$MAR
$1 \rightarrow R$	CU 发读命令
数据线$\rightarrow$MDR	有效地址从存储器$\rightarrow$数据线$\rightarrow$MDR

间址周期结束时有效地址在 MDR 中,进入执行周期后,三条指令的第一个微操作均为:

| MDR$\rightarrow$Bus$\rightarrow$MAR | MDR_o 和 MAR_i 有效,有效地址$\rightarrow$MAR |

其余的微操作不变。

例 9.3 设 CPU 内部寄存器的连接与图 9.6 基本相同,且 IR 的输出与 Bus 相连,还需增加两个通用寄存器 R_1 和 R_2,其输入和输出都与总线连接。如果加法指令中的第二个地址码有寄存器寻址、寄存器间接寻址和存储器间接寻址这三种寻址方式,即

(1) ADD R_1, R_2 $(R_1) + (R_2) \rightarrow R_1$

(2) ADD $R_1, @R_2$ $(R_1) + ((R_2)) \rightarrow R_1$

(3) ADD $R_1, @\text{mem}$ $(R_1) + ((\text{mem})) \rightarrow R_1$

写出这三种寻址方式完成加法指令所需的全部微操作。

【解】

(1) ADD R_1, R_2 寄存器寻址

     PC$\rightarrow$Bus$\rightarrow$MAR

     $1 \rightarrow R$

     M(MAR)$\rightarrow$数据线$\rightarrow$MDR$\rightarrow$Bus$\rightarrow$IR

     (PC) +1$\rightarrow$PC

     $R_2 \rightarrow$Bus$\rightarrow$Y

     (R_1) +(Y)$\rightarrow$Z R_1 通过总线$\rightarrow$ALU,ALU 作加法

     Z$\rightarrow$Bus$\rightarrow R_1$

(2) ADD $R_1, @R_2$ 寄存器间址

     PC$\rightarrow$Bus$\rightarrow$MAR

     $1 \rightarrow R$

     M(MAR)$\rightarrow$数据线$\rightarrow$MDR$\rightarrow$Bus$\rightarrow$IR

     (PC) +1$\rightarrow$PC

     $R_2 \rightarrow$Bus$\rightarrow$MAR

$1 \rightarrow R$

$M(MAR) \rightarrow$ 数据线 $\rightarrow MDR$

$MDR \rightarrow Bus \rightarrow Y$

$(R_1) + (Y) \rightarrow Z$　　　　R_1 通过总线 $\rightarrow ALU, ALU$ 作加法

$Z \rightarrow Bus \rightarrow R_1$

(3) ADD R_1, @ mem　　　存储器间接寻址

$PC \rightarrow Bus \rightarrow MAR$

$1 \rightarrow R$

$M(MAR) \rightarrow$ 数据线 $\rightarrow MDR \rightarrow Bus \rightarrow IR$

$(PC) + 1 \rightarrow PC$

$IR(mem) \rightarrow Bus \rightarrow MAR$

$1 \rightarrow R$

$M(MAR) \rightarrow$ 数据线 $\rightarrow MDR$

$MDR \rightarrow Bus \rightarrow MAR$

$1 \rightarrow R$

$M(MAR) \rightarrow$ 数据线 $\rightarrow MDR$

$MDR \rightarrow Bus \rightarrow Y$

$(R_1) + (Y) \rightarrow Z$　　　　R_1 通过总线 $\rightarrow ALU, ALU$ 作加法

$Z \rightarrow Bus \rightarrow R_1$

例 9.4　什么是指令周期、机器周期和时钟周期? 三者有何关系?

【解】　指令周期是 CPU 取出并执行一条指令所需的全部时间,即完成一条指令的时间。机器周期是所有指令执行过程中的一个基准时间,通常以存取周期作为机器周期。时钟周期是机器主频的倒数,也可称为节拍,它是控制计算机操作的最小时间单位。

一个指令周期包含若干个机器周期,一个机器周期又包含若干个时钟周期,每个指令周期内的机器周期数可以不等,每个机器周期内的时钟周期数也可以不等。

例 9.5　能不能说机器的主频越快,机器的速度就越快,为什么?

【解】　不能说机器的主频越快,机器的速度就越快。因为机器的速度不仅与主频有关,还与机器周期中所含的时钟周期数以及指令周期中所含的机器周期数有关。同样主频的机器,由于机器周期所含时钟周期数不同,机器的速度也不同。机器周期中所含时钟周期数少的机器,速度更快。

此外,机器的速度还和其他很多因素有关,如主存的速度、机器是否配有 Cache、总线的数据传输率、硬盘的速度以及机器是否采用流水技术等。机器速度还可以用 MIPS(每秒执行百万条指令数)和 CPI(执行一条指令所需的时钟周期数)来衡量。

例 9.6　设某机主频为 8 MHz,每个机器周期平均含 2 个时钟周期,每条指令平均有 2.5 个机器周期,试问该机的平均指令执行速度为多少 MIPS? 若机器主频不变,但每个机器周期平均

含 4 个时钟周期,每条指令平均有 5 个机器周期,则该机的平均指令执行速度又是多少 MIPS? 由此可得出什么结论?

【解】 根据主频为 8 MHz,得时钟周期为 $1/8 = 0.125$ μs,机器周期为 $0.125 \times 2 = 0.25$ μs,指令周期为 $0.25 \times 2.5 = 0.625$ μs。

（1）平均指令执行速度为 $1/0.625 = 1.6$ MIPS。

（2）若机器主频不变,机器周期含 4 个时钟周期,每条指令平均含 5 个机器周期,则指令周期为 $0.125 \times 4 \times 5 = 2.5$ μs,故平均指令执行速度为 $1/2.5 = 0.4$ MIPS。

（3）可见机器的速度并不完全取决于主频。

例 9.7 某 CPU 的主频为 8 MHz,若已知每个机器周期平均包含 4 个时钟周期,该机的平均指令执行速度为 0.8 MIPS,试求该机的平均指令周期及每个指令周期含几个机器周期? 若改用时钟周期为 0.4 μs 的 CPU 芯片,则计算机的平均指令执行速度为多少 MIPS? 若要得到平均每秒 40 万次的指令执行速度,则应采用主频为多少的 CPU 芯片?

【解】 由主频为 8 MHz,得时钟周期为 $1/8 = 0.125$ μs,机器周期为 $0.125 \times 4 = 0.5$ μs。

（1）根据平均指令执行速度为 0.8 MIPS,得平均指令周期为 $1/0.8 = 1.25$ μs。

（2）每个指令周期含 $1.25/0.5 = 2.5$ 个机器周期。

（3）若改用时钟周期为 0.4 μs 的 CPU 芯片,即主频为 $1/0.4 = 2.5$ MHz,则根据平均指令速度与机器主频有关,得平均指令执行速度为

$$(0.8 \text{ MIPS} \times 2.5 \text{ MHz})/8 \text{ MHz} = 0.25 \text{ MIPS}。$$

（4）若要得到平均每秒 40 万次的指令执行速度,即 0.4 MIPS,则 CPU 芯片的主频应为 $(8 \text{ MHz} \times 0.4 \text{ MIPS})/0.8 \text{ MIPS} = 4 \text{ MHz}。$

例 9.8 已知单总线计算机结构如图 9.7 所示,其中 M 为主存,XR 为变址寄存器,EAR 为有效地址寄存器,LATCH 为暂存器。假设指令地址已存于 PC 中,画出 ADD X,D 指令周期信息流程图,并列出相应的控制信号序列。

说明:

（1）ADD X,D 指令字中 X 为变址寄存器 XR,D 为形式地址。

（2）寄存器的输入和输出均受控制信号控制,如 PC_i 表示 PC 的输入控制信号,又如 MDR_o 表示 MDR 的输出控制信号。

（3）凡是需要经过总线实现寄存器之间的传送,需在流程图中注明,如 PC→Bus→MAR,相应的控制信号为 PC_o 和 MAR_i。

【解】 完成 ADD X,D 指令取指周期和执行周期的信息流程及相应的控制信号如图 9.8 所示,图中 Ad(IR) 为形式地址。

例 9.9 已知单总线计算机结构如图 9.7 所示,其中 M 为主存,XR 为变址寄存器,EAR 为有效地址寄存器,LATCH 为暂存器。假设指令地址已存于 PC 中,画出 STA * D 指令周期的信息流程图,并列出相应的控制信号。

说明:

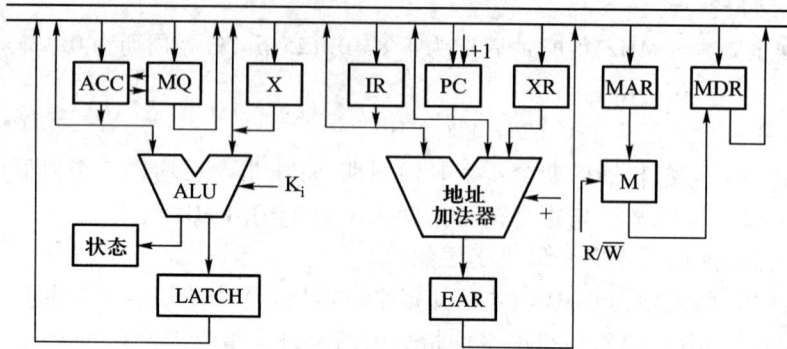

图 9.7　单总线计算机结构示意

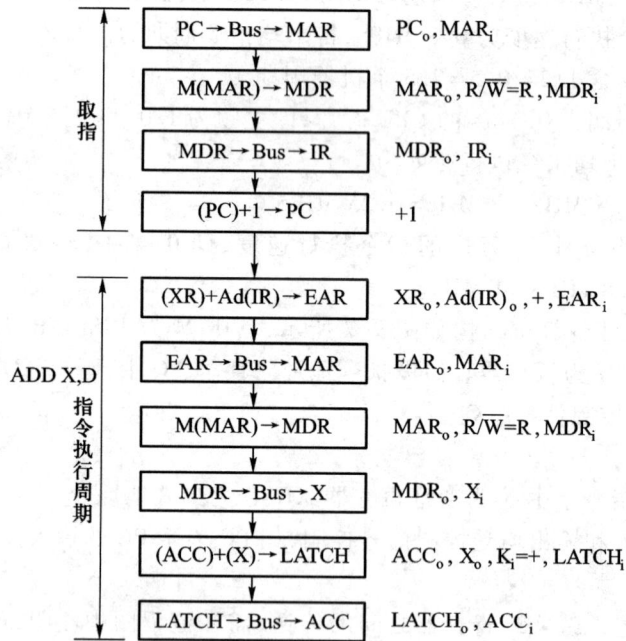

图 9.8　例 9.8 答图

（1）STA　*D 指令字中 * 表示相对寻址，D 为相对位移量。

（2）寄存器的输入和输出均受控制信号控制，如 PC_i 表示 PC 的输入控制信号，又如 MDR_o 表示 MDR 的输出控制信号。

（3）凡是需要经过总线实现寄存器之间的传送，需在流程图中注明，如 PC→Bus→MAR，相

应的控制信号为 PC_o 和 MAR_i。

【解】 完成 STA ＊D 指令取指周期和执行周期的信息流程及相应的控制信号如图 9.9 所示,图中 Ad(IR) 为相对位移量的机器代码。

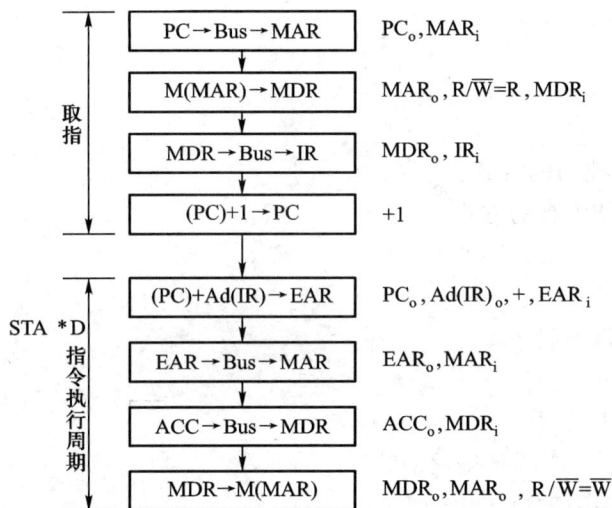

图 9.9 例 9.9 答图

例 **9.10** 某计算机 CPU 的主频为 4 MHz,各类指令的平均执行时间和使用频度如表 9.1 所示。试计算该机的速度(单位用 MIPS 表示)。若上述 CPU 芯片升级为 6 MHz,则该机的速度又为多少?

表 9.1 例 9.10 表格

指令类别	存取	加、减、比较、转移	乘除	其他
平均指令执行时间	0.6 μs	0.8 μs	10 μs	1.4 μs
使用频度	35 %	50 %	5 %	10 %

【解】 根据表 9.1 平均指令执行时间及使用频度,得

(1) 该机的速度为

$$1/(0.6 \times 35\% + 0.8 \times 50\% + 10 \times 5\% + 1.4 \times 10\%) = 1/1.25 = 0.8 \text{ MIPS}$$

(2) 芯片主频改为 6 MHz,该机的速度为

$$(0.8 \text{ MIPS} \times 6 \text{ MHz})/4 \text{ MHz} = 1.2 \text{ MIPS}$$

9.4　习题训练

9.4.1　选择题

1. 同步控制是_____。
A. 只适用于 CPU 控制的方式
B. 由统一时序信号控制的方式
C. 所有指令执行时间都相同的方式

2. 异步控制常用于_____。
A. CPU 访问外围设备时
B. 微程序控制器中
C. 微型机的 CPU 控制中

3. 在下列说法中_____是错误的。
A. 计算机的速度完全取决于主频
B. 计算机的速度不完全取决于主频
C. 计算机的速度与主频、机器周期内平均含时钟周期数及机器的平均指令执行速度有关

4. 在控制器的控制方式中,局部控制_____。
A. 和异步控制相同,都不存在基准时标系统
B. 属于同步控制,它与中央控制的基准时标是保持同步的
C. 属于同步控制并有独立的时标系统,与中央控制的基准时标系统无关

5. 计算机操作的最小单位时间是_____。
A. 时钟周期　　　　　　B. 指令周期　　　　　　C. CPU 周期

6. 计算机主频的周期是指_____。
A. 指令周期　　　　　　B. 时钟周期　　　　　　C. 存取周期

7. 一个节拍信号的宽度是指_____。
A. 指令周期　　　　　　B. 机器周期　　　　　　C. 时钟周期

8. 由于 CPU 内部操作的速度较快,而 CPU 访问一次存储器的时间较长,因此机器周期通常由_____来确定。
A. 指令周期　　　　　　B. 存取周期　　　　　　C. 间址周期

9. 在取指令操作之后,程序计数器中存放的是_____。
A. 当前指令的地址
B. 程序中指令的数量

C. 下一条指令的地址

10. 直接寻址的无条件转移指令功能是将指令中的地址码送入_____。

A. PC   B. 地址寄存器   C. 累加器

11. 取指令操作_____。

A. 受上一条指令的操作码控制

B. 受当前指令的操作码控制

C. 是控制器固有的功能,无须在操作码控制下完成

12. 以下叙述中错误的是_____。

A. 取指令操作是控制器固有的功能,不需要在操作码控制下完成

B. 所有指令的取指令操作都是相同的

C. 在指令长度相同的情况下,所有指令的取指操作都是相同的

13. 以下叙述中错误的是_____。

A. 指令周期的第一个操作是取指令

B. 为了进行取指令操作,控制器需要得到相应的指令

C. 取指令操作是控制器自动进行的

14. 在单总线结构的 CPU 中,连接在总线上的多个部件_____。

A. 某一时刻只有一个可以向总线发送数据,并且只有一个可以从总线接收数据

B. 某一时刻只有一个可以向总线发送数据,但可以有多个同时从总线接收数据

C. 可以有多个同时向总线发送数据,并且可以有多个同时从总线接收数据

15. 在单总线结构的 CPU 中_____。

A. ALU 的两个输入端都可与总线相连

B. ALU 的一个输入端与总线相连,其输出端也可与总线相连

C. ALU 只能有一个输入端与总线连,其输出端需通过暂存器与总线相连

16. 在中断周期中,将允许中断触发器置"0"的操作由_____完成。

A. 硬件   B. 关中断指令   C. 开中断指令

17. 在控制器的控制方式中,机器周期内的时钟周期个数可以不相同,这属于_____。

A. 同步控制   B. 异步控制   C. 联合控制

18. 计算机执行乘法指令时,由于其操作较复杂,需要更多的时间,通常采用_____控制方式。

A. 延长机器周期内节拍数的

B. 异步

C. 中央与局部控制相结合的

19. 在间址周期中,_____。

A. 所有指令的间址操作都是相同的

B. 凡是存储器间接寻址的指令,它们的操作都是相同的

C. 对于存储器间接寻址或寄存器间接寻址的指令，它们的操作是不同的

20. 下列说法中_____是正确的。

A. 加法指令的执行周期一定要访存

B. 加法指令的执行周期一定不访存

C. 指令的地址码给出存储器地址的加法指令，在执行周期一定访存

9.4.2 填空题

1. CPU 从主存取出一条指令并执行该指令的时间叫做__A__，它常常用若干个__B__来表示，而后者又包含有若干个__C__。

2. 对于某些指令(如乘法指令)，控制器通常采用__A__控制方式来控制指令的执行，但这种控制中的节拍宽度与__B__控制的节拍宽度是相等的，而且这两种控制是__C__。

3. 控制部件通过控制线向执行部件发出各种控制命令，通常把这种控制命令叫做__A__，而执行部件执行此控制命令后所进行的操作叫做__B__。

4. 控制器的控制方式分__A__、__B__、__C__和__D__四类。

5. CPU 采用同步控制方式时，控制器使用__A__和__B__组成的多级时序系统。

6. 程序顺序执行时，后继指令的地址由__A__形成，遇到转移指令和调用指令时，后继指令的地址从__B__获得。

7. 控制器在生成各种控制信号时，必须按照一定的__A__进行，以便对各种操作实施时间上的控制。

8. 同步控制是__A__。

9. 异步控制是__A__。

10. 联合控制是__A__。

11. 中央与局部控制相结合的控制属于__A__控制方式，要求中央节拍的宽度与局部控制节拍的宽度__B__。

12. 控制器的控制方式中，机器周期中的节拍数可以不同，这属于__A__控制。

13. 在总线复用的 CPU 中，__A__和__B__共用一组总线，必须采用__C__控制的方法，先给__D__信号，并用__E__信号将其保存。

14. 机器 X 和 Y 的主频分别是 8 MHz 和 12 MHz，则 X 机的时钟周期为__A__μs。若 X 机的平均指令执行速度为0.4 MIPS，则 X 机的平均指令周期为__B__μs。若两个机器的机器周期内时钟周期数相等，则 Y 机的平均执行速度为__C__MIPS。

15. 设 CPU 的主频为 8 MHz，若每个机器包含 4 个时钟周期，该机的平均执行速度为0.8 MIPS，则该机的时钟周期为__A__μs，平均指令周期为__B__μs，每个指令周期含__C__个机器周期。

16. 一个主频为 25 MHz 的 CPU，平均每条指令包含 2 个机器周期，每个机器周期包含 2 个

时钟周期,则计算机的平均速度是＿＿A＿＿。如果每两个机器周期中有一个用于访存,而存储器速度较慢,需再插入 2 个时钟周期,此时指令周期为＿＿B＿＿μs。

17. 设某机主频为 200 MHz,每个指令周期平均为 2.5 个机器周期,每个机器周期平均包括 2 个时钟周期,则该机平均速度是＿＿A＿＿。

18. 在非间址的情况下,对于一条 R–S 型指令,指令的执行阶段需要＿＿A＿＿周期取操作数;对于一条 S–S 型指令,指令的执行阶段需要＿＿B＿＿周期取操作数。

19. 假设进栈操作是先存数据再修改堆栈指针 SP,则进入中断周期的第一个微操作是＿＿A＿＿。

20. 控制单元的输入信号可来自＿＿A＿＿、＿＿B＿＿、＿＿C＿＿和＿＿D＿＿。

9.4.3　问答题

1. 什么是计算机的主频,主频和机器周期有什么关系?

2. 控制器中常采用哪些控制方式,各有何特点?

3. 设机器 A 的主频为 8 MHz,机器周期含 4 个时钟周期,且该机的平均指令执行速度是 0.4 MIPS,试求该机的平均指令周期和机器周期。每个指令周期包含几个机器周期? 如果机器 B 的主频为 12 MHz,且机器周期也含 4 个时钟周期,试问 B 机的平均指令执行速度为多少 MIPS?

4. 某 CPU 主频 8 MHz,设每个机器周期包含 4 个时钟周期,且该机的平均指令执行速度为 1 MIPS。

(1) 求该机平均指令周期。

(2) 求每个指令周期包含的平均机器周期。

(3) 若改用时钟周期为 0.01 μs 的 CPU 芯片,求平均指令执行速度。

5. 若某机主频为 100 MHz,每个指令周期平均包含 2 个机器周期,每个机器周期包含 2 个时钟周期。

(1) 求该机平均指令执行速度。

(2) 若频率不变,但每条指令平均包含 5 个机器周期,每个机器周期包含 4 个时钟周期,求平均指令执行速度。

6. 图 9.10 所示是双总线结构的机器。图中 IR 为指令寄存器,PC 为程序计数器,MAR 为存储器地址寄存器,M 为主存(受 R/$\overline{\text{W}}$ 信号控制),MDR 为存储器数据寄存器,R_0、R_1、R_2、R_3、X、Y 均为寄存器,ALU 由 +、–控制信号决定完成何种操作,控制信号 G 控制一个门电路。此外,线上标注有控制信号,如 Y_i 表示寄存器 Y 的输入控制信号,R_{1o} 表示寄存器 R_1 的输出控制信号,未标字符的线为直通线,不受控制。

ADD R_2,R_0 指令完成 $(R_2)+(R_0)\rightarrow R_2$ 的操作,画出其指令周期信息流程图(假设指令的地址已放在 PC 中),并列出相应的微操作控制信号序列。

7. 在第 6 题给出的条件下,SUB　R_1,R_3 指令完成 $(R_1)-(R_3)\rightarrow R_1$ 的操作,画出其指令周期

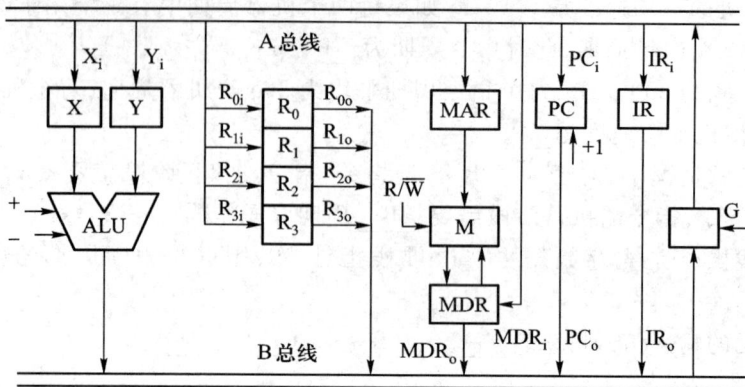

图 9.10 双总线结构示意

信息流程图(假设指令的地址已放在 PC 中),并列出相应的微操作控制信号序列。

8. 在第 6 题给出的条件下,写出完成下述四条单字长指令的操作流程及相应的控制信号。

(1) MOV　　R$_1$,R$_0$　　　　　(R$_0$)→R$_1$　　　　　R$_1$、R$_0$ 寄存器寻址

(2) MOV　　@R$_1$,R$_0$　　　　(R$_0$)→(R$_1$)　　　R$_1$ 寄存器间址、R$_0$ 寄存器寻址

(3) MOV　　R$_3$,@R$_2$　　　　((R$_2$))→R$_3$　　　R$_3$ 寄存器寻址、R$_2$ 寄存器间址

(4) MOV　　@R$_3$,@R$_2$　　　((R$_2$))→(R$_3$)　　R$_3$、R$_2$ 寄存器间址

指令格式如下,其中 X$_D$ 和 X$_S$ 分别为目的操作数和源操作数的寻址模式。

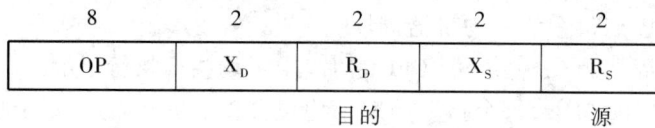

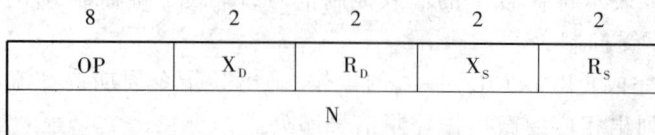

8	2	2	2	2
OP	X$_D$	R$_D$	X$_S$	R$_S$
	目的		源	

9. 在第 6 题给出的条件下,写出完成下述双字长指令的操作流程及相应的控制信号。

(1) MOV　　R$_0$,#N　　　　N→R$_0$　　　　#N 为立即数

(2) MOV　　@R$_1$,#N　　　N→(R$_1$)　　　@R$_1$ 为寄存器间接寻址

(3) MOV　　R$_2$,N　　　　(N)→R$_2$　　　N 为存储器地址

(4) MOV　　R$_3$,@N　　　((N))→R$_3$　　@ 为存储器间接寻址特征

指令格式如下,其中 X$_D$ 和 X$_S$ 分别为目的操作数和源操作数的寻址模式。

8	2	2	2	2
OP	X$_D$	R$_D$	X$_S$	R$_S$
N				

10. 已知单总线计算机结构如图 9.7 所示,其中 XR 为变址寄存器,EAR 为有效地址寄存

器,LATCH 为暂存器。假设指令地址已存于 PC 中,画出 ADD ＊ D 指令周期信息流程图,并列出相应的控制信号序列。

说明:

（1） ADD ＊ D 指令字中 ＊ 表示相对寻址,D 为相对位移量。

（2） 寄存器的输入和输出均受控制信号控制,如 PC_i 表示 PC 的输入控制信号,又如 MDR_o 表示 MDR 的输出控制信号。

（3） 凡是需要经过总线实现寄存器之间的传送,需在流程图中注明,如 PC→Bus→MAR,相应的控制信号为 PC_o 和 MAR_i。

11. 在第 10 题给出条件下,假设指令地址已存于 PC 中,画出 JMP ＊ D 指令周期信息流程图,并列出相应的控制信号序列。

说明:

（1） JMP ＊ D 指令字中 ＊ 表示相对寻址,D 为相对位移量。

（2） 寄存器的输入和输出均受控制信号控制,如 PC_i 表示 PC 的输入控制信号,又如 MDR_o 表示 MDR 的输出控制信号。

（3） 凡是需要经过总线实现寄存器之间的传送,需在流程图中注明,如 PC→Bus→MAR,相应的控制信号为 PC_o 和 MAR_i。

12. 在第 10 题给出的条件下,假设指令地址已存于 PC 中,画出 LDA X,D 指令周期信息流程图,并列出相应的控制信号序列。

说明:

（1） LDA X,D 指令字中 X 为变址寄存器 XR,D 为形式地址。

（2） 寄存器的输入和输出均受控制信号控制,如 PC_i 表示 PC 的输入控制信号,又如 MDR_o 表示 MDR 的输出控制信号。

（3） 凡是需要经过总线实现寄存器之间的传送,需在流程图中注明,如 PC→Bus→MAR,相应的控制信号为 PC_o 和 MAR_i。

13. 在第 10 题给出的条件下,假设指令地址已存于 PC 中,画出 STA X,D 指令周期信息流程图,并列出相应的控制信号序列。

说明:

（1） STA X,D 指令字中 X 为变址寄存器 XR,D 为形式地址。

（2） 寄存器的输入和输出均受控制信号控制,如 PC_i 表示 PC 的输入控制信号,又如 MDR_o 表示 MDR 的输出控制信号。

（3） 凡是需要经过总线实现寄存器之间的传送,需在流程图中注明,如 PC→Bus→MAR,相应的控制信号为 PC_o 和 MAR_i。

14. 某假想机主要部件如图 9.11 所示,其中:

LA	ALU 的 A 输入端选择器	LB	ALU 的 B 输入端选择器
M	主存	MDR	主存数据寄存器

IR	指令寄存器	MAR	主存地址寄存器
PC	程序计数器	$R_0 \sim R_3$	通用寄存器
C、D	暂存器		

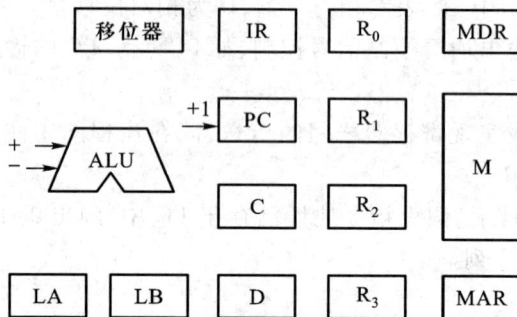

图 9.11 假想机主要部件

（1）补充各种部件之间的主要连接线，并注明数据流动方向。

（2）写出 ADD @R_1,@R_2 和 SUB @R_1,@R_2 指令取指阶段和执行阶段的信息流程。R_1 寄存器中存放源操作数的地址，R_2 寄存器中存放的是目的操作数的地址。

参 考 答 案

9.4.1 选择题

1. B	2. A	3. A	4. B	5. A	6. B
7. C	8. B	9. C	10. A	11. C	12. B
13. B	14. B	15. C	16. A	17. A	18. C
19. C	20. C				

9.4.2 填空题

1. A. 指令周期 B. 机器周期 C. 时钟周期

2. A. 局部 B. 中央 C. 同步的

3. A. 微命令 B. 微操作

4. A. 同步控制 B. 异步控制 C. 联合控制 D. 人工控制

5. A. 机器周期 B. 节拍

6. A. PC 自动加 1 B. 指令寄存器的地址码字段

7. A. 时序

8. A. 对所有指令中的任何一个微操作的执行，都由统一基准时标的时序信号控制的方式

9. A. 不存在基准时标信号，微操作的时序由专用的应答线路控制的方式

10. A. 同步控制和异步控制相结合的方式，即大多数微操作在同步时序控制下进行，而对

那些时间难以确定的微操作(如涉及 I/O 的操作),则采用异步控制

11. A. 同步　　　　　B. 相同

12. A. 同步

13. A. 地址线　　　　B. 数据线　　　　C.分时

　　D. 地址　　　　　E. 地址锁存

14. A. 0.125　　　　　B. 2.5　　　　　C. 0.6

15. A. 0.125　　　　　B. 1.25　　　　　C. 2.5

16. A. 6.25 MIPS　　　B. 0.24

17. A. 40 MIPS

18. A. 一个存取　　　B. 两个存取

19. A. SP→MAR

20. A. 时钟　　　　　B. 指令寄存器　　C. 各种状态标记

　　D. 控制总线

9.4.3 问答题

1. 一台机器时钟信号的频率即为主频,主频的倒数称为时钟周期,机器周期内包含若干个时钟周期。

2. 控制器常采用同步控制、异步控制和联合控制。同步控制即微操作序列由基准时标系统控制,每一个操作出现的时间与基准时标保持一致。异步控制不存在基准时标信号,微操作的时序是由专用的应答线路控制的,即控制器发出某一个微操作控制信号后,等待执行部件完成该操作时所发回的"回答"或"终了"信号,再开始下一个微操作。联合控制是同步控制和异步控制相结合的方式,即大多数微操作在同步时序信号控制下进行,而对那些时间难以确定的微操作,如涉及 I/O 操作,则采用异步控制。

3. 根据机器 A 的主频为 8 MHz,得时钟周期为 1/8 MHz=0.125 μs

(1) 机器周期=0.125 μs×4=0.5 μs

(2) 平均指令执行时间是 1/0.4 MIPS=2.5 μs

(3) 每个指令周期含 2.5/0.5=5 个机器周期

(4) 在机器周期所含时钟周期数相同的前提下,两机平均指令执行速度与它们的主频有关,即

A 机的平均指令速度/B 机的平均指令速度=A 机主频/B 机主频

则 B 机的平均指令执行速度=(0.4 MIPS×12 MHz)/8 MHz=0.6 MIPS

4. (1) 根据平均指令执行速度为 1 MIPS,则平均指令周期为 1/1 MIPS=1 μs。

(2) 根据主频为 8 MHz,得出时钟周期为 1/8 MHz=0.125 μs,一个机器周期为 0.125 μs×4=0.5 μs,一个指令周期包含的平均机器周期数为 1/0.5 μs=2。

(3) 改用时钟周期为 0.01 μs 的 CPU 芯片,则一个机器周期为 0.01 μs×4=0.04 μs,一条指令的执行时间为 0.04 μs×2=0.08 μs,故平均指令执行速度为 1/0.08 μs=12.5 MIPS。

5.（1）根据机器主频为 100 MHz,得时钟周期 = 1/100 MHz = 0.01 μs。

根据每个指令周期包含 2 个机器周期,每个机器周期包含 2 个时钟周期,则一条指令的执行时间为 0.01 μs×2×2 = 0.04 μs,故该机平均指令执行速度为 1/0.04 μs = 25 MIPS。

（2）若每条指令平均包含 5 个机器周期,每个机器周期包含 4 个时钟周期,而且主频不变,则一条指令的执行时间为 0.01 μs×4×5 = 0.2 μs,故该机平均指令执行速度为 1/0.2 μs = 5 MIPS。

6. ADD R_2,R_0 指令周期的信息流程图及相应的控制信号如图 9.12 所示。

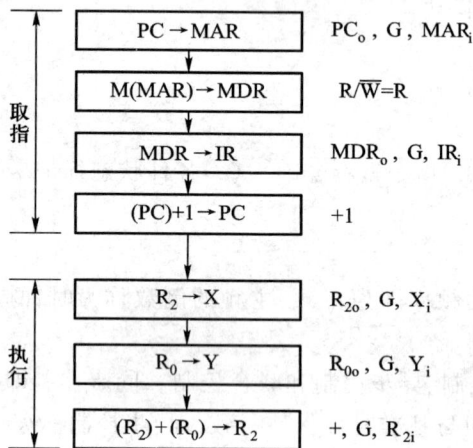

取指		
	PC→MAR	PC_o, G, MAR_i
	M(MAR)→MDR	$R/\overline{W}$=R
	MDR→IR	MDR_o, G, IR_i
	(PC)+1→PC	+1

执行		
	R_2→X	R_{2o}, G, X_i
	R_0→Y	R_{0o}, G, Y_i
	$(R_2)+(R_0)$→R_2	+, G, R_{2i}

图 9.12　第 6 题答图

7. SUB R_1,R_3 指令周期的信息流程图及相应的控制信号如图 9.13 所示。

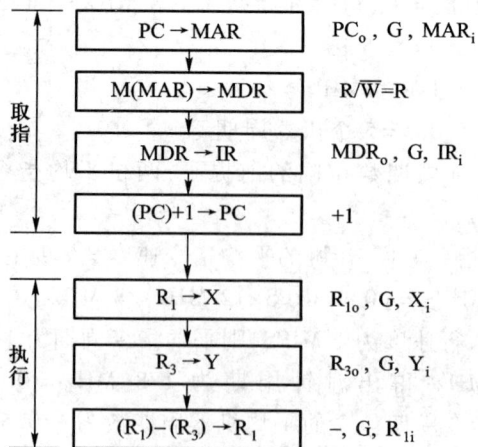

取指		
	PC→MAR	PC_o, G, MAR_i
	M(MAR)→MDR	$R/\overline{W}$=R
	MDR→IR	MDR_o, G, IR_i
	(PC)+1→PC	+1

执行		
	R_1→X	R_{1o}, G, X_i
	R_3→Y	R_{3o}, G, Y_i
	$(R_1)-(R_3)$→R_1	−, G, R_{1i}

图 9.13　第 7 题答图

8. （1）MOV R_1, R_0 指令操作流程及相应的控制信号如图 9.14 所示。

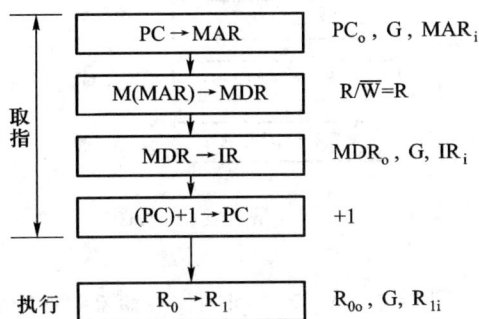

图 9.14　第 8 题（1）答图

（2）MOV @R_1, R_0 指令执行阶段的操作流程及相应的控制信号如图 9.15 所示。该指令的取指阶段操作流程及相应的控制信号同图 9.14 中取指部分。

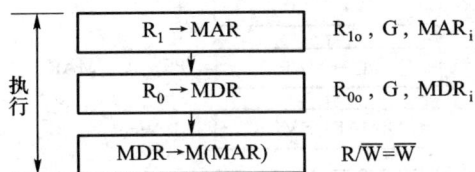

图 9.15　第 8 题（2）答图

（3）MOV R_3, @R_2 指令执行阶段的操作流程及相应的控制信号如图 9.16 所示。该指令的取指阶段操作流程及相应的控制信号同图 9.14 中取指部分。

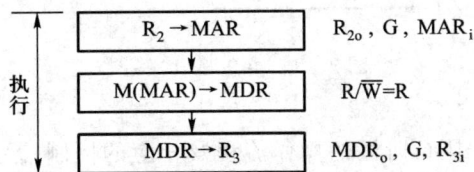

图 9.16　第 8 题（3）答图

（4）MOV @R_3, @R_2 指令执行阶段的操作流程及相应的控制信号如图 9.17 所示。该指令的取指阶段操作流程及相应的控制信号同图 9.14 中取指部分。

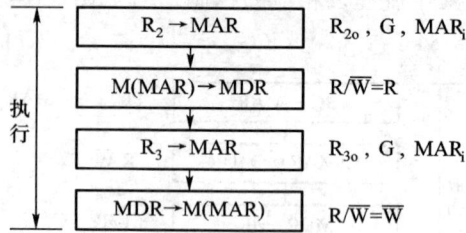

图 9.17　第 8 题(4)答图

9. 对于双字长指令,完成取指令操作要访问两次存储器,其操作流程及相应的控制信号如图 9.18 所示。

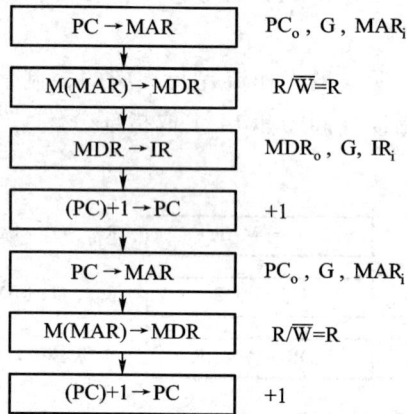

图 9.18　第 9 题取指操作流程及相应的控制信号

(1) MOV R_0,#N 指令执行阶段的操作流程及相应的控制信号如图 9.19 所示。

图 9.19　第 9 题(1)答图

(2) MOV @ R_1,#N 指令执行阶段的操作流程及相应的控制信号如图 9.20 所示。

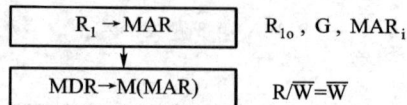

图 9.20　第 9 题(2)答图

（3）MOV R_2,N 指令执行阶段的操作流程及相应的控制信号如图 9.21 所示。

（4）MOV R_3,@N 指令执行阶段的操作流程及相应的控制信号如图 9.22 所示。

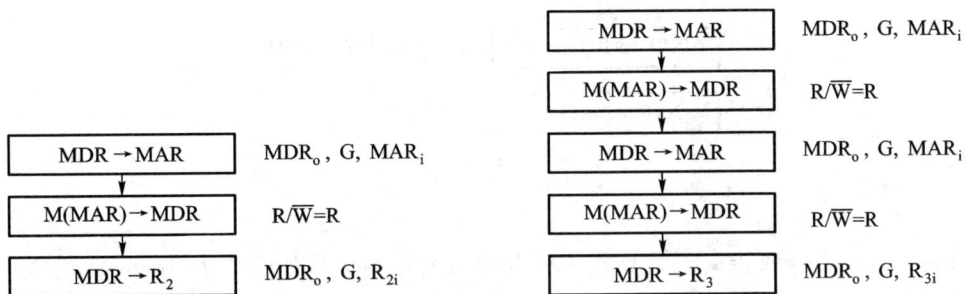

MDR→MAR	MDR_o, G, MAR_i
M(MAR)→MDR	R/$\overline{W}$=R
MDR→MAR	MDR_o, G, MAR_i
M(MAR)→MDR	R/$\overline{W}$=R
MDR→R_3	MDR_o, G, R_{3i}

MDR→MAR	MDR_o, G, MAR_i
M(MAR)→MDR	R/$\overline{W}$=R
MDR→R_2	MDR_o, G, R_{2i}

图 9.21　第 9 题（3）答图

图 9.22　第 9 题（4）答图

10. ADD *D 指令取指周期的操作流程及相应的控制信号如图 9.23 所示，它的执行周期操作流程及相应的控制信号示于图 9.24，图中 Ad(IR) 为相对位移量的机器代码。

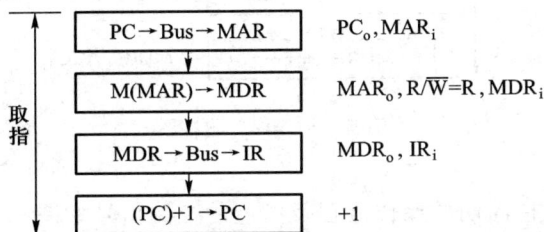

取指		
	PC→Bus→MAR	PC_o, MAR_i
	M(MAR)→MDR	MAR_o, R/$\overline{W}$=R, MDR_i
	MDR→Bus→IR	MDR_o, IR_i
	(PC)+1→PC	+1

图 9.23　第 10～13 题取指操作流程

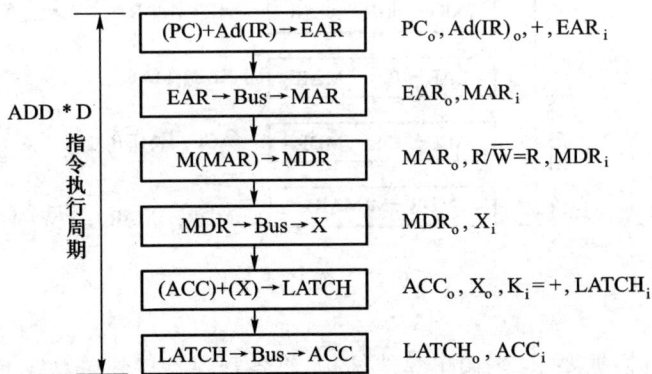

ADD *D 指令执行周期		
	(PC)+Ad(IR)→EAR	PC_o, $Ad(IR)_o$, +, EAR_i
	EAR→Bus→MAR	EAR_o, MAR_i
	M(MAR)→MDR	MAR_o, R/$\overline{W}$=R, MDR_i
	MDR→Bus→X	MDR_o, X_i
	(ACC)+(X)→LATCH	ACC_o, X_o, K_i=+, $LATCH_i$
	LATCH→Bus→ACC	$LATCH_o$, ACC_i

图 9.24　第 10 题答图

11. JMP * D 指令取指周期的操作流程及相应的控制信号如图 9.23 所示,它的执行周期操作流程及相应的控制信号示于图 9.25,图中 Ad(IR) 为相对位移量的机器代码。

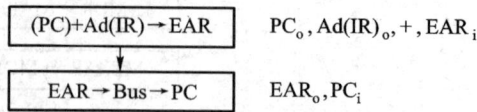

$$\boxed{(PC)+Ad(IR) \rightarrow EAR} \qquad PC_o, Ad(IR)_o, +, EAR_i$$

$$\boxed{EAR \rightarrow Bus \rightarrow PC} \qquad EAR_o, PC_i$$

图 9.25　第 11 题答图

12. LDA X,D 指令取指周期的操作流程及相应的控制信号如图 9.23 所示,它的执行周期操作流程及相应的控制信号示于图 9.26,图中 Ad(IR) 为形式地址。

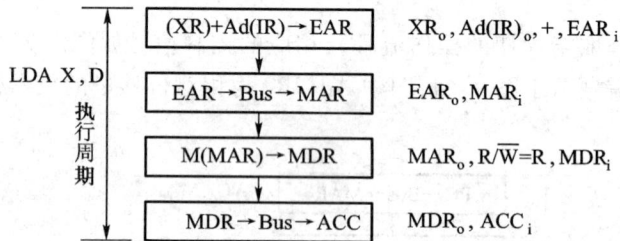

LDA X,D 执行周期

$$\boxed{(XR)+Ad(IR) \rightarrow EAR} \qquad XR_o, Ad(IR)_o, +, EAR_i$$

$$\boxed{EAR \rightarrow Bus \rightarrow MAR} \qquad EAR_o, MAR_i$$

$$\boxed{M(MAR) \rightarrow MDR} \qquad MAR_o, R/\overline{W}=R, MDR_i$$

$$\boxed{MDR \rightarrow Bus \rightarrow ACC} \qquad MDR_o, ACC_i$$

图 9.26　第 12 题答图

13. STA X,D 指令取指周期的操作流程及相应的控制信号如图 9.23 所示,它的执行周期操作流程及相应的控制信号示于图 9.27,图中 Ad(IR) 为形式地址。

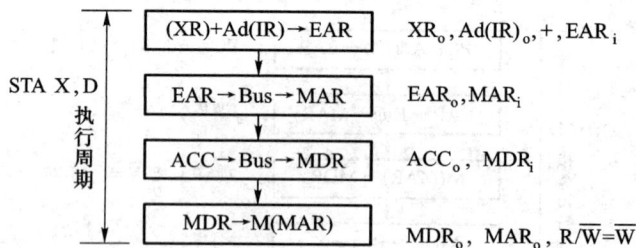

STA X,D 执行周期

$$\boxed{(XR)+Ad(IR) \rightarrow EAR} \qquad XR_o, Ad(IR)_o, +, EAR_i$$

$$\boxed{EAR \rightarrow Bus \rightarrow MAR} \qquad EAR_o, MAR_i$$

$$\boxed{ACC \rightarrow Bus \rightarrow MDR} \qquad ACC_o, MDR_i$$

$$\boxed{MDR \rightarrow M(MAR)} \qquad MDR_o, MAR_o, R/\overline{W}=\overline{W}$$

图 9.27　第 13 题答图

14. (1) 方案一:根据要求,采用单总线结构,将各寄存器接到单总线上,而且用 C、D 两个暂存器存放 ALU 两个端口的操作数,并将其输出直接接到 ALU 的 A、B 两个输入端上,省去 LA 和

LB,则得假想机框图,如图 9.28 所示。

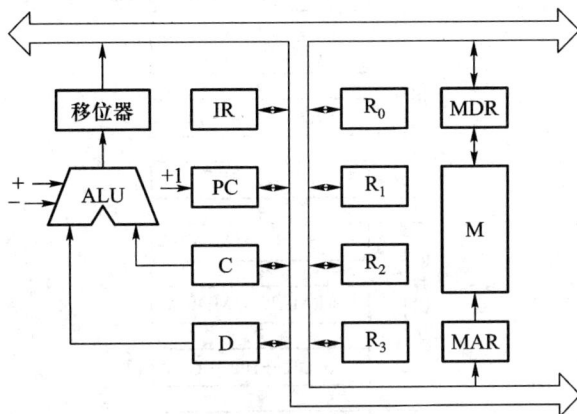

图 9.28 第 14 题假想机方案一答图

方案二:将 10 个寄存器用一条总线连接,而且总线只与寄存器的输入端相连,如图 9.29 所示。10 个寄存器输出又接到 ALU 的左、右两个数据选择器 LA 和 LB 上,以便送至 ALU 进行加工处理或传送。

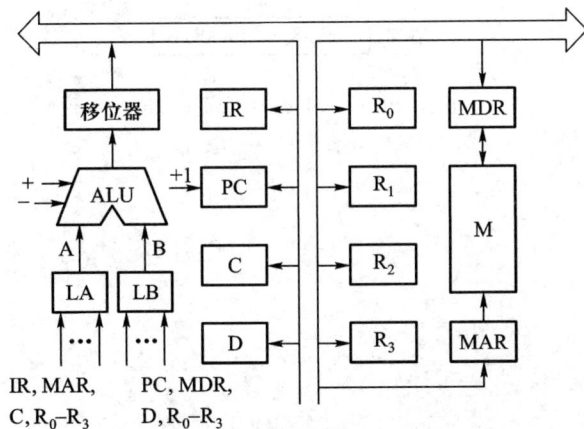

图 9.29 第 14 题假想机方案二答图

(2) 对应方案一(图 9.28),ADD @R_1,@R_2指令取指阶段和执行阶段的操作流程如图 9.30所示。

对应方案一(图 9.28),SUB @R_1,@R_2指令取指阶段和执行阶段的操作流程与图 9.30 相同,但需将图中倒数第二个加操作改为减操作,即(C) - (D)→Bus→MDR。

取指	PC→Bus→MAR
	M(MAR)→MDR
	MDR→Bus→IR
	(PC)+1→PC

取指
- PC→Bus→MAR
- M(MAR)→MDR
- MDR→Bus→IR
- (PC)+1→PC

取源操作数
- R_1→Bus→MAR
- M(MAR)→MDR
- MDR→Bus→C

取目的操作数
- R_2→Bus→MAR
- M(MAR)→MDR
- MDR→Bus→D

加
- (C)+(D)→Bus→MDR

存回
- MDR→M(MAR)

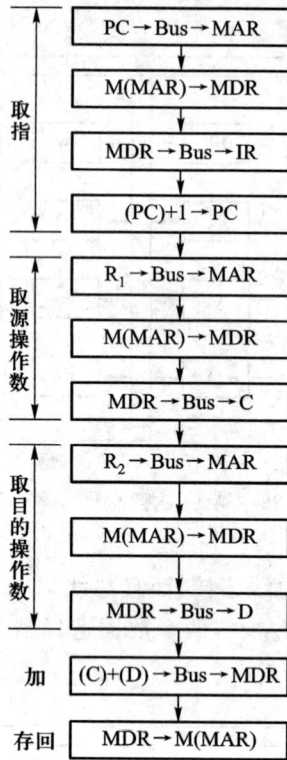

图 9.30　第 14 题操作流程答图

第十章　控制单元的设计

10.1　重点难点

在指令微操作命令分析的基础上,本章通过对 10 条机器指令的分析,介绍控制单元 CU 的两种设计方法。学习本章应重点掌握:

(1) 结合时序系统的概念,对不同指令相应的微操作命令安排节拍。

(2) 组合逻辑控制单元的设计思想、设计步骤、硬件组成及其工作原理。

(3) 微程序控制单元的设计思想、设计步骤、硬件组成及其工作原理。

(4) 比较两种控制单元微操作命令节拍安排的区别。

本章的难点包括:

(1) 微指令的控制方式(编码方式)及后续微指令地址的形成方式。

(2) 确定微指令格式,编写微指令的码点。

10.2　主要内容

10.2.1　组合逻辑设计

1. 组合逻辑控制单元框图

图 9.1 所示为控制单元 CU 的外特性,其中指令的操作码是决定控制单元发出不同操作命令(控制信号)的关键。为了简化控制单元的逻辑,将指令的操作码译码和节拍发生器从 CU 分离出来,便可得到简化的控制单元框图,如图 10.1 所示。

图中节拍发生器产生的节拍,使不同的微操作命令 C_i(控制信号)按时间的先后发出。个别指令的操作不仅受操作码控制,还受状态标志控制,因此 CU 的输入来自操作码译码电路 ID、节拍发生器及状态标志,其输出至 CPU 内部或外部控制总线上。

2. 微操作命令的节拍安排

在确定一台机器指令全部微操作命令的节拍安排之前,首先要明确 CPU 的控制方式(是同

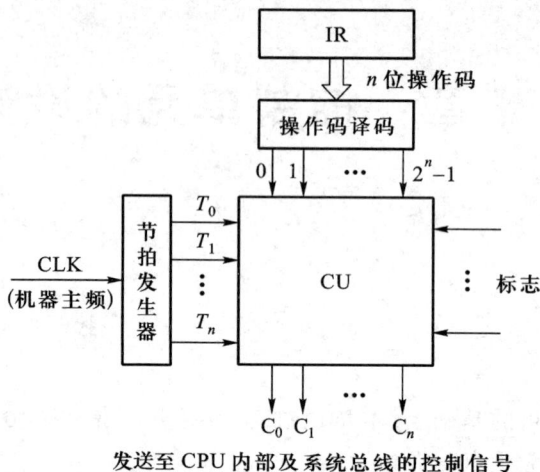

图 10.1　带指令译码和节拍输入的控制单元框图

步控制还是异步控制),以及机器内部的结构(是分散结构还是总线结构等)。安排微操作节拍时应注意三点:

(1)有些微操作的次序是不容改变的,故安排微操作节拍时必须注意微操作的先后顺序。

(2)凡是被控对象不同的微操作,若能在一个节拍内执行,应尽可能安排在同一节拍内,以节省时间。

(3)如果有些微操作所占的时间不长,应该将它们安排在一个节拍内完成,并且允许这些微操作有先后次序。

假设机器采用同步控制,每个机器周期包含 3 个节拍,而且 CPU 内部结构如图 10.2 所示。图中 C_i 表示控制信号,直接受微操作命令控制。其中 MAR 和 MDR 分别直接与地址线和数据线相连,并假设 IR 的地址码部分与 MAR 之间有通路(图中未画)。

按上述 3 条原则,根据第九章 9.1 的分析,以 10 条机器指令为例,其微操作命令的节拍安排如下:

(1)取指周期微操作命令的节拍安排

T_0　PC→MAR,1→R

T_1　M(MAR)→MDR,(PC) + 1→PC

T_2　MDR→IR,OP(IR)→ID

(2)间指周期微操作命令的节拍安排

T_0　Ad(IR)→MAR,1→R

T_1　M(MAR)→MDR

T_2　MDR→Ad(IR)

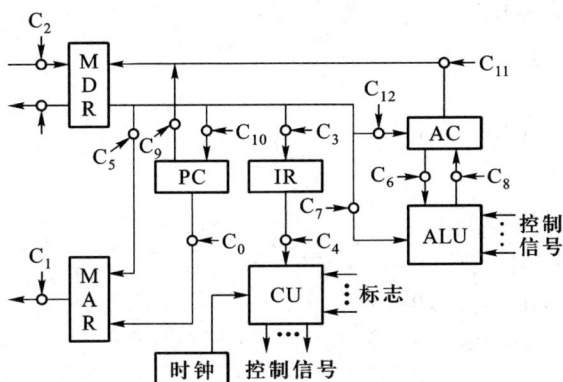

图 10.2 未采用 CPU 内部总线方式的数据通路和控制信号

（3）执行周期微操作命令的节拍安排

① 清除累加器指令 CLA

T_0

T_1

T_2 $0 \rightarrow AC$

② 累加器取反指令 COM

T_0

T_1

T_2 $\overline{AC} \rightarrow AC$

③ 算术右移一位指令 SHR

T_0

T_1

T_2 $L(AC) \rightarrow R(AC)$, $AC_0 \rightarrow AC_0$

④ 循环左移一位指令 CSL

T_0

T_1

T_2 $R(AC) \rightarrow L(AC)$, $AC_0 \rightarrow AC_n$ 记为 $\rho^{-1}(AC)$

⑤ 停机指令 STP

T_0

T_1

T_2 $0 \rightarrow G$ G 为机器运行标志触发器

⑥ 加法指令 ADD X

T_0 $Ad(IR) \rightarrow MAR$, $1 \rightarrow R$

T_1 $M(MAR) \rightarrow MDR$

T_2 $(AC)+(MDR) \rightarrow AC$

⑦ 存数指令 STA　X

T_0 $Ad(IR) \rightarrow MAR, 1 \rightarrow W$

T_1 $AC \rightarrow MDR$

T_2 $MDR \rightarrow M(MAR)$

⑧ 取数指令 LDA　X

T_0 $Ad(IR) \rightarrow MAR, 1 \rightarrow R$

T_1 $M(MAR) \rightarrow MDR$

T_2 $MDR \rightarrow AC$

⑨ 无条件转移指令 JMP　X

T_0

T_1

T_2 $Ad(IR) \rightarrow PC$

⑩ 有条件转移(负则转)指令 BAN X

T_0

T_1

T_2 $A_0 \cdot Ad(IR) + \overline{A}_0 \cdot (PC) \rightarrow PC$

（4）中断周期微操作命令的节拍安排

T_0 $(SP)-1 \rightarrow SP \rightarrow MAR, 1 \rightarrow W$, 硬件关中断

T_1 $PC \rightarrow MDR$

T_2 $MDR \rightarrow M(MAR)$, 向量地址 $\rightarrow PC$

3．组合逻辑设计步骤

（1）列出微操作命令的操作时间表

表 10.1 列出了上述 10 条机器指令微操作命令的操作时间表。表中 FE、IND 和 EX 为 CPU 工作周期标志，$T_0 \sim T_2$ 为节拍，I 为间址标志。在取指周期的 T_2 时刻，若测得 I＝1，则将 IND 触发器置"1"，标志进入间址周期；若 I＝0，则将 EX 触发器置"1"，标志进入执行周期。同理，在间址周期的 T_2 时刻，若测得 IND＝0（表示一次间址），则将 EX 置"1"，进入执行周期；若测得 IND＝1（表示多次间址），则继续间接寻址。在执行周期的 T_2 时刻，CPU 要向所有中断源发中断查询信号，若检测到有中断请求并且满足响应条件，则将 INT 触发器置"1"，标志进入中断周期，表中未列出中断周期的微操作。表中第一行对应 10 条指令的操作码，代表不同的指令。若某指令有表中所列的微操作命令，其对应的空格内为 1。

表 10.1　操作时间表

工作周期标记	节拍	状态条件	微操作命令信号	CLA	COM	SHR	CSL	STP	ADD	SAT	LDA	JMP	BAN
FE（取指）	T_0		PC→MAR	1	1	1	1	1	1	1	1	1	1
			1→R	1	1	1	1	1	1	1	1	1	1
	T_1		M(MAR)→MDR	1	1	1	1	1	1	1	1	1	1
			(PC)+1→PC	1	1	1	1	1	1	1	1	1	1
	T_2		MDR→IR	1	1	1	1	1	1	1	1	1	1
			OP(IR)→ID	1	1	1	1	1	1	1	1	1	1
		I	1→IND						1	1	1	1	1
		$\bar{\text{I}}$	1→EX	1	1	1	1	1	1	1	1	1	1
IND（间址）	T_0		Ad(IR)→MAR						1	1	1	1	1
			1→R						1	1	1	1	1
	T_1		M(MAR)→MDR						1	1	1	1	1
	T_2		MDR→Ad(IR)						1	1	1	1	1
		$\overline{\text{IND}}$	1→EX						1	1	1	1	1
EX（执行）	T_0		Ad(IR)→MAR						1	1	1		
			1→R						1		1		
			1→W							1			
	T_1		M(MAR)→MDR						1		1		
			AC→MDR							1			
	T_2		(AC)+(MDR)→AC						1				
			MDR→M(MAR)							1			
			MDR→AC								1		
			0→AC	1									
			$\overline{\text{AC}}$→AC		1								
			L(AC)→R(AC),AC_0不变			1							
			ρ^{-1}(AC)				1						
			Ad(IR)→PC									1	
		A_0	Ad(IR)→PC										1
			0→G					1					

（2）写出微操作命令的最简表达式

根据表 10.1 可列出每一个微操作命令的初始逻辑表达式,经化简、整理便可获得能用现成电路实现的微操作命令逻辑表达式。

例如,根据表可写出 M(MAR)→MDR 微操作命令的逻辑表达式:

$$M(MAR) \rightarrow MDR$$

$$= FE \cdot T_1 + IND \cdot T_1(ADD + STA + LDA + JMP + BAN) + EX \cdot T_1(ADD + LDA)$$

$$= T_1\{FE + IND(ADD + STA + LDA + JMP + BAN) + EX(ADD + LDA)\}$$

式中 ADD、STA、LDA、JMP、BAN 均来自操作码译码器的输出。

（3）画出微操作命令的逻辑图

对应每一个微操作命令的逻辑表达式都可画出一个逻辑图。如 M(MAR)→MDR 的逻辑表达式所对应的逻辑图如图 10.3 所示,图中未考虑门的扇入系数。

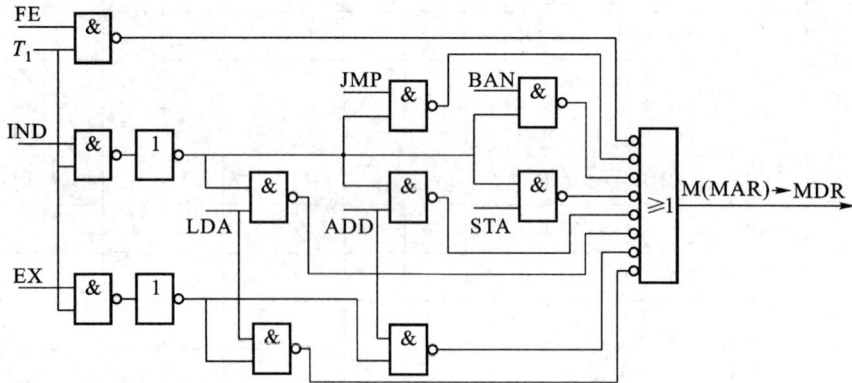

图 10.3   产生 M(MAR)→MDR 命令的逻辑图

当然,在设计组合逻辑电路图时要考虑门的扇入系数和逻辑级数。如果采用现成芯片,还需选择芯片型号。

4. 组合逻辑控制单元的组成

采用组合逻辑设计方法设计控制单元,思路清晰,简单明了,但因为每一个微操作命令都对应一个逻辑电路,因此一旦设计结束便会发现,这种控制单元的线路实际就是由大量门电路搭接而成,结构十分庞杂,也不规范。而且指令系统功能越全,微操作命令就越多,线路也越复杂,调试就越困难。为了克服这些缺点,可采用微程序设计方案。

10.2.2   微程序设计

1. 微程序设计思想

微程序设计思想就是将每一条机器指令编写成一个微程序,每一个微程序包含若干条微指令,每一条微指令对应一个或几个微操作命令。这些微程序可以存到一个控制存储器中,用寻找用户程序机器指令的办法来寻找每个微程序中的微指令。由于这些微指令是以二进制代码形式表示的,每一位代表一个控制命令信号(若该位为1,表示该控制信号有效;若该位为0,表示此控制信号无效),因此逐条执行每一条微指令,直到执行完一个微程序,也就相应地完成了对应该微程序的一条机器指令的全部操作。

2. 机器指令对应的微程序

不同机器指令所对应的微程序如图10.4所示。图中每一条机器指令都与一个以操作性质命名的微程序对应。由于任何一条机器指令的取指令操作是相同的,因此将取指令操作的命令统一编成一个微程序,这个微程序只负责将指令从主存单元中取出并送至指令寄存器 IR 中,如图 10.4 所示的取指周期微程序。此外,如果是间接寻址指令,其操作也是可以预测的,也可先编出对应间址周期的微程序。当出现中断时,中断隐指令所需完成的操作可由一个对应中断周期

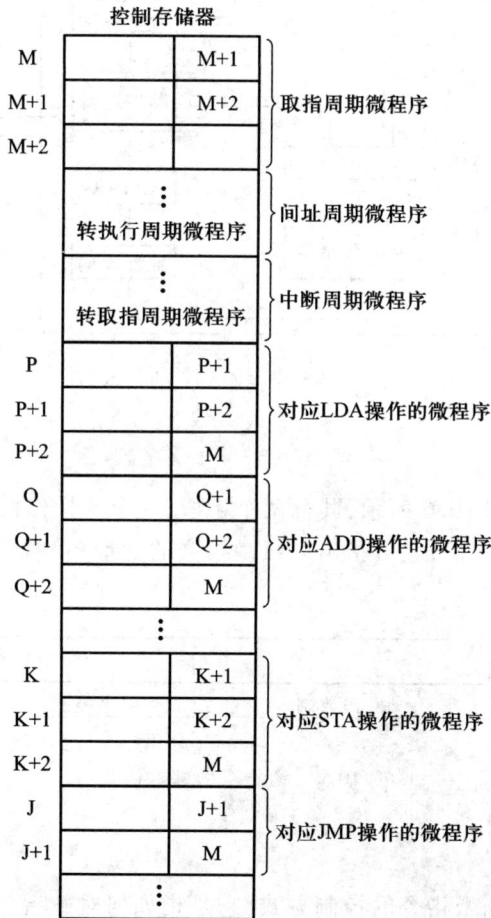

图 10.4　不同机器指令所对应的微程序

的微程序控制完成。这样,控制存储器中的微程序个数可以为机器指令数加上对应取指、间址和中断周期的 3 个微程序。

3. 微程序控制单元的基本组成

图 10.5 点画线框内是微程序控制单元的基本组成。点画线框的输入是指令的操作码、时钟及标志,其输出是至 CPU 内部和系统总线的控制信号。点画线框内的控制存储器(简称控存)是微程序控制单元的核心部件,用来存放全部微程序;CMAR 是控存地址寄存器,用来存放欲读出的微指令地址;CMDR 是控存数据寄存器,用来存放从控存读出的微指令;顺序逻辑用来控制微指令序列,其输入与微地址形成部件、微指令的下地址字段以及外来的标志有关。

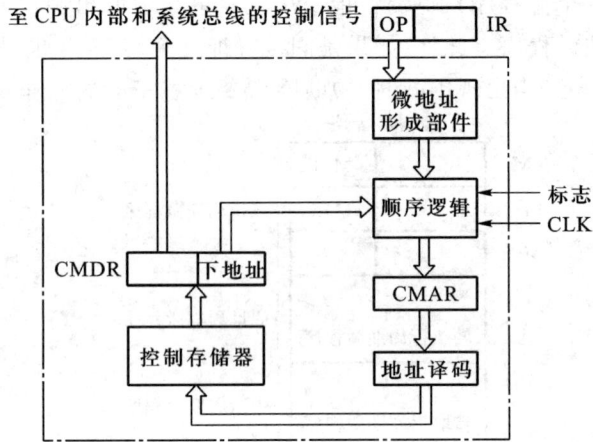

图 10.5 微程序控制单元的基本组成

4. 微指令的基本格式

微指令的基本格式如图 10.6 所示,共分两个字段,一个为操作控制字段,该字段发出各种控制信号;另一个为顺序控制字段,它可指出后续微指令的地址(简称下地址),以控制微指令序列的执行顺序。

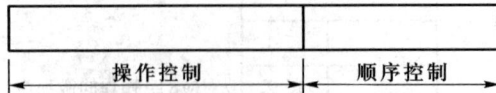

图 10.6 微指令的基本格式

5. 微指令的编码方式

微指令的编码方式又叫微指令的控制方式,它是指如何对微指令的控制字段进行编码,以形成控制信号。主要有三种方式。

(1) 直接编码(直接控制)方式

这种方式在微指令的操作控制字段中,每一位代表一个微命令,如图 10.7 所示,其特点是只要微指令从控存读出,即刻可由其控制字段发出命令,速度快。但由于每一位代表一个微命令,而机器中微命令甚多,可能使微指令操作控制字段达几百位,造成控存容量极大。

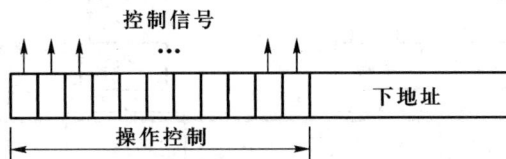

控制信号

下地址

操作控制

图 10.7　直接编码方式

(2) 字段直接编码方式

这种方式将微指令的操作控制字段分成若干段,将一组互斥的微命令放在一个字段内,通过对这个字段译码,便可对应每一个微命令,如图 10.8 所示。由于这种方式靠字段直接译码发出微命令,故又有显式编码之称。

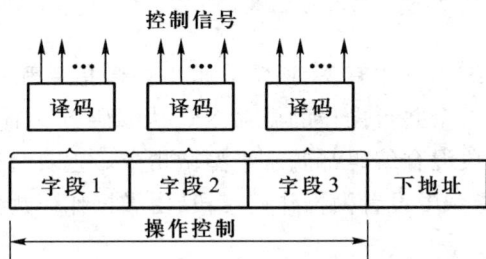

控制信号

译码	译码	译码

字段 1	字段 2	字段 3	下地址

操作控制

图 10.8　字段直接编码方式

这种方式可以缩短微指令字长,但因为要通过译码电路后再发出微命令,因此比直接编码方式慢。

(3) 字段间接编码方式

这种方式一个字段的某些微命令需由另一个字段中的某些微命令来解释,如图 10.9 所示。由于不是靠字段直接译码发出微命令,故称为字段间接编码,又称隐式编码。

这种方式可以进一步缩短微指令字长,但因削弱了微指令的并行控制能力,因此通常作为字段直接编码法的一种辅助手段。

6. 微指令序列地址的形成

后续微指令的地址可由如下几种方式形成。

(1) 直接由微指令的下地址字段给出(又称断定方式)。

(2) 根据机器指令的操作码形成。

(3) 增量计数器法,即 $(CMAR) + 1 \rightarrow CMAR$。

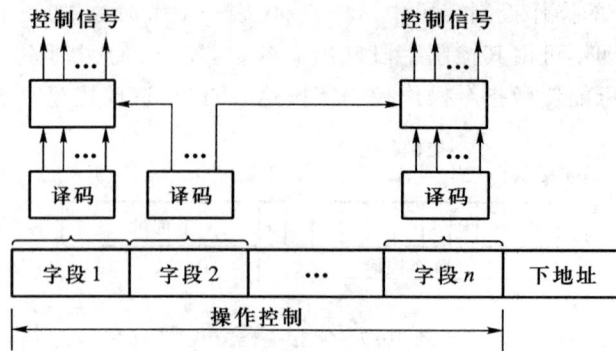

图 10.9　字段间接编码方式

（4）根据各种标志决定微指令分支转移的地址。

（5）通过测试网络形成。

（6）由硬件直接产生微程序入口地址。

7．微指令格式

微指令格式与微指令的编码方式有关,通常分水平型微指令和垂直型微指令两种。水平型微指令的特点是一次能定义多个并行操作的微命令。从编码方式看,直接编码、字段直接编码、字段间接编码以及直接和字段混合编码都属水平型微指令。垂直型微指令的特点是采用类似机器指令操作码的方式,在微指令中设置微操作码字段,由微操作码规定微指令的功能。

8．微程序设计步骤

（1）写出对应机器指令的微操作命令及节拍安排

每一条机器指令要完成的操作是固定的,因此不论是组合逻辑设计还是微程序设计,对应相同的 CPU 结构,两种控制单元的微操作命令及节拍安排是极相似的。如微程序控制单元在取指阶段发出的微操作命令及节拍安排如下:

T_0　　PC→MAR,1→R

T_1　　M(MAR)→MDR,(PC) + 1

T_2　　MDR→IR,OP(IR)→微地址形成部件

与组合逻辑控制单元相比,只有在 T_2 节拍内的微操作命令有不同。微程序控制单元在 T_2 节拍内要将指令的操作码送微地址形成部件,即 OP(IR)→微地址形成部件,以形成对应某条机器指令的微程序首地址。而组合逻辑控制单元在 T_2 节拍内要将指令的操作码送指令译码器,以控制 CU 发出相应的微命令,即 OP(IR)→ID。

如果把一个节拍 T 内的微操作安排在一条微指令中完成,上述微操作对应 3 条微指令。但是由于微程序控制的所有控制信号都来自微指令,而微指令又存于控存中,因此欲完成上述这些微操作,必须先将微指令从控存中读出,也即必须先给出这些微指令的地址。由图 10.4 可见,在

取指微程序中,除第一条微指令外,其余微指令的地址均由上一条微指令的下地址字段直接给出,因此上述每一条微指令都需增加一个将微指令下地址字段送至 CMAR 的微操作,记为 Ad(CMDR)→CMAR,而这一操作只能由下一个时钟周期 T 的上升沿将地址输入 CMAR 内。取指微程序的最后一条微指令,其后续微指令的地址是由微地址形成部件形成的,而且也只能由下一个 T 的上升沿将该地址输入 CMAR 中,即微地址形成部件→CMAR,为了反映该地址与操作码有关,故记为 OP(IR)→微地址形成部件→CMAR。

综上所述,考虑到需要形成后续微指令地址,上述分析的取指操作共需 6 条微指令完成。即

T_0 PC→MAR,1→R

T_1 Ad(CMDR)→CMAR

T_2 M(MAR)→MDR,(PC)+1→PC

T_3 Ad(CMDR)→CMAR

T_4 MDR→IR

T_5 OP(IR)→微地址形成部件→CMAR

所有微指令均由 T 的上升沿输入 CMDR 中。

执行阶段的微操作命令及节拍安排,同样按上述原则分配。与组合逻辑控制单元微操作命令的节拍安排相比,多了将下一条微指令地址送至 CMAR 的微操作命令,即 Ad(CMDR)→CMAR。其余的微操作命令与组合逻辑控制单元相同。

写出全部机器指令的微操作命令及节拍安排后,可统计出所需的微指令数和微操作命令个数。

(2) 确定微指令格式

微指令格式包括微指令的编码方式、后续微指令地址的形成方式和微指令字长等。

根据微操作个数决定采用何种编码方式,以确定微指令的操作控制字段的位数。由微指令数确定微指令的顺序控制字段的位数。最后按操作控制字段位数和顺序控制字段位数就可确定微指令字长。

为了优化设计,可进一步压缩微指令字长。仔细分析发现,在众多微指令中,有些微指令只是为了控制将后续微指令地址输入到 CMAR 的操作,因此实际上是两个时钟周期才能读出并执行一条微指令。如果将 CMDR 的下地址字段 Ad(CMDR)直接接到控存的地址线上,并由下一个时钟周期的上升沿将该地址单元的内容(微指令)读到 CMDR 中,便能做到一个时钟周期内读出并执行一条微指令。这就好比将 Ad(CMDR)作为 CMAR 使用。同理也可将指令寄存器的操作码字段 OP(IR),经微地址形成部件形成后续微指令的地址,直接接到控存的地址线上。这两路地址可通过一个多路选择器,根据需要任选一路,如图 10.10 所示。与图 10.5 相比,少了 CMAR。这样处理后,省去了两个微操作(微指令下地址字段 Ad(CMDR)→CMAR 和指令操作码 OP(IR)→微地址形成部件→CMAR)以及若干条微指令,缩短了微指令字长。

压缩了微指令字长后,重新确定操作控制字段和下地址字段的位数,最终确定微指令字长。在此基础上,根据微指令的编码方式,便可确定操作控制字段每一位(直接编码方式)或某一组

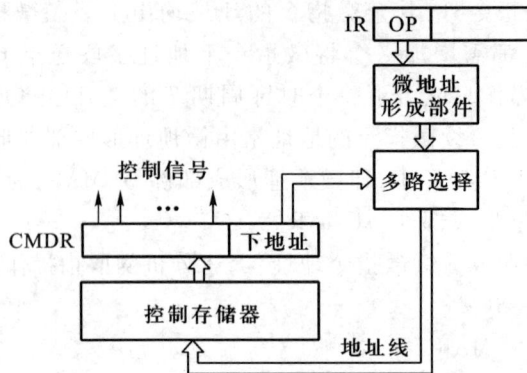

图 10.10　省去了 CMAR 的控制存储器

（字段直接/间接编码方式）代表的微操作命令。

（3）编写微指令码点

根据操作控制字段每一位代表的微操作命令,编写每一条微指令的码点。

10.3　例题精选

例 10.1　解释下列概念:

（1）组合逻辑控制单元和微程序控制单元

（2）机器语言程序和微程序

（3）机器指令和微指令

（4）微指令和毫微指令

（5）微操作命令和微操作

（6）主存储器和控制存储器

（7）MAR 和 CMAR

（8）串行微程序控制和并行微程序控制

（9）水平型微指令和垂直型微指令

（10）静态微程序设计和动态微程序设计

【解】

（1）控制单元 CU 是提供完成机器全部指令微操作命令序列的部件。微操作命令序列有两种形成方法,一种是组合逻辑设计方法,为硬连线逻辑,用这种方法设计的 CU 即为组合逻辑控制单元;另一种是微程序设计方法,为存储逻辑,用这种方法设计的 CU 即为微程序控制单元。

（2）机器语言程序是机器指令的有序集合;微程序是微指令的有序集合,一条机器指令的功能由一个微程序来实现。

（3）机器指令由"0"、"1"代码组成，能被机器直接识别。机器指令可由有序微指令组成的微程序来解释，微指令也是由"0"、"1"代码组成，也能被机器直接识别。

（4）微指令是用来解释机器指令的；毫微指令是用来解释微指令的。

（5）微操作命令是控制完成微操作的命令；微操作是由微操作命令控制实现的最基本操作。

（6）主存储器用来存放程序和数据，在 CPU 外部，用 RAM 实现；控制存储器用于存放微程序，在 CPU 内部，用 ROM 实现。

（7）MAR 存储器地址寄存器，用于存放欲访问的主存地址，没有计数功能；CMAR 控制存储器地址寄存器，用于存放微指令的地址，当采用增量计数器法形成后续微指令地址时，CMAR 有计数功能。

（8）完成一条微指令分两个阶段：取微指令和执行微指令。如果微程序按逐条先取微指令再执行微指令的顺序方式运行，即为串行微程序控制；如果微程序按执行上一条微指令的同时又取下一条微指令的方式运行，即为并行微程序控制。

（9）水平型微指令一次能定义并执行多个并行操作。从编码方式看，直接编码、字段直接编码、字段间接编码以及直接和字段混合编码都属水平型微指令。

垂直型微指令的特点是采用类似机器指令操作码的方式，在微指令中设置微操作码字段，由微操作码规定微指令的功能。这种微指令不强调其并行控制功能。

（10）通常一台机器的指令系统是固定的，对应每一条机器指令的微程序是计算机设计者事先编好的，因此一般微程序无须改变，这种微程序设计技术即称为静态微程序设计，其控存采用 ROM。

如果用改变微指令和微程序来改变机器的指令系统，这种微程序设计技术称为动态微程序设计，其控存采用 EPROM。这种设计可以在一台机器上实现不同类型的指令系统，有利于仿真。

例 10.2 假设 CPU 在中断周期用堆栈保存程序断点，而且进栈时指针减 1，出栈时指针加1。分别写出组合逻辑控制和微程序控制在完成中断返回指令时，取指阶段和执行阶段所需的全部微操作命令及节拍安排。

【解】 假设进栈操作是先修改堆栈指针后存数，则出栈操作是先读数后修改堆栈指针。

（1）完成中断返回指令组合逻辑控制的微操作命令及节拍安排

取指阶段

T_0　$PC \rightarrow MAR, 1 \rightarrow R$

T_1　$M(MAR) \rightarrow MDR, (PC)+1 \rightarrow PC$

T_2　$MDR \rightarrow IR, OP(IR) \rightarrow ID$

执行阶段

T_0　$SP \rightarrow MAR, 1 \rightarrow R$

T_1　$M(MAR) \rightarrow MDR$

T_2　$MDR \rightarrow PC, (SP)+1 \rightarrow SP$

（2）完成中断返回指令微程序控制的微操作命令及节拍安排

取指阶段

T_0　PC→MAR,1→R

T_1　Ad(CMDR)→CMAR

T_2　M(MAR)→MDR,(PC)+1→PC

T_3　Ad(CMDR)→CMAR

T_4　MDR→IR

T_5　OP(IR)→微地址形成部件→CMAR

执行阶段

T_0　SP→MAR,1→R

T_1　Ad(CMDR)→CMAR

T_2　M(MAR)→MDR

T_3　Ad(CMDR)→CMAR

T_4　MDR→PC,(SP)+1→SP

T_5　Ad(CMDR)→CMAR

例 10.3　设 CPU 中各部件及其相互连接关系如图 10.11 所示。图中 W 是写控制标志,R 是读控制标志,R_1 和 R_2 是暂存器。

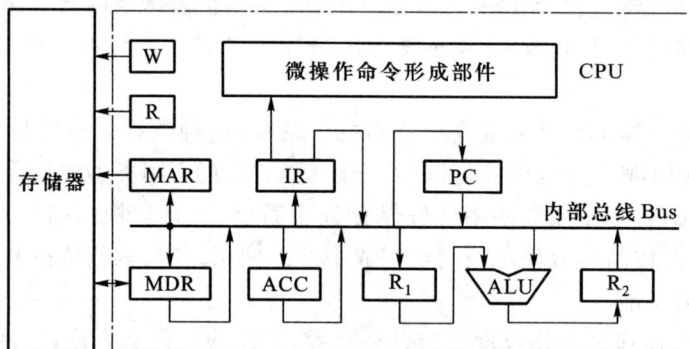

图 10.11　例 10.3 CPU 内部结构框图

（1）假设要求在取指周期由 ALU 完成(PC)+1→PC 的操作(即 ALU 可以对它的一个源操作数完成加 1 的运算)。要求以最少的节拍写出取指周期全部微操作命令及节拍安排。

（2）写出指令 ADD　# α(#为立即寻址特征,隐含的操作数在 ACC 中)在执行阶段所需的微操作命令及节拍安排。

【解】

（1）由于 (PC)+1→PC 需由 ALU 完成,因此 PC 的值可作为 ALU 的一个源操作数,靠控制

ALU 做+1 运算得到(PC)+1,结果送至与 ALU 输出端相连的 R_2,然后再送至 PC。

此题的关键是要考虑总线冲突的问题,故取指周期的微操作命令及节拍安排如下:

T_0　　PC→Bus→MAR,1→R　　　　　;PC 通过总线送 MAR

T_1　　M(MAR)→MDR,

　　　　(PC)→Bus→ALU$_{+1}$→R_2　　;PC 通过总线送 ALU 完成(PC)+1→R_2

T_2　　MDR→Bus→IR,　　　　　　　;MDR 通过总线送 IR

　　　　OP(IR)→微操作命令形成部件

T_3　　R_2→Bus→PC　　　　　　　;R_2通过总线送 PC

（2）立即寻址的加法指令执行周期的微操作命令及节拍安排如下:

T_0　　Ad(IR)→Bus→R_1　　　　　;立即数通过总线送 R_1

T_1　　(ACC)+(R_1)→ALU$_+$→R_2　;ACC 通过总线送 ALU

T_2　　R_2→Bus→ACC　　　　　　;结果通过总线送 ACC

例 10.4　假设 X、Y、Z 寄存器均为 16 位(最高位为第 0 位)。在乘法开始前,被乘数已存于 X 中,并用 Y//Z 存放乘积。

（1）画出实现补码 Booth 算法的运算器框图。

（2）假设 CU 为组合逻辑控制,且采用中央控制和局部控制相结合的办法,写出完成 MUL α 指令(α 为主存地址)的全部微操作命令及节拍安排(包括取指阶段)。

（3）指出哪些节拍属于中央控制节拍,哪些节拍属于局部控制节拍,局部控制最多需几拍?

【解】

（1）补码一位乘运算器框图如图 10.12 所示。其中 X、Y 高两位为符号位,Z_0为符号位,Z_{15}为附加位。

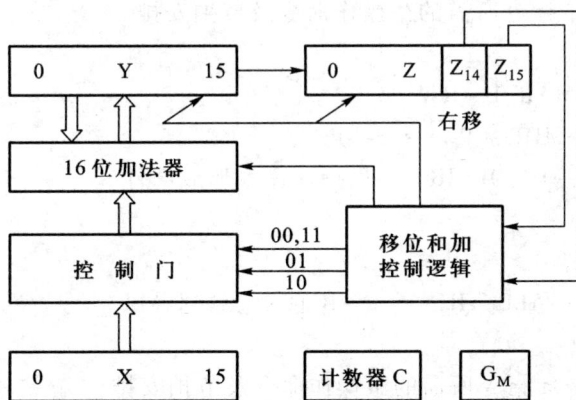

图 10.12　例 10.4(1)答图

（2）取指阶段

T_0　　PC→MAR,1→R

T_1　　M(MAR)→MDR,(PC)+1→PC

T_2　　MDR→IR,OP(IR)→ID

执行阶段

T_0　　Ad(IR)→MAR,1→R

T_1　　M(MAR)→MDR,0→Z_{15},0→Y

T_2　　MDR_1 ~ MDR_{15}→Z_0 ~ Z_{14}

T_0^*　　$\bar{Z}_{14}Z_{15} \cdot (Y+X)+Z_{14}\bar{Z}_{15} \cdot (Y+\bar{X}+1)+\bar{Z}_{14}\bar{Z}_{15} \cdot Y+Z_{14}Z_{15} \cdot Y$→Y

T_1^*　　L(Y//Z)→R(Y//Z)　　　　　;Y//Z算术右移一位

执行阶段的 T_0 ~ T_2 为中央控制节拍,完成乘数送 Z 寄存器的高 15 位,最末位 Z_{15}=0(附加位初态为 0);T_0^* 和 T_1^* 为局部控制节拍,T_0^* 完成加操作(受 $Z_{14}Z_{15}$ 两位状态的控制),T_1^* 完成补码右移一位操作。

(3) 中央控制节拍包括取指阶段所有节拍和执行阶段的前三个节拍,局部控制节拍是执行阶段的 T_0^* 和 T_1^* 节拍,其中 T_0^* 最多执行 15 次,T_1^* 执行 14 次。

例 10.5　设 CPU 内部结构如图 10.11 所示,且 PC 有自动加 1 功能。此外还有 B、C、D、E、H、L 六个寄存器(图中未画),它们各自的输入端和输出端都与内部总线 Bus 相连,并分别受控制信号控制。要求写出完成下列指令组合逻辑控制单元所发出的微操作命令及节拍安排。

(1) ADD　B,C　　　;(B)+(C)→B

(2) SUB　E,@ H　;(E)-((H))→E　　　寄存器间接寻址

(3) STA　@ mem　;ACC→((mem))　　　存储器间接寻址

【解】

(1) 完成 ADD　B,C 指令所需的微操作命令及节拍安排

取指周期

T_0　　PC→Bus→MAR,1→R

T_1　　M(MAR)→MDR,(PC) + 1→PC

T_2　　MDR→Bus→IR,OP(IR)→微操作命令形成部件

执行周期

T_0　　C→Bus→R_1

T_1　　(B)+(R_1)→ALU→R_2　　　　;B通过总线送 ALU

T_2　　R_2→Bus→B

(2) 完成 SUB　E,@ H 指令所需的微操作命令及节拍安排

取指周期

T_0　　PC→Bus→MAR,1→R

T_1　　M(MAR)→MDR,(PC)+1→PC

T_2　　MDR→Bus→IR,OP(IR)→微操作命令形成部件

间址周期

T_0 H→Bus→MAR,1→R

T_1 M(MAR)→MDR

执行周期

T_0 MDR→Bus→R$_1$

T_1 (E)-(R$_1$)→ALU→R$_2$;E 通过总线送 ALU

T_2 R$_2$→Bus→E

（3）完成 STA   @ mem 指令所需的微操作命令及节拍安排

取指周期

T_0 PC→Bus→MAR,1→R

T_1 M(MAR)→MDR,(PC)+1→PC

T_2 MDR→Bus→IR,OP(IR)→微操作命令形成部件

间址周期

T_0 Ad(IR)→Bus→MAR,1→R

T_1 M(MAR)→MDR

执行周期

T_0 MDR→Bus→MAR,1→W

T_1 ACC→Bus→MDR

T_2 MDR→M(MAR)

例 10.6 已知带返转指令的含义如图 10.13 所示,写出机器在完成带返转指令时,取指阶段和执行阶段所需的全部微操作命令及节拍安排。如果采用微程序控制,需增加哪些微操作命令?

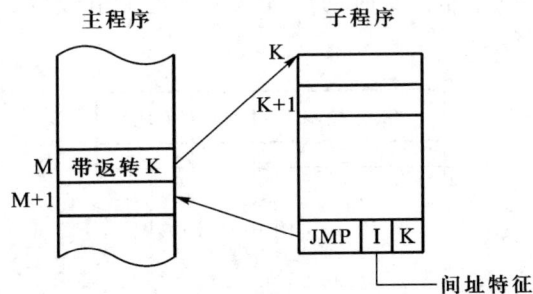

图 10.13 带返转指令

【解】

取指阶段

T_0 PC→MAR,1→R

T_1 M(MAR)→MDR,(PC)+1→PC

T_2 MDR→IR,OP(IR)→ID

由图 10.13 可见,带返转指令执行阶段需完成将返回地址 M+1,存入指令的地址码字段 K 所指示的存储单元中,从 K+1 号单元开始才是子程序的真正内容,故执行阶段的微操作命令及节拍安排为:

T_0 Ad(IR)→MAR,1→W

T_1 PC→MDR

T_2 MDR→M(MAR),Ad(IR)+1→PC

如果采用微程序控制,需增加给出下条微指令地址的命令,即

　　　　Ad(CMDR)→CMAR

　　　　OP(IR)→微地址形成部件→CMAR

例 10.7   某微程序控制器中,采用水平型直接控制(编码)方式微指令格式,后续微指令地址由微指令的下地址字段给出。已知机器共有 22 个微命令、5 个互斥的可判定的外部条件,控制存储器的容量为 128×32 位。

(1) 设计微指令格式。

(2) 画出该控制单元结构框图。

【解】

(1) 水平型微指令由操作控制字段,判别测试字段和下地址字段三部分构成。因为微指令采用直接控制(编码)方式,所以其操作控制字段的位数等于微命令数,为 22 位。又由于后续微指令地址由下地址字段给出,故其下地址字段的位数可根据控制存储器的容量(128×32 位)定为 7 位。当微程序出现分支时,后续微指令地址的形成取决于状态条件,5 个互斥的可判定外部条件,可以编码成 3 位状态位。非分支时的后续微指令地址由微指令的下地址字段直接给出。微指令的格式如图 10.14 所示。

操作控制	判断	下地址
22	3	7

图 10.14   例 10.7(1)答图

(2) 微程序控制单元框图如图 10.15 所示。图中微指令的判断字段可对 5 个外部条件进行选择。

例 10.8   表 10.2 给出了 8 条微指令 $I_1 \sim I_8$ 所发出的控制信号 a~j。设计微指令的控制字段,要求使用最少的控制位,并且保持微指令本身的并行性。

【解】   为了便于分析每条微指令的控制信号是否互斥,表 10.3 列出了各条微指令被激活

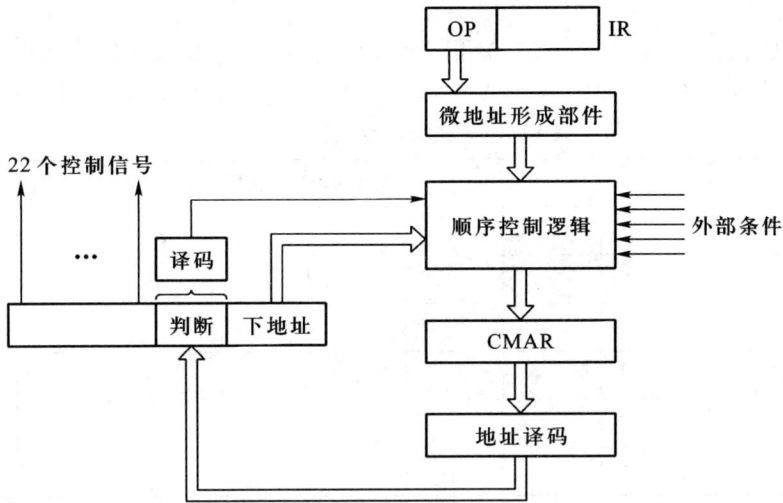

图 10.15 例 10.7(2)答图

的控制信号。

表 10.2 8 条微指令与控制信号	
微指令	控制信号
I_1	a、b、c、d、e
I_2	a、d、f、g
I_3	b、h
I_4	c
I_5	c、e、g、i
I_6	a、h、j
I_7	c、d、h
I_8	a、b、h

表 10.3   例 10.8 各条微指令被激活的控制信号

微指令	激活的控制信号									
	a	b	c	d	e	f	g	h	i	j
I_1	√	√	√	√	√					
I_2	√			√		√	√			
I_3		√						√		
I_4			√							
I_5			√		√		√		√	
I_6	√							√		√
I_7			√	√				√		
I_8	√	√						√		

为了压缩控制字段的长度,尽量将互斥的控制信号分在一组,采用字段直接编码方式控制。经分析发现控制信号(e、f、h)是互斥的,控制信号(b、i、j)也是互斥的。因此可将(e、f、h)和(b、i、j)分别放在两个组内,每组经译码输出各给出 3 个控制信号,其余的 a、c、d、g 控制信号采用直接控制。图 10.16 给出了微指令控制字段

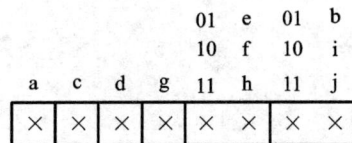

图 10.16 例 10.8 答图

格式。

例 10.9　某机有 5 条微指令,每条微指令发出的控制信号如表 10.4 所示。采用直接控制方式设计微指令的控制字段,要求其位数最少,而且保持微指令本身的并行性。

表 10.4　5 条微指令及其控制信号

微指令	激活的控制信号									
	a	b	c	d	e	f	g	h	i	j
I_1	√		√		√		√		√	
I_2	√	√		√		√		√		√
I_3	√			√		√				
I_4	√									
I_5	√			√						√

【解】　由表 10.4 可见,控制信号 c、g、i 仅在微指令 I_1 同时出现,可合并用 1 位控制字段表示。控制信号 b、h 仅在微指令 I_2 中同时出现,也可合并用 1 位控制字段表示。这样 10 个控制信号 a~j 可压缩到 7 个,其格式如图 10.17 所示。

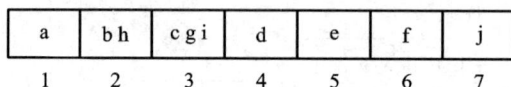

a	b h	c g i	d	e	f	j
1	2	3	4	5	6	7

图 10.17　例 10.9 答图

例 10.10　已知运算器框图如图 10.18 所示,IR 为指令寄存器,R_1 ~ R_3 为通用寄存器,其中任何一个均可作为源寄存器或目的寄存器,A 和 B 是三选一多路开关,通路的选择分别由 AS_0、AS_1 和 BS_0、BS_1 控制(如 $AS_0 AS_1$ =01 时选择 R_1,10 时选择 R_2,11 时选择 R_3)。$S_1 S_2$ 是 ALU 的控制信号,功能如下:

$S_1 S_2$ =00 时 ALU 输出 B

$S_1 S_2$ =01 时 ALU 输出 A+B

$S_1 S_2$ =10 时 ALU 输出 A−B

$S_1 S_2$ =11 时 ALU 输出 $\overline{B}$

假设 R_S 为源寄存器,R_D 为目标寄存器。现有四条机器指令,格式为:

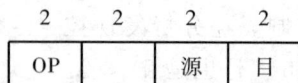

2	2	2	2
OP		源	目

其功能如下:

　　　MOV　　　　R_D , R_S　　　　; $R_S \rightarrow R_D$

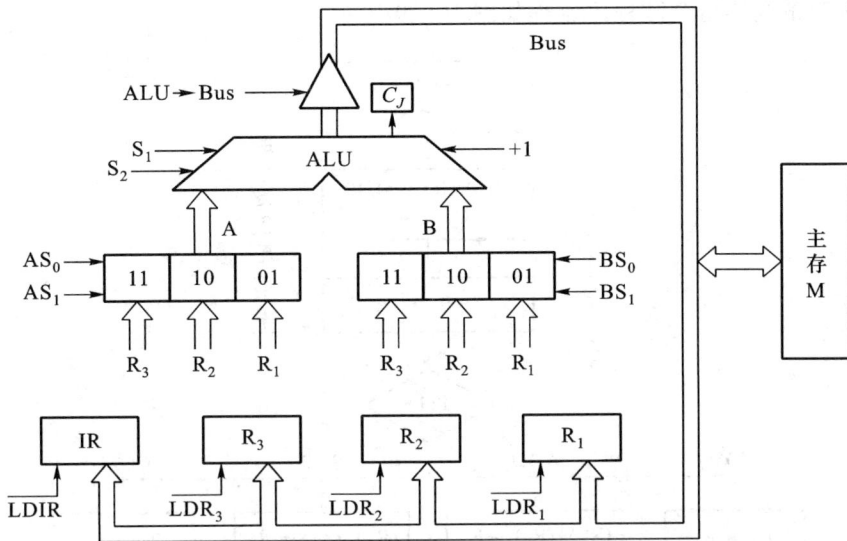

图 10.18 例 10.10 运算器结构框图

$$ADD \quad R_D, R_S \quad ; (R_D)+(R_S) \rightarrow R_D$$
$$SUB \quad R_D, R_S \quad ; (R_D)-(R_S) \rightarrow R_D$$
$$COM \quad R_D, R_S \quad ; \overline{R_S} \rightarrow R_D$$

（1）假设控制存储器容量为 16×12 位,设计微指令格式(只考虑执行上述四条指令对运算器数据通路的控制)。

（2）写出上述四条指令的微程序流程。

【解】

（1）从图 10.18 可见,总共有 12 个控制信号,若采用直接控制方式,微指令的控制字段需 12 位。根据控存容量为 16×12 位,微指令的下地址字段取 4 位,这样微指令字长为 12+4＝16 位,超过了微指令字长 12 位,故应设法减少控制字段的位数。

仔细分析发现,A、B 两个多路开关的控制可以直接受机器指令的源字段和目标字段控制。这样微指令中只需设两个控制信号 A 和 B,就可达到由 AS_0、AS_1 和 BS_0、BS_1 四个控制信号的控制效果。此外,$LDR_1 \sim LDR_3$ 三个控制信号也可以由微指令提供一个控制信号 LDR_i,然后与机器指令上的目标字段进行组合译码后产生。ALU 的控制信号 S_1S_2 共提供四种互斥的微命令,可采用字段直接编码方式。这样微指令的控制字段可以减少到 8 位,其微指令格式如下:

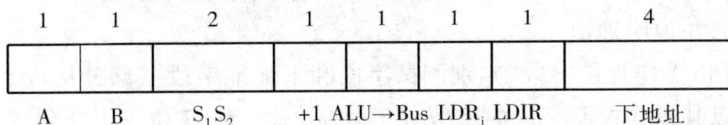

1	1	2	1	1	1	1	4
A	B	S_1S_2	+1	ALU→Bus	LDR_i	LDIR	下地址

（2）上述四条机器指令微程序流程如图 10.19 所示。

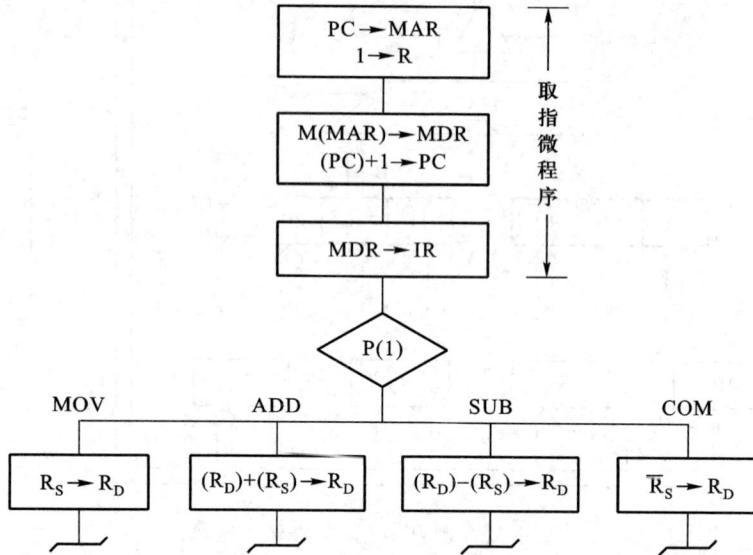

图 10.19 例 10.10 答图

图中 P(1)表示按操作码判断出不同微指令的地址。

例 10.11 某机微指令字长为 30 位,共有 57 个微操作控制信号,允许同时发出 5 个微命令。微指令控制方式采用字段直接编码方式,每个字段分别包含 8、3、16、28、2 个微命令。已知可判定的外部条件有两个。

（1）设计微指令格式,要求微指令的下地址字段直接给出后续微指令地址。

（2）指出控制存储器的容量。

【解】 根据微指令控制方式采用字段直接编码方式,且允许同时发出 5 个微命令,可确定微指令的操作控制字段可分为 5 段,每段（组）分别包含 8、3、16、2、28 个微命令,考虑到每组必须增加一种不发命令的情况,条件测试字段应包含一种不转移的情况,则 5 个控制字段分别需给出 9、4、17、3、29 种状态,分别对应 4、2、5、2、5 位（共 18 位）,条件测试字段取 2 位。根据微指令字长为 30 位,则下地址字段取 30-18-2=10 位,其微指令格式如图 10.20 所示。

例 10.12 某微程序控制器中共有 680 条微指令,微指令采用直接编码方式,后续微指令的地址由微指令的下地址字段给出。已知机器共有 37 个微命令,4 个互斥的可判定的外部条件。试设计微指令格式,并说明理由。

【解】 微指令由操作控制字段、判别测试字段和下地址字段三部分构成。因为微指令采用直接编码方式,所以其操作控制字段的位数等于微命令数,为 37 位。当微程序出现分支时,后续微指令地址的形成取决于状态条件,根据 4 个互斥的可判定的外部条件,再加上一种不转移的情

	8个 微命令	3个 微命令	16个 微命令	2个 微命令	28个 微命令	2个 判定条件	
						条件 测试	下地址
4位	2位	5位	2位	5位	2位		10位

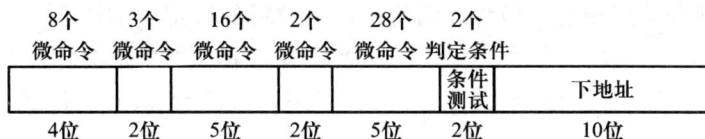

图 10.20　例 10.11 答图

况,判别测试字段应取 3 位。根据控存中共有 680 条微指令,且微指令地址由下地址字段给出,故其下地址字段的位数为 10 位($2^{10}>680$)。微指令的格式如图 10.21 所示。

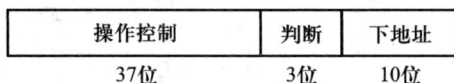

操作控制	判断	下地址
37位	3位	10位

图 10.21　例 10.12 答图

10.4　习题训练

10.4.1　选择题

1. 在微程序控制器中,机器指令与微指令的关系是_____。

A. 每一条机器指令由一条微指令来执行

B. 每一条机器指令由若干条微指令组成的微程序来解释执行

C. 若干条机器指令组成的程序可由一个微程序来执行

2. 微指令执行的顺序控制问题,实际上是如何确定下一条微指令地址的问题,通常用的一种方法是断定方式,其基本思想是_____。

A. 用微程序计数器来产生后续微指令地址

B. 在指令中指定一个专门字段来产生后续微指令地址

C. 由设计者在微指令代码中指定,或者由设计者指定的判别测试字段控制产生后续微指令地址

3. 在微指令的控制方式中,若微指令命令个数已确定,则_____。

A. 直接控制方式和编码控制方式不影响微指令的长度

B. 直接控制方式的微指令字长比字段直接编码控制方式的微指令字长短

C. 字段直接编码控制方式的微指令字长比直接控制方式的微指令字长短

4. 微指令格式中,_____。

A. 垂直型微指令采用较长的微程序结构去换取较短的微指令结构

B. 垂直型微指令采用较短的微程序结构去换取较长的微指令结构

5. 在微程序控制器中,微指令的控制方式可采用直接控制和编码控制两类,在微操作命令个数相同的前提下,_____。

A. 两种控制方式的微指令位数一样

B. 隐式编码的微指令位数多于显式编码的微指令位数

C. 直接控制方式的微指令位数最长

6. 在微程序控制器中,控制部件向执行部件发出的某个控制信号称为_____。

A. 微指令   B. 微操作   C. 微命令

7. 下列叙述中_____是正确的。

A. 水平型微指令能充分利用数据通路的并行结构

B. 微处理器的程序称为微程序

C. 多字节指令可加快取指令的速度

8. 下列叙述中_____是错误的。

A. 采用微程序控制器的处理器称为微处理器

B. 在微指令编码中,编码效率最低的是直接编码方式

C. 在各种微地址形成方式中,增量计数器法需要的顺序控制字段较短

9. 下列叙述中_____是正确的。

A. 控制器产生的所有控制信号称为微指令

B. 微程序控制器比硬连线控制器更加灵活

C. 微处理器的程序称为微程序

10. 将微程序存储在 EPROM 中的控制器是_____控制器。

A. 静态微程序   B. 毫微程序   C. 动态微程序

11. 微指令操作控制字段的每一位代表一个控制信号,这种微程序的控制(编码)方式是_____。

A. 字段直接编码   B. 直接编码   C. 混合编码

12. 下列叙述中_____是正确的。

A. 只有直接编码的微指令是水平型微指令

B. 采用微操作码字段的微指令是水平型微指令

C. 直接编码、字段直接编码、字段间接编码以及直接和字段混合编码都属水平型微指令

13. 垂直型微指令的特点是_____。

A. 微指令格式垂直表示

B. 控制信号经过编码产生

C. 采用微操作码

14. 水平型微指令的特点是_____。

A. 一次可以完成多个操作

B. 微指令的操作控制字段不进行编码

C. 微指令的格式简短

15. 在采用增量计数器法的微指令中,下一条微指令的地址_____。

A. 在当前的微指令中

B. 在微指令地址计数器中

C. 在程序计数器

16. 在控制器的控制信号中,相容的信号是_____的信号。

A. 可以相互替代

B. 可以相继出现

C. 可以同时出现

17. 以硬连线方式构成的控制器又称为_____控制器。

A. 组合逻辑型　　　　B. 存储逻辑型　　　　C. 微程序型

18. 微程序放在_____中。

A. 存储器控制器　　　B. 控制存储器　　　　C. 主存储器

19. 将微程序存储在 ROM 中不加修改的控制器属于_____。

A. 动态微程序控制器

B. 静态微程序控制器

C. PLA 控制器

20. 在微指令的编码方式中,在微命令数相同的情况下_____。

A. 直接编码和字段直接编码不影响微指令字长

B. 直接编码的微指令比字段直接编码的微指令长

C. 字段直接编码的微指令比直接编码的微指令长

21. 机器指令(除转移类指令外)代码中的地址字段用于___①___,微指令代码中的地址字段用于___②___。

A. 确定执行顺序　　　B. 存取地址　　　　　C. 存取数据

22. 计算机存放微指令的存储器包含在_____中。

A. 主存储器　　　　　B. 高速缓冲存储器　　C. CPU

23. 下列叙述中正确的是_____。

A. 微程序控制方式和硬连线控制方式相同,前者可以使指令的执行速度更快

B. 采用微程序控制方式,可用 μPC 代替 PC

C. 控制存储器可用掩膜 ROM、EPROM 实现

24. 下列_____不属于设计微指令结构时所追求的目标。

A. 增大控制存储器的容量

B. 提高微程序的执行速度

C. 缩短微指令的长度

10.4.2 填空题

1. 通常控制器的设计可分为__A__和__B__两大类,相对应的控制器结构就有__C__式和__D__式,前者采用的核心器件是__E__,后者采用的核心器件是__F__。

2. 在微程序控制器中,一条机器指令对应一个__A__,若某机有 35 条机器指令,通常可对应__B__。

3. 微指令格式可分为__A__型和__B__型两类,其中__C__型微指令用较长的微程序结构换取较短的微指令结构。

4. 在用微程序实现的控制器中,一条机器指令对应若干条__A__,它又包含若干__B__。微指令格式分成__C__型和__D__型两类,__E__型微指令可同时执行若干个微操作,所以执行指令的速度比__F__快。

5. 在用微程序实现的控制器中,微操作命令可采用__A__和__B__两种控制方式,后者又可分为__C__和__D__,其中__E__微指令字长最短。

6. 实现机器指令的微程序一般存放在__A__中,而用户程序存放在__B__中,前者的速度比后者__C__。若采用水平型微指令,则微指令长度一般比机器指令__D__。

7. 在微程序控制器中,后续微指令地址的形成方式有__A__、__B__、__C__、__D__、__E__和__F__。

8. 某计算机采用微程序控制,微指令字中操作控制字段共 16 位,若采用直接控制,则可以定义__A__种微操作,此时一条微指令最多可同时启动__B__个微操作。若采用编码控制,并要求一条微指令需同时启动 4 个微操作,则微指令字中的操作控制字段应分__C__段,若每个字段的微命令数相同,这样的微指令格式最多可包含__D__个微操作命令。

9. 由一组实现一定操作功能的微命令的组合可构成一条__A__,它由__B__和__C__两部分组成,由它组成的序列叫做__D__。

10. 微程序控制部件主要由__A__、__B__、__C__和__D__几大部分组成,其核心部件__E__由__F__组成,用来存放__G__。

11. 在微程序控制器中,一次能够定义并执行多个并行操作命令的微指令叫做__A__型微指令。若采用微操作码方式,一次只能执行一个操作命令的微指令(例如,控制信息从某个源部件到某个目标部件)叫做__B__型微指令,后者实现一条机器指令的微程序要比前者编写的微程序__C__。

12. 在串行微程序控制器中,执行现行微指令的操作与取下一条微指令的操作在时间上是__A__进行的,所以微指令周期等于__B__。在并行微程序控制器中,执行现行微指令的操作与取下一条微指令的操作是__C__进行的,所以微指令周期等于__D__。

13. 在设计微程序控制器时,所追求的目标是__A__、__B__、__C__和__D__等。

14. 在组合逻辑控制器中,微操作控制信号由__A__、__B__和__C__决定。
15. 当指令取至指令寄存器后,每一条机器指令微程序的入口地址根据__A__通过__B__形成。
16. 在微程序控制中,计算机执行一条指令的过程就是依次执行一个确定的__A__的过程。
17. 在设计微指令的控制字段时,由于数据通路的关系,微操作可分为__A__和__B__两种。
18. 动态微程序控制单元是__A__。
19. 静态微程序控制单元是__A__。
20. 微指令的顺序控制部分用来__A__。
21. 微程序设计是利用__A__方法设计__B__,具有__C__等一系列优点。
22. 组合逻辑设计控制单元的设计步骤是先__A__,再__B__,最后用__C__等器件实现。

10.4.3 问答题

1. 画出组合逻辑控制器框图,根据指令处理过程,结合有关部件说明控制器的工作原理。
2. 画出微程序控制器框图,根据指令处理过程,结合有关部件说明控制器的工作原理。
3. 比较组合逻辑控制器和微程序控制器的组成。按序写出完成一条减法指令 SUB α(α 为主存地址)两种控制器所发出的微操作命令及节拍安排。
4. 比较组合逻辑控制器和微程序控制器的设计思想。按序写出完成一条加法指令 ADD α(α 为主存地址)两种控制器所发出的微操作命令及节拍安排。
5. 已知程序表 10.5,分别写出组合逻辑控制部件和微程序控制部件所发出的全部微命令及节拍安排(指令地址和操作数地址均用十六进制数表示)。

表 10.5 第 5 题程序表

程序表	
指令地址	指令
200	LDA 206
201	ADD 207
202	BAN 204
203	STA 205
204	STP

6. 什么是水平型微指令?什么是垂直型微指令?各有何特点?
7. 微指令字中操作控制字段有哪些控制方法?各有何特点?
8. 说明微程序控制器中微指令的地址有几种形成方式。
9. 设有一运算器通路如图 10.22 所示,假设操作数 a 和 b(均为补码)已分别放在通用寄存

器 R_1 和 R_2 中,ALU 有+、-、M(传送)三种操作功能。

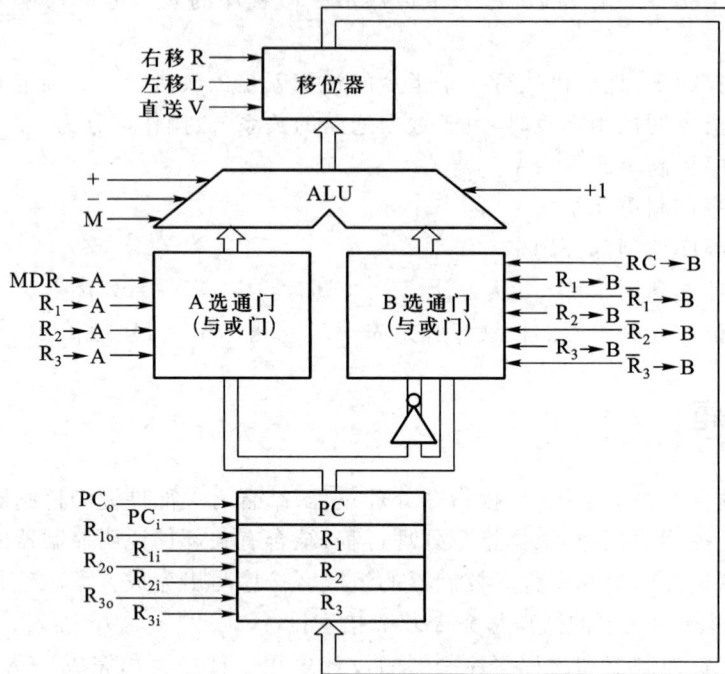

图 10.22 第 9 题运算器通路框图

(1) 指出互斥性微操作和相容性微操作。

(2) 采用字段直接编码控制方式,设计适合此运算器的微指令格式。

(3) 画出计算 $(a-b)/2 \rightarrow R_2$ 的微程序流程图,试问执行周期需要几条微指令?

(4) 按设计的微指令格式,写出(3)要求的微指令码点。

10. 某机共有 55 个微操作控制信号,构成 5 个相斥类的微命令组,各组分别包含 4、7、8、12 和 24 个微命令。已知可判定的外部条件有 CY 和 ZF 两个,微指令字长 30 位。

(1) 给出采用断定方式的水平型微指令格式。

(2) 指出控制存储器的容量。

11. 试比较计算机的仿真和计算机的模拟。

12. 某机的微指令格式中,共有 10 个控制字段,每个字段可分别激活 4、4、3、11、9、16、7、1、8、22 种控制信号。试问采用字段直接编码方式和直接编码(控制)方式,微指令的操作控制字段各取几位?

13. 在一条单总线结构的计算机中,用一条总线连接了指令寄存器 IR、程序计数器 PC、存储器地址寄存器 MAR、存储器数据寄存器 MDR、通用寄存器 $R_0 \sim R_7$ 的输入和输出端。ALU 的两个输入端分别与总线和寄存器 Y 的输出端相连,ALU 的输出端与寄存器 Z 的输入端相连。Y 的输

入端与总线连接,Z 的输出端与总线连接。该机有下列指令:

ADD R_1,R_2,R_3 ;$(R_2)+(R_3) \rightarrow R_1$

JMP $*K$;$(PC)+(K-1) \rightarrow PC$

LOAD R_1,mem ;$(mem) \rightarrow R_1$

STORE mem,R_2 ;$R_2 \rightarrow mem$

写出控制器执行上述指令的微操作及节拍安排。

14. 根据取指操作所需的微操作命令,采用直接编码方式,定义控制字段每一位代表的微命令名称,并列出完成取指令操作所用到的微指令控制字段的码点。

参 考 答 案

10.4.1 选择题

1. B	2. C	3. C	4. A	5. C	6. C
7. A	8. A	9. B	10. C	11. B	12. C
13. C	14. A	15. B	16. C	17. A	18. B
19. B	20. B	21. ①C ②A	22. C	23. C	24. A

10.4.2 填空题

1. A. 组合逻辑设计　　B. 微程序设计　　C. 硬连线逻辑
   D. 存储逻辑　　E. 门电路　　F. ROM

2. A. 微程序　　B. 38 个微程序

3. A. 垂直　　B. 水平　　C. 垂直

4. A. 微指令　　B. 微命令　　C. 垂直
   D. 水平　　E. 水平　　F. 垂直型微指令

5. A. 直接　　B. 编码　　C. 显式编码(或字段直接编码)
   D. 隐式编码(或字段间接编码)　　E. 隐式编码(或字段间接编码)

6. A. 控制存储器　　B. 主存　　C. 快　　D. 长

7. A. 直接由微指令的下地址字段给出　　B. 根据指令的操作码形成
   C. 增量计数器法　　D. 分支转移　　E. 通过测试网络形成
   F. 由硬件直接产生

8. A. 16　　B. 16　　C. 4
   D. 60(每个字段均包含一种不发出命令的情况)

9. A. 微指令　　B. 操作控制字段
   C. 顺序控制字段　　D. 微程序

10. A. 控制存储器　　B. 控存地址寄存器　　C. 控存数据寄存器
    D. 微地址形成部件　　E. 控制存储器　　F. 高速 ROM　　G. 微程序

11. A. 水平　　　　　　　B. 垂直　　　　　　　C. 长

12. A. 串行　　　　　　　B. 取微指令时间加上执行微指令时间
　　C. 重叠　　　　　　　D. 执行微指令的时间

13. A. 缩短微指令字长　　B. 减少控存容量　　　C. 提高微程序的执行速度
　　D. 便于对微指令的修改

14. A. 指令操作码　　　　B. 时序　　　　　　　C. 状态条件

15. A. 操作码　　　　　　B. 微地址形成部件

16. A. 微指令序列(微程序)

17. A. 相容性　　　　　　B. 相斥性

18. A. 用 EPROM 等可擦写的只读存储器组成的控制存储器,它允许改变微指令和微程序

19. A. 用 ROM 组成的控制存储器,它不允许改变微指令和微程序

20. A. 指出下一条微指令的地址

21. A. 软件　　　　　　　B. 控制单元 CU　　　C. 规整性、灵活性、可维护性

22. A. 列出操作时间表　　B. 写出最简的逻辑表达式　　　C. 门电路

10.4.3 问答题

1. 组合逻辑控制器框图如图 10.23 所示。

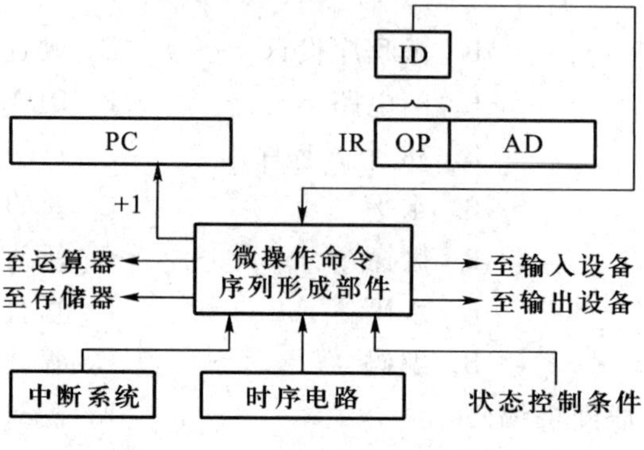

图 10.23　组合逻辑控制器框图

完成一条指令要经过取指阶段和执行阶段。取指阶段完成的任务是:根据 PC 给定的地址发出读命令,访存后取出相应的指令送至 IR,再经指令译码器 ID 给出信号,控制微操作命令序列形成部件,并修改 PC。执行阶段完成的任务是:微操作命令序列形成部件同时还接受状态控制条件、中断系统以及时序电路发来的时序信号,在译码输出的共同作用下,按指令操作码的含义,发出一系列微操作命令信号,控制相应部件操作,实现指令功能。

2. 微程序控制器框图如图 10.24 所示。

完成一条指令要经过取指和执行两个阶段。首先将取指操作微程序的首地址送至 CMAR,

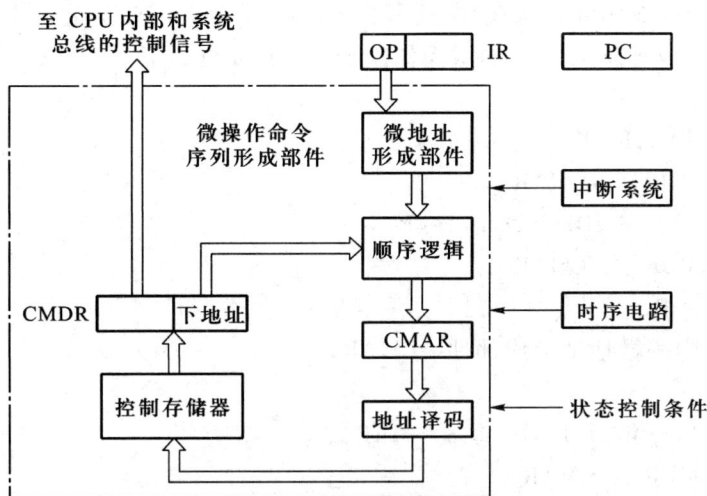

图 10.24 微程序控制器框图

读出该条微指令,并送至 CMDR。此时微指令的操作控制字段发出各种微命令,同时由下地址字段指出下一条微指令的地址,然后重复取微指令、执行微指令的操作,直到按 PC 指出的存储单元中的指令读至 IR,并自动修改后继指令地址。这一过程为取指阶段。接着根据指令的操作码,经过微地址形成部件,产生对应该机器指令的微程序首地址并送至 CMAR,然后从控制存储器中读出微指令并送至 CMDR。此时操作控制字段发出各种微命令,且下地址字段指出下一条微指令地址,然后重复取微指令、执行微指令的操作,直到对应该机器指令的操作全部执行完毕,并指出取指微程序的首地址。这一过程为执行机器指令的阶段。

可见,每完成一条机器指令,需相应完成两个微程序:一个是取指微程序,另一个是对应该机器指令操作的微程序。而且所有的微命令都是由控制存储器中的微指令发出的。

3. 结合本章图 10.23 和图 10.24,两种控制器的相同之处是:均有 PC、IR、时序电路、中断系统及状态条件。不同之处主要是微操作命令序列形成部件不同,组合逻辑控制器的核心部件是门电路,微程序控制器的核心部件是控制存储器 ROM。

组合逻辑控制器完成 SUB α 指令的微操作命令及节拍安排如下:

取指周期

T_0 PC→MAR,1→R(读命令)

T_1 M(MAR)→MDR,(PC) + 1→PC

T_2 MDR→IR,OP(IR)→ID

执行周期

T_0 Ad(IR)→MAR,1→R(即 α→MAR)

T_1 M(MAR)→MDR

T_2　（ACC）-（MDR）→ACC

微程序控制器完成 SUB α 指令的微操作命令及节拍安排如下：

取指周期

T_0　PC→MAR,1→R

T_1　Ad（CMDR）→CMAR

T_2　M（MAR）→MDR,（PC）+1→PC

T_3　Ad（CMDR）→CMAR

T_4　MDR→IR

T_5　OP（IR）→微地址形成部件→CMAR

执行周期

T_0　Ad（IR）→MAR,1→R（即 α→MAR）

T_1　Ad（CMDR）→CMAR

T_2　M（MAR）→MDR

T_3　Ad（CMDR）→CMAR

T_4　（ACC）-（MDR）→ACC

T_5　Ad（CMDR）→CMAR

4. 组合逻辑控制器的设计思想是采用硬连线逻辑。首先根据指令系统,写出对应所有机器指令的全部微操作及其节拍安排,然后列出操作时间表,再写出每一种微操作的逻辑表达式,化简后画出相应的逻辑图,即完成了设计。这种逻辑电路主要是由门电路构成的复杂树形网络,一旦构成后,除非在物理上进行重新连线,否则要增加新的控制功能是不可能的。

微程序控制器的设计思想是采用存储逻辑。首先根据指令系统,写出对应所有机器指令的全部微操作及其节拍安排,再根据微操作的数目,经压缩确定微指令的控制方式、下地址形成方式、微指令格式及微指令字长,然后编写出全部微指令的代码（码点）,即完成了设计。最后将微指令的码点注入 ROM 中,即可作为微操作的命令信号。

组合逻辑控制器完成 ADD α 指令的微操作命令及节拍安排为：

取指周期

T_0　PC→MAR,1→R

T_1　M（MAR）→MDR,（PC）+ 1→PC

T_2　MDR→IR,OP（IR）→ID

执行周期

T_0　Ad（IR）→MAR,1→R（即 α→MAR）

T_1　M（MAR）→MDR

T_2　（ACC）+（MDR）→ACC

微程序控制器完成 ADD α 指令的微操作命令及节拍安排为：

取指周期

T_0 PC→MAR,1→R

T_1 Ad(CMDR)→CMAR

T_2 M(MAR)→MDR,(PC)+1→PC

T_3 Ad(CMDR)→CMAR

T_4 MDR→IR

T_5 OP(IR)→微地址形成部件→CMAR

执行周期

T_0 Ad(IR)→MAR,1→R(即 α→MAR)

T_1 Ad(CMDR)→CMAR

T_2 M(MAR)→MDR

T_3 Ad(CMDR)→CMAR

T_4 (ACC)+(MDR)→ACC

T_5 Ad(CMDR)→CMAR

5. 组合逻辑控制部件发出的全部微操作命令及节拍安排如下：

取指周期

T_0 PC→MAR,1→R(即 200→MAR)

T_1 M(MAR)→MDR,(PC)+1→PC

T_2 MDR→IR,OP(IR)→ID

执行周期

T_0 Ad(IR)→MAR,1→R(即 206→MAR)

T_1 M(MAR)→MDR

T_2 MDR→ACC

取指周期

T_0 PC→MAR,1→R(即 201→MAR)

T_1 M(MAR)→MDR,(PC)+1→PC

T_2 MDR→IR,OP(IR)→ID

执行周期

T_0 Ad(IR)→MAR,1→R(即 207→MAR)

T_1 M(MAR)→MDR

T_2 (ACC)+(MDR)→ACC

取指周期

T_0 PC→MAR,1→R(即 202→MAR)

T_1 M(MAR)→MDR,(PC)+1→PC

T_2 MDR→IR,OP(IR)→ID

执行周期

T_0

T_1

T_2　$A_0 \cdot Ad(IR) + \overline{A_0} \cdot PC \rightarrow PC$　（$A_0 = 1$ 时 $204 \rightarrow PC$）

取指周期

T_0　$PC \rightarrow MAR, 1 \rightarrow R$（即 $203 \rightarrow MAR$）

T_1　$M(MAR) \rightarrow MDR, (PC) + 1 \rightarrow PC$

T_2　$MDR \rightarrow IR, OP(IR) \rightarrow ID$

执行周期

T_0　$Ad(IR) \rightarrow MAR, 1 \rightarrow W$（即 $205 \rightarrow MAR$）

T_1　$ACC \rightarrow MDR$

T_2　$MDR \rightarrow M(MAR)$

取指周期

T_0　$PC \rightarrow MAR, 1 \rightarrow R$（即 $204 \rightarrow MAR$）

T_1　$M(MAR) \rightarrow MDR, (PC) + 1 \rightarrow PC$

T_2　$MDR \rightarrow IR, OP(IR) \rightarrow ID$

执行周期

T_0

T_1

T_2　$0 \rightarrow G$（G 为运行标志触发器）

微程序控制部件和组合逻辑控制部件所发出的全部微操作命令及节拍安排大部分相同,可将组合逻辑控制部件在每个 T 内发出的微命令安排为一条微指令。此外,还需增加将后续微指令地址$\rightarrow$CMAR 的微操作命令,其中除取指阶段最后增加 OP(IR) $\rightarrow$微地址形成部件$\rightarrow$CMAR 微命令外,其余的微指令后面均增加 Ad(CMDR) $\rightarrow$CMAR 微命令。

6. 水平型微指令一次能定义并执行多个并行操作,其并行操作能力强,效率高。而且水平型微指令的大多数微命令一般可直接控制对象,故执行每条微指令的时间短。又因水平型微指令字长较长,故可用较少的微指令数来实现一条机器指令的功能。

垂直型微指令的结构类似于一般机器指令的结构,由微操作码译码确定微指令的功能。通常一条微指令只能有 $1 \sim 2$ 个微操作命令。因为它要经过译码后控制对象,影响每条微指令的执行时间。而且垂直型微指令字长较短,实现一条机器指令的微程序要比水平型微指令编写的微程序长得多,它是用较长的微程序结构来换取较短的微指令结构。

7. 微指令中操作控制字段主要有三种控制方式。

(1) 直接控制,又称直接编码,其特点是操作控制字段中的每一位代表一个微命令,如图 10.25 所示。其优点是简单直观,输出直接用于控制,执行速度快。缺点是微指令字较长,使控存容量较大。

(2) 字段直接编码控制,其特点是将微指令操作控制字段分成几段,并使每个字段经译码后

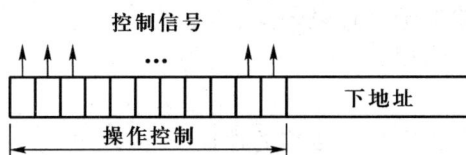

图 10.25　第 7 题答图(1)

发出各个微操作命令,如图 10.26 所示。每个字段中的微命令必须是互斥的。这种控制方式用较少的二进制信息表示较多的微命令信号,它缩短了微指令字长,但增加了译码电路,使微程序的执行速度降低。这种编码控制又叫显式编码。

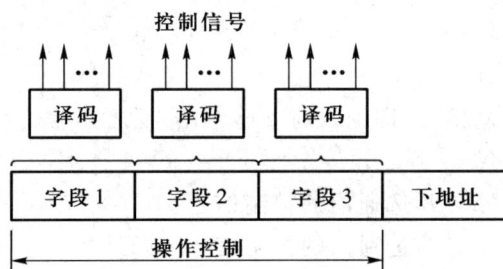

图 10.26　第 7 题答图(2)

(3) 字段间接编码控制,这种方式一个字段的某些微命令还需由另一个字段中的某些微命令解释,才能使微操作命令有确切含义,故又称为隐式编码,如图 10.27 所示。这种方法更能缩短微指令字长。

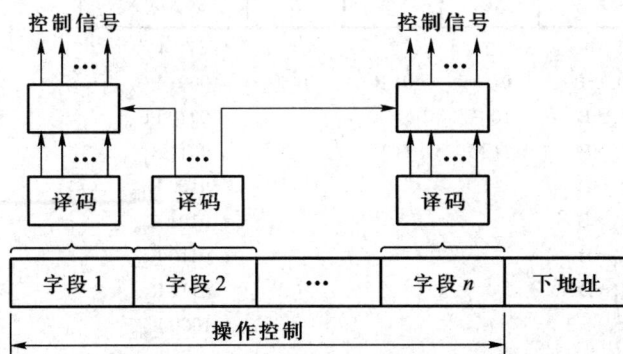

图 10.27　第 7 题答图(3)

此外还可把直接控制和字段编码(直接或间接)控制混合使用。

8. 微指令的地址有六种方式形成。

（1）直接由微指令的下地址字段指出。

（2）根据机器指令的操作码形成。

（3）增量计数器法。

（4）根据各种标志决定微指令分支转移的地址。

（5）通过测试网络形成。

（6）由硬件产生微程序入口地址。

9.（1）互斥性微操作有以下五组：

移位器（R、L、V）；

ALU（+、-、M）；

A 选通门的四个控制信号；

B 选通门的七个控制信号；

寄存器的输入与输出控制信号，即输入时不能输出，反之亦然。

相容性微操作有以下五类：

A 选通门的任一控制信号与 B 选通门的控制信号；

B 选通门的任一控制信号与 A 选通门的控制信号；

ALU 的任一信号与加 1 控制信号；

寄存器的四个输入控制信号；

五组控制信号中组与组之间是相容的。

（2）采用字段直接编码控制方式设计的微指令格式如图 10.28 所示（不包括顺序控制部分），其中每个字段都包含一种不操作的情况。

×××	×××	××	××	×	××××
3	3	2	2	1	4
001 MDR→A	001 PC→B	01 +	01 R	1+1	0001 PC_{out}
010 R_1→A	010 R_1→B	10 -	10 L		0010 PC_{in}
011 R_2→A	011 $\overline{R_1}$→B	11 M	11 V		0011 R_{1out}
100 R_3→A	100 R_2→B				0100 R_{1in}
	101 $\overline{R_2}$→B				0101 R_{2out}
	110 R_3→B				0110 R_{2in}
	111 $\overline{R_3}$→B				0111 R_{3out}
					1000 R_{3in}

图 10.28　第 9 题（2）答图

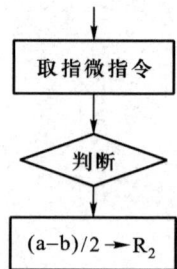

图 10.29　第 9 题（3）答图

（3）由于操作数 a 和 b（补码）已分别放在 R_1 和 R_2 中，根据图 10.22 所示的数据通路，计算 (a-b)/2→R_2 的微程序流程图如图 10.29 所示。执行周期只需用一条微指令即可。

（4）根据（2）的微指令格式，不考虑顺序控制部分，这条微指令控制字段的二进制代码为

010101010110110,其控制信号是 $R_1 \rightarrow A, \overline{R}_2 \rightarrow B, +, R, +1$ 和 R_{2in}。

10. （1）微指令格式如图 10.30 所示。其中每一个字段均包含一种不发出命令的情况,条件测试字段包含一种不转移的情况。

3	3	4	4	5	2	9
4个 微命令	7个 微命令	8个 微命令	12个 微命令	24个 微命令	条件 测试	下地址

图 10.30　第 10 题(1)答图

（2）控制存储器容量为 512×30 位。

11. 计算机的仿真是一种采用硬件机制获得机器软件兼容的方法,它使已有的软件能够在新型的计算机中继续运行。采用微程序设计来实现不同机器指令系统的方式称为计算机系统的仿真。

计算机的模拟是在一种计算机上运行另一种计算机指令的软件方法,即用软件来解释执行另一种计算机的指令。与仿真不同,模拟是纯软件的方法,通常用几条指令完成一个目标指令的操作,因此速度比仿真低。

12. （1）采用字段直接编码方式,需要的控制位少。根据题目给出的 10 个控制字段及各段可激活的控制信号数,再加上每个控制字段至少要留一个码字表示不激活任何一条控制线,微指令的操作控制字段的总位数为:

3+3+2+4+4+5+3+1+4+5 = 34

（2）采用直接编码(控制)方式,微指令的操作控制字段的总位数等于控制信号数。即

4+4+3+11+9+16+7+1+8+22 = 85

13. （1）四条指令取指周期的微操作命令及节拍安排如下:

T_0　$PC \rightarrow Bus \rightarrow MAR, 1 \rightarrow R$

T_1　$M(MAR) \rightarrow MDR, (PC)+1 \rightarrow PC$

T_2　$MDR \rightarrow Bus \rightarrow IR, OP(IR) \rightarrow ID$

（2）四条指令执行周期的微操作命令及节拍安排如下:

① ADD R_1, R_2, R_3 指令

T_0　$R_2 \rightarrow Bus \rightarrow Y$

T_1　$(R_3)+(Y) \rightarrow Z$

T_2　$Z \rightarrow Bus \rightarrow R_1$

② JMP ＊K 指令

T_0　$PC \rightarrow Bus \rightarrow Y$

T_1　$Ad(IR)+(Y) \rightarrow Z$　　　　$Ad(IR)$为相对位移量的机器代码(K-1)

T_2 Z→Bus→PC

③ LOAD R_1,mem

T_0 Ad(IR)→Bus→MAR,1→R   Ad(IR) 为 mem

T_1 M(MAR)→MDR

T_2 MDR→Bus→R_1

④ STORE mem,R_2

T_0 Ad(IR)→Bus→MAR,1→W   Ad(IR) 为 mem

T_1 R_2→Bus→MDR

T_3 MDR→M(MAR)

14. 取指操作所需的微操作命令及节拍安排如下：

T_0 PC→MAR,1→R

T_1 M(MAR)→MDR,(PC)+1→PC

T_2 MDR→IR

假设按一个时钟周期取出并执行一条微指令考虑,取指操作共需 3 条微指令。采用直接编码,微指令操作控制字段每一位代表的微命令如下所示。

1	2	3	4	5	6	7	8	
PC_o	MAR_i	1→R	MAR_o	MDR_i	(PC)+1	MDR_o	IR_i	……

3 条微指令所对应的控制字段码点分别示于图 10.31。

	1	2	3	4	5	6	7	8	
第一条微指令	1	1	1	0	0	0	0	0	……

	1	2	3	4	5	6	7	8	
第二条微指令	0	0	0	1	1	1	0	0	……

	1	2	3	4	5	6	7	8	
第三条微指令	0	0	0	0	0	0	1	1	……

图 10.31 第 14 题答图

参 考 文 献

1. 唐朔飞. 计算机组成原理. 第 2 版. 北京:高等教育出版社,2008

2. 唐朔飞. 计算机组成原理——学习指导与习题解答. 北京:高等教育出版社,2005

3. [美] William Stallings 著. 彭蔓蔓等译. 计算机组成与体系结构:性能设计(原书第 8 版). 北京:机械工业出版社,2011

4. [荷]Andrew S. Tanenbaum 著. 刘卫东等译. 计算机组成结构化方法. 第 5 版. 北京:人民邮电出版社,2006

5. David A. Patterson, John L. Hennessy. 计算机组成与设计:硬件/软件接口. (英文版第 4 版. ARM 版). 北京:机械工业出版社,2010

6. [美]J. Glenn Brookshear. 计算机科学概论. (英文版第 9 版)北京:人民邮电出版社,2007

7. 徐爱萍. 计算机组成原理习题与解析. 第 3 版. 北京:清华大学出版社,2007

郑重声明

高等教育出版社依法对本书享有专有出版权。任何未经许可的复制、销售行为均违反《中华人民共和国著作权法》，其行为人将承担相应的民事责任和行政责任；构成犯罪的，将被依法追究刑事责任。为了维护市场秩序，保护读者的合法权益，避免读者误用盗版书造成不良后果，我社将配合行政执法部门和司法机关对违法犯罪的单位和个人进行严厉打击。社会各界人士如发现上述侵权行为，希望及时举报，我社将奖励举报有功人员。

反盗版举报电话 　（010）58581999　58582371

反盗版举报邮箱　dd@hep.com.cn

通信地址　北京市西城区德外大街4号　高等教育出版社法律事务部

邮政编码　100120